住房和城乡建设领域专业人员岗位培训考核系列用书

质量员专业基础知识
（市政工程）

（第二版）

江苏省建设教育协会　组织编写

U0296130

中国建筑工业出版社

图书在版编目（CIP）数据

质量员专业基础知识（市政工程）/江苏省建设教育
协会组织编写. —2 版. —北京：中国建筑工业出版
社，2016.7
住房和城乡建设领域专业人员岗位培训考核系列
用书
ISBN 978-7-112-19573-2

Ⅰ. ①质… Ⅱ. ①江… Ⅲ. ①建筑工程-工程质
量-质量管理-岗位培训-自学参考资料②市政工程-工程
质量-质量管理-岗位培训-自学参考资料 Ⅳ. ①TU712

中国版本图书馆 CIP 数据核字（2016）第 154387 号

本书作为《住房和城乡建设领域专业人员岗位培训考核系列用书》中的一本，依据《建筑与市政工程施工现场专业人员职业标准》JGJ/T 250—2011、《建筑与市政工程施工现场专业人员考核评价大纲》及全国住房和城乡建设领域专业人员岗位统一考核评价题库编写。全书共 9 章，内容包括：国家工程建设相关法律法规，工程材料的基本知识，施工图识读、绘制的基本知识，市政工程相关的力学知识，市政工程施工测量的基本知识，城镇道路工程，城市桥梁工程，市政管道工程，工程项目管理和抽样统计分析。

本书既可作为市政工程质量员岗位培训考核的指导用书，又可作为施工现场相关专业人员的实用工具书，也可供职业院校师生和相关专业人员参考使用。

责任编辑：张伯熙　刘　江　岳建光　范业庶
责任校对：王宇枢　姜小莲

住房和城乡建设领域专业人员岗位培训考核系列用书
质量员专业基础知识（市政工程）（第二版）
江苏省建设教育协会　组织编写

*

中国建筑工业出版社出版、发行（北京海淀三里河路 9 号）
各地新华书店、建筑书店经销
霸州市顺浩图文科技发展有限公司制版
北京建筑工业印刷厂印刷

*

开本：787×1092 毫米　1/16　印张：21¾　字数：523 千字
2016 年 9 月第二版　　2018 年 2 月第八次印刷
定价：58.00 元
ISBN 978-7-112-19573-2
（28771）

住房和城乡建设领域专业人员岗位培训考核系列用书

编审委员会

主　任：宋如亚

副主任：章小刚　戴登军　陈　曦　曹达双

　　　　漆贯学　金少军　高　枫

委　员：王宇旻　成　宁　金孝权　张克纯

　　　　胡本国　陈从建　金广谦　郭清平

　　　　刘清泉　王建玉　汪　莹　马　记

　　　　魏德燕　惠文荣　李如斌　杨建华

　　　　陈年和　金　强　王　飞

出版说明

为加强住房和城乡建设领域人才队伍建设，住房和城乡建设部组织编制并颁布实施了《建筑与市政工程施工现场专业人员职业标准》JGJ/T 250—2011（以下简称《职业标准》），随后组织编写了《建筑与市政工程施工现场专业人员考核评价大纲》（以下简称《考核评价大纲》），要求各地参照执行。为贯彻落实《职业标准》和《考核评价大纲》，受江苏省住房和城乡建设厅委托，江苏省建设教育协会组织了具有较高理论水平和丰富实践经验的专家和学者，编写了《住房和城乡建设领域专业人员岗位培训考核系列用书》（以下简称《考核系列用书》），并于2014年9月出版。《考核系列用书》以《职业标准》为指导，紧密结合一线专业人员岗位工作实际，出版后多次重印，受到业内专家和广大工程管理人员的好评，同时也收到了广大读者反馈的意见和建议。

根据住房和城乡建设部要求，2016年起将逐步启用全国住房和城乡建设领域专业人员岗位统一考核评价题库，为保证《考核系列用书》更加贴近部颁《职业标准》和《考核评价大纲》的要求，受江苏省住房和城乡建设厅委托，江苏省建设教育协会组织业内专家和培训老师，在第一版的基础上对《考核系列用书》进行了全面修订，编写了这套《住房和城乡建设领域专业人员岗位培训考核系列用书（第二版）》（以下简称《考核系列用书（第二版）》）。

《考核系列用书（第二版）》全面覆盖了施工员、质量员、资料员、机械员、材料员、劳务员、安全员、标准员等《职业标准》和《考核评价大纲》涉及的岗位（其中，施工员、质量员分为土建施工、装饰装修、设备安装和市政工程四个子专业）。每个岗位结合其职业特点以及培训考核的要求，包括《专业基础知识》、《专业管理实务》和《考试大纲·习题集》三个分册。

《考核系列用书（第二版）》汲取了第一版的优点，并综合考虑第一版使用中发现的问题及反馈的意见、建议，使其更适合培训教学和考生备考的需要。《考核系列用书（第二版）》系统性、针对性较强，通俗易懂，图文并茂，深入浅出，配以考试大纲和习题集，力求做到易学、易懂、易记、易操作。既是相关岗位培训考核的指导用书，又是一线专业岗位人员的实用工具书；既可供建设单位、施工单位及相关高职高专、中职中专学校教学培训使用，又可供相关专业人员自学参考使用。

《考核系列用书（第二版）》在编写过程中，虽然经多次推敲修改，但由于时间仓促，加之编著水平有限，如有疏漏之处，恳请广大读者批评指正（相关意见和建议请发送至JYXH05@163.com），以便我们认真加以修改，不断完善。

本书编写委员会

主　　编：汪　莹

副 主 编：徐庆平　童组玲

编写人员：洪　英　张晓岩

第二版前言

根据住房和城乡建设部的要求，2016 年起将逐步启用全国住房和城乡建设领域专业人员岗位统一考核评价题库，为更好贯彻落实《建筑与市政工程施工现场专业人员职业标准》JGJ/T 250—2011，保证培训教材更加贴近部颁《建筑与市政工程施工现场专业人员考核评价大纲》的要求，受江苏省住房和城乡建设厅委托，江苏省建设教育协会组织业内专家和培训老师，在《住房和城乡建设领域专业人员岗位培训考核系列用书》第一版的基础上进行了全面修订，编写了这套《住房和城乡建设领域专业人员岗位培训考核系列用书（第二版）》（以下简称《考核系列用书（第二版）》），本书为其中的一本。

质量员（市政工程）培训考核用书包括《质量员专业基础知识（市政工程）》（第二版）、《质量员专业管理实务（市政工程）》（第二版）、《质量员考试大纲·习题集（市政工程）》（第二版）三本，反映了国家现行规范、规程、标准，并以国家质量检查和验收规范为主线，不仅涵盖了现场质量检查人员应掌握的通用知识、基础知识、岗位知识和专业技能，还涉及新技术、新设备、新工艺、新材料等方面的知识。

本书为《质量员专业基础知识（市政工程）》（第二版）分册，全书共 9 章，内容包括：国家工程建设相关法律法规，工程材料的基本知识，施工图识读、绘制的基本知识，市政工程相关力学知识，市政工程施工测量的基本知识，城镇道路工程，城市桥梁工程，市政管道工程，工程项目管理和抽样统计分析。

本书既可作为质量员（市政工程）岗位培训考核的指导用书，又可作为施工现场相关专业人员的实用工具书，也可供职业院校师生和相关专业人员参考使用。

第一版前言

为贯彻落实住房城乡建设领域专业人员新颁职业标准，受江苏省住房和城乡建设厅委托，江苏省建设教育协会组织编写了《住房和城乡建设领域专业人员岗位培训考核系列用书》，本书为其中的一本。

质量员（市政工程）培训考核用书包括《质量员专业基础知识（市政工程）》、《质量员专业管理实务（市政工程）》、《质量员考试大纲·习题集（市政工程）》三本，反映了国家现行规范、规程、标准，并以国家质量检查和验收规范为主线，不仅涵盖了现场质量检查人员应掌握的通用知识、基础知识和岗位知识，还涉及新技术、新设备、新工艺、新材料等方面的知识。

本书为《质量员专业基础知识（市政工程）》分册。全书共分12章，内容包括：市政工程识图；市政工程施工测量；力学基础知识；建筑材料；桥梁结构基础；市政公用工程施工项目管理；城市道路工程施工技术；城市桥梁工程施工技术；城市管道工程施工技术；隧道工程施工技术；建设工程法律基础；职业道德与职业标准。

本书部分内容参考了江苏省建设专业管理人员岗位培训教材，对原培训教材作者的辛勤劳动和对本书出版工作的支持表示衷心感谢！

本书既可作为质量员（市政工程）岗位培训考核的指导用书，又可作为施工现场相关专业人员的实用手册，也可供职业院校师生和相关专业技术人员参考使用。

目 录

第1章 国家工程建设相关法律法规

1.1 建设法规概述

1.1.1 建设法规概念

建设法规是指国家立法机关或其授权的行政机关制定的旨在调整国家及其有关机构、企事业单位、社会团体、公民之间，在建设活动中或建设行政管理活动中发生的各种社会关系的法律、法规的统称。

1.1.2 建设法规调整的对象

建设法规的调整对象，即发生在各种建设活动中的社会关系、包括建设活动中所发生的行政管理关系、经济协作关系及其相关的民事关系。

1. 建设活动中的行政管理关系

建筑业是我国的支柱产业，建设活动与国民经济、人民生活和社会的可持续发展关系密切，国家必须对之进行全面的规范管理。建设活动中的行政管理关系，是国家及其建设行政主管部门同建设单位（业主）、设计单位、施工单位、建筑材料和设备的生产供应单位及建设监理等中介服务单位之间的管理和被管理关系。在法制社会里，这种关系必须要由相应的建设法规来规范、调整。

2. 建设活动中的经济协作关系

工程建设是多方主体参与的系统工程，在完成建设活动既定目标的过程中，各方的关系既是协作的又是博弈的。因此，各方的权利、义务关系必须由建设法规加以规范、调整，以保证在建设活动的经济协作关系中各方法律主体具有平等的法律地位。

3. 建设活动中的民事关系

在建设活动中涉及的土地征用、房屋拆迁及安置、房地产交易等，常会涉及公民的人身和财产权利，这就需要相关民事法律法规来规范和调整国家、单位和公民之间的民事权利义务。

1.1.3 建设法规体系

1. 建设法规体系的概念

法律法规体系，通常由一个国家的全部现行法律规定分类组合为不同的法律部门而形成的有机联系的统一整体。建设法规体系是国家法律体系的重要组成部分，是由国家制定或认可，并由国家强制力保证实施的，调整建设工程在新建、扩建、改建和拆除等有关活动中产生的社会关系的法律法规的系统。它是按照一定的原则、功能、层次所组成的互相联系、互相配合、相互补充、相互制约、协调一致的有机整体。

建设法规体系必须与国家整个法律体系相协调，但又因自身特定的法律调整对象而自成体系，具有相对独立性。根据法制统一的原则，一是要求建设法规体系必须服从国家法律体系的总要求，建设方面的法律必须与宪法和相关的法律保持一致，建设行政法规、部门规章和地方性法规、规章不得与宪法、法律以及上一个层次的法规相抵触。二是建设法规应能覆盖建设事业的各个行业、各个领域以及建设行政管理的全过程，使建设活动的各个方面都有法可依、有章可循，使建设行政管理的每一个环节都纳入法制轨道。三是在建设法规体系内部，不仅纵向不同层次的法规之间应当相互衔接，不能有抵触；横向同层次的法规之间也应协调配套，不能相互矛盾、重复或者留有"空白"。

2. 建设法规体系的构成

建设法规体系的构成即建设法规体系所采取的框架或结构。目前我国的建设法规体系采取"梯形结构"，即不设"中华人民共和国建设法律"，而是以若干并列的专项法律共同组成体系框架的顶层，再配置相应的下一位阶的行政法规和部门规章，形成若干既相互联系又相互对立的专项法律规范体系。根据《中华人民共和国立法法》有关立法权限的规定，我国建设法规体系应由以下五个层次组成。

（1）建设法律

建设法律是指全国人民代表大会及其常务委员会制定通过，由国家主席以主席令的形式发布的属于国务院建设行政主管部门业务范围的各项法律，如《中华人民共和国建筑法》、《中华人民共和国招标投标法》、《中华人民共和国城乡规划法》等。建设法律是建设法规体系的核心和基础。

（2）建设行政法规

建设行政法规是指由国务院制定，经国务院常务委员会审议通过，由国务院总理以中华人民共和国国务院令的形式发布的属于建设行政主管部门主管业务范围的各项法规。建设行政法规的名称常以"条例"、"办法"、"规定"、"规章"等名称出现，如《建设工程质量管理条例》、《建设工程安全生产管理条例》等。建设行政法规的效力低于建设法律，在全国范围内施行。

（3）建设部门规章

建设部门规章是指住房和城乡建设部根据国务院规定的职责范围，依法制定并颁布的各项规章或由住房和城乡建设部与国务院其他有关部门联合制定并发布的规章，如《实施工程建设强制性标准监督规定》、《工程建设项目施工招标投标办法》等。建设部门规章一方面是对法律、行政法规的规定进一步具体化，以便其得到更好地贯彻执行；另一方面是作为法律、法规的补充，为有关政府部门的行为提供依据。部门规章对全国有关行政管理部门具有约束力，但其效力低于行政法规。

（4）地方性建设法规

地方性建设法规是指在不与宪法、法律、行政法规相抵触的前提下，由省、自治区、直辖市人民代表大会及其常委会结合本地区实际情况制定颁行的或经其批准颁布的由下级人大或其常委会制定的，只在本行政区域有效的建设方面的法规。关于地方的立法权问题，地方是与中央相对应的一个概念，我国的地方人民政府分为省、地、县、乡四级。其中省级中包括直辖市，县级中包括县级市即不设区的市。县、乡没有立法权。省、自治区、直辖市以及省会城市、自治区首府有立法权。而地级市中只有国务院批准的规模较大的市有立法权，其他地级市没有立法权。

（5）地方建设规章

地方建设规章是指省、自治区、直辖市人民政府以及省会（自治区首府）城市和经国务院批准的较大城市的人民政府，根据法律和法规制定颁布的，只在本行政区域有效的建设方面的规章。

在建设法规的上述五个层次中，其法律效力从高到低依次为建设法律、建设行政法规、建设部门规章、地方性建设法规、地方建设规章。法律效力高的称为上位法，法律效率低的称为下位法。下位法不得与上位法相抵触，否则其相应规定将被视为无效。

1.2 《建筑法》

《中华人民共和国建筑法》（以下简称《建筑法》）于 1997 年 11 月 1 日发布，自 1998 年 3 月 1 日起施行。2011 年 4 月 22 日，中华人民共和国第十一届全国人民代表大会常务委员会第二十次会议通过了全国人民代表大会常务委员会关于修改《中华人民共和国建筑法》的决定，修改后的《中华人民共和国建筑法》自 2011 年 7 月 1 日起施行。

《建筑法》的立法目的在于加强对建筑活动的监督管理，维护建筑市场秩序，保证建筑工程的质量和安全，促进建筑业健康发展。《建筑法》共 8 章 85 条。

1.2.1 从业资格的有关规定

1. 建筑业企业的资质

从事土木工程、建筑工程、线路设备安装工程、装修工程的新建、扩建、改建等活动的企业称为建筑业企业。

《建筑法》第 12 条规定："从事建筑活动的建筑施工企业、勘察单位、设计单位和工程监理单位，应当具备下列条件：

① 有符合国家规定的注册资本；

② 有与其从事的建筑活动相适应的具有法定执业资格的专业技术人员；

③ 有从事相关建筑活动所应有的技术装备；

④ 法律、行政法规规定的其他条件。"

《建筑法》第 13 条规定："从事建筑活动的建筑施工企业、勘察单位、设计单位和工程监理单位，按照其拥有的注册资本、专业技术人员、技术装备和已完成的建筑工程业绩等资质条件，划分为不同的资质等级，经资质审查合格，取得相应等级的资质证书后，方可在其资质等级许可的范围内从事建筑活动。"

建筑业企业资质，是指建筑业企业的建设业绩、人员素质、管理水平、资金数量、技术装备等的总称。建筑业企业资质等级，是指国务院行政主管部门按资质条件把企业划分成的不同等级。

2. 建筑业企业资质序列及类别

建筑业企业资质分为施工总承包、专业承包和劳务分包三个序列。

施工总承包资质、专业承包资质、劳务分包资质序列可按照工程性质和技术特点分别划分为若干资质类别，见表1-1所示。

建筑业企业资质序列及类别　　　　　　　　　　表1-1

序号	资质序列	资质类别
1	施工总承包资质	分为12个类别，包括建筑工程、公路工程、铁路工程、港口与航道工程、水利水电工程、电力工程、矿山工程、冶炼工程、石油化工工程、市政公用工程、通信工程、机电安装工程
2	专业承包资质	分为36个类别；包括地基基础工程、起重设备安装工程、预拌混凝土工程、防水防腐保温工程、城市道路照明工程、铁路电气化工程、特种工程等
3	劳务分包资质	不分类别和等级

取得施工总承包资质的企业，不再申请总承包资质覆盖范围内的各专业承包类别资质，即可承揽专业承包工程。

3. 建筑业企业资质等级

施工总承包、专业承包、劳务分包各资质类别按照规定的条件划分为若干资质等级。建筑业企业各资质等级标准和各类别等级资质企业承担工程的具体范围，由国务院建设主管部门会同国务院有关部门制定。

建筑工程、市政公用工程施工总承包企业资质等级均分为特级、一级、二级、三级。专业承包企业资质等级分类见表1-2。

专业承包企业资质等级　　　　　　　　　　表1-2

企业类别	等级分类	企业类别	等级分类
地基基础工程	一、二、三级	铁路电务工程	一、二、三级
起重设备安装工程	一、二、三级	铁路铺轨架梁工程	一、二级
预拌混凝土	不分等级	铁路电气化工程	一、二、三级
电子与智能化工程	一、二级	机场场道工程	一、二级
消防设施工程	一、二级	民航空管工程及机场弱点系统工程	一、二级
防水防腐保温工程	一、二级	机场目视助航工程	一、二级
桥梁工程	一、二、三级	港口与海岸工程	一、二、三级
隧道工程工程	一、二、三级	航道工程	一、二、三级
钢结构工程	一、二、三级	通航建筑物工程	一、二、三级
模板脚手架工程	不分等级	港航设备安装及水上交管工程	一、二级
建筑装修装饰工程	一、二级	水工金属结构制作与安装工程	一、二、三级
建筑机电安装工程	一、二、三级	水利水电机电安装工程	一、二、三级
建筑幕墙工程	一、二级	河湖整治工程	一、二、三级
古建筑工程	一、二、三级	输变电工程	一、二、三级
城市及道路照明工程	一、二、三级	核工程	一、二级
公路路面工程	一、二、三级	海洋石油工程	一、二级
公路路基工程	一、二、三级	环保工程	一、二、三级
公路交通工程(分公路机电工程和公路安全设施两个分项)	一、二级	特种工程	不分等级

自 2015 年 1 月 1 日起执行的最新建筑企业资质标准中非常重要的一点就是施工劳务资质的变化。原劳务分包企业资质标准分为木工作业、砌筑作业等 13 个专业，并且部分有等级之分，最新建筑企业资质标准汇总施工劳务资质不分专业，不分等级。

最新的施工劳务企业资质标准中只对企业资产和企业人员进行了要求，且获得施工劳务企业资质的企业可以承担各类施工劳务作业。相对旧的资质标准，新标准主要有如下变化：

① 企业资产要求变高了；

② 增加了营业场所的要求；

③ 提高了对技术负责人的要求；

④ 增加了对持有岗位证书的施工现场管理人员的要求；

⑤ 提高了对技术工人的数量要求；

⑥ 取消了对业绩的要求；

⑦ 取消了对机具的要求。

现行施工劳务企业资质标准：

① 企业资产

A. 净资产 200 万元以上；

B. 具有固定的经营场所。

② 企业主要人员

A. 技术负责人具有工程序列中级以上职称或高级工以上资格；

B. 持有岗位证书的施工现场管理人员不少于 5 人，且施工员、质量员、安全员、劳务员等人员齐全；

C. 经考核或培训合格的技术工人不少于 50 人。

4. 承揽业务的范围

1）施工总承包企业

施工总承包企业可以承接施工总承包工程。施工总承包企业可以对所承接的施工总承包工程内各专业工程全部自行施工，也可以将专业工程或劳务作业依法分包给具有相应资质的专业承包企业或劳务分包企业。

建筑工程、市政公用工程施工总承包企业可以承揽的业务范围见表 1-3 和表 1-4。

建筑工程施工总承包企业承包工程范围 表 1-3

序号	企业资质	承包工程范围
1	特级	可承担各类房屋建筑工程的施工
2	一级	可承担单项建安合同额 3000 万元以上的下列房屋建筑工程的施工： 高度 200m 及以下的工业、民用建筑工程； 高度 240m 以下的构筑物工程
3	二级	单跨跨度 39m 及以下的建筑工程； 高度 120m 及以下的构筑物工程； 建筑面积 4 万 m² 及以下的单体工业、民用建筑工程； 高度 100m 以下的工业、民用建筑工程

序号	企业资质	承包工程范围
4	三级	单跨跨度 27m 及以下的建筑工程； 高度 70m 及以下的构筑物工程； 建筑面积 1.2 万 m² 及以下的单体工业、民用建筑工程； 高度 50m 以下的工业、民用建筑工程

市政公用工程施工总承包企业承包工程范围 表 1-4

序号	企业资质	承包工程范围
1	一级	可承担各类市政公用工程的施工。
2	二级	(1)各类城市道路工程；单跨跨度 45m 以内桥梁工程；断面 25m² 及以下隧道工程和地下交通工程； (2)15 万 t/日及以下供水工程；10 万 t/日及以下污水处理工程；25 万 t/日及以下给水、污水泵站；15 万 t/日及以下污水、雨水泵站；各类给排水及中水管道工程； (3)中压及以下燃气管道、调压站；供热面积 150 万 m² 以下热力工程和各类热力管道工程； (4)各类城市生活垃圾处理工程； (5)各类城市广场、地面停车场硬质铺装； (6)单项合同额 2500 万以下的市政综合工程 (7)断面 25m² 以下隧道工程和地下交通工程
3	三级	(1)城市道路工程(不含快速路)；单跨跨度 25m 以内桥梁工程；公共广场工程； (2)8 万 t/日及以下给水厂；6 万 t/日及以下污水处理工程；10 万 t/日及以下给水、污水泵站；直径 1m 以内供水管道；直径 1.5m 以内污水及中水管道； (3)2 公斤/平方厘米以下中压、低压燃气管道、调压站；供热面积 50 万 m² 及以下热力工程；直径 0.2m 以内热力管道； (4)单项合同额 2500 万元以下的城市生活垃圾处理工程； (5)单项合同额 2000 万元以下地下交通工程(不包括轨道交通工程)； (6)5000 平方米以下城市广场、地面停车场硬质铺装； (7)单项合同额 2500 万元以下的市政综合工程

2）专业承包企业

专业承包企业可以承接施工总承包企业分包的专业工程和建设单位依法发包的专业工程。专业承包企业可以对所承接的专业工程全部自行施工，也可以将劳务作业依法分包给具有资质的劳务分包企业。

3）建筑劳务分包企业

劳务分包企业可以承接施工总承包企业或专业承包企业分包的劳务作业。

5. 市政施工总承包企业资质标准

1）特级资质标准

2015 年新资质标准中规定"特级资质标准另行规定"，因此，在新标准出台前，仍采用 2007 年的标准：

企业注册资本金 3 亿元以上；

企业净资产 3.6 亿元以上；

企业近 3 年上缴建筑业营业税均在 5000 万元以上；

企业其他条件均达到一级资质标准。

2）一级资质标准

企业资产：净资产 1 亿元以上。

企业主要人员：

① 市政公用工程专业一级注册建造师不少于 12 人；

② 技术负责人具有 10 年以上从事工程施工技术管理工作经历，且具有市政工程相关专业高级职称；市政工程相关专业中级以上职称人员不少于 30 人，且专业齐全；

③ 持有岗位证书的施工现场管理人员不少于 50 人，且施工员、质量员、安全员、机械员、造价员、劳务员等人员齐全；

④ 考核或培训合格的中级工以上技术工人不少于 150 人。

企业工程业绩：

近 10 年承担过下列 7 类中的 4 类工程的施工，其中至少有第 1 类所列工程，工程质量合格。

① 累计修建城市主干道 25km 以上；或累计修建城市次干道以上道路面积 150 万 m^2 以上；或累计修建城市广场硬质铺装面积 10 万平方米以上；

② 累计修建城市桥梁面积 10 万 m^2 以上；或累计修建单跨 40m 以上的城市桥梁 3 座；

③ 累计修建直径 1m 以上的排水管道（含净宽 1m 以上方沟）工程 20km 以上；或累计修建直径 0.6m 以上供水、中水管道工程 20km 以上；或累计修建直径 0.3m 以上的中压燃气管道工程 20km 以上；或累计修建直径 0.5m 以上的热力管道工程 20km 以上；

④ 修建 8 万 t/日以上的污水处理厂或 10 万 t/日以上的供水厂工程 2 项；或修建 20 万 t/日以上的给水泵站、10 万 t/日以上的排水泵站 4 座；

⑤ 修建 500t/日以上的城市生活垃圾处理工程 2 项；

⑥ 累计修建断面 20m^2 以上的城市隧道工程 3km 以上；

⑦ 单项合同额 3000 万元以上的市政综合工程项目 2 项。

技术装备：

具有下列 3 项中的 2 项机械设备：

① 摊铺宽度 8m 以上沥青混凝土摊铺设备 2 台；

② 100kW 以上平地机 2 台；

③ 直径 1.2m 以上顶管设备 2 台。

3）二级资质标准

企业资产：净资产 4000 万元以上。

企业主要人员：

① 市政公用工程专业注册建造师不少于 12 人；

② 技术负责人具有 8 年以上从事工程施工技术管理工作经历，且具有市政工程相关专业高级职称或市政公用工程一级注册建造师执业资格；市政工程相关专业中级以上职称人员不少于 15 人，且专业齐全；

③ 持有岗位证书的施工现场管理人员不少于 30 人，且施工员、质量员、安全员、机械员、造价员、劳务员等人员齐全；

④ 经考核或培训合格的中级工以上技术工人不少于 75 人。

企业工程业绩：

近 10 年承担过下列 7 类中的 4 类工程的施工，其中至少有第 1 类所列工程，工程质量合格。

① 累计修建城市道路 10km 以上；或累计修建城市道路面积 50 万 m² 以上；

② 累计修建城市桥梁面积 5 万 m² 以上；或修建单跨 20 米以上的城市桥梁 2 座；

③ 累计修建排水管道工程 10km 以上；或累计修建供水、中水管道工程 10km 以上；或累计修建燃气管道工程 10km 以上；或累计修建热力管道工程 10km 以上；

④ 修建 4 万吨/日以上的污水处理厂或 5 万 t/日以上的供水厂工程 2 项；或修建 5 万 t/日以上的给水泵站、排水泵站 4 座；

⑤ 修建 200t/日以上的城市生活垃圾处理工程 2 项；

⑥ 累计修建城市隧道工程 1.5km 以上；

⑦ 单项合同额 2000 万元以上的市政综合工程项目 2 项。

4）三级资质标准

企业资产：净资产 1000 万元以上。

企业主要人员：

① 市政公用工程专业注册建造师不少于 5 人；

② 技术负责人具有 5 年以上从事工程施工技术管理工作经历，且具有市政工程相关专业中级以上职称或市政公用工程注册建造师执业资格；市政工程相关专业中级以上职称人员不少于 8 人；

③ 持有岗位证书的施工现场管理人员不少于 15 人，且施工员、质量员、安全员、机械员、造价员、劳务员等人员齐全；

④ 经考核或培训合格的中级工以上技术工人不少于 30 人；

⑤ 技术负责人（或注册建造师）主持完成过本类别资质二级以上标准要求的工程业绩不少于 2 项。

1.2.2　建筑工程承包的有关规定

1. 建筑业企业资质管理规定

《建筑法》第 26 条规定："承包建筑工程的单位应当持有依法取得的资质证书，并在其资质等级许可的业务范围内承揽工程。禁止建筑施工企业超越本企业资质等级许可的业务范围或者以任何形式用其他建筑施工企业的名义承揽工程。禁止建筑施工企业以任何形式允许其他单位或者个人使用本企业的资质证书、营业执照，以本企业的名义承揽工程。"

2005 年 1 月 1 日开始实行的《最高人民法院关于审理建设工程施工合同纠纷案件适用性法律问题的解释》第 1 条规定："建设工程施工合同具有下列情形之一的，应当根据合同法第 52 条第（5）项的规定，认定无效：

1）承包人未取得建筑施工企业资质或者超越资质等级的；

2）没有资质的实际施工人借用有资质的建筑施工企业名义的；

3）建设工程必须进行招标而未招标或者中标无效的。"

2. 联合承包

两个以上的承包单位组成联合体共同承包建设工程的行为称为联合承包。《建筑法》第 27 条规定："大型建筑工程或者结构复杂的建筑工程，可以由两个以上的承包单位联合共同承包。"

1）联合体资质的认定

《建筑法》第 27 条规定：两个以上不同资质等级的单位实行联合共同承包的，应当按照资质等级低的单位的业务许可范围承揽工程。

2）联合体中各成员单位的责任承担

组成联合体的成员单位招标之前必须要签订共同投标协议，明确约定各方拟承担的工作和责任，并将共同投标协议连同投标文件一并提交招标人。否则，依据《工程建设项目施工招标投标办法》，由评标委员会初审后按废标处理。

《建筑法》第 27 条还规定："共同承包的各方对承包合同的履行承担连带责任。"《民法通则》第 87 条规定，负有连带义务的每个债务人，都负有清偿全部债务的义务。因此，联合体的成员单位都负有清偿全部债务的义务。

3. 转包

转包系指承包单位承包建设工程后，不履行合同约定的责任和义务，将其承包的全部建设工程转给他人或者将其承包的全部建筑工程肢解以后以分包的名义分别转给其他单位承包的行为。

《建筑法》禁止转包行为，第 28 条规定："禁止承包单位将其承包的全部建筑工程转包给他人，禁止承包单位将其承包的全部建设工程肢解以后以分包的名义分别转包给他人。"

《最高人民法院关于审理建设工程施工合同纠纷案件适用法律问题的解释》第 4 条规定："承包人非法转包、违法分包建设工程或者有没有资质的实际施工人借用有资质的建筑施工企业名义与他人签订建设工程施工合同的行为无效。人民法院可以依据民法通则的规定，收缴当事人已经取得的非法所得。"

4. 分包

1）分包的概念

总承包单位将其所承包的工程中的专业工程或者劳务作业分包给其他承包单位完成的活动称为分包。

分包分为专业工程分包和劳务作业分包。专业工程分包，是指总承包单位将其所承包工程中的专业工程分包给具有相应资质的其他承包单位完成的活动。劳务作业分包，是指施工总承包企业或者专业承包企业将其承包工程中的劳务作业发包给劳务分包企业完成的活动。

《建筑法》第 29 条规定："建筑工程总承包单位可以将承包工程中的部分工程发包给具有相应资质条件的分包单位。"

2）违法分包

《建筑法》第 29 条规定："禁止总承包单位将工程分包给不具备相应资质条件的单位，禁止分包单位将其承包的工程再分包。"

依据《建筑法》的规定，《建设工程质量管理条例》进一步将违法分包界定为如下几种情形：

①总承包单位将建设工程分包给不具备相应资质条件的单位的；

②建设工程总承包合同中未有约定，又未经建设单位认可，承包单位将其承包的部分建设工程交由其他单位完成的；

③施工总承包单位将建设工程主体结构的施工分包给其他单位的；

④ 分包单位将其承包的建设工程再分包的。

3）总承包单位与分包单位的连带责任

《建筑法》第 29 条规定："总承包单位和分包单位就分包工程对建设单位承担连带责任。"

连带责任既可以依合同约定产生，也可以依法律规定产生。总承包单位和分包单位之间的责任划分，应当依据双方的合同约定或者各自过错大小确定；一方向建设单位承担的责任超过其应承担份额的，有权向另一方追偿。需要说明的是，虽然建设单位和分包单位之间没有合同关系，但是当分包工程发生质量、安全、进度等方面问题给建设单位造成损失时，建设单位既可以根据总承包合同向总承包单位追究违约责任，也可以根据法律规定直接要求分包单位承担损害赔偿责任，分包单位不得拒绝。

4）违法分包建设工程应承担连带责任（案例）

【案情】

2012 年 4 月，被告建筑公司从某新农村投资建设有限公司处承包一集中居住区建筑工程后，将该工程承包给无施工资质的被告杨某，杨某及其父又将该工程混凝土浇筑、砌筑、内外粉刷等项目分包给无施工资质的原告夏某。夏某按约进行了施工。2013 年 4 月，原告夏某因追要工程欠款以及工人工伤赔偿等事宜与被告发生矛盾告上法庭。

【审理】

本案中没有证据证明杨某父子系被告建筑公司的工作人员，故表明被告杨某父子共同承接了该工程，其相对于建筑公司系实际施工人。杨某父子又将部分工程分包给原告夏某，原告相对于杨某父子系实际施工人。因原告及被告杨某父子均无施工资质，且分包行为违反法律法规强制性规定，故原、被告之间的合同系无效合同，但原告已按合同约定完成了施工任务，并已确定了工程价款。实际施工人要求参照合同约定支付工程款的，法院应予支持。据此，法院判决被告杨某父子给付原告工程欠款 332961 元，被告建筑公司承担连带责任。

【评析】

第一，我国对从事建筑活动的建设工程企业实行资质等级许可制度。《建筑法》第 13 条规定："从事建筑活动的建筑施工企业、勘察单位、设计单位和工程监理单位，按照其拥有的注册资本、专业技术人员、技术装备和已完成的建筑工程业绩等资质条件，划分为不同的资质等级，经资质审查合格，取得相应等级的资质证书后，方可在其资质等级许可的范围内从事建筑活动。"因此，承包建筑工程的单位应当持有依法取得的资质证书、并在其资质等级许可的业务范围内承揽工程。

第二，违法分包建设工程应承担连带责任。我国《合同法》第 272 条规定："……承包人不得将其承包的全部建设工程转包给第三人或者将其承包的全部建设工程肢解以后以分包的名义分别转包给第三人。禁止承包人将工程分包给不具备相应资质条件的单位。禁止分包单位将其承包的工程再分包。建设工程主体结构的施工必须由承包人自行完成。"总承包人明知建筑施工承包人没有相应的资质，具有过错，应当承担连带责任。

第三，当前建筑业领域资质挂靠、非法转包等现象问题突出。一些资质较低甚至没有资质的建筑企业、工程队乃至个人，挂靠具有较高建筑资质的企业，参与竞标并成功竞标现象比较常见。尽管法律法规对建设工程分包有严格的限制，但在实际运作中，具有相应资质的建筑公司在中标后，往往将工程分包或转包给资质较低或没有资质的建筑企业、工程队甚至个人。此类现象，轻则影响工程质量，重则关系民生安全，比如工程款纠纷往往涉及拖欠农民工工资等问题，处理不当易影响民生及社会稳定，需引重视和加强综合治理。

1.2.3 建筑安全生产管理的有关规定

1. 建筑安全生产管理方针

建筑安全生产管理是指建设行政主管部门、建筑安全监督管理机构，建筑施工企业及有关单位对建筑生产过程中的安全工作，进行计划、组织、指挥、控制、监督等一系列的管理活动。

《建筑法》第36条规定："建筑工程安全生产管理必须坚持安全第一、预防为主的方针。"

安全生产关系到人民群众生命和财产安全，关系到社会稳定和经济健康发展。"安全第一"是安全生产方针的基础；"预防为主"是安全生产方针的核心和具体体现，是实现安全生产的根本途径，生产必须安全，安全促进生产。

安全第一，是从保护和发展生产力的角度，表明在生产范围内安全与生产的关系，肯定安全在建筑生产活动中的首要位置和重要性。"安全第一"还反映了当安全与生产发生矛盾的时候，应当服从安全、消灭隐患、保证建设工程在安全的条件下生产。

预防为主，是指在建设工程生产活动中，针对建设工程生产的特点，对生产要素采取管理措施，有效地控制不安全因素的发展与扩大，把可能发生的事故消灭在萌芽状态，以保证生产活动中人的安全、健康及财产安全。"预防为主"则体现在事先策划、事中控制、事后总结。通过信息收集，归类分析，制定预案，控制防范。

安全第一、预防为主的方针，体现了国家在建设工程安全生产过程中"以人为本"的思想，也体现了国家对保护劳动者权利、保护社会生产力的高度重视。

2. 建设工程安全生产基本制度

（1）安全生产责任制度

《建筑法》第36条规定："建筑工程安全生产管理必须建立健全安全生产的责任制度"。第44条又规定："建筑施工企业必须依法加强对建筑安全生产的管理，执行安全生产责任制度，采取有效措施，防止伤亡和其他安全生产事故的发生。"

安全生产责任制度是将企业各级负责人、各职能机构及其工作人员和各岗位作业人员在安全生产方面应做的工作及应负的责任加以明确规定的一种制度。安全生产责任制度是建筑生产中最基本的安全管理制度，是所有安全规章制度的核心，是安全第一、预防为主方针的具体体现。建筑施工单位的安全生产责任制主要包括企业各级领导人员的安全职责、企业各有关职能部门的安全生产职责以及施工现场管理人员及作业人员的安全职责三个方面。

（2）群防群治制度

《建筑法》第36条规定："建筑工程安全生产管理必须坚持安全第一、预防为主的方针，建立健全群防群治制度。"

群防群治制度是职工群众进行预防和治理安全的一种制度。群防群治制度也是"安全第一、预防为主"的具体体现，同时也是群众路线在安全工作中的具体体现，是企业进行民主管理的重要内容。

（3）安全生产教育培训制度

《建筑法》46条规定："建筑施工企业应当建立健全劳动安全生产教育培训制度，加强对职工安全生产的教育培训；未经安全生产教育培训的人员，不得上岗作业。"

安全生产教育培训制度是对广大建筑干部职工进行安全教育培训，提高安全意识，增加安全知识和技能的制度。

（4）伤亡事故处理报告制度

《建筑法》第51条规定："施工中发生事故时，建筑施工企业应当采取紧急措施减少人员伤亡和事故损失，并按照国家有关规定及时向有关部门报告。"

伤亡事故处理报告制度是指施工中发生事故时，建筑企业应当采取紧急措施减少人员伤亡和事故损失，并按照国家有关规定及时向有关部门报告的制度。事故处理必须遵循一定的程序，坚持"四不放过"原则，即事故原因分析不清不放过，事故责任者和群主没受到教育不放过，事故隐患不整改不放过，事故的责任者没有受到处理不放过。通过对事故的严格处理，可以总结出教训，为制定规程、规章提供第一手素材，做到亡羊补牢。

（5）安全生产检查制度

安全生产检查制度是上级管理部门或企业自身对安全生产状况进行定期或不定期检查的制度。通过检查可以发现问题，查出隐患，从而采取有效措施，堵塞漏洞，把事故消灭在发生之前，做到防患于未然，是"预防为主"的具体体现。通过检查，还可总结出好的经验加以推广，为进一步搞好安全工作打下基础。安全检查制度是安全生产的保障。

（6）安全责任追究制度

建设单位、设计单位、施工单位、监理单位，由于没有履行职责造成人员伤亡和事故损失的，视情节给予相应处理；情节严重的，责令停业整顿，降低资质等级或吊销资质证书；构成犯罪的，依法追究刑事责任。

3.《建筑法》其他相关规定

《建筑法》第38条：建筑施工企业在编制施工组织设计时，应当根据建筑工程的特点制定相应的安全技术措施；对专业性较强的工程项目，应当编制专项安全施工组织设计，并采取安全技术措施。

《建筑法》第39条：建筑施工企业应当在施工现场采取维护安全、防范危险、预防火灾等措施；有条件的，应当对施工现场实行封闭管理。

《建筑法》第41条：建筑施工企业应当遵守有关环境保护和安全生产的法律、法规的规定，采取控制和处理施工现场的各种粉尘、废气、废水、固体废物以及噪声、振动对环境的污染和危害的措施。

《建筑法》第44条：建筑施工企业必须依法加强对建筑安全生产的管理，执行安全生产责任制度，采取有效措施，防止伤亡和其他安全生产事故的发生。建筑施工企业的法定代表人对本企业的安全生产负责。

《建筑法》第45条：施工现场安全由建筑施工企业负责。实行施工总承包的，由总承包单位负责。分包单位向总承包单位负责，服从总承包单位对施工现场的安全生产管理。

《建筑法》第46条：建筑施工企业应当建立健全劳动安全生产教育培训制度，加强对职工安全生产的教育培训；未经安全生产教育培训的人员，不得上岗作业。

《建筑法》第47条：建筑施工企业和作业人员在施工过程中，应当遵守有关安全生产的法律、法规和建筑行业安全规章、规程，不得违章指挥或者违章作业。作业人员有权对影响人身健康的作业程序和作业条件提出改进意见，有权获得安全生产所需的防护用品。作业人员对危及生命安全和人身健康的行为有权提出批评、检举和控告。

《建筑法》第48条：建筑施工企业，应当依法为职工参加工伤保险缴纳工程保险费。鼓励企业为从事危险作业的职工办理意外伤害保险，支付保险费。必须为从事危险作业的职工办理意外伤害保险，支付保险费。

《建筑法》第51条：施工中发生事故时，建筑施工企业应当采取紧急措施减少人员伤亡和事故损失，并按照国家有关规定及时向有关部门报告。

1.2.4 建筑工程质量管理的有关规定

1. 建筑施工企业的质量责任与义务

《建筑法》第54条：建设单位不得以任何理由，要求建筑设计单位或者建筑施工企业在工程设计或者施工作业中，违反法律、行政法规和建筑工程质量、安全标准，降低工程质量。建筑设计单位和建筑施工企业对建设单位违反前款规定提出的降低工程质量的要求，应当予以拒绝。

《建筑法》第55条：建筑工程实行总承包的，工程质量由工程总承包单位负责，总承包单位将建筑工程分包给其他单位的，应当对分包工程的质量与分包单位承担连带责任。分包单位应当接受总承包单位的质量管理。

《建筑法》第58条："建筑施工企业对工程的施工质量负责。""建筑施工企业必须按照工程设计图纸和施工技术标准施工，不得偷工减料。工程设计的修改由原设计单位负责，建筑施工企业不得擅自修改工程设计。"

《建筑法》第59条："建筑施工企业必须按照工程设计要求、施工技术标准和合同的约定，对建筑材料、建筑构配件和设备进行检验，不合格的不得使用。"

《建筑法》第60条："建筑物在合理使用寿命内，必须确保地基基础工程和主体结构的质量。建筑工程竣工时，屋顶、墙面不得留有渗漏、开裂等质量缺陷；对已发现的质量缺陷，建筑施工企业应当修复。"

2. 建设工程竣工验收制度

《建筑法》第61条规定："交付竣工验收的建设工程，必须符合规定的建筑工程质量标准，有完整的工程技术经济资料和经签署的工程保修书，并具备国家规定的其他竣工条件。建筑工程竣工经验收合格后，方可交付使用；未经验收或者验收不合格的，不得交付使用。"

建设工程项目的竣工验收，指在建筑工程已按照设计要求完成全部施工任务，准备交付给建设单位投入使用时，由建设单位或有关主管部门依照国家关于建筑工程竣工验收制度的规定，对该项工程是否符合设计要求和工程质量标准所进行的检查、考核工作。工程项目的竣工验收是施工全过程的最后一道工序，也是工程项目管理的最后一项工作。它是建设投资成果转入生产或使用的标志，也是全面考核投资效益、检验设计和施工质量的重要环节。

3. 建设工程质量保修制度

《建筑法》第 62 条规定："建筑工程实行质量保修制度。"同时，还对质量保修的范围和期限作了规定："建筑工程的保修范围应当包括地基基础工程、主体结构工程、屋面防水工程和其他土建工程，以及电气管线、上下水管线的安装工程，供热、供冷系统工程等项目；保修的期限应当按照保证建筑物合理寿命年限内正常使用，维护使用者合法权益的原则确定。具体的保修范围和最低保修期限由国务院规定。"

建设工程质量保修制度，是指建设工程竣工验收后，在规定的保修期限内，因勘察、设计、施工、材料等原因造成的质量缺陷，应当由施工承包单位负责维修、返工或更换，由责任单位负责赔偿损失的法律制度。

国务院在《建设工程质量管理条例》中关于建设工程质量保修的具体规定：

第三十九条建设工程实行质量保修制度。建设工程承包单位在向建设单位提交工程竣工验收报告时，应当向建设单位出具质量保修书。质量保修书中应当明确建设工程的保修范围、保修期限和保修责任等。

第四十条在正常使用条件下，建设工程的最低保修期限为：（一）基础设施工程、房屋建筑的地基基础工程和主体结构工程，为设计文件规定的该工程的合理使用年限；（二）屋面防水工程、有防水要求的卫生间、房间和外墙面的防渗漏，为 5 年；（三）供热与供冷系统，为 2 个采暖期、供冷期；（四）电气管线、给排水管道、设备安装和装修工程，为 2 年。其他项目的保修期限由发包方与承包方约定。建设工程的保修期，自竣工验收合格之日起计算。

第四十一条建设工程在保修范围和保修期限内发生质量问题的，施工单位应当履行保修义务，并对造成的损失承担赔偿责任。

第四十二条建设工程在超过合理使用年限后需要继续使用的，产权所有人应当委托具有相应资质等级的勘察、设计单位鉴定，并根据鉴定结果采取加固、维修等措施，重新界定使用期。

1.3 《安全生产法》

《中华人民共和国安全生产法》是为了加强安全生产工作，防止和减少生产安全事故，保障人民群众生命和财产安全，促进经济社会持续健康发展，制定本法。

《中华人民共和国安全生产法》（以下简称《安全生产法》）由中华人民共和国第九届全国人民代表大会常务委员会第二十八次会议于 2002 年 6 月 29 日通过，自 2002 年 11 月 1 日起施行。2014 年 8 月 31 日第十二届全国人民代表大会常务委员会通过关于修改《中华人民共和国安全生产法》的决定，自 2014 年 12 月 1 日起施行。

《安全生产法》包括总则、生产经营单位的安全生产保障、从业人员的权利和义务、安全生产的监督管理、生产安全事故的应急救援与调查处理、法律责任、附则 7 章，共 99 条。对生产经营单位的安全生产保障、从业人员的权利和义务、安全生产的监督管理、生产安全事故的应急救援与调查处理四个主要方面做出了规定。

1.3.1 生产经营单位安全生产保障的有关规定

1. 组织保障措施

（1）建立安全生产管理机构

《安全生产法》第21条规定：矿山、金属冶炼、建筑施工、道路运输单位和危险物品的生产、经营、储存单位，应当设置安全生产管理机构或者配备专职安全生产管理人员。

（2）明确岗位责任

《安全生产法》第18条规定：生产经营单位的主要负责人对本单位安全生产工作负有下列职责：

① 建立、健全本单位安全生产责任制；

② 组织制定本单位安全生产规章制度和操作规程；

③ 组织制定并实施本单位安全生产教育和培训计划；

④ 保证本单位安全生产投入的有效实施；

⑤ 督促、检查本单位的安全生产工作，及时消除生产安全事故隐患；

⑥ 组织制定并实施本单位的生产安全事故应急救援预案；

⑦ 及时、如实报告生产安全事故。

同时，第47条规定：生产经营单位发生重大生产安全事故时，单位的主要负责人应当立即组织抢救，并不得在事故调查处理期间擅离职守。

《安全生产法》第30条规定：建设项目安全设施的设计人、设计单位应当对安全设施设计负责。矿山、金属冶炼建设项目和用于生产、储存、装卸危险物品的建设项目的安全设施设计应当按照国家有关规定报经有关部门审查，审查部门及其负责审查的人员对审查结果负责。

《安全生产法》第31条规定：矿山、金属冶炼建设项目和用于生产、储存、装卸危险物品的建设项目的施工单位必须按照批准的安全设施设计施工，并对安全设施的工程质量负责。

矿山、金属冶炼建设项目和用于生产、储存危险物品的建设项目竣工投入生产或者使用前，应当由建设单位负责组织对安全设施进行验收；验收合格后，方可投入生产和使用。安全生产监督管理部门应当加强对建设单位验收活动和验收结果的监督核查。

《安全生产法》第34条规定：生产经营单位使用的危险物品的容器、运输工具，以及涉及人身安全、危险性较大的海洋石油开采特种设备和矿山井下特种设备，必须按照国家有关规定，由专业生产单位生产，并经具有专业资质的检测、检验机构检测、检验合格，取得安全使用证或者安全标志，方可投入使用。检测、检验机构对检测、检验结果负责。

2. 管理保障措施

（1）人力资源管理

《安全生产法》第24条规定：生产经营单位的主要负责人和安全生产管理人员必须具备与本单位所从事的生产经营活动相应的安全生产知识和管理能力。

危险物品的生产、经营、储存单位以及矿山、金属冶炼、建筑施工、道路运输单位的主要负责人和安全生产管理人员，应当由主管的负有安全生产监督管理职责的部门对其安全生产知识和管理能力考核合格。考核不得收费。

《安全生产法》第 25 条规定：生产经营单位应当对从业人员进行安全生产教育和培训，保证从业人员具备必要的安全生产知识，熟悉有关的安全生产规章制度和安全操作规程，掌握本岗位的安全操作技能，了解事故应急处理措施，知悉自身在安全生产方面的权利和义务。未经安全生产教育和培训合格的从业人员，不得上岗作业。

生产经营单位使用被派遣劳动者的，应当将被派遣劳动者纳入本单位从业人员统一管理，对被派遣劳动者进行岗位安全操作规程和安全操作技能的教育和培训。劳务派遣单位应当对被派遣劳动者进行必要的安全生产教育和培训。

生产经营单位应当建立安全生产教育和培训档案，如实记录安全生产教育和培训的时间、内容、参加人员以及考核结果等情况。

《安全生产法》第 27 条规定：生产经营单位的特种作业人员必须按照国家有关规定经专门的安全作业培训，取得特种作业操作资格证书，方可上岗作业。特种作业人员的范围由国务院负安全生产监督管理部门会同国务院有关部门确定。

（2）物质资源管理

《安全生产法》第 32 条规定：生产经营单位应当在有较大危险因素的生产经营场所和有关措施、设备上，设置明显的安全警示标志。

《安全生产法》第 33 条规定：安全设备的设计、制造、安装、使用、检测、维修、改造和报废，应当符合国家标准或者行业标准。生产经营单位必须对安全设备进行经常性维护、保养，并定期检测，保证正常运转。维护、保养、检测应当做好记录，并由有关人员签字。

《安全生产法》第 35 条规定：国家对严重危及生产安全的工艺、设备实行淘汰制度。生产经营单位不得使用国家明令淘汰、危及生产安全的工艺、设备。

3. 经济保障措施

（1）保证安全生产所必需的资金

《安全生产法》第 20 条规定：生产经营单位应当具备的安全生产条件所必需的资金投入，由生产经营单位的决策机构、主要负责人或者个人经营的投资人予以保证，并对由于安全生产所必需的资金投入不足导致的后果承担责任。

（2）保证安全设施所需要的资金

《安全生产法》第 28 条规定：生产经营单位新建、改建、扩建工程项目（以下统称建设项目）的安全设施，必须与主体工程同时设计、同时施工、同时投入生产和使用。安全设施投资应当纳入建设项目概算。

（3）保证劳动防护用品、安全生产培训所需要的资金

《安全生产法》第 42 条规定：生产经营单位必须为从业人员提供符合国家标准或者行业标准的劳动防护用品，并监督、教育从业人员按照使用规则佩戴、使用。

《安全生产法》第 44 条规定：生产经营单位应当安排用于配备劳动防护用品，进行安全生产培训的经费。

（4）保证工伤社会保险所需要的资金

《安全生产法》第 48 条规定：生产经营单位必须依法参加工伤社会保险，为从业人员缴纳保险费。

4. 技术保障措施

（1）对新工艺、新技术、新材料或者使用新设备的管理

《安全生产法》第 26 条规定：生产经营单位采用新工艺，新技术，新材料或者使用新

设备，必须了解、掌握其安全技术特性，采取有效的安全防护措施，并对从业人员进行专门的安全生产教育和培训。

（2）对安全评价的管理

《安全生产法》第29条规定：矿山建设项目和用于生产，储存危险品的建设项目，应当分别按照国家有关规定进行安全评价。

（3）对放弃危险物品的管理

《安全生产法》第36条规定：生产、经营、运输、储存、使用危险物品或者处置废弃危险物品的，由有关主管部门依照有关法律、法规的规定和国家标准或者行业标准审批并实施监督管理。生产经营单位生产、经营、运输、储存、使用危险物品或者处置废弃危险物品，必须执行有关法律、法规和国家标准或者行业标准，建立专门的安全管理制度，采取可靠的安全措施，接受有关主管部门依法实施的监督管理。

（4）对重大危险源的管理

《安全生产法》第37条规定：生产经营单位对重大危险源应当登记建档，进行定期检测、评估、监控，并制定应急预案，告知从业人员和相关人员在紧急情况下应当采取的应急措施。生产经营单位应当按照国家有关规定将本单位重大危险源及有关安全措施，应急措施报有关地方人民政府负责安全生产监督管理的部门和有关部门备案。

（5）对员工宿舍的管理

《安全生产法》第39条规定：生产、经营、储存、使用危险物品的车间、商店、仓库不得与员工宿舍在同一座建筑物内，并应当与员工宿舍保持安全距离。生产经营场所和员工宿舍应当设有符合紧急疏散要求、标志明显、保持畅通的出口。禁止锁闭、封堵生产经营场所或者员工宿舍的出口。

（6）对危险作业的管理

《安全生产法》第40条规定：生产经营单位进行爆破、吊装以及国务院安全生产监督管理部门会同国务院有关部门规定的其他危险作业，应当安排专门人员进行现场安全管理，确保操作规程的遵守和安全措施的落实。

（7）对安全生产操作规程的管理

《安全生产法》第41条规定：生产经营单位应当教育和督促从业人员严格执行本单位的安全生产规章制度和安全操作规程；并向从业人员如实告知作业场所和工作岗位存在的危险因素、防范措施以及事故应急措施。

（8）对施工现场的管理

《安全生产法》第45条规定：两个以上生产经营单位在同一作业区域内进行生产经营活动，可能危及对方生产安全的，应当签订安全生产管理协议，明确各自的安全生产管理职责和应当采取的安全措施，并指定专职安全生产管理人员进行安全检查与协调。

1.3.2 从业人员权利和义务的有关规定

1. 安全生产中从业人员的权利

生产经营单位的从业人员，是指该单位从事生产经营活动各项工作的所有人员，包括管理人员、技术人员和各岗位的工人，也包括生产经营单位临时聘用的人员。

生产经营单位的从业人员依法享有以下权利：

（1）知情权。《安全生产法》第 50 条规定：生产经营单位的从业人员有权了解其作业场所和工作岗位存在的危险因素、防范措施及事故应急措施，有权对本单位的安全生产工作提出建议。

（2）批评和检举、控告权。《安全生产法》第 51 条规定：从业人员有权对本单位安全生产工作中存在的问题提出批评、检举、控告；有权拒绝违章指挥和强令冒险作业。

（3）拒绝权。《安全生产法》第 51 条规定：从业人员享有拒绝违章指挥和强令冒险作业的权利。生产经营单位不得因从业人员对本单位安全生产工作提出批评、检举、控告或者拒绝违章指挥、强令冒险作业而降低其工资、福利等待遇或者解除与其订立的劳动合同。

（4）紧急避险权。《安全生产法》第 52 条规定：从业人员发现直接危及人身安全的紧急情况时，有权停止作业或者在采取可能的应急措施后撤离作业场所。生产经营单位不得因此而降低其工资、福利等待遇或者解除与其订立的劳务合同。

（5）请求赔偿权。《安全生产法》第 53 条规定：因生产安全事故受到损害的从业人员，除依法享有工伤社会保险外，依照有关民事法律尚有获得赔偿的权利的，有权向本单位提出赔偿要求。

《安全生产法》第 49 条规定：生产经营单位与从业人员订立的劳动合同，应当载明有关保障从业人员劳动安全、防止职业危害的事项，以及依法为从业人员办理工伤保险的事项。

第 49 条还规定：生产经营单位不得以任何形式与从业人员订立协议，免除或者减轻其对从业人员因生产安全事故伤亡依法应承担的责任。

（6）获得劳动防护用品的权利。《劳动生产法》第 42 条规定：生产经营单位必须为从业人员提供符合国家标准或者行业标准的劳动防护用品，并监督，教育从业人员按照使用规则佩戴、使用。

（7）获得安全生产教育和培训的权利。《安全生产法》第 25 条规定：生产经营单位应当对从业人员进行安全生产教育和培训，保证从业人员具备必要的安全生产知识，熟悉有关的安全生产规章制度和安全操作规程，掌握本岗位的安全操作技能。

2. 安全生产中从业人员的义务

（1）自律遵规的义务。《安全生产法》第 54 条规定：从业人员在作业过程中，应当严格遵守本单位的安全生产规章制度和操作规程，服从管理，正确佩戴和使用劳动防护用品。

（2）自觉学习安全生产知识的义务。《劳动生产法》第 55 条规定：从业人员应当接受安全生产教育和培训，掌握本职工作所需的安全生产知识，提高安全生产技能，增强事故预防和应急处理能力。

（3）危险报告义务。《安全生产法》第 56 条规定：从业人员发现事故隐患或者其他不安全因素，应当立即向现场安全生产管理人员或者本单位负责人报告；接到报告的人员应当及时予以处理。

3. 其他相关规定

《安全生产法》第 57 条规定：工会有权对建设项目的安全设施与主体工程同时设计、同时施工、同时投入生产和使用进行监督，提出意见。

工会对生产经营单位违反安全生产法律、法规，侵犯从业人员合法权益的行为，有权要求纠正；发现生产经营单位违章指挥、强令冒险作业或者发现事故隐患时，有权提出解决的建议，生产经营单位应当及时研究答复；发现危及从业人员生命安全的情况时，有权向生产经营单位建议组织从业人员撤离危险场所，生产经营单位必须立即作出处理。

工会有权依法参加事故调查，向有关部门提出处理意见，并要求追究有关人员的责任。

《安全生产法》第58条规定：生产经营单位使用被派遣劳动者的，被派遣劳动者享有本法规定的从业人员的权利，并应当履行本法规定的从业人员的义务。

1.3.3　安全生产监督管理的有关规定

1. 安全生产监督管理部门

根据《安全生产法》第9条和《建设工程安全共产管理条例》有关规定，国务院负责安全生产监督管理的部门对全国安全生产工作实施综合监督管理。国务院建设行政主管部门对全国建设工程安全生产实施监督管理。

2. 安全生产监督管理措施

《安全生产法》第60条规定：对安全生产负有监督管理职责的部门（以下统称负有安全生产监督管理职责的部门）依照有关法律，法规的规定，对涉及安全生产的事项需要审查批准（包括批准、核准、许可、注册、认证、颁发证照等，下同）或者验收的，必须严格按照有关法律、法规和国家标准或者行业标准规定的安全生产条件和程序进行审查；不符合有关法律、法规和国家标准或者行业标准规定的安全生产条件的，不得批准或者验收通过。对未依法取得批准或者验收合格的单位擅自从事有关活动的，负责行政审批的部门发现或者接到举报后应当立即予以取缔，并依法予以处理。对已经依法取得批准的单位，负责行政审批的部门发现其不再具备安全生产条件的，应当撤销原批准。

3. 安全生产监督管理部门的职权

《安全生产法》第62条规定：负有安全生产监督管理职责的部门依法对生产经营单位执行有关安全生产的法律、法规和国家标准或者行业标准的情况进行监督检查，行使以下职权：

1）进入生产经营单位进行检查，调阅有关资料，向有关单位和人员了解情况；

2）对检查中发现的安全生产违法行为，当场予以纠正或者要求限期改正；对依法应当给予行政处罚的行为，依照本法和其他有关法律、行政法规的规定作出行政处罚决定；

3）对检查中发现的事故隐患，应当责令立即排除；重大事故隐患排除前或者排除过程中无法保证安全的，应当责令从危险区域内撤出作业人员，责令暂时停产停业或者停止使用；重大事故隐患排除后，经审查同意，方可恢复生产经营和使用；

4）对有根据认为不符合保障安全生产的国家标准或者行业标准的设施、设备、器材予以查封或者扣押，并应当在15日内依法作出处理决定。

监督检查不得影响被检查单位的正常生产经营活动。

4. 安全生产监督检查人员的义务

1）应当忠于职守，坚持原则，秉公执法；

2）执行监督检查任务时，必须出示有效的监督执法证件；

3）对涉及被检查单位的技术秘密和业务秘密，应当为其保密。

5. 其他安全监督管理规定

《安全生产法》第 63 条规定：生产经营单位对负有安全生产监督管理职责的部门的监督检查人员（以下统称安全生产监督检查人员）依法履行监督检查职责，应当予以配合，不得拒绝、阻挠。

《安全生产法》第 64 条规定：安全生产监督检查人员应当忠于职守，坚持原则，秉公执法。

安全生产监督检查人员执行监督检查任务时，必须出示有效的监督执法证件；对涉及被检查单位的技术秘密和业务秘密，应当为其保密。

《安全生产法》第 65 条规定：安全生产监督检查人员应当将检查的时间、地点、内容、发现的问题及其处理情况，作出书面记录，并由检查人员和被检查单位的负责人签字；被检查单位的负责人拒绝签字的，检查人员应当将情况记录在案，并向负有安全生产监督管理职责的部门报告。

《安全生产法》第 66 条规定：负有安全生产监督管理职责的部门在监督检查中，应当互相配合，实行联合检查；确需分别进行检查的，应当互通情况，发现存在的安全问题应当由其他有关部门进行处理的，应当及时移送其他有关部门并形成记录备查，接受移送的部门应当及时进行处理。

《安全生产法》第 67 条规定：负有安全生产监督管理职责的部门依法对存在重大事故隐患的生产经营单位作出停产停业、停止施工、停止使用相关设施或者设备的决定，生产经营单位应当依法执行，及时消除事故隐患。生产经营单位拒不执行，有发生生产安全事故的现实危险的，在保证安全的前提下，经本部门主要负责人批准，负有安全生产监督管理职责的部门可以采取通知有关单位停止供电、停止供应民用爆炸物品等措施，强制生产经营单位履行决定。通知应当采用书面形式，有关单位应当予以配合。

负有安全生产监督管理职责的部门依照前款规定采取停止供电措施，除有危及生产安全的紧急情形外，应当提前二十四小时通知生产经营单位。生产经营单位依法履行行政决定、采取相应措施消除事故隐患的，负有安全生产监督管理职责的部门应当及时解除前款规定的措施。

《安全生产法》第 68 条规定：监察机关依照行政监察法的规定，对负有安全生产监督管理职责的部门及其工作人员履行安全生产监督管理职责实施监察。

《安全生产法》第 69 条规定：承担安全评价、认证、检测、检验的机构应当具备国家规定的资质条件，并对其作出的安全评价、认证、检测、检验的结果负责。

《安全生产法》第 70 条规定：负有安全生产监督管理职责的部门应当建立举报制度，公开举报电话、信箱或者电子邮件地址，受理有关安全生产的举报；受理的举报事项经调查核实后，应当形成书面材料；需要落实整改措施的，报经有关负责人签字并督促落实。

《安全生产法》第 71 条规定：任何单位或者个人对事故隐患或者安全生产违法行为，均有权向负有安全生产监督管理职责的部门报告或者举报。

《安全生产法》第 72 条规定：居民委员会、村民委员会发现其所在区域内的生产经营单位存在事故隐患或者安全生产违法行为时，应当向当地人民政府或者有关部门报告。

《安全生产法》第 73 条规定：县级以上各级人民政府及其有关部门对报告重大事故隐

患或者举报安全生产违法行为的有功人员，给予奖励。具体奖励办法由国务院安全生产监督管理部门会同国务院财政部门制定。

《安全生产法》第74条规定：新闻、出版、广播、电影、电视等单位有进行安全生产公益宣传教育的义务，有对违反安全生产法律、法规的行为进行舆论监督的权利。

《安全生产法》第75条规定：负有安全生产监督管理职责的部门应当建立安全生产违法行为信息库，如实记录生产经营单位的安全生产违法行为信息；对违法行为情节严重的生产经营单位，应当向社会公告，并通报行业主管部门、投资主管部门、国土资源主管部门、证券监督管理机构以及有关金融机构。

1.3.4 安全事故应急救援与调查处理的有关规定

1. 安全生产事故的等级划分标准

国务院《生产安全事故报告和调查处理条例》规定：根据生产安全事故（以下简称事故）造成的人员伤亡或者直接经济损失，事故一般分为以下等级：

1) 特别重大事故，是指造成30人以上死亡，或者100人以上重伤（包括急性工业中毒，下同），或者1亿元及以上直接经济损失的事故；

2) 重大事故，是指造成10人及以上30人以下死亡，或者50人以上100人以下重伤，或者5000万元及以上1亿元以下直接经济损失的事故；

3) 较大事故，是指造成3人及以上10人以下死亡，或者10人以上50人以下重伤，或者1000万元及以上5000万元以下直接经济损失的事故；

4) 一般事故，是指造成3人以下死亡，或者10人以下重伤，或者1000万元以下直接经济损失的事故。

2. 施工生产安全事故报告

《安全生产法》第80~82条规定：生产经营单位发生生产安全事故后，事故现场有关人员应当立即报告本单位负责人。单位负责人接到事故报告后，应当按照国家有关规定立即如实报告当地负有安全生产监督管理职责的部门。负有安全生产监督管理职责的部门接到事故报告后，应当立即按照国家有关规定上报事故情况。

《建设工程安全生产管理条例》进一步规定：施工单位发生生产安全事故，应当按照国家有关伤亡事故报告和调查处理的规定，及时、如实地向负责安全生产监督管理的部门、建设行政主管部门或者其他有关部门报告；特种设备发生事故的，还应当同时向特种设备安全监督管理部门报告，实行施工总承包的建设工程，由总承包单位负责上报事故。

3. 应急抢救工作

《安全生产法》第80条规定：单位负责人接到事故报告后，应当迅速采取有效措施，组织抢救，防止事故扩大，减少人员伤亡和财产损失。

第82条规定：有关地方人民政府和负有安全生产监督管理职责的部门负责人接到重大生产安全事故报告后，应当立即赶到事故现场，组织事故抢救。

4. 事故的调查

《安全生产法》第83条规定：事故调查处理应当按照科学严谨、依法依规、实事求是、注重实效的原则，及时、准确地查清事故原因，查明事故性质和责任，总结事故教训，提出整改措施，并对事故责任者提出处理意见。事故调查报告应当依法及时向社会公布。事故调查和处理的具体办法由国务院制定。

《生产安全事故报告和调查处理条例》规定了事故调查的管辖。特别重大事故由国务院或者国务院授权有关部门组织事故调查组进行调查。重大事故、较大事故、一般事故分别由事故发生地省级人民政府、设区的市级人民政府、县级人民政府负责调查。省级人民政府、设区的市级人民政府、县级人民政府可以直接组织事故调查组进行调查，也可以授权或者委托有关部门组织事故调查组进行调查。未造成人员伤亡的一般事故，县级人民政府也可以委托事故发生单位组织事故调查组进行调查。上级人民政府认为必要时，可以调查由下级人民政府负责调查的事故。特别重大事故以下等级事故，事故发生地与事故发生单位不在同一个县级以上行政区域的，由事故发生地人民政府负责调查，事故发生单位所在地人民政府应当派人参加。

5. 安全事故监督、事故查处中的法律责任相关规定

《安全生产法》第 84 条规定：生产经营单位发生生产安全事故，经调查确定为责任事故的，除了应当查明事故单位的责任并依法予以追究外，还应当查明对安全生产的有关事项负有审查批准和监督职责的行政部门的责任，对有失职、渎职行为的，依照本法第七十七条的规定追究法律责任。

《安全生产法》第 85 条规定：任何单位和个人不得阻挠和干涉对事故的依法调查处理。

《安全生产法》第 86 条规定：县级以上地方各级人民政府安全生产监督管理部门应当定期统计分析本行政区域内发生生产安全事故的情况，并定期向社会公布。

《安全生产法》第 87 条规定：负有安全生产监督管理职责的部门的工作人员，有下列行为之一的，给予降级或者撤职的处分；构成犯罪的，依照刑法有关规定追究刑事责任：

1）对不符合法定安全生产条件的涉及安全生产的事项予以批准或者验收通过的；

2）发现未依法取得批准、验收的单位擅自从事有关活动或者接到举报后不予取缔或者不依法予以处理的；

3）对已经依法取得批准的单位不履行监督管理职责，发现其不再具备安全生产条件而不撤销原批准或者发现安全生产违法行为不予查处的；

4）在监督检查中发现重大事故隐患，不依法及时处理的。

负有安全生产监督管理职责的部门的工作人员有前款规定以外的滥用职权、玩忽职守、徇私舞弊行为的，依法给予处分；构成犯罪的，依照刑法有关规定追究刑事责任。

《安全生产法》第 88 条规定：负有安全生产监督管理职责的部门，要求被审查、验收的单位购买其指定的安全设备、器材或者其他产品的，在对安全生产事项的审查、验收中收取费用的，由其上级机关或者监察机关责令改正，责令退还收取的费用；情节严重的，对直接负责的主管人员和其他直接责任人员依法给予处分。

《安全生产法》第 89 条规定：承担安全评价、认证、检测、检验工作的机构，出具虚假证明的，没收违法所得；违法所得在十万元以上的，并处违法所得二倍以上五倍以下的罚款；没有违法所得或者违法所得不足十万元的，单处或者并处十万元以上二十万元以下的罚款；对其直接负责的主管人员和其他直接责任人员处二万元以上五万元以下的罚款；给他人造成损害的，与生产经营单位承担连带赔偿责任；构成犯罪的，依照刑法有关规定追究刑事责任。

对有前款违法行为的机构，吊销其相应资质。

《安全生产法》第 90 条规定：生产经营单位的决策机构、主要负责人或者个人经营的投资人不依照本法规定保证安全生产所必需的资金投入，致使生产经营单位不具备安全生产条件的，责令限期改正，提供必需的资金；逾期未改正的，责令生产经营单位停产停业整顿。

有前款违法行为，导致发生生产安全事故的，对生产经营单位的主要负责人给予撤职处分，对个人经营的投资人处二万元以上二十万元以下的罚款；构成犯罪的，依照刑法有关规定追究刑事责任。

《安全生产法》第 91 条规定：生产经营单位的主要负责人未履行本法规定的安全生产管理职责的，责令限期改正；逾期未改正的，处二万元以上五万元以下的罚款，责令生产经营单位停产停业整顿。

生产经营单位的主要负责人有前款违法行为，导致发生生产安全事故的，给予撤职处分；构成犯罪的，依照刑法有关规定追究刑事责任。

生产经营单位的主要负责人依照前款规定受刑事处罚或者撤职处分的，自刑罚执行完毕或者受处分之日起，五年内不得担任任何生产经营单位的主要负责人；对重大、特别重大生产安全事故负有责任的，终身不得担任本行业生产经营单位的主要负责人。

《安全生产法》第 92 条规定：生产经营单位的主要负责人未履行本法规定的安全生产管理职责，导致发生生产安全事故的，由安全生产监督管理部门依照下列规定处以罚款：

1) 发生一般事故的，处上一年年收入百分之三十的罚款；
2) 发生较大事故的，处上一年年收入百分之四十的罚款；
3) 发生重大事故的，处上一年年收入百分之六十的罚款；
4) 发生特别重大事故的，处上一年年收入百分之八十的罚款。

《安全生产法》第 93 条规定：生产经营单位的安全生产管理人员未履行本法规定的安全生产管理职责的，责令限期改正；导致发生生产安全事故的，暂停或者撤销其与安全生产有关的资格；构成犯罪的，依照刑法有关规定追究刑事责任。

1.4 《建设工程安全生产管理条例》、《建设工程质量管理条例》

1.4.1 《安全生产管理条例》关于施工单位安全责任的有关规定

《建设工程安全生产管理条例》（以下简称《安全生产管理条例》）根据《中华人民共和国建筑法》、《中华人民共和国安全生产法》制定的，目的是加强建设工程安全生产监督管理，保障人民群众生命和财产安全。由国务院于 2003 年 11 月 24 日发布，自 2004 年 2 月 1 日起施行。

1. 施工单位的安全责任

（1）有关人员的安全责任

1）施工单位主要负责人

施工单位主要负责人不仅仅指法定代表人，而是指对施工单位全面负责、有生产经营决策权的人。《安全生产管理条例》第 21 条规定：施工单位主要负责人依法对本单位的安全生产工作全面负责。具体包括：

① 建立健全安全生产责任制度和安全生产教育培训制度；

② 制定安全生产规章制度和操作规程；

③ 保证本单位安全生产条件所需资金的投入；

④ 对所承建的建设工程进行定期和专项安全安全检查，并做好安全检查记录。

2) 施工单位的项目负责人

项目负责人主要指项目经理，在工程项目中处于中心地位。《安全生产管理条例》第21条规定，施工单位的主要负责人对本单位的安全生产工作全面负责。鉴于项目负责人对安全生产的重要作用，该条款同时规定：施工单位的项目负责人应当由取得相应执业资格的人员担任。这里，"相应执业资格"目前指建造师执业资格。

根据《安全生产管理条例》第21条，项目负责人的安全责任主要包括：

① 落实安全生产责任制度、安全生产规章制度和操作规程；

② 确保安全生产费用的有效使用；

③ 根据工程的特点制定安全施工措施，消除安全事故隐患；

④ 及时、如实报告生产安全事故。

3) 专职安全生产管理人员

《安全生产管理条例》第23条规定：施工单位应当设立安全生产管理机构，配备专职安全生产管理人员。

专职安全生产管理人员负责对安全生产进行现场监督检查。发现安全事故隐患，应当及时向项目负责人和安全生产管理机构报告；对于违章指挥、违章操作的，应当立即制止。专职安全生产管理人员是指经建设主管部门或者其他有关部门安全生产考核合格，并取得安全生产考核合格证书在企业从事安全生产管理工作的专职人员，包括施工单位安全生产管理机构的负责人及其工作人员和施工现场专职安全生产管理人员。

(2) 总承包单位和分包单位的安全责任

《安全生产管理条例》第24条规定：建设工程实行施工总承包的，由总承包单位对施工现场的安全生产负总责。为了防止违法分包和转包等违法行为的发生，真正落实施工总承包单位的安全责任，该条款进一步规定：总承包单位应当自行完成建设工程主体结构的施工。总承包单位依法将建设工程分包给其他单位的，分包合同中应当明确各自的安全生产方面的权利、义务。总承包单位和分包单位对分包工程的安全生产承担连带责任。

(3) 安全生产教育培训

1) 管理人员的考核

《安全生产管理条例》第36条规定：施工单位的主要负责人、项目负责人、专职安全生产管理人员应当经建设行政主管部门或者其他有关部门考核合格后方可任职。

2) 作业人员的安全生产教育培训

① 日常培训

《安全生产管理条例》第36条规定：施工单位应当对管理人员和作业人员每年至少进行一次安全生产教育培训，其教育培训情况记入个人工作档案。安全生产教育培训考核不合格的人员，不得上岗。

② 新岗位培训

《安全生产管理条例》第 37 条规定：作业人员进入新的岗位或者新的施工现场前，应当接受安全生产教育培训。未经教育培训或者教育培训考核不合格的人员，不得上岗作业。施工单位在采用新技术、新工艺、新设备、新材料时，应当对作业人员进行相应的安全生产教育培训。

3）特种作业人员的专门培训

《安全生产管理条例》第 25 条规定：垂直运输机械作业人员、安装拆卸工、爆破作业人员、起重信号工、登高架设作业人员等特种作业人员，必须按照国家有关规定经过专门的安全作业培训，并取得特种作业操作资格证书后，方可上岗作业。

（4）施工单位应采取的安全措施

1）编制安全技术措施、施工现场临时用电方案和专业施工方案

《安全生产管理条例》第 26 条规定：施工单位应当在施工组织设计中编制安全技术措施和施工现场临时用电方案，对下列达到一定规模的危险性较大的分部分项工程编制专项施工方案，并附具安全验算结果，经施工单位技术负责人、总监理工程师签字后实施，由专职安全生产管理人员进行现场监督：

① 基坑支护与降水工程；

② 土方开挖工程；

③ 模板工程；

④ 起重吊装工程；

⑤ 脚手架工程；

⑥ 拆除、爆破工程；

⑦ 国务院建设行政主管部门或者其他有关部门规定的其他危险性较大的工程。

2）安全施工技术交流

施工前的安全施工技术交底的目的就是让所有的安全生产从业人员都对安全生产有所了解，最大限度避免安全事故的发生。《安全生产管理条例》第 27 条规定：建设工程施工前，施工单位负责项目管理的技术人员应当对有关安全施工的技术要求向施工作业班组、作业人员作出详细说明，并由双方签字确认。

3）施工现场安全警示标志的设置

《安全生产管理条例》第 28 条规定：施工单位应当在施工现场入口处、施工起重机械、临时用电设施、脚手架、出入通道口、楼梯口、电梯井口、孔洞口、桥梁口、隧道口、基坑边沿、爆破物及有害气体和液体存放处等危险部位，设置明显的安全警示标志。安全警示标志必须符合国家标准。

4）施工现场的安全防护

《安全生产管理条例》第 28 条规定：施工单位应当根据不同施工阶段和周围环境及季节、气候的变化，在施工现场采取相应的安全施工措施。施工现场暂时停止施工的，施工单位应当做好现场防护，所需费用由责任方承担，或者按照合同约定执行。

5）施工现场的布置应当符合安全和文明施工需求

《安全生产管理条例》第 29 条规定：施工单位应当将施工现场的办公、生活区与作业区分开设置，并保持安全距离；办公、生活区的选址应当符合安全性要求。职工的膳食、饮水、休息场所等应当符合卫生标准。施工单位不得在尚未竣工的建筑物内设置员工集体

宿舍。

　　施工现场临时搭建的建筑物应当符合安全使用要求。施工现场使用的装配式活动房屋应当具有产品合格证。临时建筑物一般包括施工现场的办公用房、宿舍、食堂、仓库、卫生间等。

　　6）对周边环境采取防护措施

　　《安全生产管理条例》第30条规定：施工单位对因建设工程施工可能造成损害的毗邻建筑物、构筑物和地下管线等，应当采取专项防护措施。施工单位应当遵守有关环境保护法律、法规的规定，在施工现场采取措施，防止或者减少粉尘、废气、废水、固体废物、噪声、振动和施工照明对人和环境的危害和污染。在城市市区内的建设工程，施工单位应当对施工现场实行封闭围挡。

　　7）施工现场的消防安全措施

　　《安全生产管理条例》第31条规定：施工单位应当在施工现场建立消防安全责任制度，确定消防安全负责人，制定用火、用电、使用易燃易爆材料等各项消防安全管理制度和操作规程，设置消防通道、消防水源，配备消防设施和灭火器材，并在施工现场入口处设置明显标志。

　　8）安全防护设备管理

　　《安全生产管理条例》第33条规定：作业人员应当遵守安全施工的强制性标准，规章制度和操作规程，正确使用安全防护用具、机械设备等。《安全生产管理条例》第34条规定：

　　① 施工单位采购、租赁的安全防护用具、机械设备、施工机具及配件，应当具有生产（制造）许可证号，产品合格证，并在进入施工现场式查验；

　　② 施工现场的安全防护用具、机械设备、施工机具及配件必须由专人管理，定期进行检查、维修和保养，建立相应的资料档案，并按照国家有关规定及时报废。

　　9）起重机械设备管理

　　《安全生产管理条例》第35条对起重机械设备管理作了如下规定：

　　① 施工单位在使用施工起重机械和整体提升脚手架，模板等自升式架设设施前，应当组织有关单位进行验收，也可以委托具有相应资质的检验检测机构进行验收；使用承租的机械设备和施工机具及配件的，由施工总承包单位、分包单位、出租单位和安装单位共同进行验收，验收合格的方可使用；

　　②《特种设备安全监察条例》规定的施工起重机械，在验收前应当经有相应资质的检验检测机构监督检验合格，这里"作为特种设备的施工起重机械"是指"涉及生命安全、危险性较大的"起重机械；

　　③ 施工单位应当自施工起重机械和整体提升脚手架、模板等自升式架设设施验收合格之日起30日内，向建设行政主管部门或者其他有关部门登记。登记标志应当置于或者附着于该设备的显著位置。

　　10）办理意外伤害保险

　　《安全生产管理条例》第38条规定：施工单位应当为施工现场从事危险作业的人员办理意外伤害保险。同时还规定：意外伤害保险费由施工单位支付。实行施工总承包的，由总承包单位支付意外伤害保险费（2011年4月通过的《建筑法》将第48条改为"…鼓励企业为从事危险作业的职工办理意外伤害险，支付保险费"）。意外伤害保险期限自建设工程开工之日起至竣工验收合格止。

2. 其他相关规定

《安全生产管理条例》第22条规定：施工单位对列入建设工程概算的安全作业环境及安全施工措施所需费用，应当用于施工安全防护用具及设施的采购和更新、安全施工措施的落实、安全生产条件的改善，不得挪作他用。

《安全生产管理条例》第32条规定：施工单位应当向作业人员提供安全防护用具和安全防护服装，并书面告知危险岗位的操作规程和违章操作的危害。

作业人员有权对施工现场的作业条件、作业程序和作业方式中存在的安全问题提出批评、检举和控告，有权拒绝违章指挥和强令冒险作业。

在施工中发生危及人身安全的紧急情况时，作业人员有权立即停止作业或者在采取必要的应急措施后撤离危险区域。

1.4.2 《质量管理条例》关于施工单位质量责任和义务的有关规定

《建设工程质量管理条例》（以下简称《质量管理条例》）于2000年1月10日国务院第25次常务会议通过，自2000年1月30日起施行。为了加强对建设工程质量的管理，保证建设工程质量，保护人民生命和财产安全，根据《中华人民共和国建筑法》，制定本条例。凡在中华人民共和国境内从事建设工程的新建、扩建、改建等有关活动及实施对建设工程质量监督管理的，必须遵守本条例。

1. 施工单位的质量责任和义务

（1）依法承揽工程

《质量管理条例》第25条规定：施工单位应当依法取得相应等级的资质证书，并在其资质等级许可的范围内承揽工程。禁止施工单位超越本单位资质等级许可的业务范围或者以其他施工单位的名义承揽工程，禁止施工单位允许其他单位或者个人以本单位的名义承揽工程。施工单位不得转包或者违法分包工程。

（2）建立质量保证体系

《质量管理条例》第26条规定：施工单位对建设工程的质量负责。施工单位应当建立质量责任制，确定工程项目的项目经理、技术负责人和施工管理负责人。建设工程实行总承包的，总承包单位应当对全部建设工程质量负责；建设工程勘察、设计、施工、设备采购的一项或者多项实行总承包的，总承包单位应当对其承包的建设工程或者采购的设备的质量负责。

《质量管理条例》第27条规定：总承包单位依法将建设工程分包给其他单位的，分包单位应当按照分包合同的约定对其分包工程的质量向总承包单位负责，总承包单位与分包单位对分包工程的质量承担连带责任。

（3）按图施工

《质量管理条例》第28条规定：施工单位必须按照工程设计图纸和施工技术标准施工，不得擅自修改工程设计，不得偷工减料。但是，施工单位在施工过程中发现设计文件和图纸有差错的，应当及时提出意见和建议。

（4）对建筑材料、构配件和设备进行检验的责任

《质量管理条例》第 29 条规定：施工单位必须按照工程设计要求、施工技术标准和合同约定，对建筑材料、建筑构配件、设备和商品混凝土进行检验，检验应当有书面记录和专人签字；未经检验或者检验不合格的，不得使用。

(5) 对施工质量进行检验的责任

《质量管理条例》第 30 条规定：施工单位必须建立、健全施工质量的检验制度，严格工序管理，做好隐蔽工程的质量检查和记录。隐蔽工程在隐蔽前，施工单位应当通知建设单位和建设工程质量监督机构。

(6) 见证取样

《质量管理条例》第 31 条规定：施工人员对涉及结构安全的试块、试件以及有关材料，应当在建设单位或者工程监理单位监督下现场取样，并送具有相应资质等级的质量检测单位进行检测。

(7) 保修

《质量管理条例》第 32 条规定：施工单位对施工中出现质量问题的建设工程或者竣工验收不合格的建设工程，应当负责返修。

在建设工程竣工验收合格前，施工单位应对质量问题履行返修义务；建设工程竣工验收合格后，施工单位应对保修期内出现的质量问题履行保修义务。《合同法》第 281 条对施工单位的返修义务也有相应规定：因施工人原因致使建设工程质量不符合约定的，发包人有权要求施工人在合理期限内无偿修理或者返工、改建。经过修理或者返工、改建后，造成逾期支付的，施工人应当承担违约责任。返修包括修理和返工。

2. 建设工程质量管理中罚则的有关规定

《质量管理条例》第 54 条规定：违反本条例规定，建设单位将建设工程发包给不具有相应资质等级的勘察、设计、施工单位或者委托给不具有相应资质等级的工程监理单位的，责令改正，处 50 万元以上 100 万元以下的罚款。

《质量管理条例》第 55 条规定：违反本条例规定，建设单位将建设工程肢解发包的，责令改正，处工程合同价款 0.5% 以上 1% 以下的罚款；对全部或者部分使用国有资金的项目，并可以暂停项目执行或者暂停资金拨付。

《质量管理条例》第 56 条规定：违反本条例规定，建设单位有下列行为之一的，责令改正，处 20 万元以上 50 万元以下的罚款：

1) 迫使承包方以低于成本的价格竞标的；

2) 任意压缩合理工期的；

3) 明示或者暗示设计单位或者施工单位违反工程建设强制性标准，降低工程质量的；

4) 施工图设计文件未经审查或者审查不合格，擅自施工的；

5) 建设项目必须实行工程监理而未实行工程监理的；

6) 未按照国家规定办理工程质量监督手续的；

7) 明示或者暗示施工单位使用不合格的建筑材料、建筑构配件和设备的。

《质量管理条例》第 57 条规定：违法本条例规定，建设单位未取得施工许可证或者开工报告未经批准，擅自施工的，责令停止施工，限期改正，处工程合同价款 1% 以上 2% 以下的罚款。

《质量管理条例》第 58 条规定：违反本条例规定，建设单位有下列行为之一的，责令改正，处工程合同价款2%以上4%以下的罚款；造成损失的，依法承担赔偿责任：（一）未组织竣工验收，擅自交付使用的；（二）验收不合格，擅自交付使用的；（三）对不合格的建设工程按照合格工程验收的。

《质量管理条例》第59条规定：违反本条例规定，建设工程竣工验收后，建设单位未向建设行政主管部门或者其他有关部门移交建设项目档案的，责令改正，处1万元以上10万元以下的罚款。

《质量管理条例》第60条规定：违反本条例规定，勘察、设计、施工、工程监理单位超越本单位资质等级承揽工程的，责令停止违法行为，对勘察、设计单位或者工程监理单位处合同约定的勘察费、设计费或者监理酬金1倍以上2倍以下的罚款；对施工单位处工程合同价款2%以上4%以下的罚款，可以责令停业整顿，降低资质等级；情节严重的，吊销资质证书；有违法所得的，予以没收。未取得资质证书承揽工程的，予以取缔，依照前款规定处以罚款；有违法所得的，予以没收。以欺骗手段取得资质证书承揽工程的，吊销资质证书，依照本条第一款规定处以罚款；有违法所得的，予以没收。

《质量管理条例》第61条规定：违反本条例规定，勘察、设计、施工、工程监理单位允许其他单位或者个人以本单位名义承揽工程的，责令改正，没收违法所得，对勘察、设计单位和工程监理单位处合同约定的勘察费、设计费和监理酬金1倍以上2倍以下的罚款；对施工单位处工程合同价款2%以上4%以下的罚款；可以责令停业整顿，降低资质等级；情节严重的，吊销资质证书。

《质量管理条例》第62条规定：违反本条例规定，承包单位将承包的工程转包或者违法分包的，责令改正，没收违法所得，对勘察、设计单位处合同约定的勘察费、设计费25%以上50%以下的罚款；对施工单位处工程合同价款0.5%以上1%以下的罚款；可以责令停业整顿，降低资质等级；情节严重的，吊销资质证书。工程监理单位转让工程监理业务的，责令改正，没收违法所得，处合同约定的监理酬金25%以上50%以下的罚款；可以责令停业整顿，降低资质等级；情节严重的，吊销资质证书。

《质量管理条例》第63条规定：违反本条例规定，有下列行为之一的，责令改正，处10万元以上30万元以下的罚款：

1）勘察单位未按照工程建设强制性标准进行勘察的；

2）设计单位未根据勘察成果文件进行工程设计的；

3）设计单位指定建筑材料、建筑构配件的生产厂、供应商的；

4）设计单位未按照工程建设强制性标准进行设计的。有前款所列行为，造成重大工程质量事故的，责令停业整顿，降低资质等级；情节严重的，吊销资质证书；造成损失的，依法承担赔偿责任。

《质量管理条例》第64条规定：违反本条例规定，施工单位在施工中偷工减料的，使用不合格的建筑材料、建筑构配件和设备的，或者有不按照工程设计图纸或者施工技术标准施工的其他行为的，责令改正，处工程合同价款2%以上4%以下的罚款；造成建设工程质量不符合规定的质量标准的，负责返工、修理，并赔偿因此造成的损失；情节严重的，责令停业整顿，降低资质等级或者吊销资质证书。

《质量管理条例》第65条规定：违反本条例规定，施工单位未对建筑材料、建筑构配件、设备和商品混凝土进行检验，或者未对涉及结构安全的试块、试件以及有关材料取样检测的，责令改正，处 10 万元以上 20 万元以下的罚款；情节严重的，责令停业整顿，降低资质等级或者吊销资质证书；造成损失的，依法承担赔偿责任。

《质量管理条例》第 66 条规定：违反本条例规定，施工单位不履行保修义务或者拖延履行保修义务的，责令改正，处 10 万元以上 20 万元以下的罚款，并对在保修期内因质量缺陷造成的损失承担赔偿责任。

《质量管理条例》第 67 条规定：工程监理单位有下列行为之一的，责令改正，处 50 万元以上 100 万元以下的罚款，降低资质等级或者吊销资质证书；有违法所得的，予以没收；造成损失的，承担连带赔偿责任：

1) 与建设单位或者施工单位串通，弄虚作假、降低工程质量的；

2) 将不合格的建设工程、建筑材料、建筑构配件和设备按照合格签字的。

《质量管理条例》第 68 条规定：违反本条例规定，工程监理单位与被监理工程的施工承包单位以及建筑材料、建筑构配件和设备供应单位有隶属关系或者其他利害关系承担该项建设工程的监理业务的，责令改正，处 5 万元以上 10 万元以下的罚款，降低资质等级或者吊销资质证书；有违法所得的，予以没收。

《质量管理条例》第 69 条规定：违反本条例规定，涉及建筑主体或者承重结构变动的装修工程，没有设计方案擅自施工的，责令改正，处 50 万元以上 100 万元以下的罚款；房屋建筑使用者在装修过程中擅自变动房屋建筑主体和承重结构的，责令改正，处 5 万元以上 10 万元以下的罚款。有前款所列行为，造成损失的，依法承担赔偿责任。

《质量管理条例》第 70 条规定：发生重大工程质量事故隐瞒不报、谎报或者拖延报告期限的，对直接负责的主管人员和其他责任人员依法给予行政处分。

《质量管理条例》第 71 条规定：违反本条例规定，供水、供电、供气、公安消防等部门或者单位明示或者暗示建设单位或者施工单位购买其指定的生产供应单位的建筑材料、建筑构配件和设备的，责令改正。

《质量管理条例》第 72 条规定：违反本条例规定，注册建筑师、注册结构工程师、监理工程师等注册执业人员因过错造成质量事故的，责令停止执业 1 年；造成重大质量事故的，吊销执业资格证书，5 年以内不予注册；情节特别恶劣的，终身不予注册。

《质量管理条例》第 73 条规定：依照本条例规定，给予单位罚款处罚的，对单位直接负责的主管人员和其他直接责任人员处单位罚款数额 5% 以上 10% 以下的罚款。

《质量管理条例》第 74 条规定：建设单位、设计单位、施工单位、工程监理单位违反国家规定，降低工程质量标准，造成重大安全事故，构成犯罪的，对直接责任人员依法追究刑事责任。

《质量管理条例》第 75 条规定：本条例规定的责令停业整顿，降低资质等级和吊销资质证书的行政处罚，由颁发资质证书的机关决定；其他行政处罚，由建设行政主管部门或者其他有关部门依照法定职权决定。依照本条例规定被吊销资质证书的，由工商行政管理部门吊销其营业执照。

《质量管理条例》第 76 条规定：国家机关工作人员在建设工程质量监督管理工作中玩忽职守、滥用职权、徇私舞弊，构成犯罪的，依法追究刑事责任；尚不构成犯罪的，依法给予行政处分。

《质量管理条例》第 77 条规定：建设、勘察、设计、施工、工程监理单位的工作人员因调动工作、退休等原因离开该单位后，被发现在该单位工作期间违反国家有关建设工程质量管理规定，造成重大工程质量事故的，仍应当依法追究法律责任。

1.5 《劳动法》、《劳动合同法》

《中华人民共和国劳动法》（以下简称《劳动法》）于 1994 年 7 月 5 日第八届全国人民代表大会常务委员会第八次会议通过，自 1995 年 1 月 1 日起施行。《劳动法》的立法目的，是为了保护劳动者的合法权益，调整劳动关系，建立和维护适应社会主义市场经济的劳动制度，促进社会发展和社会进步。

《中华人民共和国劳动合同法》（以下简称《劳动合同法》）于 2007 年 6 月 29 日第十届全国人民代表大会常务委员会第二十八次会议通过，自 2008 年 1 月 1 日起施行。2012年 12 月 28 日第十一届全国人民代表大会常务委员会第三十次会议通过了《全国人民代表大会常务委员会关于修改〈中华人民共和国劳动合同法〉的决定》，修订后的《劳动合同法》自 2013 年 7 月 1 日起施行。《劳动合同法》的立法目的，是为了完善劳动合同制度，明确劳动合同双方当事人的权利和义务，保护劳动者的合法权益，构建和发展和谐稳定的劳动关系。

《劳动合同法》在《劳动法》的基础上，对劳动合同的订立、履行、终止等内容做出了更加详尽的规定。

1.5.1 《劳动法》、《劳动合同法》关于劳动合同的有关规定

1. 劳动合同的概念

劳动合同是劳动者与用人单位确立劳动关系、明确双方权利和义务的协议。这里的劳动关系，是指劳动者与用人单位（包括各类企业、个体工商户、事业单位等）在实现劳动过程中确立的社会经济关系。

2. 劳动合同的订立

（1）劳动合同当事人

《劳动法》第 16 条规定：劳动合同的当事人为用人单位和劳动者。

《中华人民共和国劳动合同法实施条例》进一步规定，劳动合同法规定的用人单位设立的分支机构，依法取得营业执照或者登记证书的，可以作为用人单位与劳动者订立劳动合同；未依法取得营业执照或者登记证书的，受用人单位委托可以与劳动者定力劳动合同。

（2）劳动合同的类型

劳动合同分为以下三种类型：一是固定期限劳动合同，即用人单位与劳动者约定合同终止时间的劳动合同；二是以完成一定工作任务为期限的劳动合同，即用人单位与劳动者约定以某项工作的完成为合同期限的劳动合同；三是无固定期限劳动合同，即用人单位与劳动者约定无明确终止时间的劳动合同。

有下列情形之一，劳动者提出或者同意续订、订立劳动合同的，除劳动者提出订立固定期限劳动合同外，应当订立无固定期限劳动合同：

1）劳动者在该用人单位连续工作满 10 年的；

2）用人单位初次实行劳动合同制度或者国有企业改制重新订立劳动合同时，劳动者在该用人单位连续工作满 10 年且距法定退休年龄不足 10 年的；

3）连续订立两次固定期限劳动合同，且劳动者没有《劳动合同法》第 39 条（即用人单位可以解除劳动合同的条件）和第 40 条第 1 项，第 2 项规定（即劳动者患病或者非因工负伤，在规定的医疗期满后不能从事原工作，也不能从事由用人单位另行安排的工作的；劳动者不能胜任工作，经过培训或者调整工作岗位，仍不能胜任工作的）的情形，续订劳动合同的。

若劳动者依据此处的规定提出订立无固定期限劳动合同的，用人单位应当与其订立无固定期限劳动合同。对劳动合同的内容，双方应该按照合法、公平、平等自愿，协商一致、诚实信用的原则协商确定。

劳动者非因本人原因从原用人单位被安排到新用人单位工作的，劳动者在原用人单位的工作年限合并计算为新用人单位的工作年限。原用人单位已经同劳动者支付经济补偿的，新用人单位在依法解除、终止劳动合同计算支付经济补偿的工作年限时，不再计算劳动者在原用人单位的工作年限。

（3）订立劳动合同的时间限制

《劳动合同法》第 19 条规定：建立劳动关系，应当订立书面劳动合同。已建立劳动关系，未同时订立书面劳动合同的，应当自用工之日起一个月内订立书面劳动合同。

因劳动者的原因未能订立劳动合同的，自用工之日起一个月内，经用人单位应当书面通知后，劳动者不与用人单位订立书面劳动合同的，用人单位应当书面通知劳动者终止劳动关系，无需向劳动者支付经济补偿，但是应当依法向劳动者支付其实际工作时间的劳动报酬。

因用人单位的原因未能订立劳动合同的，用人单位自用工之日起超过一个月不满一年未与劳动者订立书面劳动合同的，应当依照劳动合同法第 82 条的规定向劳动者每月支付 2 倍的工资，并与劳动者补订书面劳动合同；劳动者不与用人单位订立书面劳动合同的，用人单位应当书面通知劳动者终结劳动关系，并依照劳动合同法第 47 条的规定支付经济补偿。

（4）劳动合同的生效

劳动合同由用人单位与劳动者协商一致，并经用人单位与劳动者在劳动合同文本上签字或者盖章生效。

劳动合同文本由用人单位和劳动者各执一份。（一式三份，劳动保障部门备案一份）

3. 劳动合同的条款

《劳动法》第 19 条规定：劳动合同应当具备以下条款：

（1）劳动合同期限；

（2）工作内容；

（3）劳动保护和劳动条件；

（4）劳动报酬；

（5）劳动纪律；

（6）劳动合同终止的条件；

（7）违反劳动合同的责任。

劳动合同除前款规定的必备条款外，用人单位与劳动者可以约定试用期、培训、保守秘密、补充保险和福利待遇等其他事项。

《劳动合同法》第18条规定：劳动合同对劳动报酬和劳动条件等标准约定不明确，引发争议的，用人单位与劳动者可以重新协商；协商不成的，适用集体合同规定；没有集体合同或者集体合同未规定劳动报酬的，实行同工同酬；没有集体合同或者集体合同未规定劳动条件等标准的，适用国家有关规定。

4. 试用期

(1) 试用期的最长时间

《劳动法》第21条规定，试用期最长不得超过6个月。

《劳动合同法》第19条进一步明确：劳动合同期限3个月以上未满1年的，试用期不得超过1个月；劳动合同期限1年以上未满3年的，试用期不得超过2个月；3年以上固定期限和无固定期限的劳动合同，试用期不得超过6个月。

(2) 试用期的次数限制

《劳动合同法》第19条规定：同一用人单位与同一劳动者只能约定一次试用期。

以完成一定工作任务为期限的劳动合同或者劳动合同期限不满3个月的，不得约定试用期。试用期包含在劳动合同期限内，劳动合同仅约定试用期的，试用期不成立，该期限为劳动合同期限。

(3) 试用期的最低工资

《劳动合同法》第20条规定：劳动者在试用期的工资不得低于本单位相同岗位最低档工资或者劳动合同约定工资的80%，并不得低于用人单位所在地的最低工资标准。

《中华人民共和国劳动合同法实施条例》对此做进一步明确：劳动者在试用期的工资不得低于本单位相同岗位最低档工资的80%或者不得低于劳动合同约定工资的80%，并不得低于用人单位所在地的最低工资标准。

(4) 试用期内合同解除条件的限制

在试用期中，除劳动者有《劳动合同法》第39条（即用人单位可以解除劳动合同的条件）和第40条第1项、第2项（即劳动者患病或者非因工负伤，在规定的医疗期满后不能从事原工作，也不能从事由用人单位另行安排工作的；劳动者不能胜任工作，经过培训或者调整工作岗位，仍不能胜任工作的）规定的情形外，用人单位不得解除劳动合同。用人单位在试用期解除劳动合同的，应当向劳动者说明理由。

5. 劳动合同的无效

《劳动合同法》第26条规定：下列劳动合同无效或者部分无效。

(1) 以欺诈、胁迫的手段或者乘人之危，使对方在违背真实意思的情况下订立或者变更劳动合同的；

(2) 用人单位免除自己的法定责任，排除劳动者权利的；

(3) 违反法律、行政法规强制性规定的。

对劳动合同的无效或者部分无效有争议的，由劳动争议仲裁机构或者人民法院确认。

劳动合同部分无效，不影响其他部分效力的，其他部分仍然有效。

劳动合同被确认无效，劳动者已付出劳动的，用人单位应当向劳动者支付劳动报酬。劳动报酬的数额，参照本单位相同或者相近岗位劳动者的劳动报酬确定。

6. 劳动合同的变更

用人单位变更名称、法定代表人、主要负责人或者投资人等事项，不影响劳动合同的履行。用人单位发生合并或者分立等情况，原劳动合同继续有效，劳动合同由承继其权利和义务的用人单位继续履行。用人单位与劳动者协商一致，可以变更劳动合同约定的内容。变更劳动合同，应当采取书面形式。变更后的劳动合同文本由用人单位和劳动者各执一份。

7. 劳动合同的解除

用人单位与劳动者协商一致，可以解除劳动合同。用人单位向劳动者提出解除劳动合同并与劳动者协商一致解除劳动合同的，用人单位应当向劳动者给予经济补偿。

劳动者提前 30 日以书面形式通知用人单位，可以解除劳动合同。劳动者在试用期内提前 3 日通知用人单位，可以解除劳动合同。

（1）劳动者解除劳动合同的情形

《劳动合同法》第 38 条规定：用人单位有下列情形之一的，劳动者可以解除劳动合同，用人单位应当向劳动者支付经济补偿：

1）未按照劳动合同约定提供劳动保护或者劳动条件的；

2）未及时足额支付劳动报酬的；

3）未依法为劳动者缴纳社会保险费的；

4）用人单位的规章制度违反法律、法规的规定，损害劳动者权益的；

5）因《劳动合同法》第 26 条第 1 款（即：以欺诈、胁迫的手段或者乘人之危，使对方在违背真实意思的情况下订立或者变更劳动合同的）规定的情形致使劳动合同无效的；

6）法律、行政法规规定劳动者可以解除劳动合同的其他情形。

用人单位以暴力、威胁或者非法限制人身自由的手段强迫劳动者劳动的，或者用人单位违章指挥、强令冒险作业危及劳动者人身安全的，劳动者可以立即解除劳动合同，不需事先告知用人单位。 .

（2）用人单位可以解除劳动合同的情形

除用人单位与劳动者协商一致，用人单位可以与劳动者解除合同之外，如遇下列情形，用人单位也可以与劳动者解除合同。

1）随时解除

《劳动合同法》第 39 条规定：劳动者有下列情形之一的，用人单位可以解除劳动合同：

① 在试用期间被证明不符合录用条件的；

② 严重违反用人单位的规章制度的；

③ 严重失职，营私舞弊，给用人单位造成重大危害的；

④ 劳动者同时与其他用人单位建立劳动关系，对完成本单位的工作任务造成严重影响，或者经用人单位提出，拒不改正的；

⑤ 因《劳动合同法》第 26 条第 1 款第 1 项（即：以欺诈、胁迫的手段或者乘人之危，使对方在违背真实意思的情况下订立或者变更劳动合同的）规定的情形致使劳动合同无效的；

⑥ 被依法追究刑事责任的。

2）预告解除

《劳动合同法》第 40 条规定：有下列情形之一的，用人单位提前 30 天以书面形式通知劳动者本人或者额外支付劳动者 1 个月工资后，可以解除劳动合同，用人单位应当向劳动者支付经济补偿：

① 劳动者患病或者因工负伤，在规定的医疗期满后不能从事原工作，也不能从事由用人单位另行安排工作的；

② 劳动者不能胜任工作，经过培训或者调整工作岗位，仍不能胜任工作的；

③ 劳动合同的订立时所依据的客观情况发生重大变化，致使劳动合同无法履行，经用人单位与劳动者协商，未能就变更劳动合同内容达成协议的。

用人单位依照此规定，选择额外支付劳动者 1 个月工资解除劳动合同的，其额外支付的工资应当按照该劳动者 1 个月的工资标准确定。

3）经济性裁员

《劳动合同法》第 41 条规定：有下列情形之一，需要裁减人员 20 人以上或者裁减不足 20 人但占企业职工总数 10% 以上的，用人单位提前 30 日向工会或者全体职工说明情况，听取工会或者职工的意见后，裁减人员方案经向劳动行政部门报告，可以裁减人员，用人单位应当向劳动者支付经济补偿：

① 依照企业破产法规进行调整的；

② 生产经营发生严重困难的；

③ 企业转产、重大技术革新或者经营方式调整，经变更劳动合同后，仍需裁减人员的；

④ 其他因劳动合同订立时所依据的客观经济情况发生重大变化，致使劳动合同无法履行的。

4）用人单位不得解除劳动合同的情形

《劳动合同法》第 42 条规定：劳动者有下列情形之一的，用人单位不得依照本法第 40 条、第 41 条的规定解除劳动合同：

① 从事接触职业病危害作业的劳动者未进行离岗前职业健康检查，或者疑似职业病人在诊断或者医疗观察期间的；

② 在本单位患职业病或者因工负伤并被确认丧失或者部分丧失劳动能力的；

③ 患病或者非因工负伤，在规定的医疗期内的；

④ 女职工在孕期、产期、哺乳期的；

⑤ 在本单位连续工作满 15 年，且距法定退休年龄不足 5 年的；

⑥ 法律、行政法规规定的其他情形。

8. 劳动合同终止

《劳动合同法》规定：有下列情形之一的，劳动合同终止。用人单位与劳动者不得在劳动合同法规定的劳动合同终止情形之外约定其他的劳动合同终止条件。

1）劳动者达到法定退休年龄的，劳动合同终止；

2）劳动合同期满的，除用人单位维持或者提高劳动合同约定条件并续订劳动合同，劳动者不同意续订的情形外，依照本项规定终止固定期限劳动合同的，用人单位应当向劳动者支付经济补偿；

3）劳动者开始依法享受基本养老保险待遇的；

4）劳动者死亡，或者被人民法院宣告死亡或者宣告失踪的；

5）用人单位被依法宣告破产的，依照本项规定终止劳动合同的，用人单位应当向劳动者支付经济补偿；

6）用人单位被吊销营业执照、责令关闭、撤销或者用人单位决定提前解散的，依照本项规定终止劳动合同的，用人单位应当向劳动者支付经济补偿；

7）法律、行政法规规定的其他情形。

1.5.2 《劳动法》关于劳动安全卫生的有关规定

劳动安全卫生又称劳动保护，是指直接保护劳动者在劳动中的安全和健康的法律保护。根据《劳动法》的有关规定，用人单位和劳动者应当遵守如下有关劳动安全卫生的法律规定：

1）用人单位必须建立、健全劳动安全卫生制度，严格执行国家劳动安全卫生规程和标准，对劳动者进行劳动安全卫生教育，防止劳动过程中的事故，减少职业危害。

2）劳动安全卫生设施必须符合国家规定的标准。新建、改建、扩建工程的劳动安全卫生设施必须与主体工程同时设计、同时施工、同时投入生产和使用。

3）用人单位必须为劳动者提供符合国家规定的劳动安全卫生条件和必要的劳动防护用品，对从事有职业危害作业的劳动者应当定期进行健康检查。

4）从事特种作业的劳动者必须经过专门培训并取得特种作业资格。

5）劳动者在劳动过程中必须严格遵守安全操作规程。劳动者对用人单位管理人员违章指挥、强令冒险作业，有权拒绝执行；对危害生命安全和身体健康的行为，有权提出批评、检举和控告。

6）国家建立伤亡和职业病统计报告和处理制度。县级以上各级人民政府劳动行政部门、有关部门和用人单位应当依法对劳动者在劳动过程中发生的伤亡事故和劳动者的职业病状况，进行统计、报告和处理。

1.5.3 知识延伸

1. 经济补偿金与赔偿金的区别

用人单位依据劳动法第二十四条、第二十六条、第二十七条解除合同，应依法支付经济补偿金。第二十四条：经劳动合同当事人协商一致，劳动合同可以解除。第二十六条：有下列情形之一的，用人单位可以解除劳动合同，但是应当提前 30 日以书面形式通知劳动者本人：

1）劳动者患病或者非因工负伤，医疗期满后，不能从事原工作也不能从事由用人单位另行安排的工作的；

2）劳动者不能胜任工作，经过培训或者调整工作岗位，仍不能胜任工作的；

3）劳动合同订立时所依据的客观情况发生重大变化，致使原劳动合同无法履行，经当事人协商不能就变更劳动合同达成协议的。第二十七条：用人单位濒临破产进行法定整顿期间或者生产经营状况发生严重困难，确需裁减人员的，应当提前 30 日向工会或者全体员工说明情况，听取工会或者职工的意见，经向劳动行政部门报告后，可以裁减人员。

而在用人单位违法解除劳动合同时，可要求赔偿金。依据第 25 条（劳动合同法第 39条）解除合同，不必支付经济补偿金。即一是劳动者在试用期间被证明不符合录用条件的；二是严重违反劳动纪律或者用人单位规章制度的；三是严重失职，营私舞弊，对用人单位利益造成重大损害的；四是依法被追究刑事责任的。（被依法追究刑事责任是指：被人民检察院免于起诉的、被人民法院判处刑罚的、被人民法院依据刑法第 32 条免于刑事处分的。劳动者被人民法院判处拘役、三年以下有期徒刑缓刑的，有人单位可以解除劳动合同。）

根据《最高院审理劳动争议的解释》第 15 条，有人单位有下列情形之一，迫使劳动者提出解除劳动合同的，用人单位应当支付劳动者的劳动报酬和经济补偿，并可支付赔偿金；

1) 以暴力、威胁或者非法限制人身自由的手段强迫劳动的；
2) 未按照劳动合同约定制度劳动报酬或者提供劳动条件的；
3) 克扣或者无故拖欠劳动者工资的；
4) 拒不支付延长工作时间工资报酬的；
5) 低于当地最低工资标准支付劳动者工资的。

用人单位依法解除或者终止劳动合同，符合劳动合同法第四十六条规定的，应当依法支付经济补偿；用人单位违法解除或终止劳动合同，劳动者根据劳动合同法第四十八条规定要求继续履行劳动合同的，用人单位应当继续履行；劳动者不要求继续履行劳动合同或者劳动合同已经不能继续履行的，用人单位应当依照劳动合同法第八十七条的规定向劳动者支付了赔偿金的，不需要再向劳动者另行支付经济补偿。具体见表 1-5 所示。

经济补偿金和赔偿金的差别　　　　　　　　　　表 1-5

	经济补偿金	赔偿金
定义	经济补偿金是指企业依据国家有关规定或劳动合同约定，在同员工解除劳动合同时以货币形式直接支付给职工的劳动报酬	用人单位违反劳动法规定解除或者终止劳动合同，给劳动者造成损失的赔偿
性质	补助费用	赔偿费用
补偿标准	经济补偿按照劳动者在本单位工作的年限，每满一年支付一个月工资的标准向劳动者支付。不满一年的按一年计算	经济补偿金标准的二倍
支付标准	经济补偿金的工资计算标准是指企业正常生产情况下劳动者解除合同前十二个月的月平均工资	
适用范围	用人单位与劳动者解除劳动合同（协商解除、非过失性解除、经济性裁员）、合同终止	用人单位违反劳动法规定解除或者终止劳动合同，劳动者要求继续履行劳动合同的，用人单位应当继续履行；劳动者不要求继续履行劳动合同或者劳动合同已经不能继续履行的

2. 经济补偿与赔偿金不同时适用的情形

关于经济补偿金与赔偿金能否同时适用的问题，其中争议最大的莫过于对《劳动合同法》第 87 条如何理解的问题。该条规定"用人单位违反本法规定解除或者终止劳动合同的，应当按照本法第 47 条规定的经济补偿标准的二倍向劳动者支付赔偿金"，对于此条理解有认为应支付三倍经济补偿，还有认为只支付两倍经济补偿的。编者认为，对于用人单位违反本法规定解除或者终止劳动合同的，只要支付两倍经济补偿就行了。因为第 46 条应支付经济补偿的情形都是合法情形而不存在违法情形，而第 87 条的规定是对用人单位的违法情形的处理。两者是并行不悖的，分别适用于合法情形和违法情形。所以第 87 条情形只适用 2 倍就行了。

3. 12 种解除终止合同公司不用补偿或赔偿的情形

其中 8 种解除情形无须支付经济补偿：

1）劳动者在试用期间被证明不符合录用条件的。

操作建议：1、需注意试用期的期限规定，超过试用期不能再以这个理由解雇；2、需注意举证责任，用人单位需提供证据证明劳动者不符合录用条件；3、需有录用条件的相关规定，否则难以说明员工不符合录用条件。因此，录用条件应当具体化，书面化，公示化，证据化。

2）劳动者严重违反用人单位的规章制度的。

操作建议：①保障规章制度的合法性，需经民主程序制定，已向劳动者公示，内容合法；②注意收集证据，用人单位需提高劳动者严重违规的证据；③规章制度中应该明确具体的"严重违反"标准。

3）劳动者严重失职，营私舞弊，给用人单位造成重大损失的。

操作建议：①在规章制度中对重大损失进行量化以便操作，比如损失达到 5000 元人民币；②不能量化的重大损失，根据合理原则，设计成陈述式的条款进行表达。

4）劳动者同时与其他用人单位建立劳动关系，对完成本单位的工作任务造成严重影响，或者经用人单位提出，拒不改正的。

操作建议：怎样才算"严重影响"，这个举证责任有点难，从实务操作角度看，用人单位选择第二种方式即向劳动者提出改正要求更容易操作，也更容易举证。实践中可书面通知劳动者，要求其在指定期限内提供其他用人单位出具的已解除劳动合同的证据。当然，我认为最佳的方案是对该条进行转化处理，转换成严重违规行为，依据严重违规条款解雇。

5）劳动者存在欺诈、胁迫、乘人之危行为导致劳动合同无效。

操作建议：劳动者的欺诈手段，基本上是提供虚假材料，如假文凭、假证件、假经历等，因此，用人单位应当建立行之有效的入职审查制度，并且适当运用知情权的法律规定。胁迫、乘人之危对已劳动者而言，基本上难以做到。另外，如果女职工隐婚隐孕，以这个理由解雇，单位基本上会败诉。

6）劳动者被依法追究刑事责任的。

操作建议：法律仅限于被追究刑事责任，被刑事拘留、治安拘留的时候可别轻易动用这个解雇条款。但是追究刑事责任过程比较漫长，在这个过程中，劳动关系如何处理？可按照原劳动部《关于贯彻执行〈中华人民共和国劳动法〉若干问题的意见》第 28 条规定：劳动者涉嫌违法犯罪被有关机关收容审查、拘留或者逮捕的，用人单位在劳动者被限制人身自由期间，可与其暂时停止劳动合同的履行。暂时停止履行劳动合同期间，用人单位不承担劳动合同规定的相应义务。

7）劳动者提出与用人单位协商一致解除劳动合同的。

操作建议：如果是用人单位提出解除劳动合同的需支付经济补偿金，劳动者提出的可不支付经济补偿金。实务中，不管用人单位是否愿意支付一定经济补偿，都建议双方在解除劳动合同协议书中明确提出解除一方是劳动者。

8）劳动者提前 30 日以书面形式通知用人单位解除劳动合同的。

操作建议：按照劳动合同法的规定，劳动者提前 30 日以书面形式通知用人单位，可以解除劳动合同。劳动者在试用期内提前 3 日通知用人单位，可以解除劳动合同。这两种解除用人单位无须支付经济补偿。建议用人单位要求劳动者提交预告解除劳动合同的书面通知，或者要求劳动者提交辞职书面文书，并予以妥善保存。

4 种终止情形无须支付经济补偿：

9）自用工之日起 1 个月内经用人单位书面通知后，劳动者仍然不与用人单位订立劳动合同而终止劳动关系的。

操作建议：此种情形下用人单位终止劳动合同无须支付经济补偿金。注意证据的保留，需两次书面通知，第一次通知签合同，如果劳动者仍不签，则第二次通知终止劳动关系。

10）固定期限劳动合同期满终止，用人单位维持或者提高劳动合同约定条件续签劳动合同，劳动者不同意续签的。

操作建议：依据法律规定，劳动合同台期满，用人单位不续签劳动合同是需支付经济补偿的，但如果用人单位维持或者提高劳动合同约定条件续订劳动合同，劳动者不同意续订的，则终止劳动合同无须支付经济补偿金。建议用人单位在终止劳动合同前书面征求劳动者的续签意向，并保留劳动者不愿意续签的相关证据。

11）劳动者开始依法享受基本养老保险待遇，用人单位终止劳动合同的。

操作建议：法律明确劳动者开始依法享受基本养老保险待遇的，劳动合同终止，且无语支付经济补偿金。劳动者如果仅因达到法定退休年龄而被终止劳动合同是否可获经济补偿，法律并无规定，实践中通常认为也无须支付经济补偿。

12）劳动者死亡，或者被人民法院宣告死亡或者宣告失踪，导致劳动合同终止的，用人单位无须支付经济补偿。

第2章　工程材料的基本知识

2.1　工程材料概述

材料是工程结构物基础。材料质量的优劣直接影响结构物的质量。在工程建设过程中，认真合理地选配和应用材料是很重要的一个环节。市政工程的绝大多数部分都是一种承受频繁交通瞬时动荷载的反复作用的结构物，同时又是一种无覆盖且裸露在大自然中的结构物。它不仅受到交通车辆施加的极其复杂的力系的作用，同时又受到各种复杂的自然因素的恶劣影响。所以，用于修筑市政工程结构的材料，不仅需要具有抵抗复杂应力复合作用下的综合力学性能，同时还要保证在各种自然因素的长时期恶劣影响下综合力学性能不产生明显的衰减，这就是所谓持久稳定性。

2.1.1　市政工程用的建筑材料要求具备四个方面的性质

（1）物理性质

材料的力学强度随其环境条件而改变，影响材料力学性质的物理因素主要是温度和湿度。材料的强度随着温度的升高或含水率的增加而显著降低，通常用热稳性或水稳性等来表征其强度变化的程度。优质材料，其强度随着环境条件的变化应当较小。此外，通常还要测定一些物理常数，如密度、空隙率和孔隙率等。这些物理常数取决于材料的基本组成及其构造，是材料内部组织结构的反应，既与材料的吸水性、抗冻性及抗渗性有关，也与材料的力学性质及耐久性之间有着显著的关系，可用于混合料配合比设计、材料体积与质量之间的换算等。

（2）力学性质

力学性质是材料抵抗车辆荷载复杂力系综合作用的性能。各项力学性能指标也是选择材料、进行组成设计和结构分析的重要参数。目前对建筑材料力学性质的测定，主要是测定各种静态的强度，如抗压、抗拉、抗弯、抗剪等强度；或者某些特殊设计的经验指标，如磨耗、冲击等。有时并假定材料的各种强度之间存在一定关系，以抗压强度作为基准，按其抗压强度折算为其他强度。

（3）化学性质

化学性质是材料抵抗各种周围环境对其化学作用的性能。裸露于自然环境中的市政工程结构物，除了可受到周围介质（如桥墩在工业污水中）或者其他侵蚀作用外，通常还受到大气因素，如气温的交替变化、日光中的紫外线、空气中的氧气以及湿度变化等综合作用，引起材料的"老化"，特别是各种有机材料比如沥青材料等更为显著。为此应根据材料所处的结构部位及环境条件，综合考虑引起材料性质衰变的外界条件和材料自身的内在原因，从而全面了解材料抵抗破坏的能力，保证材料的使用性能。

（4）工艺性质

工艺性质是指材料适合于按照一定工艺流程加工的性能。例如，水泥混凝土在成型以前要求有一定的流动性，以便制作成一定形状的构件，但是加工工艺不同，要求的流动性亦不同。能否在现行的施工条件下，通过必要操作工序，使所选择材料或混合料的技术性能达到预期的目标，并满足使用要求，这是选择材料和确定设计参数时必须考虑的重要因素。

市政工程材料这四方面性能是互相联系、互相制约的。在研究材料性能时，应注重要把这几个方面性能联系在一起统一考虑。只有全面地掌握这些性能的主要影响因素、变化规律，正确评价材料性能，才能合理地选择和使用材料，这也是保证工程中所用材料的综合力学强度和稳定性，满足设计、施工和使用要求的关键所在。

2.1.2　市政工程材料质量检测检验相关依据及标准

材料的技术标准是有关部门根据材料自身固有特性，结合研究条件和工程特点，对材料的规格、质量标准、技术指标及相关的试验方法所做出的详尽而明确的规定。科研、生产、设计与施工单位，应以这些标准为依据进行材料的性能评价、生产、设计和施工。为了保证建筑材料的质量，我国对各种材料制定了专门的技术标准。

目前我国的建筑材料标准分为：国家标准、行业标准、地方标准和企业标准四类。

国家标准是由国家标准局颁布的全同性指导技术文件，简称"国标"，代号 GB；国标由有关科学研究机构起草、由有关主管部门提出，最后由国家标准总局发布，并确定实施日期。在国标代号中，除注明国标外，写明编号和批准年份。

行业标准由国务院有关行政主管部门制定和颁布，也为全国性指导技术文件，在国家标准颁布之后，相关的行业标准即行作废；企业标准适用于本企业，凡没有制定国家标准或行业标限的材料或制品，均应制定企业标准。

2.1.3　市政工程材料是构成市政工程的所有材料的通称

市政工程材料按主要化学成分可分为：无机材料、有机材料和有机与无机混合材料。无机材料是工程中应用最多的材料，常见的主要有水泥、砂、石、混凝土、砂浆、砖、钢材等。有机材料主要有沥青、有机高分子防水材料、各种有机涂料等。有机与无机复合材料是集有机材料与无机材料的优点工程材料，主要有浸渍聚合物混凝土或砂浆、富有有机涂膜的彩钢板、玻璃钢等。

2.2　无机胶凝材料

2.2.1　无机胶凝材料的分类及其特性

胶凝材料也称为胶结材料，是用来把块状、颗粒状或纤维状材料粘结为整体的材料。无机胶凝材料也称矿物胶凝材料，是胶凝材料的一大类别，其主要成分是无机化合物，如水泥、石膏、石灰等均属无机胶凝材料。

按照硬化条件的不同，无机胶凝材料分为气硬性胶凝材料和水硬性胶凝材料两类。前者如石灰、石膏、水玻璃等，后者如水泥。

气硬性胶凝材料只能在空气中凝结、硬化、保持和发展强度，一般只适用于干燥环境，不宜用于潮湿环境和水中。

水硬性胶凝材料既能在空气中硬化，也能在水中凝结、硬化、保持和发展强度，既适用于干燥环境，又适用于潮湿环境与水中环境。

2.2.2 石灰的分类、特性及技术性质

（1）石灰的分类

石灰又称白灰，是气硬性胶凝材料。根据成品加工方法的不同，可分为：

1）块状生石灰：由原料煅烧而成的原产品，主要成分为 CaO。

2）生石灰粉：由块状生石灰磨细而得到的细粉，其主要成分亦为 CaO。

3）消石灰：将生石灰用适量的水消化而得到的粉末，称熟石灰，其主要成分 $Ca(OH)_2$。

4）石灰浆：将生石灰与多量的水（约为石灰体积的 3~4 倍）消化而得可塑性浆体，称为石灰膏，主要成分为 $Ca(OH)_2$ 和水。如果水分加得更多，则呈白色悬浮液，称为石灰乳。

（2）石灰的特性

1）可塑性和保水性好

生石灰熟化后形成的石灰浆，是球状颗粒高度分散的胶体，表面附有较厚的水膜，降低了颗粒之间的摩擦力，具有良好的塑性，易铺摊成均匀的薄层。在水泥砂浆中加入石灰浆，可使可塑性和保水性显著提高。

2）生石灰水化时水化热大，体积增大。

3）硬化缓慢

石灰水化后凝结硬化时，结晶作用和碳化作用同时进行，由于碳化作用主要发生在与空气接触的表层，且生成的 $CaCO_3$ 膜层较致密，阻碍了空气中 CO_2 的渗入，也阻碍了内部水分向外蒸发，因而硬化缓慢。

4）硬化时体积收缩大

由于石灰浆中存在大量的游离水，硬化时大量水分蒸发，导致内部毛细管失水紧缩，引起显著的体积收缩变形，使硬化的石灰浆体出现干缩裂纹。所以，除调成石灰乳做薄层粉刷外，不宜单独使用。通常施工时要掺入一定量的骨料（如砂子等）或纤维材料。

5）硬化后强度低

石灰消化时理论用水量为生石灰质量的 32%，但为了使石灰浆具有一定的可塑性便于应用，同时考虑到一部分水分因消化时水化热大而被蒸发掉，故实际用水量很大，达 70% 以上。多余水分在硬化后蒸发，将留下大量空隙，因而石灰体密实度小、强度低。

6）耐水性差

由于石灰浆硬化慢、强度低，在石灰硬化体中，大部分仍是尚未碳化的 $Ca(OH)_2$，$Ca(OH)_2$ 易溶于水，这会使得硬化石灰体遇水后产生溃散，故石灰不易用于潮湿环境。

（3）石灰的技术性质

1）有效氧化钙和氧化镁含量

石灰中产生粘结性的有效成分是活性氧化钙和氧化镁。它们的含量是评估石灰质量的主要指标，其含量愈多、活性愈高、质量也愈好。

2）生石灰产浆量和未消化残渣含量

产浆量是单位质量（1kg）的生石灰经消化后所产石灰浆体的体积（L）。石灰产浆量愈高，则表示其质量越好。未消化残渣含量是生石灰消化后，未能消化而存留在5mm圆孔筛上的残渣占试样的百分率。其含量愈多，石灰质量愈差，须加以限制。

3）二氧化碳（CO_2）含量

控制生石灰或生石灰粉中的CO_2的含量，是为了检测石灰石在煅烧时欠火造成产品中未分解完成的碳酸盐的含量。CO_2含量越高表示未分解完全的碳酸盐含量高，则（CaO＋MgO）含量相对降低，导致石灰的胶结性能的下降。

4）消石灰游离水含量

游离水含量，指化学结合水以外的含水量。生石灰在消化过程中加入的水是理论需水量的2~3倍，除部分水被石灰消化过程中放出的热蒸发掉，多加的水分残留于氢氧化钙（除结合水外）中。残余水分蒸发后，留下空隙会加剧消石灰粉的碳化作用，以致影响石灰的质量，因此对消石灰粉的游离水含量需加以限制。

5）细度

细度与石灰的质量有密切联系，过量的筛余物影响石灰的粘结性。

2.2.3　通用水泥的品种、主要技术性质及应用

水泥是一种加水拌合成塑性浆体，能胶结砂、石等适当材料，并能在空气和水中硬化的粉状水硬性胶凝材料。水泥的品种有很多：

按其矿物组成可分为硅酸盐水泥、硫铝酸盐水泥、氟铝酸盐水泥、铁铝酸盐水泥以及少熟料或无熟料水泥等。

按其用途和性能可分为通用水泥、专用水泥以及特性水泥三大类。用于一般土木建筑工程的水泥是通用水泥。适应专门用途的水泥称为专用水泥，如砌筑水泥、道路水泥、油井水泥等。某种性能比较突出的水泥称为特性水泥，如白色硅酸盐水泥、快硬硅酸盐水泥、抗硫酸盐硅酸盐水泥、膨胀水泥等。

（1）通用水泥的品种及分类

通用水泥即通用硅酸盐水泥的简称，是以硅酸盐水泥熟料和适量的石膏，以及规定的混合材料之称的水硬性胶凝材料。通用硅酸盐水泥按混合材料的品种和掺量分为硅酸盐水泥、普通硅酸盐水泥、矿渣硅酸盐水泥、火山灰质硅酸盐水泥、粉煤灰硅酸盐水泥和复合硅酸盐水泥。

硅酸盐水泥：硅酸盐水泥熟料中掺入0~5％的石灰石或粒化高炉矿渣等混合料，以及适量石膏混合磨细制成的水泥。其中完全不掺混合料的称为Ⅰ型硅酸盐水泥（代号P·Ⅰ），混合料掺入量≤5％称为Ⅱ型硅酸盐水泥（代号P·Ⅱ）。

普通硅酸盐水泥：在硅酸盐水泥熟料中掺入活性混合材料（掺加量为＞5％且≤20％的混合料）及适量石膏加工磨细后得到的水泥（代号P·O）。

矿渣硅酸盐水泥：在硅酸盐水泥熟料中掺入＞20％且≤70％的粒化高炉矿渣和适量石膏加工磨细制成的水泥，分为A型和B型。A型粒化高炉矿渣＞20％且≤50％（代号P·S·A）；B型粒化高炉矿渣＞50％且≤70％（代号P·S·B）。

火山灰硅酸盐水泥：在硅酸盐水泥熟料中掺入＞20％且≤40％的火山灰质材料和适量石膏加工磨细橱成的水泥（代号 P·P）。

粉煤灰硅酸盐水泥：在硅酸盐水泥熟料中掺入＞20％且≤40％的粉煤灰和适量石膏加工磨细制成的水泥（代号 P·F）。

复合硅酸盐水泥：是由硅酸盐水泥，两种或两种以上规定的混合材料，水泥中混合材料总掺入量＞20％且≤50％，与适量石膏磨细制成的水硬性胶凝材料（代号 P·C）。

1）硅酸盐水泥的生产原理、矿物成分的特性及各品种适应性

① 硅酸盐水泥的生产原理

将原料按一定的比例掺配、混合磨细，在水泥生产窑中经 1450℃ 的高温煅烧，形成以硅酸钙为主要成分的水泥熟料；然后在熟科中加入 3％ 左右的石膏（或其他混合料）再加工磨细，就得到硅酸盐水泥。生产硅酸盐水泥的原料主要有，石灰质原料（如石灰石、白垩等，主要提供氧化钙）和黏土质原料（如黏土、页岩等，主要提供氧化硅及氧化铝与氧化铁），还有少量辅助原料，如铁矿石。煅烧所得的熟料再加入作为缓凝用的石膏磨制水泥。

② 掺加石膏及外掺料的特性及作用

在水泥熟料中加入 3％ 左右的石膏是用来调节水泥的凝结速度，使水泥水化速度的快慢适应实际使用的需要。因此，石膏是水泥组成中必不可少的缓凝剂。但石膏的用量必须严格控制，否则过量的石膏必会造成水泥在水化过程中体积上的不安定。水泥熟料中还要掺入一些混合料，混合料所起的作用是在增加水泥产量、降低生产成本的同时，改善水泥的品质。如掺入一定量的混合料，使得水泥后期强度提高，而且还能有效降低水泥的水化热，非常适合大体积混凝土的施工和结构形成的需要。掺入的混合料大致可分为活性和非活性两类：活性混合料是指具有水化胶凝性质的混合料，在一定条件下可与水反应产生水化产物，并在水中硬化。非活性混合料不具备与水的反应能力，所起的作用主要是提高产量、降低水化热的作用。

③ 硅酸盐水泥熟料各矿物成分特性

A. 水泥熟料主要矿物组成的性质

硅酸盐水泥熟料是指由主要含 CaO、SiO_2、Al_2O_3、Fe_2O_3 的原料，按适当比例磨成细粉烧至部分熔融所得以硅酸钙为主要矿物成分的水硬性胶凝物质。其中，硅酸钙矿物不小于 66％，氧化钙和氧化硅质量比不小于 2.0。硅酸盐水泥熟料的主要矿物是硅酸三钙、硅酸二钙、铝酸三钙和铁铝酸四钙，它们在熟料中的含量和特性如下：

硅酸三钙（简称 C_3S）是硅酸盐水泥中最主要的矿物组分，其矿物组成为 $3CaO·SiO_2$，其含量通常在 50％ 左右，它对硅酸盐水泥性质有重要的影响。硅酸三钙遇水反应速度较快、水化热高，水化产物对水泥早期强度和后期强度起主要作用。

硅酸二钙（简称 C_2S）在硅酸盐水泥中的含量约为 10％～40％，其矿物组成为 $2CaO·SiO_2$，亦为主要矿物组分，遇水时对水反应速度较慢，水化热较低。它的水化产物对水泥早期强度贡献较小，但对水泥后期强度起重要作用。其耐化学侵蚀性和干缩性较好。

铝酸三钙（简称 C_3A）在硅酸盐水泥中含量通常在 15％ 以下，其矿物组成为 $3CaO·Al_2O_3$。它是遇水反应最快、水化热最高的组分。铝酸三钙的含量决定水泥的凝结速度和释热量。通常为调节水泥凝结速度需掺加石膏、铝酸三钙与石膏形成的水化产物，对水泥早期强度起一定作用。其耐化学侵蚀性差，干缩性大。

铁铝酸四钙（简称 C_4AF）是硅酸盐水泥中，通常含量为 5%～15%。其矿物组成为 $4CaO \cdot Al_2O_3 \cdot Fe_2O_3$，遇水反应快，水化热较高；强度较低，但对水泥抗折强度起重要作用；耐化学侵蚀性好，干缩性小。

硅酸盐水泥熟料中还包括其他矿物组成，有少量的游离氧化钙和游离氧化镁及少量的碱（氧化钠和氧化钾）。它们可能对水泥质量带来不利影响。

B. 水泥熟料主要成分特性比较（由高至低排列）

反应速度：C_3A、C_3S、C_4AF、C_2S。

释热量：C_3A、C_3S、C_4AF、C_2S。

强度：C_3S、C_2S、C_3A，但 C_4AF 对抗强度有利。

耐侵蚀性 C_4AF、C_2S、C_3S、C_3A。

干缩性 C_3A 最大，C_3S 居中，C_4AF、C_2S 最小。

C. 矿物组成对水泥性能的影响

不同的矿物成分表现出不同的特性。水泥是由多种矿物成分组成的，改变各种矿物成分的含量比例以及它们之间的配比，则可以生产出性能各异的水泥。如堤坝水泥：降低 C_3A、C_3S 的含量，提高 C_2S 的含量；道路水泥：提高 C_3S 和 C_4AF 的含量；高强水泥，提高 C_3S 的含量。

2）硅酸盐水泥各品种适应性

硅酸盐水泥和普通硅酸盐水泥在实际工程中应用最为普遍。矿渣硅酸盐水泥、火山灰质硅酸盐水泥和粉煤灰硅酸盐水泥中熟料矿物含量比硅酸盐水泥少得多，而且常温下二次水化反应进行缓慢，因此，凝结硬化较慢、水化放热较小、早期强度较低；但在硬化后期（28d 以后），由于二次水化反应，使水化硅酸钙凝胶数量增多，水泥石强度不断增长，甚至超过同强度等级的硅酸盐水泥。二次反应对环境的温度和湿度条件较为敏感，为保证这些水泥强度的稳步增长，需要较长时间的养护。这些水泥的抗软水、海水和硫酸盐腐蚀的能力比硅酸盐水泥强，抗碳化能力、抗冻性和耐磨性较差。具体应用范围见表 2-1。

通用水泥的特性及适用范围 　　　　　　　　　　　　　表 2-1

名称	硅酸盐水泥	普通硅酸盐水泥	矿渣硅酸盐水泥	火山灰质硅酸盐水泥	粉煤灰硅酸盐水泥	复合硅酸盐水泥
主要特性	1. 早期强度高； 2. 水化热高； 3. 抗冻性好； 4. 耐热性差； 5. 耐腐蚀性差； 6. 干缩小； 7. 抗碳化性好	1. 早期强度较高； 2. 水化热较高； 3. 抗冻性较好； 4. 耐热性较差； 5. 耐腐蚀性较好； 6. 干缩性较小； 7. 抗碳化性较好	1. 早期强度低，后期强度高； 2. 水化热较低； 3. 抗冻性较差； 4. 耐热性较好； 5. 耐腐蚀性好； 6. 干缩性较大； 7. 抗碳化性较差； 8. 抗渗性差	1. 早期强度低，后期强度高； 2. 水化热较低； 3. 抗冻性较差； 4. 耐热性较差； 5. 耐腐蚀性好； 6. 干缩性大； 7. 抗碳化性较差； 8. 抗渗性好	1. 早期强度低，后期强度高； 2. 水化热较低； 3. 抗冻性较差； 4. 耐热性较差； 5. 耐腐蚀性好； 6. 干缩性小； 7. 抗碳化性较差； 抗裂性好	1. 早期强度稍低； 2. 其他性能同矿渣水泥

名称	硅酸盐水泥	普通硅酸盐水泥	矿渣硅酸盐水泥	火山灰质硅酸盐水泥	粉煤灰硅酸盐水泥	复合硅酸盐水泥
适用范围	1. 高强混凝土及预应力混凝土工程； 2. 早期强度要求高的工程及冬期施工的工程； 3. 严寒地区遭受反复冻融作用的混凝土工程	与硅酸盐水泥基本相同	1. 大体积混凝土工程； 2. 高温车间和有耐热要求的混凝土结构； 3. 蒸汽养护的构件； 4. 耐腐蚀要求高的混凝土工程	1. 地下、水中大体积混凝土结构； 2. 有抗渗要求的工程； 3. 蒸汽养护的构件； 4. 耐腐蚀要求高的混凝土工程	1. 地上、地下及水中大体积混凝土结构； 2. 蒸汽养护的构件； 3. 抗裂性要求较高的构件； 4. 耐腐蚀要求高的混凝土工程	可参照矿渣硅酸盐水泥、火山灰质硅酸盐水泥、粉煤灰硅酸盐水泥，但其性能受所用混合材料性能的影响，所以使用时应针对工程的性质加以选用
不适用范围	1. 大体积混凝土结构； 2. 受化学及海水侵蚀的工程	与硅酸盐水泥基本相同	1. 早期强度要求高的工程； 2. 有抗冻要求的混凝土工程	1. 处在干燥环境中的混凝土工程； 2. 其他同矿渣水泥	1. 有抗碳化要求的工程； 2. 其他同矿渣水泥	1. 要求快硬的混凝土； 2. 有抗冻要求的混凝土

（2）通用水泥的主要技术性质

1）细度

细度是指水泥颗粒粗细的程度，它是影响水泥用水量、凝结时间、强度和安定性能的重要指标。颗粒越细，与水反应的表面积越大，因而水化反应的速度越快，水泥石的早期强度越高，但硬化体的收缩也越大，且水泥在储运过程中易受潮而降低活性。因此，水泥细度应适当。硅酸盐水泥和普通硅酸盐水泥的细度用透气式比表面仪测定。

2）标准稠度及其用水量

在测定水泥凝结时间、体积安定性等性能时，为使所测结果有准确的可比性，规定在试验时所使用的水泥净浆必须以标准办法（按《水泥标准稠度用水量、凝结时间、安全性检验方法》GB/T 1346—2011 规定）测试，并达到统一规定的浆体可塑性程度（标准稠度）。水泥净浆标准稠度用水量，是指拌制水泥净浆时为达到标准稠度所需的加水量，它以水与水泥质量之比的百分数表示。

3）凝结时间

水泥从加水开始到失去流动性所需的时间称为凝结时间，分为初凝时间和终凝时间。初凝时间为水泥从开始加水拌合起至水泥浆开始失去可塑性所需的时间；终凝时间是从水泥开始加水搅拌起至水泥浆完全失去可塑性，并开始产生强度所需的时间。水泥的凝结时间对施工有重大意义。初凝过早，施工时没有足够的时间完成混凝土或砂浆的搅拌、运输、浇捣和砌筑等操作；终凝过迟，则会拖延施工工期。国家标准规定：硅酸盐水泥初凝时间不得早于 45min，终凝时间不得迟于 390min。普通硅酸盐水泥，矿渣硅酸盐水泥、火山灰质硅酸盐水泥、粉煤灰硅酸盐水泥、复合硅酸盐水泥）初凝时间不得早于 45min，终凝时间不得迟于 600min。

4）体积安定性

水泥体积安定性是指水泥浆体硬化后体积变化的稳定性。安定性不良的水泥，在浆体硬化过程中或硬化后产生不均匀的体积膨胀，并引起开裂。水泥安定性不良的主要原因是熟料中含有过量的游离氧化钙、游离氧化镁或渗入的石膏过多。国家标准规定，硅酸盐和普通硅酸盐水泥熟料中游离氧化镁含量不得超过 5.0％，三氧化硫含量不得超过 3.5％。

5）水泥的强度

水泥强度是表征水泥力学性能的重要指标，它与水泥的矿物合成、水泥细度、水胶比大小、水化龄期和环境温度等密切相关。水泥强度按《水泥胶砂强度检验方法（ISO 法）》GB/T 17671—1999 的规定制作试块，养护并测定其抗压和抗折强度值，并据此评定水泥强度等级。

根据 3d 和 28d 龄期的抗折强度和抗压强度进行评定，通用水泥的强度等级划分见表 2-2。

6）水化热

水化热是指水泥和水之间发生化学反应放出的热量，通常以焦耳/千克（J/kg）表示。

水泥水化放出的热量以及放热速度，主要决定于水泥的矿物组成和细度。熟料矿物中铝酸三钙和硅酸三钙的含量越高，颗粒越细，则水化热越大，这对一般建筑的冬期施工时有利的，但对于大体积混凝土工程是有害的。为了避免由于温度应力引起水泥石的开裂，在大体积混凝土工程施工中，不宜采用硅酸盐水泥，而应采用水化热低的水泥，如中热水泥、低热矿渣硅酸盐水泥等，水化热的数值可根据国家标准规定的方法测定。

通用水泥的主要技术性能见表 2-2。

通用水泥的主要技术性能 表 2-2

性能 \ 品种	硅酸盐水泥	普通硅酸盐水泥	矿渣硅酸盐水泥	火山灰质硅酸盐水泥	粉煤灰硅酸盐水泥	复合硅酸盐水泥
水泥中混合材料掺量	0～5%	活性混合材 6%～15%，或非活性混合材料 10%以下	粒化高炉矿渣 20%～70%	火山灰质混合材料 20%～50%	粉煤灰 20%～40%	两种或两种以上混合材料，其总掺量为 15%～50%
密度（g/cm³）	3.0～3.15		2.8～3.1			
堆积密度（kg/m³）	1000～1600		1000～1200	900～1000		1000～1200
细度	比表面积 >300 m²/kg	80μm 方孔筛筛余量<10%				
凝结时间 初凝	>45min					
凝结时间 终凝	<6.5h		<10h			
体积安定性 安定性	沸煮法必须合格（若试饼法和雷氏法两者有争议，以雷氏法为准）					
体积安定性 MgO	含量<5.0%					
体积安定性 SO₃	含量<3.5%（矿渣水泥中含量<4.0%）					
碱含量	用户要求低碱水泥时，按 Na₂O+0.685K₂O 计算的碱含量，不得大于 0.06%，或由供需双方商定					
强度等级	42.5 42.5R 52.5 52.5R 62.5 62.5R	42.5、42.5R 52.5、52.5R	32.5、32.5R、42.5、42.5R、52.5、52.5R			

注：R 表示早强型。

2.2.4 道路用硅酸盐水泥、市政工程常用特性水泥的特性及应用

（1）道路用硅酸盐水泥

道路用硅酸盐水泥简称道路水泥，是指由道路硅酸盐水泥熟料、0～10%活性混合材料与适量石膏磨细制成的水硬性胶凝材料。道路硅酸盐水泥熟料是指以适当成分的生料烧至部分熔融，所得以硅酸钙为主要成分和较多量的铁铝酸钙的硅酸盐水泥熟料称为道路硅酸盐水泥熟料。

道路硅酸盐水泥的强度高（特别是抗折强度高）、耐磨性高、干缩小、抗冲击性好、抗冻性好、抗硫酸盐腐蚀性能比较好，适用于道路路面、机场跑道道面、城市广场等工程。

（2）特性水泥

特性水泥的品种很多，以下仅介绍市政工程中常用的几种。

1）快硬硅酸盐水泥

凡以硅酸盐熟料和适量石膏磨细组成的以 3d 抗压强度表示强度等级的水硬性胶凝材料称为快硬硅酸盐水泥，简称快硬水泥。快硬硅酸盐水泥的特点是，凝结硬化快，早期强度增长率高。可用于紧急抢修工程、低温施工工程等，可配置成早强、高等级混凝土。快硬硅酸盐水泥易受潮变质，故储运时须特别注意防潮，不宜久存，及时使用出厂超过 1 个月，应重新检验，合格后方可使用

2）膨胀水泥

膨胀水泥是指以适当比例的硅酸盐水泥或普通硅酸盐水泥，硅酸盐水泥等和天然二水石膏磨制而成的膨胀性的水硬性胶凝材料。我国常用的膨胀水泥品种按基本组成有：硅酸盐膨胀水泥、铝酸盐膨胀水泥、硫铝酸盐水泥、铁铝酸盐膨胀水泥等。膨胀水泥主要用于收缩补偿混凝土、防渗水泥土（屋顶防渗、水池等）、防渗砂浆，使用在结构的加固、构件接缝、后浇带，固定设备的机座及地脚螺栓等部位施工。

2.3 混 凝 土

2.3.1 普通混凝土的分类及主要技术性质

1. 普通混凝土的分类

混凝土是以胶凝材料，粗细骨料及外掺材料按适当比例拌制、成型、养护、硬化而成的人工石材。通常将水泥、矿物掺合材料、粗细骨料、水和外加剂按一定的比例配制而成的、干表观密度 2000～2800kg/m³ 的混凝土称为普通混凝土；按不同要求分类如下：

（1）按用途分为：结构混凝土、抗渗混凝土、抗冻混凝土、大体积混凝土、水工混凝土、耐热混凝土、耐酸混凝土、装饰混凝土等。

（2）按强度等级分为：普通强度混凝土（<C60）、高强度混凝土（≥C60）、超高强混凝土（≥C100）等。

（3）按施工工艺分为：喷射混凝土、泵送混凝土、碾压混凝土、压力灌浆混凝土、离心混凝土、真空脱水混凝土等。

普通混凝土广泛用于建筑、桥梁、道路、水利、码头、海洋等工程。

2. 普通混凝土的主要技术性质

混凝土的技术性质包括混凝土拌合物和硬化混凝土的技术性质。混凝土拌合物的主要技术性能为和易性，硬化混凝土的主要技术性能包括强度、变形和耐久性等。

（1）混凝土拌合物的和易性

混凝土中的各种组成材料按比例配合经搅拌形成的混合物称为混凝土拌合物，又称新拌混凝土。混凝土拌合物易于各工序施工操作（搅拌、运输、浇筑、振捣、成型等），并能获得质量稳定、整体均匀、成型密实的混凝土性能，称为混凝土拌合物的和易性。和易性是满足施工工艺要求的综合性质，包括流动性、黏聚性和保水性。

流动性是指混凝土拌合物在自重或机械振动时能够产生流动的性质。流动性的大小反映了混凝土拌合物的稀稠程度，流动性良好的拌合物，易于浇筑、振捣和成型。

黏聚性是指混凝土组成材料间具有一定的黏聚力，在施工过程中混凝土能保持整体均匀的性能。黏聚性反映了混凝土拌合物的均匀性，黏聚性良好的拌合物易于施工操作，不会产生分层和离析的现象。黏聚性差时，会造成混凝土质地不均，振捣后易出现蜂窝、空洞等现象，影响混凝土的强度及耐久性。

保水性是指混凝土拌合物在施工过程中具有一定的保持内部水分而抵抗泌水的能力。保水性反映了混凝土拌合物的稳定性。保水性差的混凝土拌合物会在混凝土内部形成透水通道，影响混凝土的实密性，并降低混凝土的强度及耐久性。

混凝土拌合物的和易性目前还很难用单一的指标来评定，通常是以测定流动性为主，兼顾黏聚性和保水性。流动性常用坍落度法（适用于骨料粒径不大于 40mm，坍落度≥10mm）和维勃稠度法（适用于骨料粒径不大于 40mm，维勃稠度在 5～30s 之间的混凝土）进行评定。

坍落度数值越大，表明混凝土拌合物流动性越大。根据坍落度值的大小，可将混凝土分为四级：大流动性混凝土（坍落度大于 160mm）、流动性混凝土（坍落度 100～150mm）、塑性混凝土（坍落度 10～90mm）和干硬性混凝土（坍落度小于 10mm）。

能够影响到混凝土拌合物和易性的因素概括地分为内因和外因两大类。外因主要指施工环境条件，包括外界环境的气温、湿度、风力大小以及时间等。但应值得重视和了解的因素是在构成混凝土组成材料的特点及其配合比等内因上，其中包括原材料特性、单位用水量、水灰比和砂率等方面。

① 水泥浆的数量和稠度

在新拌混凝土中，水泥浆填充集料间的空隙，并包裹集料，它赋予新拌混凝土一定的流动性。因此，水泥浆的数量和稠度对新拌混凝土的和易性有显著影响。新拌混凝土中的水泥浆量增多时，流动性增大。但是水泥浆量过多，将会出现流浆现象，容易发生离析。如果水泥浆量过少，则集料间缺少黏结物质，黏聚性变差，易出现崩坍。新拌混凝土中的水泥浆较稠时，流动性较小。如果水泥浆干稠，新拌混凝土的流动性过低，会使施工困难。如果水泥浆过稀，又造成黏聚性和保水性不良，产生流浆和离析现象。水泥浆的稠度决定于水灰比，但水灰比直接影响混凝土的强度和耐久性。所以，水灰比的大小，应根据混凝土强度和耐久性的要求合理确定。

事实上，对新拌混凝土流动性起决定作用的是用水量。无论提高水灰比或增加水泥浆量都表现为混凝土用水量的增加。在拌制混凝土时，不能用单纯改变用水量的办法来调整新拌混凝土的流动性。单纯加大用水量会降低混凝土的强度和耐久性。因此，应该在保持水灰比不变的条件下，用调整水泥浆量的办法来调整新拌混凝土的流动性。

② 砂率

砂率是指混凝土中砂的质量占砂石总质量的百分率。

砂率的变动会影响新拌混凝土中集料的级配，使集料的空隙率和总表面积有很大变化，对新拌混凝土的和易性产生显著影响。在水泥浆数量一定时，砂率过大，集料的总表面积及空隙率都会增大，需较多水泥浆填充和包裹集料，使起润滑作用的水泥浆减少，新拌混凝土的流动性减小。砂率过小，集料的空隙率显著增加，不能保证在粗集料之间有足够的砂浆层，也会降低新拌混凝土的流动性，并会严重影响黏聚性和保水性，容易造成离析，流浆等现象。显然，砂率有一个合理范围，处于这一范围的砂率称为合理砂率。当采用合理砂率时，在用水量和水泥用量一定的情况下，能使混凝土拌合物获得最大的流动性且能保持良好的黏聚性和保水性。合理砂率随粗集料种类、最大粒径和级配、砂子的粗细程度和级配，混凝土的水灰比和施工要求的流动性而变化，需要根据实际施工条件，通过试验来选择。

（2）混凝土的强度

1）混凝土立方体抗压强度和强度等级

混凝土的抗压强度是混凝土结构设计的主要技术参数，也是混凝土质量评定的重要技术指标。按照标准制作方法制成边长为 150mm 的标准立方体试件，在温度为 20℃±5℃环境中静置一昼夜至二昼夜后拆模，然后在标准条件（温度 20℃±2℃，相对湿度为 95％以上）下养护至 28d 龄期，然后采用标准试验方法测得的极限抗压强度值称为混凝土的立方体抗压强度，用 f_{cc} 表示。

为了便于设计和施工选用混凝土，将混凝土的强度按照混凝土立方体抗压强度标准值分为若干等级，即强度等级。普通混凝土共划分为 C15、C20、C25、C30、C35、C40、C45、C50、C55、C60、C65、C70、C75、C80 十四个强度等级。其中"C"表示混凝土，C 后面的数字表示混凝土立方体抗压强度标准值（$f_{cu,k}$）。如 C30 表示混凝土立方体抗压强度标准值 30MPa≤$f_{cu,k}$＜35MPa。

2）混凝土轴心抗压强度

在实际工程中，混凝土结构构件大部分是棱柱体或圆柱体。为了能更好地反映混凝土的实际抗压性能，在计算钢筋混凝土构件承载力时，常采用混凝土的轴心抗压强度作为设计依据。混凝土的轴心抗压强度是采用 150mm×150mm×300mm 的棱柱体作为标准试件，在温度为 20℃±5℃环境中静置一昼夜至二昼夜后拆模，然后在标准温度条件（温度为 20℃±2℃，相对湿度为 95％以上）下养护 28d 至龄期，采用标准试验方法测得的抗压强度值。

3）混凝土的抗拉强度

混凝土抗拉强度，通常指混凝土轴心抗拉强度，是指试件受拉力后断裂时所承受的最大负荷载除以截面积所得的应力值，用 f_{tk} 来表示，单位为 MPa。我国目前常采用劈裂试验方法测定混凝土抗拉强度。劈裂试验方法是采用边长为 150mm 的立方体标准试件，按规定的劈裂拉伸试验方法测定混凝土的劈裂抗拉强度。

4）影响混凝土强度的因素

影响混凝土强度的因素很多，主要是组成原材料的影响，包括原材料的特征和各材料之间的组成比例等内因，以及养护条件和试验检测条件等外因。

① 组成材料和配合比

A. 胶凝材料的强度和水胶比

试验证明，混凝土强度随水胶比的增大而降低，呈曲线关系。

B. 集料的影响

集料的表面状况影响水泥石与集料的粘结，从而影响混凝土的强度。碎石表面粗糙，粘结力较大；卵石表面光滑，粘结力较小。因此，在配合比相同的条件下，碎石混凝土的强度比卵石混凝土的强度高，特别是在水灰比比较低（<0.4）时差异较明显。

集料的最大粒径对混凝土的强度也有影响，集料的最大粒径越大，混凝土的强度越小；特别是对水灰比较低的中强和高强混凝土，集料最大粒径的影响十分明显。

针片状颗粒含量给施工带来不利影响，并引起混凝土空隙率的提高，所以混凝土用的粗集料要限制针片状颗粒含量。

C. 外加剂和掺合料

在混凝土中掺入外加剂，可使混凝土获得早强和高强性能。混凝土中掺入早强剂，可显著提高早期强度；掺入减水剂可大幅度减少拌合用水量，在较低的水灰比下，混凝土仍能较好地成型密实，获得很高的 28d 强度。

在混凝土中加入掺合科，可提高水泥石的密实度，改善水泥石与集料的界面粘结强度，提高混凝土的长期强度。因此，在混凝土中掺入高效减水剂和掺合料是制备高强和高性能混凝土所必需的技术措施。

D. 浆集比

混凝土中水泥浆的体积和集料体积之比称为浆集比。在水灰比相同的条件下达到最佳浆集比后，混凝土强度随着混凝土浆集比的增加而降低。

② 养护条件

A. 养护的温度和湿度

养护温度对水泥的水化速度有显著的影响，养护温度高水泥的初期水化速度快，混凝土早期强度高。但是，早期的快速水化会导致水化物分布不均匀，在水泥石中形成密实度低的薄弱区，影响混凝土的后期强度，养护温度降低时，水泥的水化速度减慢，水化物有充分时间扩散，从而在水泥石中分布均匀，有利于后期强度的发展。混凝土早期强度较低，容易破坏。所以，应防止混凝土早期受冻。

湿度对水泥的时候能否正常进行有显著影响，湿度适当时，水泥水化进行顺利，混凝土的强度能充分发展。如果湿度不够，混凝土会失水干燥，影响水泥水化的正常进行，甚至使水化停止，严重降低混凝土的强度。而且，因水化未完成，混凝土的结构疏松，抗渗性较差．严重时还会形成干缩裂缝，影响混凝土的耐久性。

B. 龄期

混凝土在正常养护条件下，其强度将随着龄期的增加而增长。在最初的 7～14d 内，强度增长较快；28d 以后增长缓慢，龄期延续很长，混凝土的强度仍有所增长。

在标准条件下，混凝土强度的发展大致与其龄期的对数成正比关系（龄期不小于3d），在一定条件下养护的混凝土，可根据其早期强度大致地估计28d的强度。但是，由于影响混凝土强度的因素很多，上式仅适用于普通水泥制作的中等强度的混凝土。

（3）混凝土的耐久性

混凝土抵抗其自身因素和环境因素的长期破坏，保持其原有性能的能力，称为耐久性。混凝土的耐久性主要包括抗渗性、抗冻性、耐久性、抗碳化、抗碱—骨料反应等方面。

① 抗渗性

混凝土抵抗压力液体（水或油）等渗透本体的能力称为抗渗性。混凝土的抗渗性用抗渗等级表示。抗渗等级是以28d龄期的标准试件，一般用逐级加压法进行试验，以每组六个试件，四个试件未出现渗水时，所能承受的最大静水压（单位：MPa）来确定。混凝土的抗渗等级用代号P表示，分为P4、P6、P8、P10、P12和＞P12六个等级。P4表示混凝土抵抗0.4MPa的液体压力而不渗水。

提高混凝土抗渗性能的措施是提高混凝土的密实度，改善孔隙结构，减少渗透通道。常用的办法是掺用引气型外加剂，使混凝土内部产生不连通的气泡，截断毛细管通道，改变孔隙结构，从而提高混凝土的抗渗性。此外，减小水灰比，选用适当品种及强度等级的水泥，保证施工质量，特别是注意振捣密实、养护充分等，都对提高抗渗性能有重要作用。

② 抗冻性

混凝土在吸水饱和状态下，抵抗多次反复冻融循环而不破坏，同时也不严重降低其各种性能的能力，称为抗冻性。混凝土的抗冻性用抗冻等级表示。抗冻等级是以28d龄期的混凝土标准试件，在浸水饱和状态下，进行冻融循环试验，以抗压强度损失不超过25％，同时重量损失不超过5％时，所能承受的最大的冻融循环次数来确定。混凝土抗冻等级（快冻法）用F表示，分为F50、F100、F150、F200、F250、F300、F350、F400和＞F400九个等级。F150表示混凝土在强度损失不超过25％，质量损失不超过5％时，所能承受的最大冻融循环次数为150。

影响混凝土抗冻性能的因素很多，主要是混凝土中孔隙的大小、构造、数量以及充水程度、环境的温湿度和经历冻融次数，冻结速度、混凝土受冻时的龄期和强度以及受冻时间的长短、集料的吸水性等。

③ 抗腐蚀性

混凝土在外界各种侵蚀介质作用下，抵抗破坏的能力，称为混凝土的抗腐蚀性。当工程所处环境存在侵蚀介质时，对混凝土必须提出耐蚀性要求。一般的化学侵蚀有水泥浆体组分的浸出、硫酸盐侵蚀、氯化物侵蚀、碳化等。

氯化物既可以存在于新拌混凝土中，也可以通过渗透进入水泥浆体。由于氯化物对钢筋有腐蚀作用，几乎所有国家在有关水泥标准中都将拌合料中的氯化物含量限制在0.4％以下，在混凝土结构使用过程中，氯化物可以从各种各样的来源渗透进混凝土，其中最主要的是海水、除冰盐和聚氯乙烯燃烧后的灰，特别是除冰盐，已经在许多国家对桥梁造成了惊人的破坏。我国的国家标准《普通混凝土长期性能和耐久性能试验方法》GB/T 50082—2009中规定了碳化试验方法，用于测定在一定浓度的CO_2气体介质中混凝土试件的碳化浓度，以评定该混凝土的抗碳化能力。

碳化试验应采用棱柱体混凝土试件，以3块为1组，棱柱体的高宽比应不小于3。无棱柱体时，也可用立方体试件代替，但其数量应相应增加。试件一般应在28d龄期进行碳化，采用掺合料的混凝土可根据其特性定碳化前的养护龄期。碳化试验需用碳化箱、气体分析仪及CO_2供气装置。碳化到3d、7d、14d及28d时，各取出试件，破型以测定其碳化深度。以各龄期计算所得的碳化深度绘制碳化时间与碳化浓度的关系曲线，以表示在该条件下的混凝土碳化发展规律。

④ 抗碱—骨料反应

水泥混凝土中因水泥和外加剂中超量的碱与某些活性集料发生不良反应而损坏水泥混凝土的现象。碱集料反应有三种类型：碱—氧化硅反应、碱—碳酸盐反应和碱—硅酸盐反应。

天然火山灰、粉煤灰、硅灰和矿渣等混合材代替水泥，能有效地控制膨胀。

普遍的观点认为碱集料反应发生的必要条件如下：

A. 水泥中碱含量高。

B. 集料中存在活性SiO_2。

C. 潮湿、水分存在。

从工程应用的角度看，避其必要条件之一，即可避免碱集料反应。

当水泥混凝土中碱含量较高时，应采用下列方法鉴定集料与碱发生潜在有害反应，即水泥混凝土碱—硅酸盐反应和碱—硅酸反应的可能性。

A. 用岩相法检验，确定哪些集料可能与水泥中的碱发生反应。当集料中下列材料含量为1‰时即有可能成为有害反应的集料，这些材料包括下列形式的SiO_2：蛋白石、玉髓、鳞石英，方石英；在流纹岩、安山岩或英安岩中可能存在的中性重酸性（富硅）的火山玻璃；某些沸石和千枚岩等。

B. 砂浆长度法是将集料破碎成一定粒径，按一定比例与水泥制成砂浆长条，定期测长度，当膨胀率半年不超过0.1%或3个月不超过0.05%，即可评为非活性集料。它的优点是直观，指标比较明确，比较接近混凝土实际；缺点是需时较长。

C. 抑制集料碱活性效能试验是以高活性的硬质玻璃砂和高碱硅酸盐水泥制成的试件为标准评定或优选水泥品种、混合材及外加剂的抑制效能。检定砂浆膨胀率14d不超过0.02%，56d不超过0.06%，即可认为合乎安全要求。

（4）提高混凝土耐久性的措施

主要包括以下几个方面：

1）选用适当品种的水泥及掺合料。

2）适当控制混凝土的水灰比及水泥用量。水灰比的大小是决定混凝土密实性的主要因素，它不但影响混凝土的强度，而且也严重影响其耐久性，故必须严格控制水灰比。

保证足够的水泥用量，同样可以起到提高混凝土密实性和耐久性的作用。

《普通混凝土配合比设计规程》JGJ 55—2011对所用混凝土的最大水胶比及最小胶凝材料用量做了规定。

3）长期处于潮湿或水位变动的寒冷和严寒环境以及盐冻环境中的混凝土，应掺用引气剂。

4）选用较好的砂、石集料。质量良好、技术条件合格的砂、石集料，是保证混凝土耐久性的重要条件。

改善粗细集料的颗粒级配，在允许的最大粒径范围内尽量选用较大粒径的粗集料，可减少集料的空隙率和比表面积，也有助于提高混凝土的耐久性。

5）掺用加气剂或减水剂。掺用加气剂或减水剂对提高抗渗、抗冻等有良好的作用，在某些情况下，还能节约水泥。

6）改善混凝土的施工操作方法，在混凝土施工中，应当搅拌均匀，浇筑和振捣密实及加强养护以保证混凝土的施工质量。

2.3.2 普通混凝土的组成材料及其主要技术要求

普通混凝土的组成材料有水泥、砂子、石子、水、外加剂或掺合料。前四种材料是组成混凝土所必需的材料，后两种材料可根据混凝土性能的需要有选择性的添加。

（1）水泥

水泥是混凝土组成材料中最重要的材料，也是成本支出最多的材料，更是影响混凝土强度、耐久性最重要的影响因素。水泥品种应根据工程性质与优点、所处的环境条件及施工所处条件及水泥特性合理选择。配置一般的混凝土可以选用硅酸盐水泥、普通硅酸盐水泥、矿渣硅酸盐水泥、火山灰质硅酸盐水泥、粉煤灰硅酸水泥、复合硅酸盐水泥等通用水泥。

水泥强度等级的选择应根据混凝土强度的要求来确定，低强度混凝土应选择低强度等级的水泥，高强度混凝土应选择高强度等级的水泥。一般情况下，中、低强度的混凝土（≤C30），水泥强度等级为混凝土强度等级的1.5~2.0倍；高强度混凝土，水泥强度等级与混凝土强度等级之比可小于1.5，但不能低于0.8。

（2）细骨料

细骨料是指公称直径小于4.75mm的岩石颗粒，通常称为砂。根据生产过程特点不同，砂可分为天然砂、人工砂和混合砂。天然砂包括河砂、湖砂、山砂和海砂。混合砂是天然砂与人工砂按一定比例组合而成的砂。

1）有害杂质含量

配制混凝土的砂子要求清洁不含杂质。国家标准对砂中的云母、轻物质、硫化物及硫酸盐、有机物、氯化物等各有害物含量以及海砂中的贝壳含量做了规定。

2）含泥量、石粉含量和泥块含量

含泥量是指天然砂中公称粒径小于80μm的颗粒含量。泥块含量是指砂中公称粒径大于1.25mm，经水浸洗、手捏后变成小于630μm的颗粒含量。石粉含量是指人工砂中公称粒径小于80μm的颗粒含量。国家标准对含泥量、石粉含量和泥块含量做了规定。

3）坚固性

砂的坚固性是指砂在自然风化和其他外界物理、化学因素作用下，抵抗破坏的能力。

天然砂的坚固性用硫酸钠溶液法检验，砂样经5次循环后其质量损失应符合国家标准的规定。人工砂的坚固性采用压碎指标值来判断砂的坚固性。

4）砂的表观密度、堆积密度、空隙率

砂的表观密度大于2500kg/m³，松散堆积密度大于1350kg/m³，空隙率小于47%。

5）粗细程度及颗粒级配

粗细程度是指不同粒径的砂混合后，总体的粗细密度。质量相同时，粗砂的总表面积小，包裹砂表面所需的水泥浆就越少，反之细砂总表面积大，包裹砂表面所需的水泥浆量就多。因此，和易性一定时，采取粗砂配置混凝土，可减少拌合用水量，节约水泥用量，但砂过粗易使混凝土拌合物产生分层、离析和泌水等现象。

颗粒级配是指粒径大小不同的砂粒互相搭配的情况。级配良好的砂，不同粒径的砂相互搭配，逐级填充使砂更密实，空隙率更小，可节省水泥并使混凝土结构密实，和易性、强度、耐久性得以加强，还可减少混凝土的干缩及徐变。

（3）粗骨料

粗骨料是指公称直径大于 4.75mm 的岩石颗粒，通常称为石子。其中天然形成的石子称为卵石，人工破碎而成的石子称为碎石。

1）泥、泥块及有害物质含量

粗骨料中泥、泥块含量以及硫化物、硫酸盐含量、有机物等有害物质含量应符合国家标准规定。

2）颗粒形状

卵石及碎石的形状以接近卵形或正方体为较好。针状颗粒和片状颗粒不仅本身容易折断，而且使空隙率增大，影响混凝土的质量，因此，国家标准对粗骨料中针、片状颗粒的含量做了规定。

3）强度

为保证混凝土的强度，粗骨料必须具有足够的强度。粗骨料的强度指标有两个，一是岩石抗压强度，二是压碎指标值。

4）坚固性

坚固性是指卵石，碎石在自然风化和其他外界物理化学作用下抵抗破裂的能力。有抗冻性要求的混凝土所用粗骨料，要求测定其坚固性。

（4）水

混凝土用水包括混凝土拌制用水和养护用水。按水源不同分为饮用水、地表水、地下水、海水及经处理过的工业废水。地表水和地下水常溶有较多的有机质和矿物盐类；海水中含有较多硫酸盐，会降低混凝土后期强度，且影响抗冻性，同时，海水中含有大量氯盐，对混凝土中钢筋锈蚀有加速作用。

混凝土用水应优先采用符合国家标准的饮用水。在节约用水，保护环境的原则下，鼓励采用检验合格的中水（净化水）拌制混凝土。混凝土用水中各杂质的含量应符合国家标准的规定。

（5）矿物掺合料材料

粒化高炉矿渣、粒化高炉矿渣粉、粉煤灰、火山灰质混合材料的活性指标应符合相关标准要求。矿物掺合料在混凝土中的掺量应通过试验确定。

2.3.3 普通混凝土配合比设计

1. 普通混凝土配合比设计的要求

（1）满足结构物设计强度的要求

设计强度是混凝土设计过程中必须要达到的指标，针对结构物所发挥的作用、施工单位的施工管理水平，在配合比设计的实际操作过程中，采用一个比设计强度高一些的"配置强度"，以确定最终的结果满足设计强度的要求。

（2）满足施工和易性要求

针对工程实际、构造物的特点，（包括断面尺寸、配筋状况）以及施工条件等来确定合适的和易性指标，以保证工程施工的需求。

（3）满足耐久性要求

配合比设计中通过考虑允许的"最大水胶比"和"最小胶凝材料用量"，来保证处于不利环境（如严寒地区，受水影响等）条件下混凝土的耐久性的要求。

（4）满足经济要求

在满足设计要求、工作性和耐久性要求的前提下，设计中通过合理减少价高材料（如水泥）的用量，多采用当地材料以及一些替代物（如工业废渣）等措施，降低混凝土费用，提高经济效益。

2. 水泥混凝土配合比表示方法

混凝土配合比可采用两种方法来表示：

（1）单位用量表示法：每立方混凝土中各材料的用量，如 $1m^3$ 混凝土中水泥：水：砂：石＝340kg：175kg：760kg：1290kg。

（2）相对用量表示法：以水泥的质量为1，其他材料针对水泥的相对用量，并按"水泥：砂：石：水灰比"的顺序排列表示，如上列单位用水量表示法中所列内容为基础，采用相对用量来表示则可转化为 $1:2.25:3.80$，$w/c=0.5$。

3. 混凝土配合比设计内容

进行混凝土配合比计算时，其计算公式和有关多数表格中的数值均系以干燥状态集料为基准，当以饱和面干集料为基准进行计算时则应做相应的修正。干燥状态集料系指含水率小于 0.5% 的细集料或含水率小于 0.2% 的粗集料。

设计步骤分为计算初步配合比、提出基准配合比、确定试验室配合比和换算工地配合比四个阶段。各个步骤的主要工作内容如下：

（1）计算初步配合比

针对设计文件要求，根据原始资料和原材料的特点、性质，按照我国目前广泛采用的设计步骤，首先计算出一个初步配合比，即组成混凝土原材料的各自用量（kg/m³），水泥：矿物掺合料：水：砂：石＝$m_{co}:m_{fo}:m_{wo}:m_{so}:m_{go}$。

（2）提出基准配合比

采用施工实际使用的材料，通过实拌实测的方法，对初步配合比进行和易性检测，检验初步配合比的坍落度或维勃稠度，根据试验结果和必要的调整，提出能够满足工作性要求的基准配合比，即水泥：矿物掺合料：水：砂：石＝$m_{ca}:m_{fa}:m_{wa}:m_{sa}:m_{ga}$。

（3）确定试验室配合比

在基准配合比的基础上，采用减少或增加水胶比的做法，拟订几组（一般为3组）满足和易性要求配合比，通过实际拌合、成型、养护和测试混凝土立方体抗压确定，确定符合强度（包括工作性）要求的水胶比，以此得比满足强度要求的试验室配合比，即水泥：矿物掺合料：水：砂：石＝$m_{cb}:m_{fb}:m_{wb}:m_{sb}:m_{gb}$。

（4）换算工地配合比

根据即时测得的工地现场材料的含水率，将试验室配合比换算成工地实际使用的配合比，即水泥：矿物掺合料：水：砂：石＝m_c：m_f：m_w：m_s：m_g。

在确定混凝土中水、胶凝材料、砂、石四种基本组成材料的用量时，关键是如何选择水胶比（W/B）、用水量（m_w）和砂率（S_p）这三个参数。其中，W/B反映了水与胶凝材料之间的比例关系，S_p反映了集料之间的比例关系，m_w反映了水泥浆与集料之间的比例关系。

2.3.4 高性能混凝土、预拌混凝土的特性及应用

1. 高性能混凝土特性及应用

高性能混凝土是指具有高耐久性和良好的工作性，早期强度高而后期强度不倒缩，体积稳定性好的混凝土。高性能混凝土的主要特性为：

（1）具有一定的强度和高抗渗能力。

（2）具有良好的工作性。混凝土拌合物流动性好，在成型过程中不分层、不离析，从而具有很好的填充性和自密实性能。

（3）耐久性好。高性能混凝土的耐久性明显优于普通混凝土，能够使混凝土结构安全可靠地工作50～100年以上。

（4）具有较高的体积稳定性，即混凝土在硬化早期应具有较低的水化热，硬化后期具有较小的收缩变形。

高性能混凝土是水泥混凝土的发展方向之一，它被广泛地用于桥梁工程、高层建筑、工业厂房结构、港口及海岸工程、水工结构等工程中。

2. 预拌混凝土特性及应用

预拌混凝土也称商品混凝土，是指由水泥、骨料、水以及依据需要掺入的外加剂、矿物掺合料等组分按一定比例，在搅拌站经计量、拌制后出售的并采用运输车，在规定时间内运至使用地点的混凝土拌合物。

预拌混凝土设备利用率高、计量准确、产品质量好、材料消耗少、工效高、成本较低，又能改善劳动条件，减少环境污染。

2.3.5 常用混凝土外加剂的品种及应用

1. 混凝土外加剂的分类

外加剂按照其主要功能分为八类：高性能减水剂、高效减水剂、普通减水剂、引气减水剂、泵送剂、早强剂、缓凝剂、引气剂。

外加剂按主要使用功能分为四类：

（1）改善混凝土拌合物流变性的外加剂，包括减水剂、泵送剂等。

（2）调节混凝土凝结时间、硬化性能的外加剂，包括缓凝剂、速凝剂、早强剂等。

（3）改善混凝土耐久性的外加剂，包括引气剂、防水剂、阻锈剂和矿物外加剂等。

（4）改善混凝土其他性能的外加剂，包括加气剂、膨胀剂、防冻剂和着色剂等。

2. 均质性项目和指标

（1）含固量或含水率：对于液体外加剂，应在生产控制值相对量的3%以内；对于固体外加剂，应在生产控制值相对量的5%以内；

(2) 密度：对液体外加剂，应在生产厂所控制值的±0.02g/cm³；

(3) 氯离子含量：应在生产控制值相对量的5%以内；

(4) 水泥净浆流动度：应小于生产控制值的95%；

(5) 细度0.315mm方孔筛，筛余应小于10%；

(6) pH值：应在生产控制值的±1以内；

(7) 表面张力：应在生产控制值的±1.5以内；

(8) 还原糖：应在生产控制值的±3%以内；

(9) 总碱量（$Na_2O+0.658K_2O$）：应在生产控制值的相对值5%以内；

(10) 硫酸钠：应在生产控制值的相对值5%以内；

(11) 砂浆减水率：应在生产控制值的±1.5%以内。

3. 常用混凝土外加剂的品种及应用

(1) 减水剂

减水剂是使用最广泛、品种最多的一种外加剂。按其用途不通，又可分为普通减水剂、高效减水剂、早强减水剂、缓凝减水剂、缓凝高效减水剂、引气减水剂等。常用减水剂的应用如表2-3所示。

常用碱水剂的应用　　　　　　　　　表 2-3

类别 ＼ 种类	木质素	萘系	树脂系	糖蜜系
	普通减水剂	高效减水剂	早强减水剂	缓凝减水剂
主要品种	木质素磺酸钙（木钙粉、M减水剂）、木钠、木镁等	NNO、NF、建1、FDN、UNF、JN、HN、MF等	SM	长城牌、天山牌
适宜掺量（占水泥重%）	0.2~0.3	0.2~1.2	0.5~2	0.1~3
减水量	10%~11%	12%~25%	20%~30%	6%~10%
早强效果	—	显著	显著(7d可达28d强度)	—
缓凝效果	1~3h	—	—	3h以上
引气效果	1%~2%	部分品种<2%	—	—
适用范围	一般混凝土工程及大模板、滑模、泵送、大体积及雨期施工的混凝土工程	适用于所有混凝土工程，更适于配制高强混凝土及自流平混凝土，泵送混凝土，冬期施工混凝土	因价格昂贵，宜用于特殊要求的混凝土工程，如高强混凝土，早强混凝土，自流平混凝土等	一般混凝土工程

(2) 早强剂

早强剂是能加速水泥水化和硬化，促进混凝土早期强度增长的外加剂。可缩短混凝土养护龄期，加快施工进度，提高模板和场地周转率。目前，常用的早强剂有氯盐类、硫酸盐类和有机胺类。

1) 氯盐类早强剂

氯盐类早强剂主要有氯化钙（CaCl₂）和氯化钠（NaCl），其中氯化钙是国内外应用最为广泛的一种早强剂。为了抑制氯化钙对钢筋的腐蚀作用，常将氯化钙与阻锈剂 NaCl 复合使用。

2）硫酸盐类早强剂

硫酸盐类早强剂包括硫酸钠（Na₂SO₄）、硫代硫酸钠（Na₂S₂O₃）、硫酸钙（CaSO₄）、硫酸钾（K₂SO₄）、硫酸铝［Al₂(SO₂)₃］等，其中 Na₂SO₄ 应用最广。

3）有机胺类早强剂

有机胺类早强剂有三乙醇胺、三异丙醇胺等，最常用的是三乙醇胺。

4）复合早强剂

以上三类早强剂在使用时，通常复合使用。复合早强剂往往比单组分早强剂具有更优良的早强效果，渗量也可以比单组分早强剂有所降低。

（3）缓凝剂

缓凝剂是可在较长时间内保持混凝土工作性，延缓混凝土凝结和硬化时间的外加剂。

缓凝剂可分为无机和有机两大类。缓凝剂的品种有糖类（如糖钙）、木质素磺酸盐类（如木质素磺酸盐钙）、羟基羧酸及其盐类（如柠檬酸、酒石酸钠钾等）、无机盐类（如锌盐、硼酸盐）等。缓凝剂适用于长时间运输的混凝土、高温季节施工的混凝土、泵送混凝土、滑模施工混凝土、大体积混凝土、分层浇筑的混凝土等；不适用于 5℃ 以下施工的混凝土，也不适用于有早强要求的混凝土及蒸养混凝土。

（4）引气剂

引气剂是一种在搅拌过程中具有在砂浆或混凝土中引入大量、均匀分布的微气泡，而且在硬化后能保留在其中的一种外加剂。加入引气剂，可以改善混凝土拌合物的和易性，显著提高混凝土的抗冻性和抗渗性，但会降低弹性模量及强度。

引气剂主要有松香树脂类、烧基苯磺盐酸类和脂醇磺酸盐类，其中松香树脂类中的松香热聚物和松香皂应用最多。引气剂适用于配制抗冻混凝土、泵送混凝土、港口混凝土、防水混凝土以及骨料质量差、泌水严重的混凝土，不适宜配置蒸汽养护的混凝土。

（5）膨胀剂

膨胀剂是能使混凝土产生一定体积膨胀的外加剂。常用的膨胀剂种类有硫铝酸钙类、氧化钙类、硫铝酸-氧化钙类等。

（6）防冻剂

防冻剂是能使混凝土在负温下硬化并能在规定条件下达到预期性能的外加剂。常用防冻剂有氯盐类（氯化钙、氯化钠、氯化氮等）；氯盐阻锈类；氯盐与阻锈剂（亚硝酸钠）为主复合的外加剂；无氯盐类（硝酸盐、亚硝酸盐、乙酸钠、尿素等）。

（7）泵送剂

泵送剂是改善混凝土泵送性能的外加剂。它由减水剂、调凝剂、引气剂、润滑剂等多种组分复合而成。

（8）速凝剂

速凝剂是使混凝土迅速凝结和硬化的外加剂，能使混凝土在 5min 内初凝，10min 内终凝，1h 产生强度。速凝剂主要用于喷射混凝土、堵漏等。

4. 掺外加剂混凝土拌合物相关检测技术指标

（1）减水率

减水率为坍落度基本相同时基准混凝土和掺外加剂混凝土单位用水量之差与基准混凝土单位用水量之比。当外加剂用于市政路面或桥面时，基准混凝土和掺外加剂混凝土的坍落度应控制在 40mm±10mm，其他情况混凝土坍落度控制在 80mm±10mm。

（2）泌水率比

泌水率比是受检混凝土和基准混凝土的泌水率之比。

泌水率的测定方法如下：先用湿布润湿容积为 5L 的带盖筒（内径为 185mm，高 200mm），将混凝土拌合物一次装入，在振动台上振动 20s，然后用抹刀轻轻抹平，加盖以防水分蒸发。试样表面应比筒口边低约 20mm。自抹面开始计算时间，在前 60min 内每隔 10min 用吸液管吸出泌水一次，以后每隔 20min 吸水一次，直至连续三次无泌水为止。每次吸水前 5min，应将筒底垫高约 20mm，使筒倾斜，以便于吸水。吸水后，将筒轻轻放平盖好。将每次吸出的水都注入带塞的量筒，最后计算出总的泌水量，按相关标准要求求出泌水率。

（3）凝结时间差

凝结时间差指受检混凝土与基准混凝土凝结时间的差值。

（4）含气量

含气量是指按照规定的试验方法，所测得水泥混凝土拌合物单位体积所含气体得百分率。

（5）抗压强度比

抗压强度比是以掺外加剂混凝土与同龄期基准混凝土的抗压强度之比。

2.4 砂　浆

2.4.1　砌筑砂浆的分类及主要技术性质

1. 砌筑砂浆的分类

将砖、石、砌块等块材粘结成为砌体的砂浆称为砌筑砂浆，它由胶凝材料、细骨料、掺合料和水配制而成。根据所用胶凝材料的不同，砌筑砂浆可分为水泥砂浆、石灰砂浆和混合砂浆（包括水泥石灰砂浆、水泥黏土砂浆、石灰黏土砂浆、石灰粉煤灰砂浆等）等。

水泥砂浆强度高、耐久性和耐火性好，但其流动性和保水性差，施工相对较困难，常用于地下结构或经常受水侵蚀的砌体部位。

混合砂浆强度较高，且耐久性、流动性和保水性均较好，便于施工，容易保证施工质量，但不能用于地下结构或经常受水侵蚀的砌体部位。

石灰砂浆强度较低，耐久性差，但流动性和保水性较好，可用于砌筑较干燥环境下的砌体。

2. 砌筑砂浆的主要技术性质

砌筑砂浆的技术性质主要包括新拌砂浆的密度、和易性、硬化砂浆强度和对基面的粘结性、抗冻性、收缩值等指标，本内容主要介绍新拌砂浆的和易性和硬化砂浆的强度。

（1）新拌砂浆的和易性

新拌砂浆的和易性是指砂浆易于施工并能保证质量的综合性质。和易性包括流动性和保水性两个方面。

砂浆的流动性（又称稠度），是指砂浆在自重或外力作用下产生流动的性能。流动性的大小用"沉入度"（mm）表示，通常用砂浆稠度测定仪测定。砂浆流动性的选择与砌体种类、施工方法及天气情况有关。流动性过大、砂浆太稀，过稀的砂浆不仅铺砌困难，而且硬化后强度降低；流动性过小，砂浆太稠，难于铺平，见表 2-4。

市政工程中一般砌筑砂浆的施工稠度（单位 mm） 表 2-4

砌体种类	施工稠度
烧结普通砖砌体	70～90
混凝土砖砌体、普通混凝土小型空心砌块砌体、灰砂砖砌体	50～70
烧结多孔砖砌体、烧结空心砖砌体、轻集料混凝土小型空心砌块砌体、蒸压加气混凝土砌块砌体	60～80
石砌体	30～50

砂浆保水性是指新拌砂浆能够保持内部水分不泌出流失的能力。保水性良好的砂浆水分不易流失，易于摊铺成均匀密实的砂浆层；反之，保水性差的砂浆，在施工过程中容易泌水、分层离析，使流动性变差；同时由于水分易被砌体吸收，影响胶凝材料的正常硬化，从而降低砂浆的粘结强度。砂浆的保水性用保水率（％）表示，见表 2-5。

一般砌筑砂浆的保水率（单位:％） 表 2-5

砂浆种类	保水率	砂浆种类	保水率
水泥砂浆	≥80	预拌砂浆	≥88
水泥混合砂浆	≥84		

（2）硬化砂浆的强度

砂浆的强度是以 3 个 70.7mm×70.7mm×70.7mm 的立方体试块，在温度 20℃±5℃环境下静置 24h 后拆模，在温度为 20℃±2℃，相对湿度为 90％以上的标准条件下养护至 28d 龄期后，用标准方法测得的抗压强度（MPa）算术平均值来评定的。

水泥砂浆及预拌砂浆的强度一般分为 M5、M7.5、M10、M15、M20、M25、M30 七个等级；水泥混合砂浆强度等级为 M5、M7.5、M10、M15。

2.4.2　砌筑砂浆的组成材料及其技术要求

1. 胶凝材料

砌筑砂浆主要的胶凝材料是水泥，常用的水泥种类有普通水泥、矿渣水泥、火山灰水泥、粉煤灰水泥和砌筑水泥等。砌筑砂浆用水泥的强度等级应根据砂浆品种及强度等级的要求进行选择。M15 及以下强度等级的砌筑砂浆宜选用 32.5 级通用硅酸盐水泥或砌筑水泥；M15 以上强度等级的砌筑砂浆宜选用 42.5 级通用硅酸盐水泥。

2. 细骨料

砌筑砂浆常用的细骨料为普通砂。除毛石砌体宜选用粗砂外，其他一般宜选用中砂。砂的泥含量不应超过 5％。

3. 水

拌合砂浆用水应符合现行行业标准《混凝土用水标准》JGJ 63—2006 的规定。应选用不含有害杂质的纯净水拌制砂浆。

4. 掺加料

为了改善砂浆的和易性和节约水泥，可在砂浆中加入一些无机掺加料，如石灰膏、电石膏、粉煤灰等。

生石灰熟化成石灰膏时，应用孔径不大于 3mm×3mm 的网过滤，熟化时间不得少于 7d；磨细生石灰粉的熟化时间不得少于 2d。沉淀池中贮存的石灰膏，应采取防止干燥、冻结和污染的措施。严禁使用脱水硬化的石灰膏。

制作电石膏的电石渣应用孔径不大于 3mm×3mm 的网过滤，检验时应加热至 70℃并保持 20min，没有乙炔气味后，方可使用。消石灰粉不得直接用于砌筑砂浆中。

石灰膏和电石膏试配时的稠度应为（120±5）mm。粉煤灰的品质指标应符合《用于水泥和混凝土中的粉煤灰》GB/T 1596—2005。

5. 外加剂

为了使砂浆具有良好的和易性及其他施工性能，可在砂浆中掺入某些外加剂，如有机塑化剂、引气剂、早强剂、缓凝剂、防冻剂等。

2.4.3 砌筑砂浆配制的技术条件

按《砌筑砂浆配合比设计规程》JGJ/T 98—2010 规定，砌筑砂浆需符合以下技术条件：

（1）水泥砂浆及预拌砂浆的强度等级可分为 M5、M7.5、M10、M15、M20、M25、M30；水泥混合砂浆的强度等级可分为 M5、M7.5、M10、M15。

（2）水泥砂浆拌合物的表观密度不宜小于 1900kg/m³，水泥混合砂浆拌合物的表观密度不宜小于 1800kg/m³。该密度值是对以砂为细集料拌制的砂浆密度值的规定，不包含轻集料砂浆。

（3）砌筑砂浆的稠度，保水率、试配抗压强度应同时满足要求。

（4）有抗冻性要求的砌体工程，砌筑砂浆应进行冻融试验。砌筑砂浆的抗冻性应参照标准的规定，且当设计对抗冻性有明确要求时尚应符合设计规定。

（5）砌筑砂浆中的水泥和石灰膏、电石膏等材料的用量可标准规定选用。

（6）砂浆中可掺入保水增稠材料、外加剂等，掺量应经试配后确定。

（7）砂浆试配时应采用机械搅拌。搅拌时间应自开始加水算起，并应符合下列规定：

① 对水泥砂浆和水泥混合砂浆，搅拌时间不得少于 120s；

② 预拌砂浆和掺有粉煤灰、外加剂、保水增稠材料等的砂浆，搅拌时间不得少于 180s。

2.5 石材、砖、砌块

2.5.1 砌筑用石材的分类、相关性能及应用

（1）岩石的分类：地质学将组成地壳的岩石分成三大岩类即火成（岩浆）岩、沉积岩及变质岩。

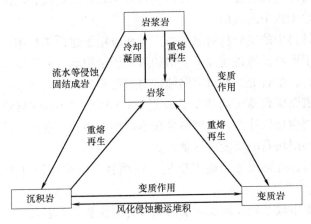

图 2-1　岩石的分类

市政工程建设用石材一般为花岗岩和大理岩分属于火成岩和变质岩。要求其质地坚实，无风化剥层和裂纹，饱和抗压强度应大于或等于 120MPa，饱和抗折强度应大于或等于 9MPa。

在工程应用上，按加工后的外形规则程度分为料石和毛石两类，而料石又可分为细料石、粗料石和毛料石。

（2）石材的主要性能

① 单轴抗压强度

单轴抗压强度试验时测定规则形状岩石试件单轴抗压强度的方法，主要用于岩石的强度分级和岩性描述，是岩石力学性质的主要指标之一。

试样送样规格及数量：

建筑地基的岩石试验，采用圆柱体作为标准试件，直径 50mm±2mm，高径比为 2：1。每组 6 个试件；砌体工程（桥梁工程、挡土墙、边坡）用石料试验，采用立方体试件，边长为 70mm±2mm，每组试件共 6 个；路面工程用石料试验采用圆柱体或立方体试件，其直径或边长和高均为 50mm±2mm，每组试件共 6 个。

有显著层理的岩石，分别沿平行和垂直层理方向各取试件 6 个，进行试验。

单轴抗压强度试验，是将准备好的石材试件，在压力机上以 0.5～1MPa/s 的速率进行加荷，其破坏强度为试件的抗压强度。

② 抗冻性能

岩石的抗冻性是用来评估岩石在饱和状态下受经受规定次数的冻融循环后抵抗破坏的能力，岩石抗冻性对于不同的工程环境气候有不同的要求。

冻融次数规定：在严寒地区（最冷月的月平均气温低于−15℃）为 25 次；

在寒冷地区（最冷月的月平均气温低于−15～−5℃）为 15 次；

判断石材抗冻性能好坏有三个指标，即冻融后强度变化、质量损失、外形变化。一般认为，抗冻系数大于 75%，质量损失率小于 2% 时，为抗冻性好的岩石；吸水率小于0.5%，软化系数大于 0.75 以及饱水系数小于 0.8 的岩石，具有足够的抗冻能力。

同产地石材至少抽取一组试件进行抗压强度试验（每组试件不小于 6 个）；在潮湿和

浸水地区使用的石材，应各增加一组抗冻性能指标和软化系数试验的试件。

（3）石材在市政工程中的应用

岩石作为建筑材料中的主要材料之一被广泛地应用于建设工程中，不同种类及形状的岩石被大量地应用于市政及道桥建设中。诸如道路桥梁护坡、河道驳岸、市政景观装饰用石材以及岩石类侧石、平石等。城市道路铺砌料石可分为粗面料和细面料，加工尺寸允许偏差应符合《城镇道路工程施工与质量验收规范》CJJ 1—2008 的规定。挡土墙用做镶面的块石，外露面四周应加以修凿，其修凿进深不得小于 7cm。镶面丁石的长度不得短于顺石宽度的 1.5 倍。每层块石的高度应尽量一致。

铺砌块料石质量、外形尺寸是施工质量主控项目，应按照设计要求或规范规定进行检验。

天然石料在用做市政基础设施配套室内项目时应注意其放射性：含镭、钍、铀等元素情况，产生氡气的情况。

2.5.2 砖的分类、主要技术要求及应用

砖按规格、孔洞率及孔的大小，分为普通砖、多孔砖和空心砖；按工艺不同又分为烧结砖和非烧结砖。目前，非烧结砖主要有蒸养砖、蒸压砖、碳化砖等，根据生产原材料区分，主要有灰砂砖、粉煤灰砖、炉渣砖、混凝土砖等。这里只介绍市政工程中常用的烧结普通砖和混凝土砖。

1. 烧结普通砖

以由煤矸石、页岩、粉煤灰或黏土为主要原料，经成型、焙烧而成的实心砖。

（1）主要技术要求

1）尺寸规格

烧结普通砖的标准尺寸是 240mm×115mm×53mm。

2）强度等级

烧结普通砖按抗压强度分为 MU30、MU25、MU20、MU15、MU10 五个强度等级。各强度等级砖的强度应符合表 2-6 的要求。

烧结普通砖的强度等级   表 2-6

强度等级	抗压强度平均值 $f \geqslant$	变异系数 $\delta \leqslant 0.21$	变异系数 $\delta > 0.21$
		强度标准值 $f_k \geqslant$	单块最小抗压强度值 $f_{min} \geqslant$
MU30	30.0	22.0	25.0
MU25	25.0	18.0	22.0
MU20	20.0	14.0	16.0
MU15	15.0	10.0	12.0
MU10	10.0	6.5	7.5

3）质量等级

强度、抗风化性能和放射性物质合格的砖，根据尺寸偏差、外观质量、泛霜和石灰爆裂等指标，分为优等品（A）、一等品（B）、合格品（C）3 个等级。烧结普通砖的质量等

级见表 2-7。

烧结普通砖的质量等级 表 2-7

项　　目		优等品		一等品		合格品	
		样本平均偏差	样本极差≤	样本平均偏差	样本极差≤	样本平均偏差	样本极差≤
尺寸偏差(mm)	公称尺寸240	±2.0	6	±2.5	7	±3.0	8
	115	±1.5	5	±2.0	6	±2.5	7
	53	±1.5	4	±1.6	5	±2.0	6
外观质量	两条面高度差≤	2		3		4	
	弯曲≤	2		3		4	
	杂质凸出高度≤	2		3		4	
缺棱掉角的3个破坏尺寸,不得同时大于		15		20		30	
裂纹长度≤	大面上宽度方向及其延伸至条面长度	30		60		80	
	大面上宽度方向及其延伸至顶面的长度或条顶面上水平裂纹的上度	50		80		100	
完整面不得少于		两条面和两顶面		一条面和一顶面		—	
颜色		基本一致		—		—	
泛霜		无泛霜		不允许出现严重泛霜		不允许出现严重泛霜	
石灰爆裂		不允许出现最大破坏尺寸大于2mm的爆裂区域		1. 最大破坏尺寸大于2mm 且小于等于10mm的爆裂区域,每组砖样不得多于15处 2. 不允许出现最大破坏尺寸大于10mm的爆裂区域		1. 最大破坏尺寸大于2mm 且小于等于15mm的爆裂区域,每组砖样不得多于15处,其中大于10mm的不得多于7处; 2. 不允许出现最大破坏尺寸大于15mm的爆裂区域	

注：1. 为装饰而增加的色差、凹凸纹、拉毛、压花等不算缺陷。
　　2. 凡有下列缺陷之一者，不得称为完整面。
　　　① 缺损在条面或顶面上造成的破坏面尺寸同时大于10mm×10mm。
　　　② 条面或顶面上裂纹宽度大于1mm，其长度超过30mm。
　　　③ 压陷、黏底、焦花在条面或顶面上的凹陷或凸出超过2mm，区域尺寸同时大于10mm×10mm。
　　3. 泛霜是指可溶性盐类（如硫酸盐等）在砖或砌块表面的析出现象，一般呈白色粉末，絮团或絮片状。
　　4. 石灰爆裂是指烧结砖的砂质黏土原料中夹杂着石灰石，焙烧时被烧成生石灰块，末，絮团或絮片状。

吸水消化成熟石灰，体积膨胀，导致砖块裂缝，严重时甚至使砖砌体强度降低，直至破坏。

（2）烧结普通砖的应用

烧结普通砖的优点是价格低廉，具有一定的强度、隔热、隔声性能及较好的耐久性。

其缺点是烧砖能耗高、砖自重大、成品尺寸小、施工效率低、抗震性能差等，并且黏土砖制砖取土要大量毁坏农田。目前，我国正大力推广墙体材料改革，禁止使用黏土实心砖。在市政工程中，烧结普通砖主要用于围墙、挡土墙、桥梁、花坛、沟道、台阶等。

2. 混凝土砖

混凝土砖一般分为混凝土普通砖、混凝装饰砖和混凝土实心砖。

混凝土普通砖是以水泥和普通骨料或轻骨料为主要原料，经原料制备、加压或振动加压、养护而制成，用于工业与民用建筑基础和墙体的实心砖。

混凝土装饰砖是用于清水墙或带有装饰面用于墙体装饰的混凝土普通砖。

混凝土实心砖是以水泥、骨料，以及需要加入的掺合料、外加剂等，经加水搅拌、成型、养护制成的实心砖。

在市政工程中，用砖最多最常见的为混凝土路面砖，混凝土路面砖是混凝土实心砖的一种，主要用于路面和地面的铺装。

（1）混凝土路面砖的分类

按形状分为普形混凝土路面砖（N）和异形混凝土路面砖（I）。

按混凝土路面砖成型材料组成，分为带面层混凝土路面砖（C）和通体混凝土路面砖（F）。

（2）混凝土路面砖的规格与标记

混凝土路面砖的公称厚度规格尺寸分为 60、70、80、90、100、120、150；其他规格尺寸和几何形状可根据用户与设计要求确定。

标记：如厚度为 60mm，抗压强度等级为 Cc40 的异形通体的混凝土路面砖记为 IF60 Cc40 GB 28635—2012

（3）主要技术性能

混凝土路面砖的主要技术性能有外观质量、尺寸偏差、抗压强度、抗折强度、抗冻性能和吸水率。

1）外观质量及尺寸偏差相关要求见表 2-8。

外观质量及尺寸允许偏差 表 2-8

序号	项目	要求
1	铺装表面粘皮或缺损的最大投影尺寸(mm) ≤	5
2	铺装表面缺棱或掉角的最大投影尺寸(mm) ≤	5
3	铺装面裂纹	不允许
4	色差、杂色	不明显
5	平整度(mm)	2.0
6	垂直度(mm)	2.0
7	长度、宽度、厚度	±2.0
8	厚度差≤	2.0

2）强度等级相关要求见表 2-9。

抗压强度			抗折强度		
抗压强度等级	平均值	单块最小值	抗折强度等级	平均值	单块最小值
Cc40	≥40.0	≥35.0	$C_f4.0$	≥4.00	≥3.20
Cc50	≥50.0	≥42.0	$C_f5.0$	≥5.00	≥4.20
Cc60	≥60.0	≥50.0	$C_f6.0$	≥6.00	≥5.00

3）抗冻性及吸水率相关物理性能要求见表 2-10。

抗冻性及吸水率 表 2-10

序号	项 目		指 标
1	抗冻性 严寒地区 D50 寒冷地区 D35 其他地区 D25	外观质量	冻后外观无明显变化,且符合外观质量规定要求
		强度损失率(%) ≤	20.0
2	吸水率(%)	≤	6.5

2.5.3 砌块的分类、主要技术要求及应用

砌块是指砌筑用的人造块材,外形多为直角或六面体,也有各种异型的。

砌块的种类很多,常用的有粉煤灰小型空心砌块、普通混凝土砌块、轻集料混凝土砌块蒸压加气混凝土砌块等。我们主要介绍南京市政工程建设中现在最常见的砌块——检查井用混凝土井壁模块,是异型空心砌块。

井壁模块在市政工程建设中的主要应用及检测技术规程目前为江苏省工程建设推荐性技术规程。

（1）井壁模块分类

井壁模块按照强度等级可分为 MU20、MU25、MU30。

（2）井壁模块主要技术指标

井壁模块主要技术指标有外观质量及尺寸偏差（表 2-11）、抗压强度、抗冻性、空心率和抗渗性能等。

井壁模块的外观质量及尺寸偏差 表 2-11

项 目	技 术 要 求
缺棱掉角个数(个)	≤2
缺棱掉角三个方向投影尺寸的最大值(mm)	≤20
裂纹延伸的投影尺寸累计值(mm)	≤10
弧长度或长度(mm)	±3
宽度(mm)	±3
高度(mm)	±3

井壁模块的抗压强度是将按标准要求处理好的试件用压力机以 10～30kN/s 的速率加载直至破坏的最大荷载与试件与接触实际面积（承压板和试件）的比值作为每个试件的强

度。抗压强度是井壁模块的最重要力学指标，它直接决定了该模块的等级（表2-12）。

强度等级（MPa）　　　　　　　　　　　表 2-12

模块强度等级	抗压强度平均值	单块抗压强度最小值
Mu20	≥20.0	≥18.0
Mu25	≥25.0	≥22.0
Mu30	≥30.0	≥27.0

另外，混凝土模块产品的龄期应该符合国家现行有关标准的规定，出厂强度不能低于设计强度的70%。

抗冻性能见表2-13。

抗冻性能　　　　　　　　　　　表 2-13

使用条件	抗冻等级	质量损失	强度损失
夏热冬冷地区	F25	≤5%	≤20%

标准规定，一般井壁模块的空心率不应小于40%，抗渗性能能满足2h内试验水面最大下降高度不大于5mm。

（3）井壁模块在应用过程中，不同道路类别所对应的混凝土模块强度等级的选用一般按表2-14选取。

不同道路类别所对应的混凝土模块强度等级的选用　　　　表 2-14

道路类别	城市快速路、主干道	次干路	支路及其他小路
混凝土模块强度等级	MU30 或 MU25	MU25 或 MU20	MU20

注意：采用井壁模块砌筑检查井的高度不应大于5m，高度大于5m时，应专项设计；砌筑检查井用水泥砂浆等级不应低于M10。

2.6 钢 材

2.6.1 钢材的分类及主要技术性能

1. 钢材的分类

钢材按照不同的分类标准可以分为不同的种类，主要的分类方法见表2-15。

钢材的分类　　　　　　　　　　　表 2-15

分类方法	类别		特性
按化学成分分类	碳素钢	低碳钢	含碳量<0.25%
		中碳钢	含碳量为 0.25%～0.60%
		高碳钢	含碳量>0.60%
	合金钢	低合金钢	合金元素总含量<5%
		中合金钢	合金元素总含量为 5%～10%
		高合金钢	合金元素总含量>10%

分类方法	类别	特 性
按脱氧 程度分类	沸腾钢	脱氧不完全,硫、磷等杂质偏析较严重,代号"F"
	镇定钢	脱氧完全,同时去硫,代号"Z"
	特殊镇定钢	比镇定静钢脱氧程度还要充分彻底,代号为"TZ"
按质量分类	普通钢	含硫量≤0.055%~0.065%,含磷量≤0.045%~0.085%
	优质钢	含硫量≤0.03%~0.045%,含磷量≤0.035%~0.045%
	高级优质钢	含硫量≤0.02%~0.03%,含磷量≤0.027%~0.035%

建筑钢材主要包括:

用于钢结构的各种型钢(如圆钢、槽钢、角钢、工字钢、扁钢等)、钢板等。

用于钢筋混凝土的各种钢筋、钢丝、钢绞线等。

2. 钢材的主要技术性能

主要包括力学性能和工艺性能。

(1) 力学性能

又称机械性能,是钢材最重要的使用性能。

1) 抗拉性能

是建筑钢材最重要的技术性质。其技术指标为拉力试验测定的屈服强度、抗拉强度和伸长率。

将低碳钢拉伸时的应力-应变关系曲线如图 2-2 所示,从图 2-2 中可以看出,低碳钢从受拉至拉断,经历了四个阶段:弹性阶段(O-A)、屈服阶段(A-B)、强化阶段(B-C)和颈缩阶段(C-D)。

① 屈服强度。当试件拉力在 OA 范围内时,如卸去拉力,试件能恢复原状,应力与应变的比值为常数,因此,该阶段被称为弹性阶段。当对试件的拉伸进入塑性变形的屈服阶段 AB 时,称屈服下限 B 所对应的应力为屈服强度和屈服点,记做 σ_s。

中碳钢与高碳钢(硬钢)的拉伸曲线与低碳钢不同,屈服现象不明显,难以测定屈服点,则规定产生残余变形为原标距长度的 0.2% 时所对应的应力值,作为硬钢的屈服强度,也称条件屈服点,用 $\sigma_{0.2}$ 表示,如图 2-3 所示。

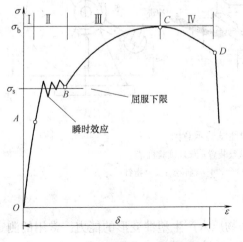

图 2-2 低碳钢受拉应力应变图

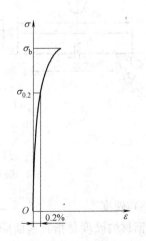

图 2-3 中、高碳钢应力应变图

② 抗拉强度。从图 2-2 中 BC 曲线逐步上升可以看出：试件在屈服阶段以后，其抵抗塑性变形的能力又重新提高，称为强化阶段。对应于最高点 C 的应力称为抗拉强度，用 σ_b 表示。

③ 伸长率。图 2-2 中当曲线到达 C 点后，试件薄弱处急剧缩小，塑性变形迅速增加，产生"颈缩现象"而断裂。将拉断后的试件拼合起来（如图 2-4 所示），测定出标距范围内的长度 L_1（mm），其与试件原标距 L_0（mm）之差为塑性变形值，塑性变形值与 L_0 之比称为伸长率，用 δ 表示。

$$\delta = \frac{L_l - L_0}{L_0} \times 100\%$$

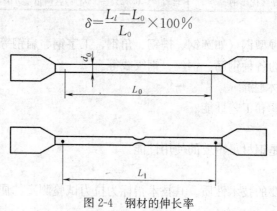

图 2-4 钢材的伸长率

伸长率是衡量钢材塑性的一个重要指标，δ 值越大，说明钢材的塑性越好。

2）冲击韧性

是指钢材抵抗冲击荷载的能力。冲击韧性指标是通过标准试件的弯曲冲击韧性试验确定的，如图 2-5 所示。以摆锤打击试件，于刻槽处将其打断，试件单位截面积上所消耗的功，即为钢材的冲击韧性指标，用冲击韧性 a_k（J/cm^2）表示。a_k 值越大，冲击韧性越好。

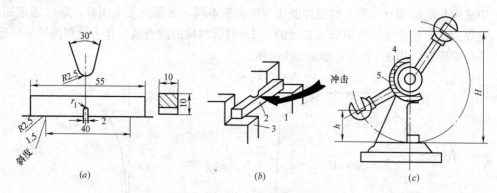

图 2-5 冲击韧性试验示意图

（a）试件尺寸；（b）试验装置；（c）试验机

1—摆锤；2—试件；3—试验台；4—刻转盘；5—指针

3）硬度

钢材的硬度是指其表面局部体积内抵抗外物压入产生塑性变形的能力。常用的测定硬度的方法有布氏法和洛氏法。

布氏硬度试验是利用直径为 D（mm）的淬火钢球，以一定荷载 F（N）将其压入试件表面，经规定的持续时间后卸除荷载，即得到直径的 d（mm）的压痕。以荷载 F 除以压痕表面积，所得值即为试件的布氏硬度值。布氏硬度的代号为 HB。

洛氏硬度试验是将金刚石圆锥体或钢球等压头，按一定压力压入试件表面，以压头压入试件的深度来表示硬度值。洛氏硬度的代号为 HR。

4）耐疲劳性

在反复荷载作用下的结构构件，钢材往往在应力远小于抗拉强度时发生断裂，这种现象称为钢材的疲劳破坏。钢材抵抗疲劳破坏的能力称为耐疲劳性。

（2）工艺性能

钢材的工艺性能主要包括冷弯性能、焊接性能、冷拉性能、冷拔性能等，下面主要介绍冷弯性能和焊接性能。

1）冷弯性能

冷弯性能是指钢材在常温下承受弯曲变形的能力。钢材的冷弯性能指标是以试件弯曲的角度 α 和弯心直径 d 的比值来表示。

钢材的冷弯试验是采用标准规定的弯心直径 $d(d=n\alpha)$，弯曲到规定的弯曲角（$180°$ 或 $90°$）时，试件的弯曲度不发生裂缝、裂断或起层，即认为冷弯性能合格。钢材弯曲时的弯曲角度越大，弯心直径越小，则表示其冷弯性能越好。

图 2-6 为弯曲时不同弯心直径的钢材冷弯试验。

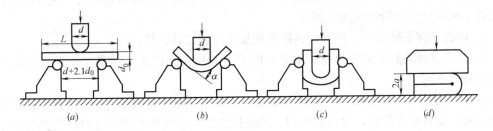

图 2-6　钢材冷弯试验

（a）安装试件；（b）弯曲 $90°$；（c）弯曲 $180°$；（d）弯曲至两面重合

2）焊接性能

在市政工程中，各种型钢、钢板、钢筋及预埋件等需要焊接加工。焊接的质量取决于焊接工艺、焊接材料及钢的焊接性能。

钢材的可焊性是指钢材是否适应通常的焊接方法与工艺的性能。钢材可焊性能的好坏，主要取决于钢的化学成分。含碳量高将增加焊接接头的硬脆性，含碳量小于 0.25% 的碳素钢具有良好的可焊性。焊接后钢材的力学性能，特别是强度不低于原有钢材，硬脆倾向小。

焊接质量检测方式有两种：取样试件试验和原位非破损检测。

目前常用的钢筋焊接接头形式主要有以下几种、闪光对焊接头、电弧焊接头（包括双面搭接焊、单面搭接焊等）、电渣压力焊接头、气压焊接头、预埋件钢筋 T 形接头。各种接头均应进行拉伸试验，其中闪光对焊接头、气压焊接头（用于梁、板的水平构件）还应进行弯曲试验。试验的取样如表 2-16 所示：

试验取样

表 2-16

焊接接形式	检验批组成	拉伸试验取样数量	弯曲试验取样数量
闪光对焊接头	同一台班内，由同一焊工完成的 300 个同牌号、同直径钢筋焊接接头为一批。当同一台班内焊接的接头数量较少，可在一周之内累计计算；累计仍不足 300 个接头时，应按一批计算	每批接头随机抽机三个接头	每批接头随机抽取三个接头
电弧焊接头	在现浇混凝土结构中，以 300 个同牌号钢筋、同形式接头作为一批。在房屋结构中应在不超过二楼层 300 个同牌号钢筋、同型式接头，作为一批。当不足 300 个接头时，仍应作为一批	每批接头随机抽取三个接头	—
电渣压力焊接头			
气压焊接头		在柱、墙的竖向钢筋连接中及梁、板的水平钢筋连接中，每批随机抽取三个接头	在梁、板的不平钢筋连接中，每批接头随机抽取三个接头
预埋件钢筋 T 形接头	以 300 件同类型预埋件作为一批一周内连续焊接时，可累计计算。当不足 300 件时亦应按一批计算	每批接头随机抽取三个接头	—

钢筋闪光对焊接头、电弧焊接头、电渣压力焊接头、气压焊接头、箍筋闪光对焊接头、预埋件钢筋 T 形接头的拉伸试验，应从每一检验批接头中随机切取三个接头进行试验并应按下列规定对试验结果进行评定：

① 符合下列条件之一，应评定该检验批接头拉伸试验合格：

A. 3 个试件均断于钢筋母材，呈延性断裂，其抗拉强度大于或等于钢筋母材抗拉强度标准值。

B. 2 个试件断于钢筋母材，呈延性断裂，其抗拉强度大于或等于钢筋母材抗拉强度标准值；另一试件断于焊缝，呈脆性断裂，其抗拉强度大于或等于钢筋母材抗拉强度标准值的 1.0 倍。

注：试件断于热影响区，呈延性断裂，应视作与断于钢筋母材等同；试件断于热影响区，呈脆性断裂，应视作与断于焊缝等同。

② 符合下列条件之一，应进行复验：

A. 2 个试件断于钢筋母材，呈延性断裂，其抗拉强度大于或等于钢筋母材抗拉强度标准值；另一试件断于焊缝，或热影响区，呈脆性断裂，其抗拉强度小于钢筋母材抗拉强度标准值的 1.0 倍。

B. 1 个试件断于钢筋母材，呈延性断裂，其抗拉强度大于或等于钢筋母材抗拉强度标准值；另 2 个试件断于焊缝或热影响区，呈脆性断裂。

③ 3 个试件均断于焊缝，呈脆性断裂，其抗拉强度均大于或等于钢筋母材抗拉强度标准值的 1.0 倍，应进行复验。当 3 个试件中有 1 个试件抗拉强度小于钢筋母材抗拉强度标准值的 1.0 倍，应评定该检验批接头拉伸试验不合格。

④ 复验时，应切取 6 个试件进行试验。试验结果，若有 4 个或 4 个以上试件断于钢筋母材，呈延性断裂，其抗拉强度大于或等于钢筋母材抗拉强度标准值，另 2 个或 2 个以下

试件断于焊缝，呈脆性断裂，其抗拉强度大于或等于钢筋母材抗拉强度标准值的 1.0 倍，应评定该检验批接头拉伸试验复验合格。

⑤ 可焊接余热处理钢筋 RRB400W 焊接接头拉伸试验结果，其抗拉强度应符合同级别热轧带肋钢筋抗拉强度标准值 540MPa 的规定。

⑥ 预埋件钢筋 T 形接头拉伸试验结果，3 个试件的抗拉强度均大于或等于表 2-17 的规定值时，应评定该检验批接头拉伸试验合格。若有一个接头试件抗拉强度小于表 2-17 的规定值时，应进行复验。

复验时应切取 6 个试件进行试验。复验结果，其抗拉强度均大于或等于表 2-17 的规定值时，应评定该检验批接头拉伸试验复验合格。

预埋件钢筋 T 形接头抗拉强度规定值　　　　　　　　　　表 2-17

钢筋牌号	抗拉强度规定值（MPa）	钢筋牌号	抗拉强度规定值（MPa）
HPB300	400	HRB500、HRBF500	610
HRB335、HRBF335	435	HRB400W	520
HRB400、HRBF400	520		

钢筋闪光对焊接头、气压焊接头进行弯曲试验时，应从每一个检验批接头中随机切取 3 个接头，焊缝应处于弯曲中心点，弯心直径和弯曲角度应符合表 2-18 的规定。

接头弯曲试验指标　　　　　　　　　　表 2-18

钢筋牌号	弯心直径	弯曲角度（°）	钢筋牌号	弯心直径	弯曲角度（°）
HPB300	$2d$	90	HRB400、HRBF400、RRB400W	$5d$	90
HRB335、HRBF335	$4d$	90	HRB500、HRBF500	$7d$	90

注：1. d 为钢筋直径（mm）；
　　2. 直径大于 25mm 的钢筋焊接接头，弯心直径应增加 1 倍钢筋直径。

弯曲试验结果应按下列规定进行评定：

① 当试验结果，弯曲至 90°，有 2 个或 3 个试件外侧（含焊缝和热影响区）未发生宽度达到 0.5mm 的裂纹，应评定该检验批接头弯曲试验合格。

② 当有 2 个试件发生宽度达到 0.5mm 的裂纹，应进行复验。

③ 当有 3 个试件发生宽度达到 0.5mm 的裂纹，应评定该检验批接头弯曲试验不合格。

④ 复验时，应切取 6 个试件进行试验。复验结果，当不超过 2 个试件发生宽度达到 0.5mm 的裂纹时，应评定该检验批接头弯曲试验复验合格。

2.6.2 钢结构用钢材的品种及特性

1. 钢结构用钢材

（1）碳素结构钢

碳素结构钢的牌号由字母 Q、屈服点数值、质量等级代号、脱氧方法代号四个部分组成。Q 是"屈"字汉语拼音的首位字母；

屈服点数值（以 N/mm² 为单位）分为 195、215、235、275；

质量等级代号有 A、B、C、D，表示质量由低到高；

脱氧方法代号有 F、Z、TZ，分别表示沸腾钢、镇静钢、特殊镇静钢，其中代号 Z、TZ 可以省略不写。

钢结构一般采用 Q235 钢，分为 A、B、C、D 四级，A、B 两级有沸腾钢和镇静钢，C 级全部为镇静钢，D 级全部为特殊镇静钢。

例如 Q235A 代表屈服强度为 235N/mm²，A 级，镇静钢（Z 是省略未写）。

Q235 级钢既具有较高的强度，又具有较好的塑性和韧性，可焊性也好，同时力学性能稳定，对轧制、加热、急剧冷却时的敏感性较小，故在建筑钢结构中应用广泛。

Q235—A 级钢一般仅适用于承受静荷载作用的结构。

Q235—C 级和 D 级钢可用于重要焊接的结构。

Q235—D 级钢冲击韧性很好，具有较强的抗冲击、振动荷载的能力，尤其适宜在较低温度下使用。

（2）低合金高强度结构钢

低合金钢强度结构钢是在钢的冶炼过程中添加少量合金元素（合金元素的总量低于 5％），以提高钢材的强度、耐腐蚀性及低温冲击韧性等。

低合金高强度结构钢均为镇静钢或特殊镇静钢，所以它的牌号只有 Q、屈服点数值、质量等级三部分。

Q 是"屈"字汉语拼音的首位字母；

屈服点数值（以 N/mm² 为单位）分为 295、345、390、420、460。

质量等级有 A～E 五个级别。A 级无冲击功要求，B、C、D、E 级均有冲击功要求。

低合金高强度结构钢的 A、B 级属于镇静钢，C、D、E 级属于特殊镇静钢。

例如 Q345E 代表屈服点为 345N/mm² 的 E 级低合金高强度结构钢（TZ 是省略未写）。

低合金高强度结构钢与碳素结构钢相比，具有较高的强度，综合性能好，所以在相同使用条件下，可比碳素结构钢节省用钢 20％～30％，对减轻结构自重自利。同时还具有良好的塑性、韧性、可焊性、耐磨性、耐蚀性、耐低温性等性能，具有良好的可焊性及冷加工型，易于加工与施工。

2. 钢结构用型钢

钢结构所用钢材主要是型钢和钢板。所用母材主要是碳素结构钢和低合金高强度结构钢。

（1）热轧型钢

热轧型钢主要采用碳素结构钢 Q235—A，低合金钢强度结构钢 Q345 和 Q390 热轧成型。

常用的热轧型钢有角钢、工字钢、槽钢、T 型钢、H 型钢、Z 型钢等，如图 2-7 所示。

1）热轧普通工字钢

工字钢的规格以"腰高度×腿宽度×腰厚度"（mm）表示，也可用"腰高度♯"（cm）表示；规格范围为 10♯～63♯。若同一腰高的工字钢，有几种不同的腿宽和腰厚，则在其后标注 a、b、c 表示相应规格。

工字钢广泛应用于各种建筑结构和桥梁，主要用于承受横向弯曲（腹板平面内受弯）

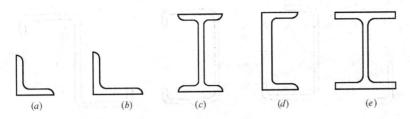

图 2-7 热轧型钢

（a）等边角钢；（b）不等边角钢；（c）工字钢；（d）槽钢；（e）H 型钢

的杆件，但不易单独用作轴心受压构件或双向弯曲的构件。

2）热轧 H 型钢

H 型钢由工字钢发展而来。H 型钢的规格型号以"代号腹板高度×翼板宽度×腹板厚度×翼板厚度"（mm）表示，也可用"代号腹板高度×翼板宽度"表示。

与工字钢相比，H 型钢优化了截面的分布，具有翼缘宽、侧向刚度大、抗弯能力强，翼缘两表面相互平行、连接构造方便，重量轻、节省钢材等优点。

H 型钢分为宽翼缘（代号为 HW）、中翼缘（代号为 HM）和窄翼缘（HN）以及 H 型钢桩（HP），宽翼缘和中翼缘 H 型钢适用于钢柱等轴心受压构件，窄翼缘 H 型钢适用于钢梁等受弯构件。

3）热轧普通槽钢

槽钢规格用"腰高度×腿宽度×腰厚度"（mm）或"腰高度♯"（cm）来表示，同一腰高的槽钢，若有几种不同的腿宽和腰厚，则在其后标注 a、b、c 表示该腰高度下的相应规格。

槽钢主要用于承受轴向力的杆件、承受横向弯曲的梁以及联系杆件，主要用于建筑钢结构、车辆制作等。

4）热轧角钢

角钢可分为等边角钢和不等边角钢。

等边角钢的规格以"边宽度×边宽渡×厚度"（mm）或"边宽♯"（cm）表示，规格范围为 $20×20×(3\sim4)\sim200×200×(14\sim24)$。

不等边角钢的规格以"长边宽度×短边宽度×厚度"（mm）或"长边宽度/短边宽度"（cm）表示。规格范围为 $25×16×(3\sim4)\sim200×125×(12\sim18)$。

角钢主要用做承受轴向力的杆件和支撑杆件，也可作为受力构件之间的连接零件。

（2）冷弯薄壁型钢

冷弯薄壁型刚指用钢板或带钢在常温下弯曲成的各种断面形状的成品钢材。

冷弯薄壁型钢的类型有 C 型钢、U 型钢、Z 型钢、带钢、镀锌带钢、镀锌卷板、镀锌 C 型钢、镀锌 U 型钢、镀锌 Z 型钢。图 2-8 所示为常见形式的冷弯薄壁型钢。冷弯薄壁型钢的表示方法与热轧型钢相同。

在房屋建筑中，冷弯型钢可用作钢架、桁架、梁、柱等主要承重构件，也被用作屋面檩条、墙架梁柱、龙骨、门窗、屋面板、墙面板、楼板等次要构件和围护结构。

（3）钢板

钢板是用碳素结构钢和低合金钢强度结构钢经热轧或冷轧生产的扁平钢材。按轧制方

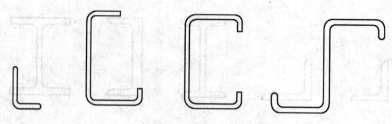

图 2-8 冷弯薄壁型钢

式可分为热轧钢板和冷轧钢板。

表示方法：宽度×厚度×长度（mm）。

厚度大于 4mm 的为厚板；厚度小于或等于 4mm 的为薄板。

热轧碳素结构钢厚板，是钢结构的主要用钢材。低合金钢强度结构钢厚板，用于重型结构、大跨度桥梁和高压容器等。薄板用于屋面、墙面或扎型板原料等。

3. 钢筋混凝土结构用钢材的品种及特性

钢筋混凝土结构用钢材主要是由碳素结构钢和低合金结构钢轧制而成的各种钢筋，其主要品种有热轧钢筋、冷加工钢筋、热处理钢筋、预应力混凝土用钢丝和钢绞线等。常用热轧钢筋、预应力混凝土用钢丝和钢绞线。

（1）热轧钢筋

经热轧成型并自然冷却的成品钢筋，称为热轧钢筋。根据表面特征不同，热轧钢筋分为光圆钢筋和带肋钢筋两大类。

1）热轧光圆钢筋

热轧光圆钢筋，横截面为圆形、表面光圆。其牌号为 HPB＋屈服强度特征值构成。其中 HPB 为热轧光圆钢筋的英文（Hot rolled Plain Bars）缩写，屈服强度值分为 235、300 两个级别。国家标准推荐的钢筋公称直径有 6mm、8mm、10mm、12mm、16mm、20mm 六种。

热轧光圆钢筋的强度较低，但塑性及焊接性能很好，当前 HPB300 广泛用于钢筋混凝土结构的构造筋。

2）热轧带肋钢筋

热轧带肋钢筋通常为圆形横截面，且表面通常带有两条纵肋和沿长度方向均匀分布的横肋。

热轧带肋钢筋按屈服强度值分为 335MPa、400MPa、500MPa 三个等级，其牌号的构成及其含义见表 2-19。

热轧带肋钢筋牌号的构成及含义 表 2-19

类别	牌号	牌号构成	英文字母含义
普通热轧钢筋	HRB335	HRB＋屈服强度特征值	HRB-热轧带肋钢筋的英文（Hot rolled Ribbed Bars）缩写
	HRB400		
	HRB500		
细晶粒热轧钢筋	HRBF335	HRBF＋屈服强度特征值	HRBF-在热轧带肋钢筋的英文缩写后加"细"的英文（Fine）首位字母
	HRBF400		
	HRBF500		

热轧带肋钢筋的延性、可焊性、机械连接性能和锚固性能均较好，且其400MPa、500MPa级钢筋的强度高，因此HRB400、HRBF400、HRB500、HRBF500钢筋是混凝土结构的主导钢筋，实际工程中主要用做结构构件中的受力主筋、箍筋等。

（2）预应力混凝土用钢丝

钢丝按加工状态，分为冷拉钢丝和消除应力钢丝两类。

冷拉钢丝，用盘条通过拔丝模或轧辊经冷加工而成产品，以盘卷供货的钢丝。

消除应力钢丝，即钢丝在塑性变形下（轴应变）进行的短时热处理，得到的应是低松弛钢丝；或钢丝通过矫直工序后在适当温度下进行的短时热处理，得到的应是普通松弛钢丝，故消除应力钢丝按松弛性能又分为低松弛级钢丝和普通松弛级钢丝。

钢丝按外形分为光圆钢丝、螺旋肋钢丝、刻痕钢丝三种。螺旋肋钢丝表面沿着长度方向向上具有规则间隔的肋条（图2-9）；刻痕钢丝表面沿着长度方向上具有规则间隔的压线（图2-10）。

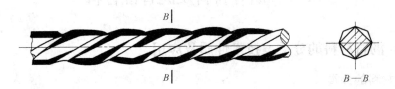

图2-9　螺旋肋钢丝外形

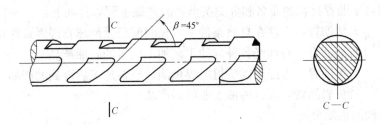

图2-10　三面刻痕钢丝外形

预应力钢丝的抗拉强度比钢筋混凝土用热轧光圆钢筋、热轧带肋钢筋高很多，在构件中采用预应力钢丝可节省钢材、减少构件截面和节省混凝土。主要用于桥梁、吊车梁，大跨度屋架和管桩等预应力混凝土构件中。

（3）预应力混凝土钢绞线

预应力混凝土钢绞线是按严格的技术条件，绞捻起来的钢丝束。

预应力钢绞线按捻制结构分为五类：用两根钢丝捻制的钢绞线（代号为1×2）、用三根钢丝捻制的钢绞线（代号为1×3）、用三根刻痕钢丝捻制的钢绞线（代号为1×3I）、用七根钢丝捻制的标准型钢绞线（代号为1×7）、用七根钢丝捻制又经摸拔的钢绞线代号为（1×7）。钢绞线外形示意图如图2-11所示。

预应力钢丝和钢绞线具有强度高、柔度好、质量稳定，与混凝土粘结力强，易于锚固，成盘供应不需接头等诸多优点。主要用于大跨度、大负荷的桥梁、电杆、轨枕、屋架、大跨度吊车梁等机构的预应力筋。

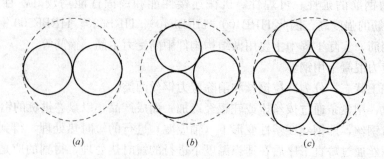

图 2-11　钢绞线外形示意图

(*a*) 1×2 结构钢绞线；(*b*) 1×3 结构钢绞线；(*c*) 1×7 结构钢绞线

2.7　沥青材料及沥青混合料

2.7.1　沥青材料的分类、技术性质及应用

1. 沥青材料的分类

沥青是由一些极为复杂的高分子碳氢化合物及其非金属（氮、氧、硫）衍生物所组成的，在常温下呈固态、半固态或黏稠液体的混合物。

（1）我国对于沥青材料的命名和分类按沥青的产源不同划分如下：

沥青 ┃ 地沥青 ┃ 天然沥青：石油在自然条件下，长时间经受地球物理因素作用形成的产物
　　　┃　　　　┃ 石油沥青：石油经各种炼油工艺加工而得的石油产品
　　　┃ 焦油沥青 ┃ 煤沥青：煤经干馏所得的煤焦油，经再加工后得到的产品
　　　┃　　　　　┃ 页岩沥青：页岩炼油工业的副产品

（2）按原油的性质分类

石油按其含蜡量的多少，可分为石蜡基、中间基和环烷基原油，不同性质的原油所炼的沥青性质有很大差别。石蜡基沥青的蜡含量一般大于 5%；环烷基沥青蜡含量少（一般低于 3%），沥青黏性好，优质的道路石油沥青大多是环烷基沥青；中间基沥青的蜡含量为 3%~5%。

（3）按加工方法分类

直馏沥青，它的温度稳定性和大气稳定性较差。

溶剂沥青，这类沥青在常温下是半固体或固体。

氧化沥青，常温下是固体，比直馏沥青有较高的热稳定性，高温抗变形能力较好，但低温变形能力较差，易形成开裂现象。

裂化沥青，这种沥青具有更大的硬度，软化点也较高，但黏度、气候稳定性比直馏沥青和氧化沥青差。

调和沥青，用调和法生产沥青是按照沥青质量要求，将几种沥青调和，调整沥青组分之间的比例以获得所要求的产品。

在道路工程中，主要应用石油沥青，另外还使用少量的煤沥青。目前，天然沥青也有

应用。

2. 石油沥青的组分

通常从工程使用的角度出发，将沥青中化学成分和物理性质相近且具有某些共同特征的部分，划分为同一个组，称为组分。工程中，一般将石油沥青划分为油分、树脂和沥青质三个主要组分，或饱和分、芳香分、胶质，沥青质四个主要组分。现行试验规程用抽提法进行道路石油沥青的三组分成分分析，采用溶剂沉淀及色谱柱法进行道路石油沥青的四组分成分分析。

不同的组分对石油沥青性能的影响不同。三组分分析中，油分赋予沥青流动性；树脂使沥青具有良好的塑性和黏性；沥青质则决定沥青的稳定性（包括耐热性、黏性和脆性）。石油沥青的四组分分析中，各组分的含量与沥青的技术性质的关系如下：

1）沥青质：占沥青总量的 5%～25%。沥青质对沥青的热稳定性、流变性和黏性有很大影响。其含量越高，沥青软化点越高，黏度也越大，沥青相应也就越硬、越脆。

2）胶质：特征是具有很强的黏附力。胶质和沥青质之间的比例决定了沥青的胶体结构类型。

3）芳香分：占沥青总量的 20%～50%，黏稠状液体，呈深棕色，对其他高分子烃类物质有较强的溶解能力。

4）饱和分：占沥青总量的 5%～20%，随饱和分含量增加，沥青的稠度降低，温度感应性加大。

沥青是憎水材料，有良好的防水性；具有较强的抗腐蚀性，能抵抗一般的酸、碱、盐类等侵蚀性液体和气体的侵蚀；能紧密黏附于无机矿物表面，有很强的粘结力；有良好的塑性，能使用基材的变形。因此，沥青及沥青混合料被广泛应用于防水、防腐、道路工程和水工建筑中。

3. 石油沥青的技术性质

（1）黏滞性

石油沥青的黏滞性是指在外力作用下，沥青粒子产生相互位移时抵抗变形的性能。黏滞性是反映材料内部阻碍其相对流动的一种特性，也是我国现行标准划分沥青牌号的主要性能指标。

沥青的黏滞性与其组分及所处的温度有关。当沥青质含量较高又有适量的胶质，且油分含量较少时，黏滞性较大。在一定的温度范围内，当温度升高，黏滞性随之降低，反之则增大。

石油沥青的黏滞性一般采用针入度来表示。针入度是在标准试验条件下，以规定质量的标准针，在规定时间内沉入沥青试样中的深度表示。针入度数值越小，表明黏度越大。

（2）塑性

塑性是指石油沥青在受外力作用时产生变形而不破坏，除去外力后，仍保持变形后形状的性质。

石油沥青的塑性用延度表示，延度越大，塑性越好。延度是将沥青试样制成 8 形标准试件，在规定温度的水中，以规定的速度拉伸至试件断裂时的伸长值，以"cm"为单位。

沥青的延度决定于沥青的胶体结构、组分和试验温度。当石油沥青中胶质含量较多且其他组分含量又适当时，则塑性较大；温度升高，则延度增大；沥青膜层厚度越厚，则塑性越高。反之，膜层越薄，则塑性越差，当膜层薄至 $1\mu m$ 时，塑性近乎消失，即接近于弹性。

（3）温度稳定性

温度稳定性是指石油沥青的黏滞性和塑性随温度升降而变化的性能。在工程上使用的沥青，要求有较好的温度稳定性，否则容易发生沥青材料夏季流淌或冬季变脆甚至开裂的现象。

1）高温稳定性

通常用软化点来表示石油沥青的温度稳定性。软化点为沥青受热由固态转变为具有一定流动态时的温度。软化点越高，表明沥青的耐热性越好，即温度稳定性越好。沥青的软化点不能太低，否则夏季易融化发软；但也不能太高，否则不易施工，冬季易发生脆裂现象。

以上所论及的针入度、延度、软化点是评价黏稠沥青路用性能最常用的经验指标，也是划分沥青牌号的主要依据。所以，统称为沥青的"三大指标"。

2）低温脆性

温度降低时沥青会表现出明显的塑性下降，在较低温度下甚至表现为脆性。特别是在冬季低温下，用于防水层或路面中的沥青由于温度降低时产生的体积收缩，很容易导致沥青材料的开裂。显然，低温脆性反映了沥青抗低温的能力。

不同沥青对抵抗这种低温变形时脆性开裂的能力有所差别。通常采用弗拉斯（Frass）脆点作为衡量沥青抗低温能力的条件脆性指标。沥青脆性指标是在特定条件下，涂于金属片上的沥青试样薄膜，因被冷却和弯曲而出现裂纹时的温度，以"℃"表示。低温脆性主要取决于沥青的组分，当树脂含量较多、树脂成分的低温柔性较好时，其抗低温能力就较强；当沥青中含有较多石蜡时，其抗低温能力就较差。

4. 沥青标号、等级及适用范围

目前世界上道路沥青的产品分级主要三种，即针入度分级（按25℃的针入度划分沥青的牌号）、黏度分级（按60℃黏度划分沥青的牌号）以及性能分级。其中，黏度分级又细分为两类，即以新鲜沥青60℃黏度分级的 AC 分级体系和以旋转薄膜烘箱（或薄膜烘箱）残余物60℃分级的 AR 分级体系。中国、德国、欧盟以及日本主要采用沥青的针入度分级体系，美国和加拿大等国家针入度分级体系和黏度分级体系同时存在。而性能分级是根据美国 SHRP 的研究成果，是能够模拟路用性能的分级标准，许多国家都在模仿使用，但有些国家目前还在讨论中。我国沥青标号以针入度值作为划分依据。

PG 分级，不是采用以往针入度分组、黏度分级在"固定温度下进行试验而改变标准值"的办法，而是采用"标准值不变而改变试验温度"的办法，即"标准一致的，测试条件是不同的"，对沥青进行性能等级划分，该种分级方法直接采用设计使用温度表示沥青的适用范围。设计最高温度为7d最高路面平均温度，设计最低温度为年极端最低温度。如 PG55-10，前面55为沥青适用的高温等级，其意义是该沥青能适应至少高达55℃的路面温度，后面−22为沥青适用的低温等级，其意义是该沥青可以适应路面温度至少降至−22℃时的物理特性。

5. 不同标号沥青适用性的大致规律

低标号的沥青针入度小、稠度大、黏度也高，适用于较炎热地区；高标号的沥青针入度大、稠度小、黏度也低，适用于较寒冷地区。

对热拌沥青混合料，我国大部分地区宜用针入度 50 号及 70 号的沥青，只有在很少寒冷区适用于 90 号沥青，110 号沥青适用于中轻交通的道路上，而且这是相应于国外的荷载情况决定的，我国的重载交通比例大，甚至有严重的超限超载情况，应适当选挣针入度更小的沥青，努力扩大 50 号沥青的适用范围。

6. 道路石油沥青的技术要求

（1）道路石油沥青技术要求

道路石油沥青的质量应符合相关规定的技术要求，经建设单位同意，沥青的 PI 值、60℃动力黏度、10℃延度可作为选择性指标。

（2）道路石油沥青指标的意义

在对道路石油沥青的技术标准中，沥青质量要求充分照顾到气候条件，规定了各气候区适宜的沥青针入度等级。尽管各气候区的差别甚小，但已经很有意义。主要的指标有密度、含蜡量、针入度、延度、软化点、黏度、闪点、溶解度，以及进行热老化试验（包括薄膜加热烘箱试验或旋转薄膜烘箱加热试验）等。

1）密度

比重的大小与原油种类有关。国外道路沥青的相对密度大都在 1.0 以上，我国过去的沥青除环烷中间基原油生产的相对密度稍大于 1.0 外，其他原油提炼的道路沥青相对密度一般都小于 1.0。一般认为，沥青密度是一项沥青组成的综合指标，它与沥青组分的比例有关，沥青质含量越多，密度越大；饱和分以及蜡含量越多，密度越小。沥青的密度主要是为了沥青体积与质量换算及进行沥青混合料配合比设计使用，并非衡量沥青质量好坏的标准。因此，我国沥青密度指标为实测记录项目，数据不作质量评定使用。

2）含蜡量

沥青中蜡对路用性能的影响主要表现在以下方面：在高温时融化，使沥青黏度降低，影响高温稳定性，增大温度敏感性；蜡使沥青与集料的亲和力变小，影响沥青的粘结力及抗水剥离性；蜡在低温时结晶析出，分散在其他各组分之间，减小了分子间的紧密联系。当蜡结晶的大小超过胶束的界限时，便以不均相的悬浮物状态存在于沥青中，蜡相当于沥青中的杂质，使沥青的极限拉伸应变和延度变小，容易造成低温发脆，开裂；蜡减小了低温时的应力松弛性能，使沥青的收缩应力迅速增加而容易开裂；低温时的流变指数增加，复合流动度减小，时间感应性增加。对测定条件下有相同黏度的沥青，在变形速率小时，含蜡的沥青黏度更大，劲度也大，这也是造成沥青面层温缩开裂的原因之一。

蜡的结晶及融化使一些测定指标出现假象，使沥青的性质发生突变，使沥青性质在这一温度区的变化不连续。因此针入度测定必须采用预冷法，对于蜡含量高的沥青，沥青软化点测定值有假象，应采用当量软化点 T800 代替，针入度指数 PI 的计算应根据不同温度的软化点测定位值回归得到。

国内外的研究表明，蜡对沥青性能的影响不仅仅是蜡的含量，更主要的是蜡在沥青中的结晶形态或蜡的类型。从沥青中的蜡的不同形态分析，微晶蜡或地蜡非常细小地分散在沥青中的，对沥青性能影响较小；石蜡则要大得多，类似于骨头状，它对沥青性能的影响特别大，特别重要的是，本来存在于沥青中的蜡的形态与将蜡掺加到沥青中的形态是不一样的。A 级沥青放宽到 2.2% 将有利于国产沥青的应用，此含蜡量是按试验规程的方法测定的。

3）延度

如果原油含蜡量高，生产的路用沥青含蜡量也会高，蜡的结晶对延度有直接的影响。一般不认为，延度大小与沥青低温性质优劣有关。A、B级沥青改为10℃延度，C级沥青改为15℃延度。这里需要注意的是，延度指标提得太高有可能影响其他指标。

4）软化点

软化点是沥青达到规定条件黏度时的温度，所以软化点既是反映沥青材料热稳定性的一个指标，也是沥青黏性的一种量度。普通沥青的软化点测定值大都在45～51℃范围内，这种沥青软化点差值并不大，可是实际公路上应用时，在夏季高温时容易软化，路面泛油、拥包现象比较严重，这主要是由于沥青中蜡的存在使得沥青软化点测定值有假象，蜡的熔点在30～70℃之内．蜡的结晶软化需要吸收一部分附加热，从而使得软化点提高。

5）针入度

沥青的针入度是在规定温度和时间内，附加一定质量的标准针垂直贯入试样的深度。沥青的针入度与沥青路面的使用性能具有密切的关系，在现阶段仍然是我国划分沥青标号的最主要的依据。它不仅表现在高温稳定性上，对低温抗裂性能也同样重要。对于温度敏感性相同的沥青，针入度大即较稀的沥青有较低的劲度模量，比较稠的沥青路面裂缝少。

针入度试验是一种用于量测沥青胶结料稠度的经验性试验。通常在25℃温度测针入度，该温度大约为热拌沥青混凝土路面的平均服务温度。虽然黏度是最好的量测形式，但现在该温度量的测针入度是表征沥青结合料稠度的简单方法。

6）针入度指数（PI）

针入度指数PI用来描述沥青的温度敏感性，宜在15℃、25℃、30℃三个或三个以上的温度条件下，测定针入度后，按规定的计算方法得到。国外一般要求PI在-1～+1之间，根据大量的试验研究，适当有所降低。在规范修订过程中有些意见认为PI值的试验误差较大，或者应该按照欧洲新的标准中的方法采用针入度和软化点计算PI值。针对这些意见，规范要求严格按照试验规程的方法，选用5个适宜的温度测定针入度计算，且要求相关系数不小于0.997。至于计算方法，EN 12591：2000标准确实已经由以前的采用5个温度的针入度计算的方法修改为按Pfeiffer和Van Doormael的方法由针入度和环球法软化点确定。

此方法中显然是考虑到欧洲的道路沥青蜡含量普遍已经很低，当量软化点的概念已经失去意义，同时为照顾不同国家的要求，标准也由原来的-1～+1放宽到-1.5～+0.7。两种计算方法的PI值不同主要由于蜡含量对软化点的影响所造成。试验结果充分说明，两种不同方法的计算结果之差来源于不同方法测定的软化点的差异，二者的相关系数达0.973。因此，在我国目前的沥青蜡含量的水平情况下（包括B级沥青），PI值的计算方法尚不宜改变。同时考虑到目前国产沥青和进口沥青的PI水平，将要求放宽到不小于-1.5（A级）或-1.8（B级）。

道路石油沥青依据针入度大小划分标号。液体石油沥青依据标准黏度划分标号。针入度和标准黏度都是表示沥青稠度的指标。一般沥青的针入度越小，表示沥青越稠，而工程使用中由于不同工程所处的地理环境，气候条件不同，对沥青的要求也不同，因此将沥青依针入度（黏度）划分为若干标号，有利于根据工程实际要求选择适宜稠度的沥青。

7）黏度

沥青试样在规定条件下流动时形成的抵抗力或内部阻力的度量，也称黏滞度。黏度随沥青的组分和温度而定，沥青质含量高，黏滞性大，随温度的升高黏滞性降低，沥青的黏滞性与沥青路面的力学行为有密切的关系，在现代交通条件下为防止高温时路面出现车辙及过多的变形。沥青黏度是一个很重要的参数。在我国规范中，A级沥青增加了60℃的动力黏度作为高温性能的评价指标。60℃黏度分级用动力黏度，世界上基本上都统一采用真空减压毛细管黏度计测定。

8）闪点

如果沥青胶结料加热到足够高的温度，则会散发足够多的蒸汽，当存在火花或明火时即会着火。闪点表明存在明火时沥青胶结料安全的加热温度，在该温度没有瞬时起火的危险。该温度低于燃点，燃点是材料燃烧的温度。虽然铺路沥青胶结料的闪点高于热拌沥青混凝土生产正常使用的温度，但从安全考虑对其进行量测与控制是必要的。

9）溶解度

沥青的溶解度是沥青试样在规定溶剂中可溶物的含量，以质量百分率表示。溶解度反映沥青的纯度，是沥青质量均匀性指标。我国统一用三氯乙烯作为溶剂，测定值为99.5%。

10）热老化试验

当在拌合装置中与热矿质集料拌合时，沥青结合料承受了短期的老化。而沥青路面在承受环境和其他因素的服务寿命中，则持续承受长期老化。使用薄膜烘箱试验来估计热拌沥青混合料拌合装置中发生的短期老化。将加热后的试样按规定方法进行质量变化、针入度、延度等各项薄膜加热试验后残留物的相应试验，据此评价沥青的抗老化性能。

我国道路石油沥青的标准指标按所反映的沥青性质不同，主要有以下项目。

分级指标：针入度；

综合指标（包括纯度）：密度，针入度指数、蜡含量、溶解度；

高温稳定性指标：软化点、60℃动力黏度；

低温抗裂性能指标：延度；

耐老化性能指标：薄膜加热试验、旋转薄膜加热试验前后的质量变化、针入度比、延度；

施工安全指标：闪点。

2.7.2　沥青混合料的分类、技术性质及应用

1. 沥青混合料分类

沥青混合料是用适量的沥青与一定级配的矿质集料经过充分拌合而形成的混合物。沥青混合料的种类很多，道路工程中常用的分类方法有以下几类。

（1）按结合料分类：按使用的结合料不同，沥青混合料可分为石油沥青混合料、煤沥青混合料、改性沥青混合料和乳化沥青混合料。

（2）按混合料密度分类：按沥青混合料中剩余空隙率大小的不同分类，压实后剩余空

隙率大于15％的沥青混合料称为开式沥青混合料；剩余空隙率为10％～15％的混合料称为半开式沥青混合料；剩余空隙率小于10％的沥青混合料称为密实式沥青混合料。密实式沥青混合料中，剩余空隙率为3％～6％时称为Ⅰ型密实式沥青混合料，剩余空隙率为4％～10％时称为Ⅱ型半密实沥青混合料。

（3）按矿质混合料的级配类型分类：

1）连续级配沥青混合料。它是用连续级配的矿质混合料所配制的沥青混合料。其中连续级配矿质混合料是指矿质混合料中的颗粒从大到小各级粒径按比例相互搭配组成。

2）间断级配沥青混合料。它是用间断级配的矿质混合料所配制的沥青混合料。其中间断级配矿质混合料是指矿质混合料的比例搭配组成中缺少某些尺寸范围粒径的级配。

（4）按沥青混合料所用集料的最大粒径分类：

1）粗粒式沥青混合料。集料公称最大粒径为26.5mm或31.5mm的沥青混合料。

2）中粒式沥青混合料。集料公称最大粒径为16mm或19mm的沥青混合料。

3）细粒式沥青混合料。集料公称最大粒径为9.5mm或13.2mm的沥青混合料。

4）砂粒式沥青混合料。集料公称最大粒径等于或小于4.75mm的沥青混合料。

沥青碎石混合料中除上述4类外，尚有集料公称最大粒径大于37.5mm的特粗式沥青碎石混合料。

（5）按沥青混合料施工工艺分类：分为热拌沥青混合料、冷拌沥青混合料和再生沥青混合料等。

2. 沥青混合料的基本技术指标及其含义

（1）空隙率（VV）：指压实沥青混合料内矿料与沥青体积之外的空隙（不包括矿料本身或表面被沥青封闭的孔隙）的体积与试件总体体积的百分率。

（2）矿料间隙率（VMA）：指压实沥青混合料内矿料实体之外的空间体积与试件总体积的百分率，它等于试件空隙率与有效沥青体积百分率之和。

（3）沥青饱和度（VFA）：指压实沥青混合料试件内有效沥青实体体积占矿料骨架实体之外的空间体积百分率。

（4）稳定度：指标准尺寸试件在规定温度和加荷速度下，在马歇尔仪中最大的破坏荷载（kN）。

（5）流值：是达到最大破坏荷载时的试件的径向压缩变形（以0.1mm计），马歇尔模数即为稳定度除以流值的商。

前三者反映沥青混合料的耐久性，后两者反映它的高温性能。

3. 沥青混合料的组成材料及其技术要求

（1）沥青

沥青是沥青混合料中唯一的连续相材料，而且还起着胶结的关键作用。沥青的质量必须符合《公路沥青路面施工技术规范》JTG F40—2004的要求，同时沥青的标号应按表2-20选用。通常在较炎热地区首先要求沥青有较高的黏度，以保证混合料具有较高的力学强度和稳定性；在低气温地区可选择较低稠度的沥青，以便冬季低温时有较好的变形能力，防止路面低温开裂。一般煤沥青不宜用于热拌沥青混合料路面的表面层。

热拌沥青混合料用沥青标号的选用   表 2-20

气候分区	最低月平均温度(℃)	沥青标号	
		沥青碎石	沥青混凝土
寒区	<−10	90,110,130	90,110,130
温区	0~10	90,110	70,90
热区	>10	50,70,90	50,70

（2）粗集料

沥青混合料中所用粗集料是指粒径大于 2.36mm 的碎石、破碎砾石和矿渣等。粗集料应该洁净、干燥、无风化、无杂质，其质量指标应符合 2-21 的要求。对于高速公路、一级公路、城市快速路、主干路的路面及各类道路抗滑层用的粗集料还有磨光值和粘附性的要求，并优先选用与沥青的粘结性好的碱性集料。酸性岩石的石料与沥青的粘结性差，应避免采用，若采用时应采取抗剥离措施。粗集料的级配应满足《公路沥青路面施工技术规范》JTG F40—2004 的规范的规定。

沥青面层用粗集料质量指标要求   表 2-21

指　标	高速公路及一级公路		其他等级公路
	表面层	其他层次	
石料压碎值(%)，≤	26	28	30
洛杉矶磨耗损失(%)，≤	28	30	35
表观密度(t/m³)，≥	2.60	2.50	2.45
吸水率(%)，≤	2.0	3.0	3.0
坚固性(%)，≤	12	12	—
针片状颗粒含量(混合料)，≤ 其中粒径大于 9.5mm(%)，≤ 其中粒径小于 9.5mm(%)，≤	15 12 18	18 15 20	20 — —
水洗法<0.075mm 颗粒含量(%)，≤	1	1	1
软石含量(%)，≤	3	5	5

注：表观密度 2.60t/m³ 一般用 2600kg/m³ 表示。

（3）细集料

沥青混合料用细集料是指粒径小于 2.36mm 的天然砂、人工砂及石屑等。天然砂可采用河砂或海砂，通常宜采用粗砂和中砂。细集料应洁净、干燥、无风化、无杂质，并有适当的颗粒级配，其主要质量要求见表 2-22，沥青面层用天然砂的级配应符合规范《公路沥青路面施工技术规范》JTG F40—2004 中的有关要求。

沥青混合料用细集料主要质量要求   表 2-22

指　标	高速公路，一级公路	一般道路
表观密度(t/m³)	≥2.50	≥2.45
坚固性(>0.3mm 部分)(%)	≤12	—
砂当量(%)	≥60	≥50

（4）矿粉等填料

矿粉是粒径小于 0.075mm 的无机质细粒材料，它在沥青混合料中起填充与改善沥青性能的作用。矿粉宜采用石灰岩或岩浆岩中的强基性岩石经磨细得到的矿粉，原石料中泥含量要小于 3%，杂质应清除，要求矿粉干燥、洁净，级配合理，其质量符合表 2-23 技术要求。采用石灰、水泥、粉煤灰作填料时，其用量不宜超过矿料总量的 2%，并要求粉煤灰与沥青有良好的黏附性，烧失量小于 12%。

在高等级路面中可加入有机或无机短纤维等填料，以便改善沥青混合料路面的使用性能。

沥青面层用矿粉质量要求 　　　　　　　　　　　　　　　　　　表 2-23

指　　标		高速公路、一级公路	一般道路
表观密度（t/m³）		≥2.50	≥2.45
含水量（%）		≤1	≤1
粒度范围	<0.6mm	100	100
	<0.15mm	90～100	90～100
	<0.075mm	75～100	70～100
外　　观		无团块	
亲水系数		<1	
塑性指数		<4	

4. 沥青混合料的技术性质

（1）沥青混合料的强度

沥青混合料的强度是指其抵抗破坏的能力，由两方面构成：一是沥青与集料间的结合力；二是集料颗粒间的内摩擦力。

（2）沥青混合料的温度稳定性

路面中的沥青混合料需要抵御各种自然因素的作用和影响，其中环境温度对于沥青的混合料性能的影响最为明显，为长期保持其承载能力，沥青混合料必须具有在高温和低温作用下的结构稳定性。

1）高温稳定性

高温稳定性是指在夏季高温环境条件下，经车辆荷载反复作用时，路面沥青混合料的结构保持稳定或抵抗塑性变形的能力，稳定性不好的沥青混合料路面容易在高温环境中出现车辙、波浪等不良现象，通常所指的高温环境多以 60℃ 为参考标准。

评价沥青混合料高温稳定性的方法主要有三轴试验、马歇尔稳定度、车辙试验（即动稳定度）等方法。由于三轴试验较为复杂，故通常采用马歇尔稳定度和车辙实验作为检验和评定沥青混合料的方法。

马歇尔稳定度是指在规定条件下沥青混合料试件所能承受荷载的能力。它是通过在规定温度与荷载速度下，标准试件在允许变形范围内所能承受的最大破坏荷载。试验测定的指标有两个：一是反映沥青混合料抵抗荷载能力的马歇尔稳定度 MS（以 kN 计）；二是反映沥青混合料在外力作用下，达到最大破坏荷载时表示试件垂直变形的流值 FL（以 mm

计)。通常期望沥青混合料在具有较高马歇尔稳定度的同时，试件所产生的流值较小。

沥青混合料车辙试验是用标准方法制成 300mm×300mm×（厚度 50～100mm）的沥青混合料试件，在规定温度及荷载条件下，测定试验轮往返行走所形成的车辙变形速率，以每产生 1mm 变形的行走次数即动稳定度表示。车辙试验是沥青混合料性能检验中最重要的指标。

用于高速公路、一级公路上面层或中间层的沥青混凝土混合料的动稳定度宜不小于 800 次/mm，对用于城市主干道的沥青混合料的动稳定度不宜小于 600 次/mm。

① 影响车辙试验因素

车辙试验方法和设备对试验结果有很大的影响。我国的车辙试验是在标准温度 60℃、荷载 0.7MPa、速率 42 次/min 标准条件下试验的，工程发生车辙的实际条件（荷载、温度、车速）与此并不对应，除了沥青混合料自身的因素外，温度、荷载、速度对高温性能的影响是主要因素，而这些因素是目前室内车辙试验所解决不了的。而不同的温度、荷载、车速与标准条件之间不存在固定的换算模式，不同沥青品种、不同混合料的换算公式相差较大，个别研究得到的换算关系并没有通用性。

对车辙试验的温度应能反映夏季高温的路面温度。车辙试验法依照我国绝大多数地区的温度条件，试验温度为（60±1）℃，但是实际试验中，可以根据工程所处的地理位置、气候条件可以选择其他温度进行试验。同样对试验轮与试样的接触压强也可以根据交通量大小、重载车情况及路段的地理地貌位置选择压强大小进行配合比的检验，接触压强具体选择多大根据需要确定。

车辙试验方法作为沥青混合料配合比设计高温稳定性检验指标，试验时有一点很重要，即试件必须是新拌配制的，在现场取样时必须在尚未冷却时即制模。不允许将混合料冷却后再二次加热重塑制作。

② 影响沥青路面车辙因素

温度的影响：温度越高，沥青混合料的劲度模数越低，抗车辙能力越小。

荷载对车辙的影响：重载交通，超限超载车辆是造成车辙的最主要原因。

路面纵坡、车况及车速对车辙的影响：汽车的车况较差，上坡能力很差，车速迅速降低，使车辙迅速产生。

上坡、重载、高温的综合影响。

路面结构、设计，混合料设计和施工方面等因素。

2）低温抗裂性

低温抗裂性是指在冬季环境等较低温度下，沥青混合料路面抵抗低温收缩，并防止开裂的能力。低温开裂的原因主要是由于温度下降造成的体积收缩量超过了沥青混合料路面在此温度下的变形能力，导致路面收缩应力过大而产生的收缩开裂。

工程实际中常根据试件的低温劈裂试验来间接评定沥青混合料的抗低温能力。

（3）沥青混合料的耐久性

耐久性是指沥青混合料长期在使用环境中保持结构稳定和性能不严重恶化的能力。沥青的老化或剥落、结构松散、开裂、抗剪强度的严重降低等影响正常使用的各种现象都是这种恶化的表现。

影响沥青混合料耐久性的因素很多，一个很重要的因素是沥青混合料的空隙率。空隙率的大小取决于矿料的级配、沥青材料的用量以及压实程度等多个方面，沥青混合料中的空隙率小，环境中易造成老化的因素介入的机会就少，所以从耐久性考虑，希望沥青混合料空隙率尽可能的小一些，但沥青混合料中还必须留有一定的空隙和适当的饱和度，以备夏季沥青材料的膨胀变形用。另一方面，沥青含量的多少也是影响沥青混合料耐久性的一个重要因素。当沥青用量较正常用量减少时，沥青膜变薄，则混合料的延伸能力降低，脆性增加；同时因沥青用量偏少，混合料空隙率增大，沥青暴露于不利环境因素的可能性加大，加速老化，同时还增加了水侵入的机会，造成水损坏。

沥青混合料试件内沥青部分的体积占矿料部分以外的体积（VMA）百分率，简称VFA，以百分率表示。沥青混合料内有效沥青部分（即扣除被集料吸收的沥青以外的沥青）的体积占矿料部分以外的体积（VMA）的百分率，称为有效沥青饱和度。残留稳定度是反映沥青混合料抗水损害的一个重要指标。

所以，我国现行规范采用空隙率、饱和度和残留稳定度等指标来表征沥青混合料的耐久性。

（4）沥青混合料的抗疲劳性

沥青混合料的疲劳是材料在荷载重复作用下产生不可恢复的强度衰减积累所引起的一种现象。荷载重复作用的次数越多，强度的降低也越大，它能承受的应力或应变值就越小。通常把沥青混合料出现疲劳破坏的重复应力值称为疲劳强度，相应的应力重复作用次数称为疲劳寿命。

（5）沥青混合料的抗滑性

为保证汽车安全和快速行驶，要求路面具有一定的抗滑性。为满总路面对混合料抗滑性的要求，应选择表面粗糙、多棱角、坚硬耐磨的矿质集料，以提高路面的摩擦系数。沥青用量和含蜡量对抗滑性的影响非常敏感，即使沥青用量较最佳沥青用量只增加 0.5%，也会使抗滑系数明显降低；沥青含蜡量对路面抗滑性的影响也十分显著，工程实际中应严格控制沥青含蜡量。

（6）沥青混合料的施工和易性

影响沥青混合料施工和易性的因素主要是矿料级配。粗细集料的颗粒大小相距过大时，缺乏中间粒径，混合料容易离析。若细料太少，沥青层就不容易均匀地分布在粗颗粒表面；细料过多时，则拌合困难。

另外，用粉煤灰这种具有球形结构和一定保温性能的材料作为沥青混合料的填料时，也具有良好的施工和易性。

5. 沥青混合料配合比设计的技术原则和相关要求

（1）沥青混合料组成材料技术要求

沥青混合料的技术性质决定于组成材料的性质、合适的配合比以及合理的拌合施工工艺，其中组成材料自身质量是沥青混合料技术性质保证的基础。组成沥青混合料的原材料粗集料、细集料和矿粉的级配和技术要求。

（2）粗集料与沥青黏附性改善方法

集料的品种是影响沥青混合料抗水损害能力的最重要因素。容易造成剥落的集料品种是二氧化硅含量高的酸性石料，当使用不符要求的粗集料时，利用碱性材料处理酸性石料表面，使其活化，宜掺加消石灰、水泥或用饱和石灰水处理后使用，必要时可同时在沥青中掺加耐热、耐水、长期性能好的抗剥落剂。液体抗剥落剂是一种有机高分子表面活性剂，利用其极性端与集料结合，加强与沥青的黏附。对表面带负电荷的石料（酸性岩石），应使用阳离子型表面活性剂，对表面带正电荷的石料，应使用阴离子型表面活性剂；也可采用改性沥青的措施。沥青与集料之间黏附性主要取决于沥青本身的黏度，黏度越大，黏附性越好。另外，沥青中表面活性成分含量越高，沥青的酸值越大，其黏附性越好。掺加外加剂的剂量由沥青混合料的水稳定性检验确定。

（3）矿粉应用的目的及其基本性能要求

沥青混合料的矿粉必须采用石灰岩或岩浆岩中的强基性岩石等憎水性石料经磨细得到的矿粉，原石料中的泥土杂质应除净。矿粉应干燥、洁净，能自由地从矿粉仓流出。在沥青混合料中，矿质填料通常是指矿粉，其他填料如消石灰粉、水泥常作为抗剥落剂使用。通过沥青和矿粉之间相互作用形成的结构沥青和组成的沥青胶浆，使混合料中的矿料结合成为一体。矿粉在沥青混合料中起到重要的作用，矿粉要适量，少了不足以形成足够的比表面吸附沥青；矿粉过多又会使胶泥成团，致使路面胶泥离析，同样造成不良的后果。

（4）矿料设计中矿料调整原则和调整方法

调整工程设计级配范围宜遵循下列原则：

1）首先按规范确定采用粗型（C型）或细型（F型）的混合料。对夏季温度高、高温持续时间长，重载交通多的路段，宜选用粗型密级配沥青混合料（AC-C型）。并取较高的设计空隙率。对冬季温度低且低温持续时间长的地区，或者重载交通较少的路段，宜选用细型密级配沥青混合料（AC-F型），并取较低的设计空隙率。

2）为确保高温抗车辙能力，同时兼顾低温抗裂性能的需要。配合比设计时宜适当减少公称最大粒径附近的粗集料用量。减少0.6mm以下部分细粉的用量，使中等粒径集料较多，形成S形级配曲线，并取中等或偏高水平的设计空隙率。

3）确定各层的工程设计级配范围时应考虑不同层位的功能需要，经组合设计的沥青路面应能满足耐久、稳定，密水、抗滑等要求。

4）根据道路等级和施工设备的控制水平，确定的工程设计级配范围应比规范级配范围窄，其中4.75mm和2.36mm通过率的上下限差值宜小于12%。

5）沥青混合料的配合比设计应充分考虑施工性能，使沥青混合料容易推铺和压实。避免造成严重的离析。

6）通常情况下，合成级配曲线宜尽量接近工程设计级配中限，尤其应使0.075mm、2.36mm和4.75mm筛孔的通过量尽量接近设计级配范围的中限。

7）合成级配曲线应接近连续的或合理的间断级配，但不应过多的犬牙交错。当经过再三调整仍有两个以上的筛孔超出级配范围时，必须对原材料进行调整或更换原材料重新试验。

6. 沥青混合料中沥青含量的检测方法和矿料级配检验

(1) 沥青混合料中沥青的含量与路用性能

确定沥青混合料的沥青含量从本质上讲是设计一个合理的沥青膜厚度。通常认为，混合料中有效沥青的沥青膜太薄固然不行，但太厚了将使游离的自由沥青太多，成为集料产生相对位移的润滑剂。沥青混合料沥青的用量，对沥青混合料的路用性能影响也非常大。当沥青用量很少，沥青不足以形成结构沥青的薄膜来黏结矿料颗粒，随着沥青用量的增加，结构沥青逐渐形成，使沥青与矿料之间的黏附力随着沥青用量的增加而增加。当沥青用量足以形成薄膜并充分黏附在矿粉颗粒表面时，沥青胶浆具有最高的黏附力。随后，如沥青用量过多，逐渐将矿粉颗粒推开，在颗粒间形成未与矿粉交互作用的。"自由沥青"，则沥青胶浆的黏结力随着自由沥青的增加而降低。当沥青用量增加到一定用量时，沥青混合料的黏结力主要取决于自由沥青。随着沥青用量的增加，沥青不仅起着胶粘剂的作用，而且起着润滑剂的作用，从而降低了粗级料的相互密排作用，也减小了沥青混合料的内摩擦角。因此，沥青用量应控制在一个合理的范围内，最佳沥青用量也是配合比设计中一项重要工作。

(2) 沥青含量检测方法、原理和适用范围

沥青混合料中常用沥青含量的检测方法有离心分离法、燃烧炉法及射线法等。

1) 离心分离法，适用于热拌热铺沥青混合料路面施工时的沥青用量检测，以评定拌合厂产品质量。此法也适用于旧路检查时沥青混合料的沥青用量，用此法抽提的沥青溶液可用于回收沥青，以评定沥青的老化性质。

离心分离法原理是，1000～1500g 左右（粗粒式沥量青混合料用高限，中粒式沥青用中限，细粒式用低限）的定量沥青混合料置于仪器旋转锅（离心分离器）内，向分离器内注入三氯乙烯，使溶剂浸没试样，记录溶剂用量；将已称重的圆环形洁净滤纸垫装在分离器边缘上，加盖坚固；在分离器出口放置回收瓶，上口应注意密封，防止流出，开动离心器，使盛有试样的离心器转速逐渐增至 3000r/min。在离心作用下，被溶解的沥青与溶剂一起透过滤纸被甩出，然后再加入溶剂。如此反复直至流出的溶液里呈现清澈的淡黄色为止，一般约 4～5 次。用此方法抽提的沥青溶液中，不可能不混入少量的能通过滤纸的细矿粉成分。为准确测定沥青含量，在用压力过滤器时可用燃烧法测定。

2) 燃烧炉法，适用于热拌沥青混合料以及从路面取样的沥青混合料在生产、施工过程中的质量控制。燃烧法检测沥青含量是利用设定高于沥青燃点的温度将沥青灼烧掉，但对于燃点低于这一温度的沥青混合料中的其他有机物质也将一并被烧掉。本方法对于测定沥青混合料中掺加有纤维或橡胶粉（干法施工）等易燃烧的掺加剂时需慎用，是由于掺加剂本身的燃烧特性，导致在燃烧过程中质量会损失一部分，增加了修正沥青含量复杂性和偏差，最终将影响沥青含量的测定结果。

同时，一些集料在经高温燃烧时有崩解或破碎现象，从而导致燃烧前与燃烧后的筛分结果有差异。因此，要求对于每一种沥青混合料都必须进行标定。当混合料的任何一档料的料源变化或者单挡集料配比变化超过 5％时均需要重新标定。

3) 射线法是利用放射性元素测定沥青含量的方法，原理与核子密度仪相同。放射源发生的高能中子与沥青混合料中子氢原子碰撞后被减速慢化，从快中子被慢化的程度按标定的曲线，计算混合料中的沥青含量。

射线法测定的是用黏稠石油沥青拌制的热拌沥青混合料中沥青含量（或油石比），不适用于其他沥青拌制的混合料。其适用于热拌、热铺沥青混合料路面施工时的沥青用量检测，以快速评定拌合厂产品质量。

（3）沥青混合料的矿料级配检验

本试验用于测定沥青路面施工过程中沥青混合料的矿料级配，供评定沥青路面的施工质量时使用。沥青混合料中的矿料组成试验是沥青路面施工时重要的质量检查项目。它用于沥青混合料中抽提沥青含量后的回收矿料的筛分试验，以检验其组成是否符合设计要求。

第 3 章　施工图识读、绘制的基本知识

3.1　施工图的基本知识

市政工程的范围很广。市政工程施工图内容与图示方法有所不同，但却相互关联，本节以城镇道路、城市桥梁和市政管道工程为例，介绍市政工程施工图的组成及作用。

3.1.1　城镇道路工程施工图

道路是一种主要承受汽车反复荷载作用的带状工程结构物。根据它们不同的组成和功能特点，可分为公路和城市道路。位于城市郊区及城市以外的道路称为公路，位于城市范围以内的道路称为城市道路。

城镇道路工程施工图主要包括道路工程图、道路路面结构图、道路交叉工程图、灯光照明与绿化工程图四类。

1. 道路工程图

道路工程图包括道路平面图、道路纵断面图、道路横断面图。

（1）道路平面图

应用正投影的方法，先根据标高投影（等高线）或地形、地物图例绘制出地形图，然后将道路设计平面的结果绘制在地形图上，该图样即称为道路平面图。

道路平面图的作用是说明道路路线的平面位置、线形状况、沿线地形和地物、纵断标高和坡度、路基宽度和边坡坡度、路面结构、地质状况以及路线上的附属构筑物，如桥涵、通道、出入口、挡土墙的位置及其与路线的关系。

道路平面图主要表达地形、路线两部分内容。地形部分主要表达出工程所处现况地貌情况、周边既有建（构）筑物及自然环境等信息。路线部分主要表达出道路规划红线、里程桩号、路线的平面线形等信息。其中，规划红线是道路的用地界线，常用双点画线表示。道路规划红线范围内为道路用地，一切影响设计意图实现的建筑物、构筑物、管线等需拆除。里程桩号表达了道路各段长度及总长。

（2）道路纵断面图

道路纵断面图是通过道路中心线用假想的铅垂面进行剖切展平后获得的。

道路纵断面图的作用是表达路线中心纵向线形以及地面起伏、地质和沿线设置构筑物的概况。由于道路中心线通常不是一条笔直的线路，而是由直线段及曲线段组成，所以剖切的铅垂面由平面和曲面共同组成。为了直观地表达道路纵断面情况，故将断面展开再投影后，形成道路纵断面图。

（3）道路横断面图

道路横断面图是沿道路中心线垂直方向的断面图。横断图包括路线标准横断面图、一

般路基设计图和特殊路基设计图。城市道路横断面图应表示出机动车道、非机动车道、分隔带、人行道及附属设施的横向布置关系；布置形式分为单幅路、双幅路、三幅路、四幅路等基本形式。

2. 道路路面结构图

道路路面结构图是沿道路路面中心线垂直方向的断面图。路面结构分为沥青路面和混凝土路面。沥青路面结构图常选择车道边缘处，表示分层结构、缘石、灯杆位置及细部构造。水泥混凝土路面结构图应表示分块、分层、胀缩缝和路拱及细部构造。

沥青路面机动车道结构图如图 3-1 所示。

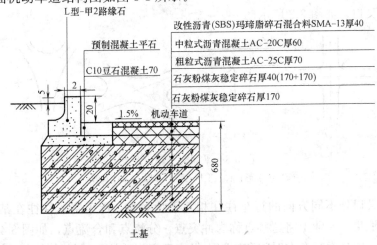

图 3-1 沥青路面机动车道结构图（单位：mm）

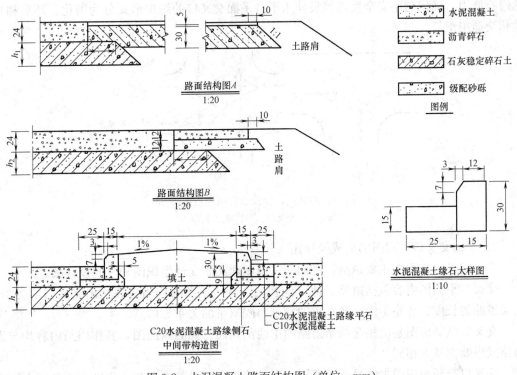

图 3-2 水泥混凝土路面结构图（单位：mm）

3. 道路交叉工程图

在城市中，由于道路的纵横交错而形成很多交叉口。相交道路各种车辆和行人都要在交叉口处汇集、通过或转向而相互影响和干扰。不但会使车速降低，影响通行能力，而且也容易发生交通事故。因此，交叉口是道路交通的咽喉。交通是否安全、畅通，很大程度上取决于交叉路口。

（1）平面交叉口工程图

1）平面交叉口基本知识

平面交叉口类型分为十字形交叉口，T形交叉口，X形交叉口和Y形交叉口，错位交叉口及多路交叉口，如图3-3所示。

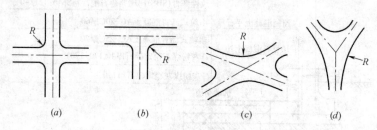

(a) (b) (c) (d)

图3-3 平面交叉路口图

(a) 十字形；(b) T形；(c) X形；(d) Y形

在平面交叉口处不同方向的行车往往相互干扰影响，行车路线往往在某些点位置相交、分叉或是汇集，专业上将这些点称为冲突点、分流点和合流点，如图3-4所示。交通组织即是对各方向各类行车在时间和空间上做合理安排，从而尽量消除冲突点，提高道路的通行能力，确保道路安全性达到最佳水平。平面交叉口的组织形式分为渠化、环形和自动化交通组织等。

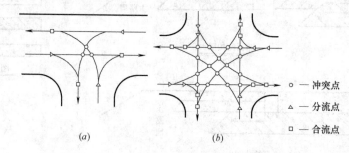

○——冲突点

△——分流点

□——合流点

(a) (b)

图3-4 冲突点、分流点、河流点的图示

(a) 三路交叉口；(b) 四路交叉口

2）平面交叉口工程图的组成及作用

平面交叉口工程图主要包括：平面图、纵断面图、交通组织图和竖向设计图。

交叉口平面图内容包括道路、地形地物两部分。该图的作用是表达出交叉口的类型、交叉道路的长度、各路走向、各车道的宽度与隔离带的关系等信息。

交叉口纵断面图是沿相交两条道路的中线剖切而得到的断面图，其作用与内容均与道路路线纵断面基本相同。

交叉口交通组织图主要是通过不同线形的箭线，标识出机动车、非机动车和行人等在交叉口处必须遵守的行进路线。

竖向设计图表达交叉口处路面在竖向的高程变化，以保证行车平顺和排水通畅。

（2）立体交叉口工程图

1）立体交叉口基本知识

立体交叉口是指交叉道路在不同标高相交时的道口，在交叉处设置跨越道路的桥梁时下穿式上行；各相交道路上的车流互不干扰，保证车辆快速安全的通过交叉口，以保证道路通行能力和安全舒适性。

2）立体交叉口工程图的组成及作用

立体交叉口工程图主要包括：平面设计图、立体交叉纵断面设计图、连接部位的设计图。

平面设计图内容包括立体交叉口的平面设计形式、各组成部分的相互位置关系、地形地物以及建设区域内的附属构筑物等。该图的作用是表示立体交叉的方式和交通组织的类型。

立体交叉纵断面设计图是对组成互通的主线、支线和匝道等各线进行纵向设计，利用纵断面图标示。立体交叉纵断面图作用是表达立体交叉的复杂情况，同时清晰明朗地表达道路横向与纵向的对应关系。

连接部位的设计图包括连接位置图、连接部位大样图、分隔带断面图和标高数据图。连接位置图是在立体交叉平面示意图上，标出两条连接道路的连接位置。连接部位大样图是用局部放大的方法，重点独立绘制平面图上无法清楚表达的道路连接部分。分隔带横断面图是用大比例尺重点绘制出道路分隔带的构造。标高数据图是在立体交叉平面图上表示出主要控制点的设计标高。

3.1.2 城市桥梁工程施工图

城市桥梁由基础、下部结构、上部结构、桥面系及附属结构等部分组成。

基础分为桩基、扩大基础和承台。下部结构包括桥台、墩柱和盖梁。

上部结构包括承重结构和桥面系结构，是在线路中断时跨越障碍的主要承重结构。其作用是承受车辆等荷载，并通过支座、盖梁传递给墩台。

下部结构包括盖梁、桥（承）台和桥墩（柱）。下部结构的作用是支撑上部结构，并将结构重力和车辆荷载等传给地基；桥台还与路堤连接并抵御路堤土压力。

附属结构包括防撞装置、排水装量和桥头锥形护坡、挡土墙、隔声屏、照明灯柱、绿化植树等结构物。

桥梁工程图主要由桥位平面图、桥位地质断面图、桥梁总体布置图及桥梁构件结构图组成，如图 3-5 所示。

1. 桥位平面图的作用及表达的内容

将桥梁的设计结果绘制在实地测绘的地形图上所得到的图样称为桥位平面图。其作用是表现桥梁在道路路线中的具体位置及桥梁周围的现况地貌特征。桥位平面图主要表达出桥梁和路线连接的平面位置关系，设计桥梁周边的道路、河流、水准点、里程及附近地形地貌，以此作为施工定位、施工场地布置及施工部署的依据。

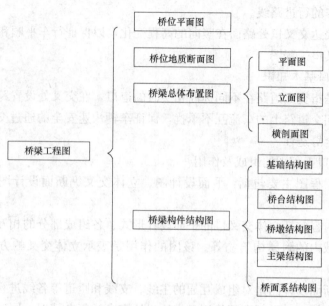

图 3-5 桥梁工程图内容

2. 桥位地质断面图

桥位地质断面图是表明桥位所在河床位置的地质断面情况的图样，是根据水文调查和实地地质勘察钻探所得的地质水文资料绘制的。

桥位地质断面图的作用是表示桥梁所在位置的地质水文情况，以指导现场施工方案的选择和部署，尤其是桩基施工的机械设备选择。

3. 桥梁总体布置图

桥梁总体布置图由桥梁立面图、平面图和侧剖面图组成。图示出桥梁的形式、构造组成、跨径、孔数、总体尺寸、各部分结构构件的相互位置关系、桥梁各部位的标高、使用材料及必要的技术说明等。以此作为桥梁施工中墩台定位、构件安装及标高控制的重要依据。

4. 桥梁构件结构图

由于桥梁是由许多构件组合而成的比较复杂的构筑物。桥梁总体布置图无法充分详细地图示出各个构件的细部构造及设计要求，故需要采用大比例尺（比例尺采用 1：200，细部结构为 1：5～1：50）来图示细部构件的大小、形状及构造组成。桥梁构件结构图中绘制出桥梁的基础结构、下部结构、上部结构及桥面系等细部设计图，如支座、变形缝等细部结构。

（1）钢筋混凝土基础结构图

钢筋混凝土基础结构图主要表示出桩基形式，尺寸及配筋情况。

（2）桥（承）台结构图

桥（承）台结构图表达出其内部构造的形状、尺寸和材料；同时，通过钢筋结构图表达桥承台的配筋、混凝土及钢筋用量情况。承台施工还涉及降水、基坑施工，在结构图中有注释。

（3）桥墩结构图

桥墩通称墩柱，属桥梁下部结构。城市桥梁的墩柱要求造型美观，多采用混凝土浇筑方法施工，主要由盖梁、墩柱、支座等组成。

桥墩结构图主要作用是表示桥梁的中间支撑构筑物的结构形式、尺寸、位置及连接方式等。

（4）钢筋混凝土主梁结构图

主梁是桥梁的上部结构，架设在墩台、盖梁之上，是桥体主要受力构件。

主梁骨架结构图及主梁隔板（横隔梁）结构图表达梁体的配筋、混凝土用量及预应力筋布设要求。主梁结构形式通常与施工工艺相互制约，结构图注释施工顺序和技术要求。

（5）桥面系结构图

桥面系是直接承受车辆、人群等荷载并将其传递至主要承重构件的桥面构造系统，包括桥面防水层、铺装层、桥面板、栏杆（防撞墩）、伸缩缝、人行道灯杆、隔声屏等。

桥面系结构图（图3-6）的作用是表示桥面铺装的各层结构组成和位置关系，桥面坡向、桥面排水、伸缩装置、栏杆、缘石及人行道等相互位置关系。

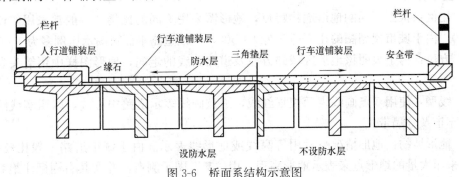

图 3-6　桥面系结构示意图

3.1.3　市政管道工程施工图的组成及作用

市政管道工程通常包括给水管道工程、排水管道工程、燃气管道工程、热力管道工程、电力管道工程、电信管道工程等。本节以给水排水管道工程的施工图为例，介绍压力管道和非压力管道施工图知识。

给水排水管道是市政管道工程重要组成部分。市政给水和排水工程施工图可分为：给水和排水管道工程施工图、水处理构筑物施工图及工艺设备安装图。下面主要介绍给水排水管道工程施工图的组成、作用及表达的内容。

1. 给水排水管道（渠）平面图

一般采用比例尺寸 1：500～1：2000，主要表示出施工区域地形、地物、指北针、道路桥涵、现有管线与设计管（渠）的位置及其始终点，管渠尺寸及材料，管线桩号及主要控制点坐标，管道中心线与道路中心线的水平距离，与其他交叉构筑物及管线的垂直间距，各种闸阀井位、井号、管线转角、交叉点等。

2. 给水排水管（渠）纵断面

水平向一般采用比例尺 1：500～1：2000，纵向 1：100～1：200，主要表达出原地面、规划地面、桩号、管中心（或管底）设计标高，各种交叉管线断面及其底部标高，管渠长度、口径或断面尺寸、坡度、管材、接口形式，基础形式，井室底标高、井距。当地质条件复杂时，图左侧应绘制出地质柱状图以指导施工作业。

3. 给水排水管（渠）、附件布置示意图

该图主要表达出各节点的管件布置，各种附属构筑物（如闸阀井、消火栓、排气阀、泄水阀及穿越道路、桥梁、隧洞、河道等）的位置编号，各管段的管径（断面）、长度、材料的标注，附件一览表及工程量表。

4. 给水排水管道采用不开槽施工时，除上述图示外还应有施工竖井、暗挖隧道等结构与施工图、断面施工步序及监测布点图。

3.2 城镇道路工程施工图的图示方法及内容

3.2.1 道路平面图

1. 图示方法

1）比例：根据不同的地形地物特点，地形图采用不同的比例。一般常采用的比例为 1∶1000。由于城市规划图的比例通常为 1∶500，所以道路平面图图示比例多为 1∶5000。

2）方位：为了表明该地形区域的方位及道路路线的走向，地形图样中用箭头表示其方位。

3）线型：使用双点画线表示规划红线，细点画线表示道路中心线，以粗实线绘制道路各条车道及分隔带。

4）地形地物：地形情况一般用等高线或地形线表示。由于城市道路一般比较平坦，因此多采用大量的地形点来表示地形高程。用"▼"图示测点，并在其右侧标注绝对高程数值。同时在图中注明水准点位置及编号，用于路线的高程控制。

5）里程桩号：里程桩号反映道路各段长度及总长，一般在道路中心线上。从起点到终点，沿前进方向标注里程桩号，也可向垂直道路中心线方向引一直线，注写里程桩号，如 2K＋550，即距离道路起点 2550m。

6）路线转点：在平面图中是用路线转点编号来表示的，JD$_1$ 表示为第一个路线转点。角为路线转向的折角，它是沿路线前进方向向左或者向右偏转的角度。R 为圆曲线半径，T 为切线长，L 为曲线长，E 为外矢距。图中，曲线控制点 ZH 为曲线起点，HY 为"缓圆"交点，QZ 为"曲中"点，YH 为"圆缓"交点，HZ 为"缓直"交点。当为圆曲线时，控制点为：ZY、QZ、YZ，见图 3-7 所示。平面图中常用图例见表 3-1。

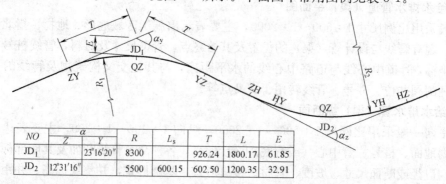

NO	α		R	L_s	T	L	E
	Z	Y					
JD$_1$		23°16′20″	8300		926.24	1800.17	61.85
JD$_2$	12°31′16″		5500	600.15	602.50	1200.35	32.91

图 3-7 曲线几何要素

平面图中常用图例　　　　　表 3-1

图例						符号	
浆砌块石	(图例)	房屋	独立 成片	用材料	松	转角点（交点）	JD
						半径	R
水准点	BM′编号 高程	高压电线	(图例)	围墙	(图例)	切线长度	T
						曲线长度	L
导线点	编号 高程	低压电线	(图例)	堤	(图例)	缓和曲线长度	L
						外距	E
转角点	JD编号	通讯线	(图例)	路堑	(图例)	偏角	α
						圆曲线起点（直圆点）	ZY
铁路	(图例)	水田	(图例)	坟地	(图例)	第一缓和曲线起点（直缓点）	ZH
公路	(图例)	旱地	(图例)			第一缓和曲线终点（缓圆点）	HY
				变压器	(图例)	第二缓和曲线起点（圆缓点）	YH
大车道	(图例)	菜地	(图例)			第二缓和曲线终点（缓直点）	HZ
桥梁及涵洞	(图例)	水库鱼塘	塘	经济林	油茶	东	E
						西	W
水沟	(图例)	坎	(图例)	等高线冲沟	(图例)	南	S
						北	N
河流	(图例)	晒谷坪	谷	石质陡崖	(图例)	横坐标	X
						纵坐标	Y
图根点	(图例)	三角点	(图例)	冲沟	(图例)	圆曲线半径	R
						切线长	T
机场	(图例)	指北针	(图例)	房屋	(图例)	曲线长	L
						外矢矩	E

2. 图示内容

道路工程平面图（图 3-8）主要表明道路本身各组成部分：如车行道、分隔带、人行道等设计的平面位置、线型、路宽和路长等，以及附属工程构筑物（桥涵、挡土墙等）的所在位置等内容。

3.2.2　道路纵断面图

1. 图示方法

1）道路纵断面图布局分上下两部分，上方为图样，下方为资料列表，根据里程桩号对应图示，如图 3-9 所示。

2）图样部分中，水平方向表示路线长度，垂直方向表示高程。由于现况地面线和设

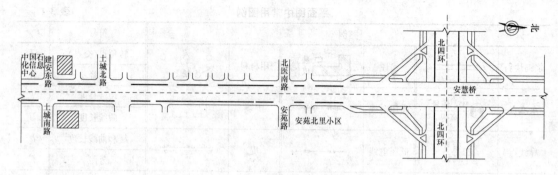

图 3-8　道路平面示意图

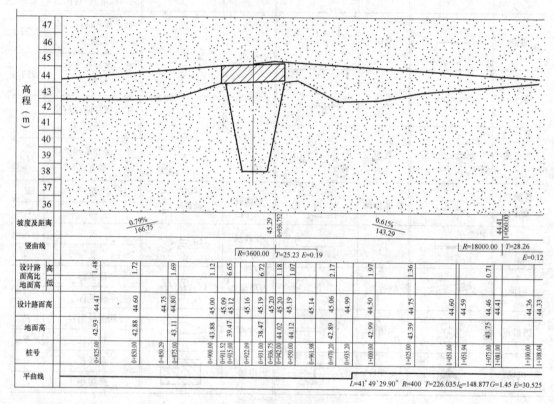

图 3-9　道路纵断面图

计线的高差比路线的长度小得多，图纸规定铅垂向的比例比水平向的比例放大 10 倍。如纵断面图由一不止一张图纸组成，第一张的适当位置会注明铅垂、水平向所用比例。

3）地面线：图样中不规则的细折线表示沿道路设计中心线处的现况地面线。

4）路面设计高程线：图上常用比较规则的直线与曲线相间粗实线图示出设计坡度，简称设计线，表示道路路面中心线的设计高程。

5）竖曲线：设计路面纵向坡度变更处，相邻两坡度高差的绝对值大于一定数值时，为了满足行车要求，应在坡度变更处设置圆形竖曲线，在竖曲线上标注竖曲线的半径 R，切线长 T 和外距 E。

6）构筑物：设计路线上的跨线桥梁、立交桥、涵洞、通道等构筑物，在纵断面图的

100

相应里程桩号位置以相应图例绘制出，并注明桩号及构筑物的名称和编号等信息。

7）水准点：在设计线的上方或下方，标注沿线设置的水准点所在的里程，并标注其编号及与路线的相对位置。

2. 图示内容

道路纵断面图主要表达路线长度，路面设计高程线，道路沿线中的构筑物等内容，表示控制中心桩地面高程、原地面线与设计高程，进行对比可以反映道路的填挖方。

3.2.3 道路横断面图

横断图包括路基典型横断面图和路线标准横断面图。

1. 路基典型横断面图图示方法

1）根据道路的设计标高（公路为路基边缘线；城市道路为道路中心线）和横断面土石方的不同填挖情况，横断面有三种基本形式：路堤、路堑、半填半挖。

① 填方路基，称为路堤。

如图 3-10（a）所示，整个路基全为填土区称为路堤。填土高度等于设计标高减去路面标高。填方边坡一般为 1：1.5。在图下注有该断面的里程桩号、中心线处的填方高度 H_T（m）以及该断面的填方面积 A_T（m^2）。

② 挖方路基，称为路堑，路基底部两侧的槽形为边沟。

如图 3-10（b）所示，整个路基全为挖土区称为路堑。挖土深度等于地面标高减去设计标高，挖方边坡一般为 1：1。图下注有该断面的里程桩号、中心线处挖方高度 H_W（m）以及该断面的挖方面积 A_W（m^2）

③ 半填半挖路基。

如图 3-10（c）所示，路基断面一部分为填土区，一部分为挖土区，是前两种路基的综合。在图下注有该断面的里程桩号、中心线处的填（或挖）高度 H 以及该断面的填方面积 A_T 和挖方面积 A_W。

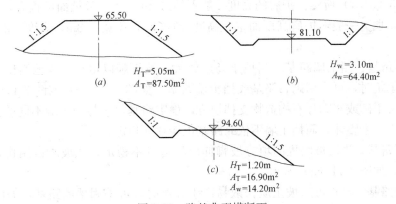

图 3-10 路基典型横断面
（a）填方；（b）挖方；（c）半填半挖

2）路基典型横断面是指在公路设计中经常被采用的路堤、路堑、半填半挖等基本断面形式及其派生的一系列类似的断面形式。常见的典型横断面图见图 3-11 所示。

① 一般路堤

如图 3-11 (a) 所示，一般路堤为路基填土高度小于 20m，大于 0.5m 的路堤常用形式。路堤小于 0.5m 的矮（低）路堤，为满足最小填土高度和排除路基及公路附近地面水的需要，应在边坡坡脚处设置边沟。边沟常用梯形断面，底宽和深度一般不小于 0.4m，内侧（靠路基一侧）的边坡坡度常用 1：1.0～1：1.5，外侧视土质而定。当路堤高度大于 20m 时，可将边沟断面扩大成取土坑，以满足填土的需要，但此时为保证路基边坡的稳定，应在坡脚与取土坑间设不小于 1m 宽的护坡道。

② 一般路堑

如图 3-11 (b) 所示，为路基挖方深度小于 20m，一般地质条件下的路堑常用形式。路堑路段均应设置边沟。边沟断面可据土质情况采用梯形、矩形或三角形，内侧边坡可采用 1：1.0（矩形）、1：1.0～1：1.5（梯形）、1：2～1：3（三角形），外侧边坡与路堑边坡相同。为拦截上侧地面径流以保证边坡的稳定，应在坡顶外至少 5m 处设置截水沟，截水沟的底宽一般应不小于 0.5m，深度视需拦截排除的水量而定，边坡与边沟的相仿。路堑路段所废弃的土石方，应做成规则形状的弃土堆，一般置于下侧坡顶外至少 3m 处。当路堑边坡高度大于 6m 或土质变化处，边坡应随之做成折线形。路堑边坡高度大于 20m 为深路堑，应另行设计。

③ 半填半挖路基

如图 3-11 (c) 所示，为一般山坡路段的路基常用形式，是路堤和路堑的综合形式。当地面横坡陡于 1：5 时（包括一般路堤在内），为保证填土的稳定，应将基底（原地面）挖成台阶，台阶的宽度应不小于 1m，台阶的底面应有 2%～4% 的向内斜坡；台阶的高度，填土时视分层填筑的高度而定，一般每层不大于 0.5m，填石时视石料的大小而定。其余可按路堤或路堑而采用与之相应的形式。

④ 陡坡路基

如图 3-11 (d)～(h) 所示，为山区陡坡路段的路基常用形式。

A. 护肩路基。当地面横坡较陡，填土高度不大但坡脚太远不易填筑时，可采用护肩路基，如图 3-11 (d) 所示。护肩的高度一般不超过 2m，内、外坡面可直立，基底为 1：5 的向内斜面，顶宽一般随护肩高度而定：高度≤1m 时；顶宽 0.8m；高度≤2m 时，顶宽 1m。

B. 砌石路基、挡土墙路基。当填土高度较大，坡脚难以填筑，或地面横坡太陡，坡脚落空不能填筑时，可采用砌石路基或挡土墙路基，如图 3-11 (e) 或图 3-11 (f) 所示。砌石路基可用干砌或浆砌片石构造物支挡填方，稳定路基，它与挡土墙不同的是，砌体与路基几乎成为一个整体，而挡土墙不依靠路基也能独立稳定。

C. 护脚路基。当陡坡路堤的填方坡脚伸出较远且不稳定，或坡脚占用耕地时，可采用护脚路基，如图 3-11 (g) 所示。

D. 矮墙路基。当挖方边坡土质松散易产生碎落时，可采用矮墙路基，如图 3-11 (h) 所示。矮墙路基与护肩路基相似，但外墙的墙面坡度可采用 1：0.3～1：0.5。当挖方边坡地质不良可能发生滑坍时，可采用挡土墙支挡，如图 3-11 (f) 所示。

⑤ 沿河路基

如图 3-11 (i) 所示，为桥头引道、河滩路堤的常用形式。路堤的浸水部分的边坡坡度为用 1：2，视水流情况采用相应的加固防护措施，如植草、铺草皮、干砌或浆砌片石等。

⑥ 利用挖渠土填筑的路基

如图 3-11（j）所示，为与当地农田水利建设相结合的常用形式。此时，需综合考虑、慎重对待，尤其是渠道的设计流量、流速、水位、纵坡等是否危及公路的正常使用，路堤的高度和加固防护措施是否满足路基强度和稳定性的要求等。

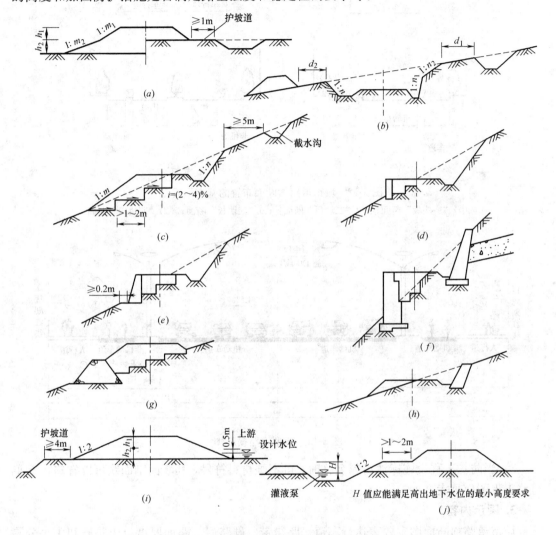

图 3-11　路基典型横断面图

（a）一般路基；（b）一般路堑；（c）半填半挖路基；（d）护肩路基；（e）砌石路基；
（f）挡土墙路基；（g）护脚路基；（h）矮墙路基；（i）沿河路基；（j）利用挖渠土填筑路基；

2. 路线标准横断面图图示方法

1）线型：路面线、路肩线、边坡线、护坡线采用粗实线表示；路面厚度采用中组实线表示；原有地面线应采用细实线表示，设计或原有道路中线采用细点画线图示。如图 3-12所示。

2）管线高程：横断面图中，管涵、管线的高程根据设计要求标注。管涵管线横断面采用相应图例，如图 3-13所示。

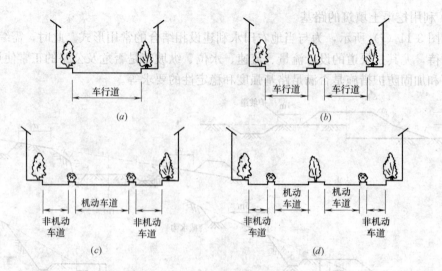

图 3-12 城市道路横断面布置的基本形式

(a)"一块板"断面;(b)"二块板"断面;(c)"三块板"断面;(d)"四块板"断面

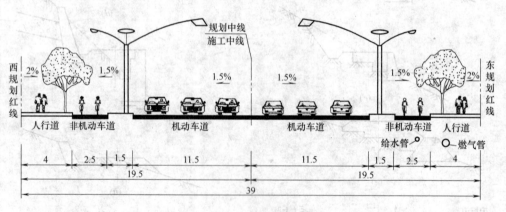

图 3-13 典型道路横断图

3)当防护工程设施标注材料名称时,可不画材料符号,其断面割面线可以省略。常见道路工程图例见表 3-2。

3. 图示内容

城市道路横断面图主要表达行车道、路缘带、硬路肩、路面厚度、土路肩和中央分隔带等道路各组成部分的横向布置,道路地面上电力、电信设施和地下给水管、雨水管、污水管、燃气管等公用设施的位置、高程、横坡度等。

常见道路工程图例

表 3-2

序号	名称	图例	序号	名称	图例
1	防护网	—×—×—	3	隔离墩	▮ ▮ ▮ ▮
2	防护栏	▲▲▲▲	4	细粒式沥青混凝土	▨

序号	名称	图例	序号	名称	图例
5	中粒式沥青混凝土		20	泥结碎砾石	
6	粗粒式沥青混凝土		21	泥灰结碎砾石	
7	沥青碎石		22	级配碎砾石	
8	沥青贯入砂砾		23	填隙砂石	
9	沥青表面处治		24	天然砂砾	
10	水泥混凝土		25	干砌片石	
11	钢筋混凝土		26	浆砌片石	
12	水泥稳定土		27	浆砌块石	
13	水泥稳定砂砾		28	木材横纵	
14	水泥稳定碎石				
15	石灰土		29	金属	
16	石灰粉煤灰		30	橡胶	
17	石灰粉煤灰土		31	自然土壤	
18	石灰粉煤灰砂砾		32	夯实土壤	
19	石灰粉煤灰碎石		33	防水卷材	

3.3 城市桥梁工程施工图的图示方法及内容

3.3.1 桥梁平面图

1. 图示方法

平面图通常使用粗实线图示道路边线，用细点画线图示道路中心线。细实线图示桥梁图例和钻探孔位及编号，当选用大比例尺时，常用粗实线按比例绘制桥梁的长和宽。

2. 图示内容

主要表明桥梁和路线连接的平面位置，通过地形测量绘出桥位处的道路、河流、水准点、钻孔机附近的地形和地物（如房屋、既有桥等），以便作为桥梁设计、施工定位的依据。常见桥梁工程图例见表 3-3。

常见城市桥梁工程图例　　　　　　　　　　　　　　表 3-3

序号	名称	图例	序号	名称	图例
1	涵洞		9	箱涵	
2	通道		10	管涵	
3	分离式立交 a. 主线上跨 b. 主线下跨		11	盖板涵	
4	桥梁（大、中桥梁按实际绘制）		12	拱涵	
5	互通式立交（按采用形式绘制）		13	相形通道	
6	隧道		14	桥梁	
7	养护单位		15	分离式立交 a. 主线上跨 b. 主线下跨	
8	管理机构		16	互通式立交 a. 主线上跨 b. 主线下跨	

3.3.2 桥位地质断面图

1. 图示方法

为了显示地质和河床深度变化情况，标高方向的比例比水平方向的比例大。图样中根据不同的土层土质，用图例分清土层并注明土质名称，并标注符号、位置及钻探深度；在图样下方列表格，标注相关数据，标示钻孔的孔口标高、深度及间距。图样左侧使用

1：200的比例尺绘制高程标尺。

2. 图示内容

在地质断面图上主要表示桥基位置、深度和所处土层。跨水域桥还应显示出河床断面线、洪水位线、常水位线和最低水位线，以便作为桥梁桥台、桥墩设计和施工的依据。为了显示地质和河床深度变化情况，地形高度（标高）比例较大。

3.3.3 桥梁总体布置图

桥梁总体布置图主要表示桥梁的形式、跨径、孔数、总体尺寸，各主要构件的相互位置关系，桥梁各部分的标高、材料数量以及总的技术说明等。

跨水域桥还应表示河床的地质、水文情况，根据标高尺寸可以知道桩和桥台埋置深度及梁底、桥台和桥中心的标高尺寸。由于基桩埋置深度较大，为了节省图幅，连同地质资料一起，采用折断面法。

三视图即立面图、平面图及剖面图。纵向立面图和平面图的绘图比例相同，通常采用1：1000～1：500。

1. 立面图

（1）图示方法

立面图通常采用半立面和半纵剖面图结构的图示方式。两部分图样以桥梁中心线分解。采用1：200的比例尺，以清晰反映桥梁结构的整体构造。通过半立面图，图示桩的形式及桩顶、桩底高程，桥墩与桥台的立面形式、标高及尺寸，桥梁主梁的形式、梁底标高及有关尺寸。通过标注，图示出控制位置如桥梁的起止点和桥墩中线的里程桩号。利用半纵剖面图表现桩的形式、桥墩与桥台的形式及盖梁、承台、桥台的剖面形式，如图3-14所示。用立面图表示桥梁所在位置的现况道路断面，并通过图例示意所在地层土质分层情况，标注各层的土质名称。在图左侧，绘制高程标尺，用以图示出地下水水位标高，跨河段河床中心地面标高等信息。利用剖切符号注出横剖面的位置，标注出桥梁中心桥面标高及桥梁两端的标高，标注出各部位尺寸及总体尺寸。

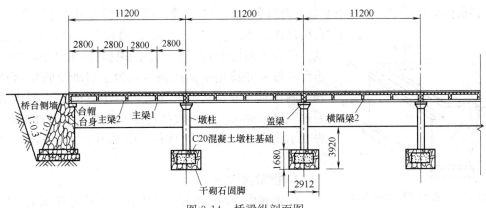

图3-14　桥梁纵剖面图

（2）图示内容

主要表示桥梁结构的整体构造，桥梁各结构部分的立面形式，结构尺寸和标高。同时，显示出水文地质情况，地下水位、跨河段水位标高等内容。

2. 平面图

（1）图示方法

平面图通常采用半上部结构平面图和半墩台桩柱平面图的图示方法。半平面图表示桥面系的构造情况。半墩台桩柱平面图针对所需图示部位不同，且根据桥梁施工不同阶段情况进行投影图示。如当需要描述桥台及盖梁平面构造时，对未上主梁时的结构进行投影图示；当需要描述墩柱的承台平面时，取承台以上盖梁以下位置作为剖切平面，向下正投影进行图示。当需要描述桩位时，取承台以下作剖切平面，并用虚线图示承台位置。

（2）图示内容

通过对不同施工部位和施工阶段进行投影，以图示出桥梁各部位平面结构尺寸及水平位置关系。

3. 剖面图

（1）图示方法

通过对两个不同位置进行剖切，组合构成图样来进行图示。常用图示比例为1∶100。通过对桥台、盖梁以上不同部位进行剖面投影，图示出边跨及中跨主梁、桥面铺装构造、人行道及栏杆构造。用材料图例表示主梁截面，剖至截面涂黑并说明为钢筋混凝土构件，中实线表示横隔梁。桥面铺装部分用阴影线图例表示。人行道截面根据使用材料用图例表示，当为钢筋混凝土人行道板时可用涂黑图例，阴影图例轮廓线用粗实线表示。主梁以下部分为桥梁墩台的侧立面图图样。左半部分以中实线图示桥台立面的构造及标注各部分尺寸；右半部分以中实线图示桥墩、承台、盖梁、桩基，用细点画线表示桩柱及桥墩中心线，标注表示各部分的尺寸及控制点高程。

（2）图示内容

该图通过剖面投影，表示出桥梁各部位的结构尺寸及控制点高程。

3.3.4 桥梁构件结构图

1. 桥台结构图

桥台的形式很多，主要由基础、台身和台顶三部组成，重力式桥台组成见图3-15。桥台构件详图图示比例为1∶100，通过平、立、剖三视图表现。桥台内部构造的形状、尺寸和材料使用纵剖面图图示，桥台外形尺寸使用平面图图示，为了清晰反映桥台结构，利用侧立面图分别从台前和台后两个方向剖切台体结构。通过钢筋结构图，图示桥台具体配筋情况。通过钢筋用量表表示出各部位钢筋的直径、根数及长度等信息，如图3-16所示。

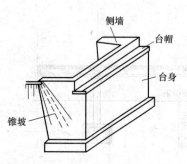

图 3-15　重力式桥台示意图

2. 桥墩结构图

桥墩和桥台同属桥梁下部结构。其构造组成为：墩帽、墩身、基础等。桥墩的图样有墩柱图、墩帽图及墩帽钢筋布置图。墩柱图是用来图示桥墩的整体情况。圆形桥墩的正面图是为按照线路方向投射桥墩所得的视图。圆形墩的桥墩正面图是半正面与半剖面的合成视图。半剖面是为了表示桥墩各部分的材料，加注有材料说明，并用虚线表示材料分界线。在半正面图上，用点画线

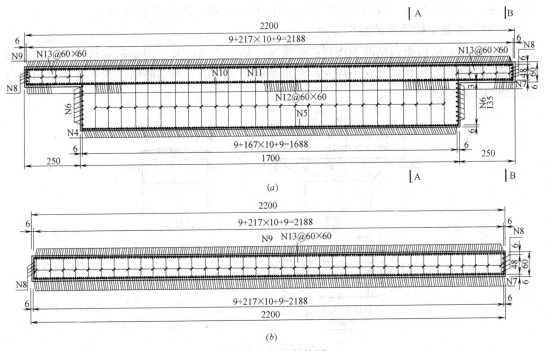

图 3-16 桥台结构图

(a) 桥台台身横断面 (b) 桥台背墙横断面

表示斜圆柱面的轴线和顶帽上的直圆柱面的轴线。平面图画成了基顶平面，它是沿基础顶面剖切后，向下投射得到的剖面图。墩帽图一般按照较大的比例单独绘制，用虚线表示正面图和侧面图的材料分界线，用点画线表示柱面的轴线。墩帽钢筋布置图用来图示墩帽部分的钢筋布置情况。当墩帽形状和配筋情况不太复杂时，墩帽钢筋布置图与墩帽图有时合

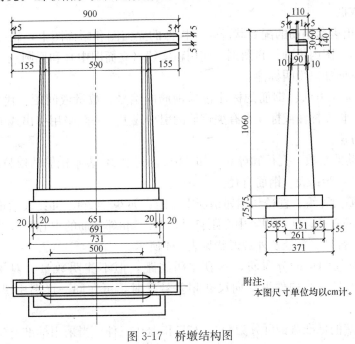

附注：
本图尺寸单位均以cm计。

图 3-17 桥墩结构图

绘在一起，不单独绘制。墩台结构图如图 3-17 所示，墩帽图如图 3-18 所示。

3. 钢筋混凝土构件图的图示方法

钢筋混凝土结构图包括两类图样：一类是一般构造图；另一类是钢筋结构图。构造图用来表示构件的形状和尺寸，不涉及内部钢筋的布置情况。而钢筋结构图主要表示构件内部钢筋的配置情况。

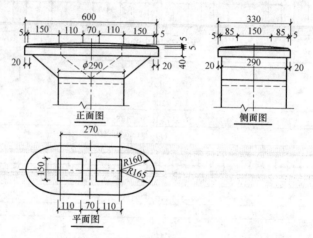

图 3-18　墩帽图

1）钢筋结构图包括钢筋布置图及钢筋成型图。通过识读钢筋布置图理解内部钢筋的分布情况，一般通过立面图、断面图结合对比识读。钢筋成型图中表明了钢筋的形状，以此作为施工下料的依据。仔细识读标注于钢筋成型图上钢筋各部分的实际尺寸、钢筋编号、根数、直径及单根钢筋的断料长度。最后仔细核对图纸中的钢筋明细表，该明细表将每一种钢筋的编号、型号、规格、根教、总长度等内容详细表达，是钢筋备料、加工以及作材料预算的依据。

2）为了突出表示钢筋的配置状况，在构件的立面图和断面图上，轮廓线通常用中实线或细实线画出。图内不画材料图例，而用粗实线（立面图中）和黑圆点（断面图中）表示钢筋，并对钢筋加以说明标注。

3）钢筋的标注方法：钢筋的标注包括钢筋的编号、数量或间距、代号及所在位置，通常应沿钢筋的长度标注或标注在有关钢筋的引出线上。一般采用引出线的方法，具体有以下两种标注方法。

①　标注钢筋的根数、直径和等级。如 3Φ20，其中 3：表示钢筋的根数；Φ：表示钢筋等级，直径符号；20：表示钢筋直径。

②　标注钢筋的等级、直径和相邻钢筋中心距。如 Φ8@200，Φ：表示钢筋等级直径符号；8：表示钢筋直径；@：相等中心距符号；200：相邻钢筋的中心距（≤200mm）。

钢筋种类、符号、直径及外观形状见表 3-4 所示。

梁、柱的箍筋和板的分布筋，一般注明间距，但不注明数量。对于简单的构件，不对钢筋进行编号。当构件纵横向尺寸相差悬殊时，可在同一详图中纵横向选用不同的比例。

4）钢筋末端的标准弯钩可分为 90°、135°和 180°三种。当采用标准弯钩时，钢筋直段长的标注直接标注于钢筋的侧面。箍筋大样通常不绘制出弯钩。当为扭转或抗震箍筋时，在大样图的右上角，会增绘两条倾斜 45°的斜短线。

钢筋种类、符号、直径及外观形状表 表 3-4

钢筋种类	符号	直径(mm)	外观形状	钢筋种类	符号	直径(mm)	外观形状
HPB300 级钢筋	Φ	6~20	光圆	冷拉 HRB335 级钢筋	$\underline{\Phi}^1$	8~40	人字纹
HRB335 级钢筋	$\underline{\Phi}$	8~25 28~40	人字纹	冷拉 HRB400 级钢筋	$\underline{\Phi}^1$	10~28	光圆或螺纹
HRB400 级钢筋	$\underline{\Phi}$	8~40	人字纹	冷拔钢丝 高强度钢丝(碳素) 刻痕钢丝	Φ^b Φ^s Φ^k	2.5~5	光圆
HRB500 级钢筋	$\overline{\Phi}$	10~28	螺旋纹	钢绞丝	Φ^j	7.5~15	钢线绞捻
冷拉 HPB300 级钢筋	Φ^1	8~25 28~40	人字纹				

5）钢筋的简化图示

型号、直径、长度和间隔距离完全相同的钢筋，只画出第一根和最后一根的全长，用标注的方法表示其根数、直径和间隔距离，如图 3-19（a）所示。

型号、直径、长度相同，而间隔距离不相同的钢筋，只画出第一根和最后一根的全长，中间用粗短线表示其位置。用标注的方法表明钢筋的根数、直径和间隔距离，如图 3-19（b）所示。

当各个构件的断面形式、尺寸大小和布置均相同时，仅钢筋编号不同，可采用 3-19（c）所示的画法。

钢筋的形式和规格相同，而其长度不同且呈有规律的变化时，这组钢筋允许只编一个号，并在钢筋表中"简图"栏内加注变化规律，如图 3-19（d）所示。

4. 桩基图

桩基础是常用的桥梁基础类型，是由桩以及连接桩顶的承台或系梁所组成的基础。桩身可以全部或部分埋入地基土中，当桩身外露在地面上较高时，在桩之间还应加横系梁，以加强各桩之间的横向联系。若干桩在平面排列上可成为一排或几排，所有桩的顶部由承台联成一整体，在承台上再修筑桥墩、桥台和上部结构。桩基础的作用是将承台以上结构物传来的外力通过承台，由桩传到较深的地基持力层中去。桩基分灌注桩和预制桩。

桩基图包括一般构造图和配筋图，桩基形状不太复杂时可直接在桥台或桥墩构造图中表达出来，如图 3-20 所示，因桩基较长，为了节省空间，对于下部的桩采用了断开画法，长度应标实长。以图 3-20 为例，承台为长方体，长、宽、高分别为 900cm、550cm 和150cm；桩为圆柱形，从平面图上可以看出桩对称分布在承台下面的四角。

5. 支座一般布置图和构造图

支座位于桥梁上部结构和下部结构的连接处，桥墩的墩帽和桥台的台帽上均设有支座，板梁搁置在支座上。图 3-21 为支座一般布置图和构造图，立面图和平面图图示了支座在梁下面的具体位置，其中平面图为Ⅰ-Ⅰ剖面图，是由下向上投影的；支座顺桥向和横桥向布置图图示了支座在墩（台）帽上的位置，并用大样图图示了与支座相连的钢板的形状和尺寸，另有支座平面和立面图图示了支座的详细构造。

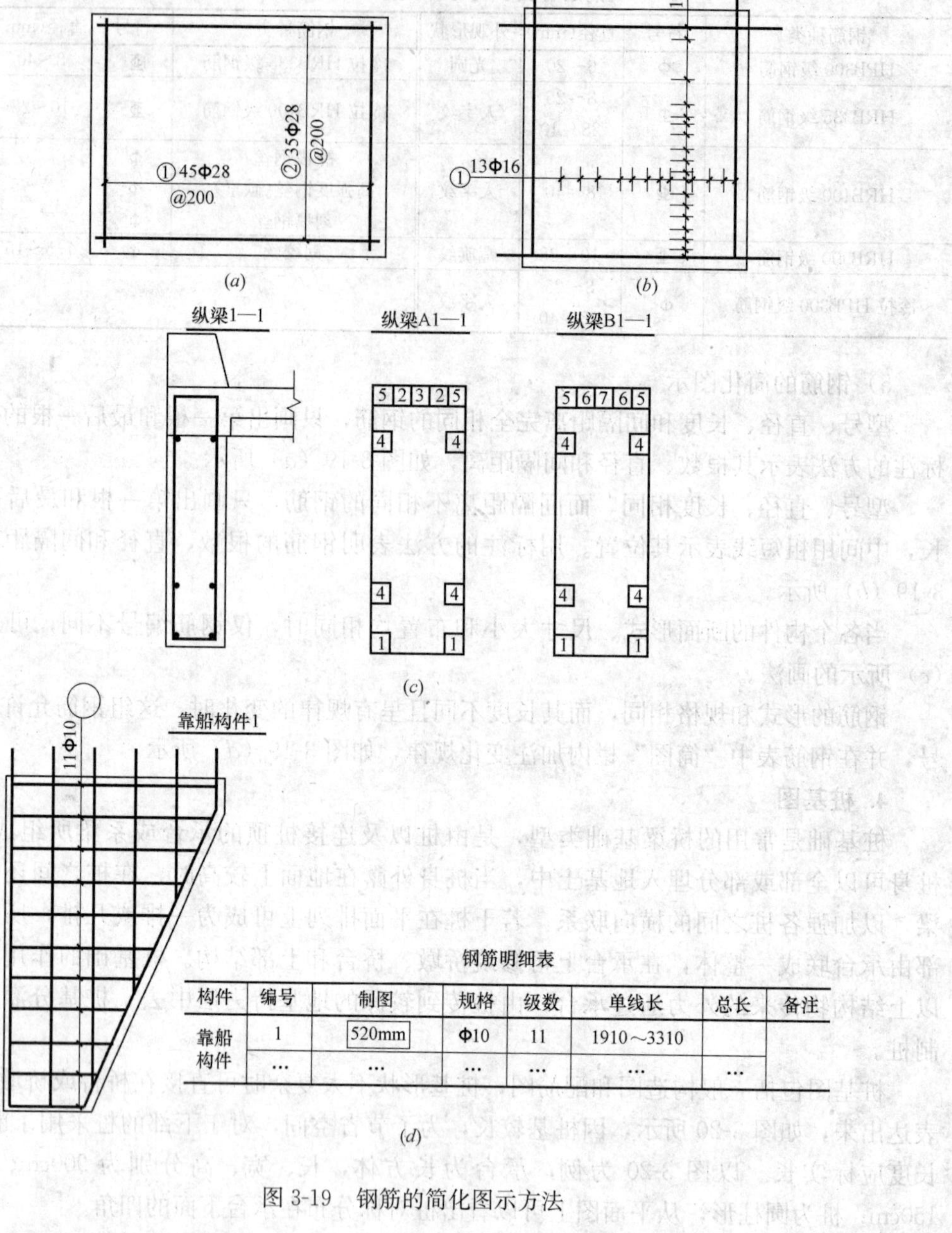

钢筋明细表

构件	编号	制图	规格	级数	单线长	总长	备注
靠船构件	1	520mm	Φ10	11	1910～3310		
	…	…	…	…	…	…	

图 3-19　钢筋的简化图示方法

6. 人行道及桥面铺装构造图

图 3-22 为桥面铺装构造图，从图中可以看出：桥面的横向坡度为 1%，桥面净宽 600cm，立面图为Ⅱ-Ⅱ剖面图，桥面铺装为 10cm 的 C40 钢筋混凝土叠合层加 8～9cm 沥青混凝土，两者之间设置防水层，因桥较长，平面图采用了断开画法。

图 3-23 为人行道大样图，主要表达了人行道与绿化带和路面的相对位置及人行道详细组成和所用材料。

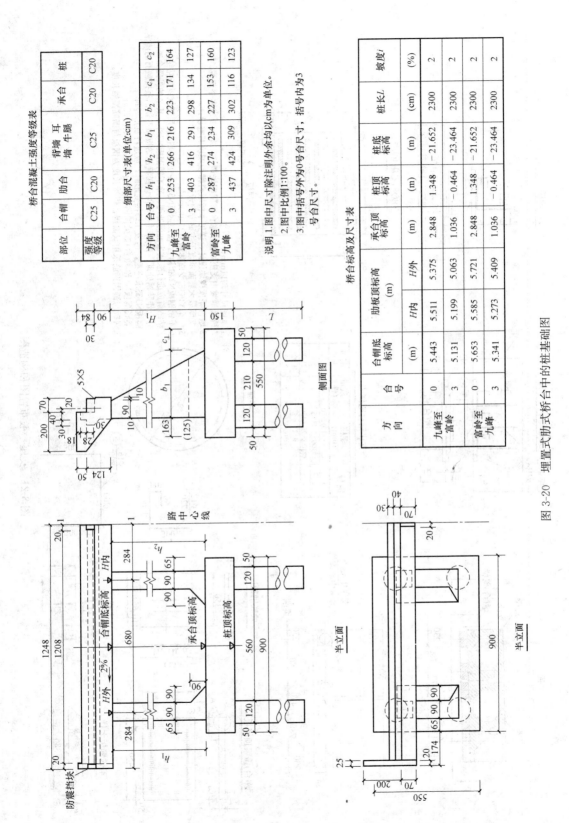

桥台混凝土强度等级表

部位	台帽	背墙耳墙牛腿	肋台	承台	桩
强度等级	C25	C25	C20	C20	C20

细部尺寸表（单位:cm）

方向	台号	h_1	h_2	b_1	b_2	c_1	c_2
九峰至富岭	0	253	266	216	223	171	164
	3	403	416	291	298	134	127
富岭至九峰	0	287	274	234	227	153	160
	3	437	424	309	302	116	123

说明 1.图中尺寸除注明外系均以cm为单位。
2.图中比例1:100。
3.图中括号外为0号台尺寸，括号内为3号台尺寸。

桥台标高及尺寸表

方向	台号	台帽底标高 (m)	肋板顶标高 (m)		承台顶标高 (m)	桩顶标高 (m)	桩底标高 (m)	桩长L (cm)	坡度i (%)
			H内	H外					
九峰至富岭	0	5.443	5.511	5.375	2.848	1.348	-21.652	2300	2
	3	5.131	5.199	5.063	1.036	-0.464	-23.464	2300	2
富岭至九峰	0	5.653	5.585	5.721	2.848	1.348	-21.652	2300	2
	3	5.341	5.273	5.409	1.036	-0.464	-23.464	2300	2

侧面图

半立面

半立面

图 3-20 埋置式肋式桥台中的桩基础图

113

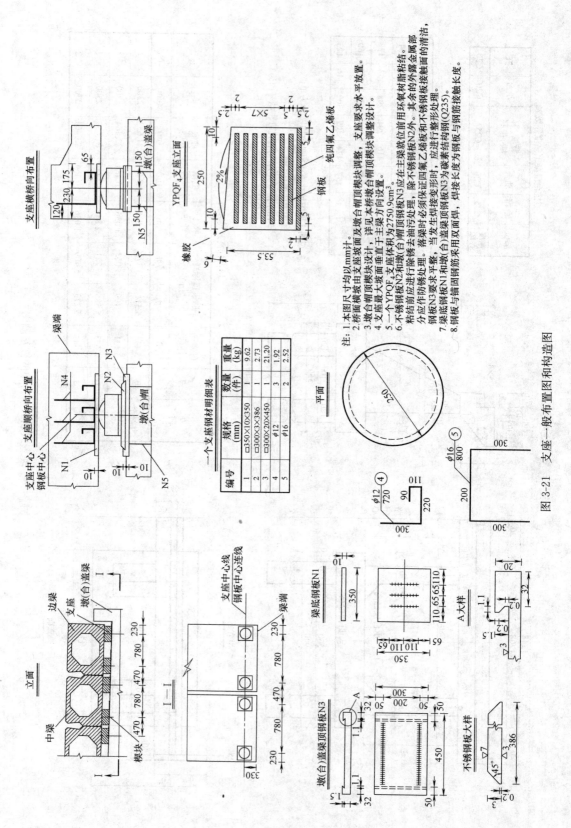

注:
1. 本图尺寸均以mm计。
2. 桥面横坡由支座坡面及墩台帽顶楔块调整,支座要求水平放置。
3. 墩台帽顶楔块设计,详见本桥墩台帽顶楔块调整设计。
4. 支座最大坡面垂直于主梁方向设置。
5. 一个YPQF₄支座体积为2750.9cm³。
6. 不锈钢板N2和墩台(合)帽顶钢板N3应在主梁浇筑前用环氧树脂粘结,除不锈钢板N2外,其余的外露金属部分应作防锈处理。
   粘结前应进行除锈去油污处理,钢板和不锈钢板接触面的清洁,应进行整形处理。
   不锈钢板N3要求平整。落梁时必须保证四氟(聚四氟)不锈钢板不发生焊接变形时,应保证顶钢板N3为碳素结构钢(Q235)。
7. 梁底钢板N1和墩台(合)盖梁顶钢筋采用双面焊。
8. 钢板与锚固钢筋接触长度,焊接长度为钢板与钢筋接触长度。

图 3-21 支座一般布置图和构造图

114

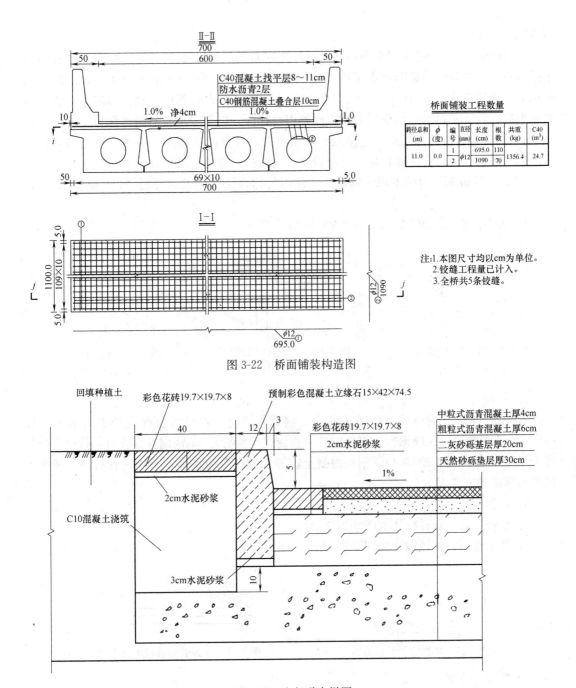

桥面铺装工程数量

跨径总和 (m)	φ (度)	编 号	直径 (mm)	长度 (cm)	根 数	共重 (kg)	C40 (m³)
11.0	0.0	1	φ12	695.0	110	1356.4	24.7
		2		1090	70		

注:1.本图尺寸均以cm为单位。
　　2.铰缝工程量已计入。
　　3.全桥共5条铰缝。

图 3-22　桥面铺装构造图

图 3-23　人行道大样图

3.4　市政管道工程施工图的图示方法及内容

3.4.1　图示方法

1)图线:市政管道工程施工图的线宽与线型是根据专业工程、施工方法确定的,采用单线图或双线图。

2）比例：市政管道工程平面图采用的比例通常为1：200、1：150、1：100，且多与道路专业一致。管道的纵断面图采用的比例通常为：1：200、1：100、1：50，横断面图采用的比例通常为：1：1000、1：500、1：300，且多与相应图样一致。习惯上，管道纵断面根据工程需要对纵向与横向采用不同的组合比例，以便显示管道的埋深与覆土。

3）标高：管道的起讫点、连接点、转角点、变径点、交叉点、边坡点及结构特征点均应标注高程。压力管道通常标注管道设计中心标高；重力管道标注管底标高。标高单位为"m"。管径根据管材的不同区别标注，使用公称直径"DN"、外径"$D \times$壁厚"、内径"d"等。

标高的标注方法如图3-24~图3-26所示。

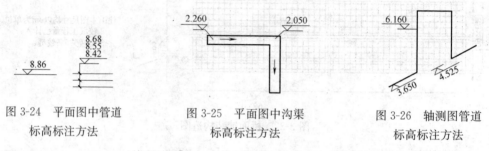

图3-24　平面图中管道　　　　图3-25　平面图中沟渠　　　　图3-26　轴测图管道
　标高标注方法　　　　　　　　标高标注方法　　　　　　　　标高标注方法

4）管径

管径以"mm"为单位。球墨铸铁管、钢管等管材，管径以公称直径DN表示（如$DN150$、$DN200$）；无缝钢管、焊接钢管（直缝或螺旋缝）、不锈钢管等管材，管径宜以外径$D \times$壁厚表示（如300×4）。钢筋混凝土管等管径以内径d表示。塑料管材的管径也可按产品标准的方法表示。

管径的标注方法如下：

① 单根管道，管径标注如图3-27所示。

② 多根管道，管径标注如图3-28所示。

图3-27　单根管径标注方法　　　　　图3-28　多根管道管径标注方法

5）井室、支墩

井室、支墩等管道附属构筑物位置与编号应按行业规定顺序进行编号。

6）市政管道工程常用图例（见表3-5~表3-8）

3.4.2　图示内容

市政管道工程施工图应包括平面图、横断面图、关键节点大样图、井室结构图、附件安装图；排水管道工程和不开槽施工管道工程还应当包括纵断面图，暗挖隧道断面图、施工竖井结构图等。

116

市政管道工程常见图例

表 3-5

序号	名称	图例	序号	名称	图例
1	生活给水管	——J——	15	压力污水管	——YW——
2	热水给水管	——RJ——	16	雨水管	——Y——
3	热水回水管	——RH——	17	压力雨水管	——YY——
4	中水给水管	——ZJ——	18	虹吸雨水管	——HY——
5	循环冷却给水管	——XJ——	19	膨胀管	——PZ——
6	循环冷却回水管	——XH——	20	保温管	∿∿∿∿
7	热煤给水管	——RM——	21	伴热管	━━━━
8	热煤回水管	——RMH——	22	多孔管	⨯⨯⨯
9	蒸汽管	——Z——	23	地沟管	══════
10	凝结水管	——N——	24	防护套管	▭
11	废水管	——F——	25	管道立管	XL-1 XL-1 平面 系统
12	压力废水管	——YF——	26	空调凝结水管	——KN——
13	通气管	——T——	27	排水明沟	坡向——
14	污水管	——W——	28	排水暗沟	坡向——

市政管道工程常见附件图例

表 3-6

序号	名称	图例	序号	名称	图例
1	管道伸缩器	—— ▭ ——	6	清扫口	—○▫ ⊤ 平面 系统
2	方形伸缩器	┤▁┌┐▁├	7	通气帽	↑ ⋔ 成品 蘑菇形
3	波纹管	—⋈—	8	雨水斗	YD- YD- 平面 系统
4	管道固定支架	—✳——✳—	9	排水漏斗	⊙ Y 平面 系统
5	立管检查口	┨	10	自动冲洗水箱	▭— ⌐

市政管道工程常见连接图例

表 3-7

序号	名称	图例	备注
1	法兰连接	——┼——	—
2	承插连接	——>——	—

序号	名　称	图　例	备　注
3	活接头	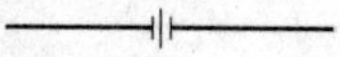	—
4	管堵		—
5	法兰堵盖		—
6	盲板		—
7	弯折管	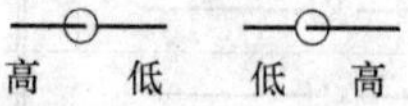 高　低　　低　高	—
8	管道丁字上接	 高／低	—
9	管道丁字下接	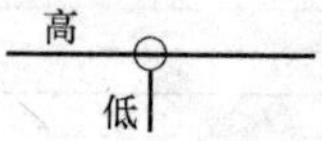 高／低	—
10	管道交叉	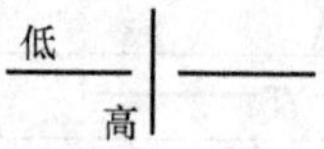 低／高	在下面和后面的管道应断开

市政管道工程常见阀门图例 表3-8

序号	名称	图　例	序号	名称	图　例
1	闸阀	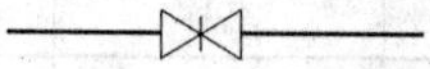	9	气动闸阀	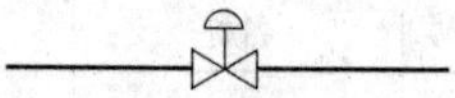
2	角阀		10	电动蝶阀	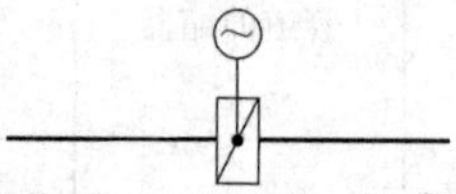
3	三通阀	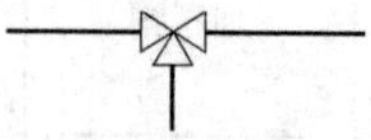	11	液动蝶阀	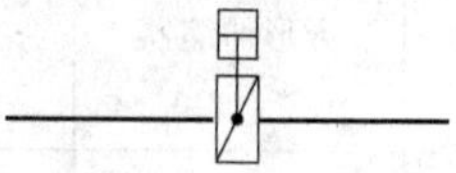
4	四通阀	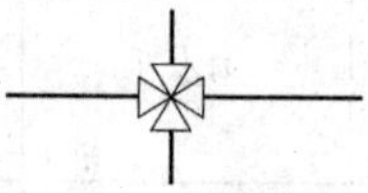	12	气动蝶阀	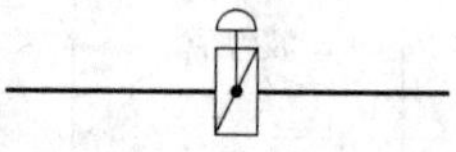
5	截止阀	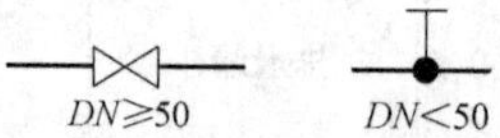 DN≥50　　DN<50	13	减压阀	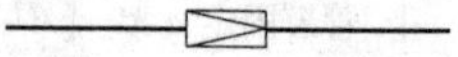
6	蝶阀	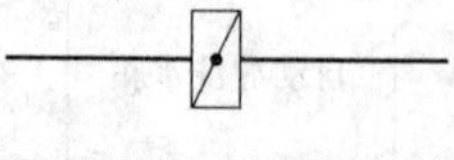	14	旋塞阀	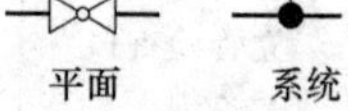 平面　　系统
7	电动闸阀		15	底阀	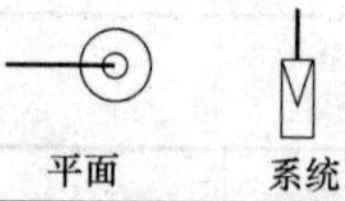 平面　　系统
8	液动闸阀	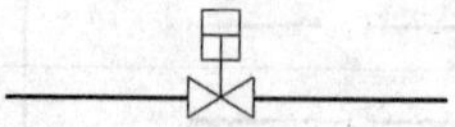	16	球阀	

118

序号	名称	图 例	序号	名称	图 例
17	隔膜阀	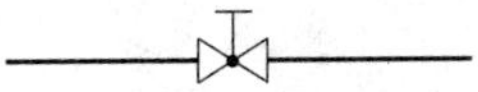	27	泄压阀	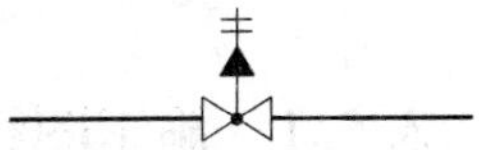
18	气开隔膜阀	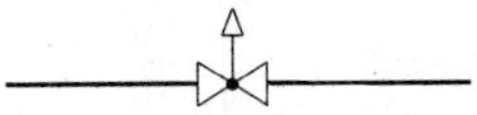	28	弹簧安全阀	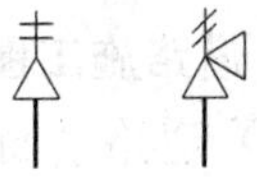
19	气阀隔膜阀	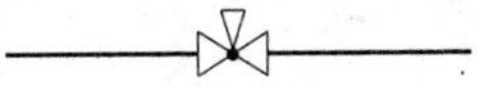	29	平衡锤安全阀	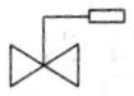
20	电动隔膜阀		30	自动排气阀	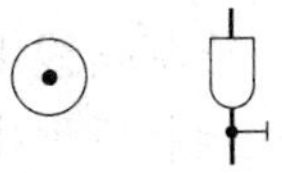 平面　系统
21	温度调节阀	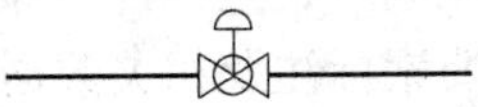	31	浮球阀	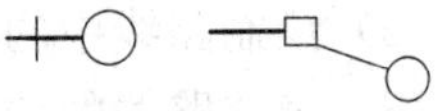 平面　系统
22	压力调节阀	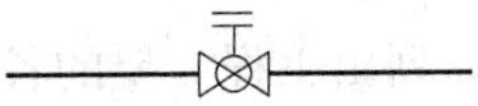	32	水力液位控制阀	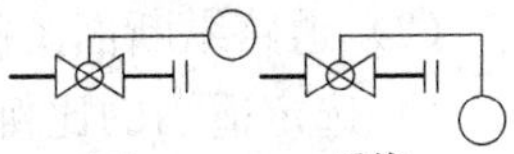 平面　系统
23	电磁阀	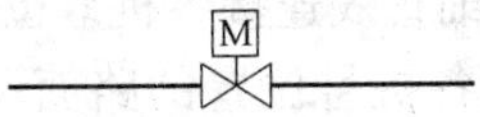 M	33	延时自闭冲洗阀	
24	止回阀		34	感应式冲洗阀	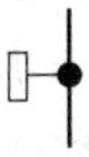
25	消声止回阀	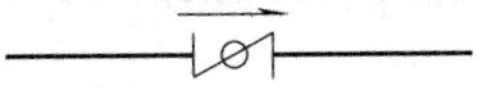	35	吸水喇叭口	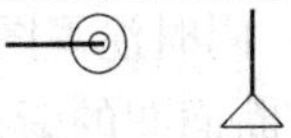 平面　系统
26	持压阀	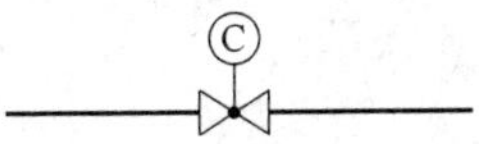 C	36	疏水器	

1）平面图包括管线平面设计图，现状管线位置及接入方式，管道规格、井室位置、编号、地面高程、管道高程、变电房、开关房、电信设备用房、燃气调压设施、泵站等管线设施的位置，用地红线，相关建筑物、构筑物四周，地下室边线，化粪池，规划道路中线、边线、人行道边线等。

2）横断面图包括管道埋深、坡度、管（渠、隧）道剖面、管线折点、与现有管线或地下设施的相互关系。图左侧应有地质柱状图。图下部应有资料表，其内容应有里程、地面标高、埋深（标高）、管径、平面距离、井室编号、接入管尺寸、井室尺寸等。

3）不开槽施工形管道，除上述图示内容外，还应有施工竖井、暗挖隧道施工图、施工流程等内容。

3.5 市政工程施工图的绘制与识读

3.5.1 施工图绘制的步骤与方法

1. 道路施工图绘制的步骤与方法

（1）道路平面图的绘制步骤与方法

1）绘制地形图，将地形、地物按照规定图例及选定比例描绘在图纸上，必要时用文字或符号注明。

2）绘制等高线。等高线要求线条顺滑，并注明等高线高程和已知水准点的位置及编号。

3）绘制路线中心线。路线中心线按先曲线、后直线的顺序画出。

4）绘制里程排桩、机动车道、人行道、非机动车道、分隔带、规划红线等，并注明各部分设计尺寸。

5）绘制路线中的构筑物，注明构筑物名称或编号、里程桩号等。

6）道路路线的控制点坐标、桩号，平曲线要素标注及相关数据的标注。

7）画出图纸的拼接位置及符号，注明该图样名称、图号顺序、道路名称等。

（2）道路纵断面图的绘制步骤与方法

1）选定适当的比例，绘制表格及高程坐标，列出工程需要的各项内容。如地质情况、现况地面标高、设计路面标高、坡度与坡长、里程桩号等资料。

2）绘制原地面标高线。根据测量结果，用细直线连接各桩号位置的原地面高程点。

3）绘制设计路面标高线。依据设计纵坡及各桩号位置的路面设计高程点，绘制出设计路面标高线。

4）标注水准点位置、编号及高程。注明沿线构筑物的编号、类型等数据，竖曲线的图例等数据。

5）同时注写图名、图标、比例及图纸编号。特别注意路线的起止桩号，以确保多张路线纵断面图的衔接。

（3）道路横断面图的绘制步骤与方法

1）绘制现况地面线、设计道路中线。

2）绘制路面线、路肩线、边坡线、护坡线。

3）根据设计要求，绘制市政管线。管线横断面应采用规范图例。

4）当防护工程设施标注材料名称时，可不画材料符号，其断面剖面线可省略。

（4）道路路面结构图的绘制步骤与方法

1）选择车道边缘处，即侧石位置一定宽度范围作为路面结构图图示的范围，这样既可绘制出路面结构情况又可绘制出侧石位置的细部构造及尺寸。

2）绘制路面结构图图样，每层结构应用图例表示清楚。

3）分层标注每层结构的厚度、性质、标准等，并将必要的尺寸注全。

4）当不同车道结构不同时，分别绘制路面结构图，注明图名、比例及文字说明等。

2. 桥梁施工图绘制的步骤与方法

（1）桥梁总体布置图的绘制步骤与方法

桥梁总体布置图应按照三视图绘制纵向立面图与横向剖面图，并加纵向平面图。其中纵向立面图与平面图的比例尺应相同，可采用 1：1000～1：500；为了能够清晰表现剖面图，比例尺可以适当取的大一些，如 1：200～1：150，视图幅地位而定。

（2）桥梁立面图的绘制步骤与方法

1）根据选定的比例首先将桥台前后、桥墩中线等控制点里程桩画出，并分别将各控制部位画出，如桩底、承台底、主梁底、桥面等高程线画出。地面以下一定范围可用折断线省略，缩小竖向图的显示范围。

2）将桥梁中心线左半部分画成立面图：依照立面图正投影原理将主梁、桥台、桥墩、桩、各部位构件按比例用实线图示出来，并注明各控制部位的标高。用坡面图例图示出桥梁引路边坡及锥形护坡。

3）将桥梁中心线右半部分绘制成半纵剖面图：纵剖位置为路线中心线处。按剖面图的绘制原理，将主梁、桥台、桥墩、桩等各部位构件按比例用中实线图示出来，并将剖切平面剖切到的构件截面用图例表示。标注各控制点高程及各部分的相关尺寸。用剖切符号标示出侧剖面图的剖切位置。

4）标注出河床标高、各水位标高、土层图例、各部位尺寸及总尺寸；必要的文字标注及技术说明。

（3）桥梁平面图的绘制步骤与方法

1）平面图一般采用半平面图和半墩台桩柱平面图。半墩台桩柱平面图部分可根据所需图示的内容不同，而进行正投影得到图样。

2）平面图应与立面图上下对应，用细点画线绘制道路路线（桥梁）中心线；依据立面图的控制点桩号绘制平面图的控制线。

3）半平面图部分，绘制出桥面边线、车行道边线。绘制边坡及锥形护坡图例线。用双实线绘制桥端线、变形缝。用细实线绘制栏杆及栏杆柱，标注栏杆尺寸。

4）用中实线绘制主梁及桥台未回填土情况下的桥台、盖梁平面图，并标注相关尺寸。

5）绘制承台平面及盖梁平面图样，注明桩柱间距、数量、位置等。注明各细部尺寸及总尺寸、图名及使用比例等。

（4）桥梁侧剖面图的绘制步骤与方法

1）侧剖面图是由两个不同位置剖面组合构成的图样，反映桥台及桥墩两个不同剖面位置。在立面图中标注剖切符号，以明确剖切位置。

2）左半部分图样厦映桥台位置横剖面，右半部分反映桥墩位置横剖面。

3）放大绘制比例到 1：100，以突出显示侧剖面的桥梁构造情况。

4）绘制桥梁主梁布置，绘制桥面系铺装层构造、人行道和栏杆构造、桥面尺寸布置、横坡度、人行道和栏杆的高度尺寸、中线标高等。

5）左半部分图示出桥台立面图样、尺寸构造等。

6）右半部分图示出桥墩及桩柱立面图样、尺寸构造，桩柱位置、深度、间距及该剖切位置的主梁情况；并标注出桩柱中心线及各控制部位高程。

3. 市政管道工程施工图的绘制步骤与方法

（1）管网总平面布置图的绘制步骤与方法

总平面图是室外给水排水工程图中的主要图样之一，它表示给水排水管道的平面布置关系。

1）绘制出该工程现况和新建的建筑物、构筑物，道路桥梁、等高线、坐标控制点及指北针等。

2）分别绘制给水管道、污水管道和雨水管道于同一张平面图内，以符号 J、W、Y 加以标注。

3）使用不同代号标注同一张图上的不同类附属构筑物。同类附属构筑物数量多于一个时，使用其代号加阿拉伯数字进行编号。

4）绘制时，遇污水管与雨水排水管交叉时，断开污水管。遇给水管与污水管、雨水管交叉时，应断开污水管和雨水管。

5）标注建（构）筑物角坐标。通常标注其 3 个角坐标，当建（构）筑物与施工坐标轴线平行时，可标注其对角坐标。

6）标注附属构筑物（阀门井、检查井）的中心坐标。

7）标注管道中心坐标。如不便于标注坐标时，可标注其控制尺寸。

8）绘制图例符号。

（2）给水排水管道纵断面图

纵断面图主要表达地面起伏、管道敷设的埋深和管道交接等情况。

1）根据总平面图，沿干管轴线铅垂剖切绘制断面图。压力流管道用单粗实线绘制，重力流管道用双粗点画线和粗虚线绘制，地面、检查井和其他管道的横断面用细实线绘制。

2）在其他管线的横断面处，标注其管道类型和代号、定位尺寸和标高。在断面图下方建立列表，分项列出该干管的各项设计数据，例如：设计地面标高、设计管内底标高、管径、水平距离、井位编号、管道基础等内容。

3）在图的最下方画出管道的平面图，与管道纵断面图相对应，可表达于管附近的管道、设施和建筑物等情况。除了在纵断面中已表达的检查井外，平面图还应绘制出该路面下面的给水、排水干管，并标注干管的管径，同时标注其与街道中心线及人行道之间的水平距离；各类管道的支管和检查井以及街道两侧的雨水井；街道两侧的人行道，建筑物和支管道口等。

3.5.2 市政工程施工图识读的基本要求

1. 应遵循的基本方法

1）成套施工设计图纸识图时，应遵循"总体了解、顺序识读、前后对照、重点细读"的方法。

2）单张图纸识读时，应"由里向外，由大到小、由粗到细、图样与说明交替、有关图纸对照看"的方法。

3）土建施工图识图，应结合工艺设计图和设备安装图。

2. 步骤与方法

（1）总体了解

一般情况下，应先看设计图纸目录、总平面图和施工总说明，以便把握整个工程项目的概况：工程位置、周围环境、设计标准、工程施工难点和施工技术要求等。市政工程施工图设计总说明通常在施工图集的首页，主要用文字表述设计依据、设计标准、构造组成、施工技术要求等。

对照目录检查图纸是否齐全，如分期出图，应检查已有图纸、设计文件是否满足工程施工进度需求。

（2）顺序识读

在对工程项目设计、工程情况有总体了解后，应按照施工组织设计的施工部署和工艺流程，从工程总平面图到纵横断面图，从地下基坑、基础到主体结构、地上结构，从工艺设计到结构设计，从土建施工到设备仪表安装仔细阅读相关图纸。目的在于对工程情况、施工部署和施工技术、施工工艺有清晰认识，以便编制施工组织设计和确定施工方案。

（3）重点细读

在工程设计情况总体把握基础上，对有关专业施工图的重点部分仔细识读，特别结构预制与现浇、旧结构与新结构、主体结构与附属结构的衔接部位、节点细部构造，确定衔接部位、细部结构做法及是否满足施工深度要求。将遇到的问题记录下来及时向设计部门反映；有些需要在施工方案和技术措施中进行施工二次设计。

（4）对照校核

市政工程施工特点是专业交叉多，预留洞口、预埋管（线）件多。在识读图纸、确定模板、钢筋施工方案时，要注意标注位置、数量、规格尺寸等是否与平面图或剖面图一致，特别是分期设计、分期出图的土建施工图与设备施工图要仔细研读，发现存在差异或表述不一致，要及时向设计单位提出质疑，以便避免施工损失。

3. 道路施工图识读的步骤与方法

（1）道路平面图识读的步骤与方法

1）仔细阅读设计说明，确定图工程范围、设计标准和施工难度、重点。先整体，后局部的观察图纸内容，并根据图例说明及等高线的特点，了解平面图所反映的现况地貌特征、地面各控制点高程、道路周边现况建、构筑物的位置及层高等信息、已知水准点的位置及编号、控制网参数或地形点方位等。

2）结合里程位置，依次阅读道路中心线、规划红线、机动车道、非机动车道、人行道、分隔带、交叉路及道路中心线设置情况等。

3）识读图纸中的道路方位及走向，路线控制点坐标、里程桩号等信息。

4）根据图纸所给道路规划红线确定道路用地范围，以此了解需要拆除的现况建筑物及构筑物范围，以及拆除部分的数量、性质及所占园林绿地、农田、果园等的性质及数量等。

5）结合图纸中道路纵断面图，计算道路的填挖方工程量。

6）查出图中所标注水准点位置及编号，根据其编号到有关部门查出该水准点的绝对高程，以备施工中控制道路高程。

（2）道路纵断面图识读

道路纵断面图应与平面图对照，了解图示的确切内容。

1）根据图示的横、竖比例识读道路沿线的高程变化，并与资料表相对照，掌握确切高程变化。

2）竖曲线的起止点均对应里程桩号，图中竖曲线的符号长、短与竖曲线的长、短对应。读懂图样中注明的各项曲线几何要素，如切线长、曲线半径、外矢距、转角等。

3）道路路线中的构筑物图例、编号、所在位置的桩号都是道路纵断面示意构筑物的基本方式，据此可查出相应构筑物的图纸。

4) 找出沿线设置的已知水准点，并根据编号、位置查出已知高程，供施工放样使用。

5) 根据里程桩号、路面设计高程和原地面高程，识读道路路线的填挖方情况。

6) 根据资料表中坡度、坡长、平曲线示意图及相关数据，读懂道路的线形的空间变化。

(3) 道路横断面图识读

1) 城市道路横断面的设计结果是采用标准横断面设计图表示。图中表示机动车道、非机动车道、人行道、分隔带及绿化带等部分布置情况。

2) 城市道路地上有电力、电信等设施。地下有给水管、污水管、雨水管、燃气管、电信管等市政综合公用设施。识读出管线的埋深、位置与设计道路结构的位置关系。

3) 道路横断面图的比例，视路基范围及道路等级而定。常采用1：100、1：200的比例，很少采用1：1000、1：2000的比例。

4) 识读道路中心线及规划红线位置，确认车行道、人行道、分隔带宽度及位置。识读排水横坡度。

5) 结合图样内容，仔细阅读标注的文字说明。

(4) 道路路面结构图识读

1) 典型的道路路面结构形式为：磨耗层、中面层、下面层，粘结层，上基层、下基层和垫层按由上向下的顺序。

2) 识读路面的结构组成、细部构造。

3) 通过标注尺寸，识读路面各结构层的厚度、分块尺寸、切缝深度等信息。

4. 桥梁施工图识读

(1) 桥梁总布置图

1) 阅读设计说明

阅读设计图的总说明部分，以此了解设计意图、设计依据、设计标准、技术指标、桥（涵）位置处的自然、气候、水文、地质等情况；桥（涵）的总体布置情况、结构形式施工方法及工艺特点要求等。

2) 阅读工程量表格

识读图纸中的工程量表格，表中列出了桥（涵）的中心桩号、桥名、交角、孔数及孔径、长度和结构类型。以及采用标准图时所采用的标准图编号。并分别按照桥面系、上部结构、下部结构、基础结构列出所用材料用量。作为施工单位，应重点符合工程量料表中各结构部位工程量的准确性，以此作为编制造价的重要依据。

(2) 阅读桥位平面图

桥位平面图中图示了现况地形地貌、桥梁位置、里程桩号、桥长、桥宽、墩台形式、位置和尺寸、锥坡护坡。该图可以为施工人员提供一个对该桥较深的总体概念。

(3) 阅读桥型布置图

对比识读桥型布置图中的立面图、平面图和侧剖面图。识读工程地质、水文地质情况、桩位及编号、墩台高度及基础埋置深度、桥面纵坡及各部位尺寸和高程；弯桥和斜桥还应识读桥轴线半径和斜交角；识读过程还应结合里程桩号、设计高程、坡度、坡长、竖曲线及横曲线要素。桥型布置的读图和熟悉过程中，要重点读懂桥梁的结构形式、组成、结构细部组成情况、工程量情况等。

（4）阅读桥梁结构设计图

识读桥梁上部结构、下部结构、基础结构和桥面系等部位结构设计图，对比了解各部结构的组成、构造形式和尺寸。细部结构的设计图采用标准图，应在桥型布置图中注明标准图的名称及编号进行查阅。在阅读和熟悉这部分图纸时，重点应该读懂并弄清其结构的细部组成和尺寸。同时核对前后图纸之间细部结构的结构及工程量。

（5）阅读调治构筑物及附属设施设计图

附属构筑物首先应据平面、立面图示，结合构筑物细部图进行识读，跨水域的桥梁的调治构筑物应结合平面图、桥位图仔细识读。

（6）阅读小桥、涵洞设计图

小桥、涵洞设计图包括小桥工程数量表、小桥设计布置图、结构设计图、涵洞工程数量表、涵洞设计布置图、涵洞结构设计图。

（7）钢筋混凝土结构施工图识读

1）钢筋混凝土结构图

钢筋混凝土结构图包括构造图和钢筋布置图。构造图用做模板、支架设计依据，钢筋布置图和钢筋表用做钢筋下料、加工和安装的依据。

2）钢筋结构图

钢筋结构图包括钢筋布置图及钢筋成型图。识读钢筋布置图，通过立面图、断面图结合对比识读，要掌握钢筋的分布与安装要求。钢筋成型图识读，应核对钢筋成型图上标注的钢筋实际尺寸、钢筋编号、根数、直径及单根钢筋的断料长度。仔细核对图纸中的钢筋明细表，将每一种钢筋的编号、型号、规格、根数、总长度等与结构图进行核对，以便钢筋备料、加工以及作材料预算。

（8）预应力结构图

1）桥梁预应力结构图上预应力筋束位置实际上是预应力筋的孔道位置，因此下料长度应通过计算确定，计算时应考虑结构的孔道长度、锚夹具长度、千斤顶长度、焊接接头或镦头预留量、冷拉伸长值、弹性回缩值、张拉伸长值和外露长度等因素。

2）应注意设计图上标注的锚具形式、规格和安装要求是否与设计说明表述一致；掌握预应力筋束及孔道位置、高程和安装技术要求、张拉控制和作业顺序等。

3）应注意设计说明的分级张拉、补张拉和放松预应力的具体要求。

例如：某钢筋混凝土 T 形梁桥施工图的识读

1）桥梁总体布置图识读

如图 3-29 所示，为一座全长为 511.42m 的 T 形梁式桥。

① 立面图

在立面图中，反映出该桥净跨径为 15m，总路径为 45m；共 3 孔的梁式桥，桥台为重力式桥台，桥墩为桩柱式轻型桥墩，由于桩基础较长，故采用折断画法。由于立面图的比例较小，因此桥面铺垫层、人行道和栏杆均未表示出。为了表达清晰，假设桥梁没有填土或填土为透明的，因此埋入土体中的基础和桥台部分就能看见，用实线画出，不可见部分可省略不画。

② 平面图

由于比例较小，桥栏杆未表示，只画出车行道和人行道的宽度，以及锥形护坡的一部分投影。平面图与立面图一样只画出可见部分的投影。

③ 侧面图

为了表达清楚，侧面图选用的比例比立面图和平面图要大，工程上常采用1/2Ⅰ-Ⅰ剖面和1/2Ⅱ－Ⅱ剖面拼接成一个图的表示方法。由图3-29中可以看出，桥梁的上部结构为6片T形梁组成，桥面宽为10.50m，单行道宽为7m，人行道宽为1.5m，净宽为7.0＋2×1.5（m）。下部构造用一半为桥台，一半为桥墩拼接成一个图的表示方法，且只画出可见部分，详细尺寸及构造在构造详图中介绍。

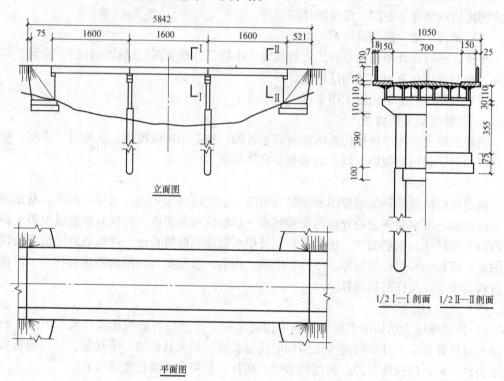

图3-29 桥梁总体布置图

2）构件详图识读

构件施工图对桥梁各部分构件进行详细的设计、计算并绘制出施工详图，供施工中使用。

① 桥台图

重力式U形桥台是用于支承桥跨结构的主要构件，靠它的自重和土压力来平衡由主梁传来的压力，防止倾覆。如图3-30所示，为一个平面形式像"U"形的桥台，故称为U形桥台。它由台身和基础组成，台身又由前墙、侧墙和台帽三部分组成，由于桥台各部分尺寸均较大且笨重，属于重力式桥台。

② 桥墩图

A. 一般构造图

如图3-31所示为桥墩构造图，该桥墩为钻孔双柱式桥墩，由墩帽（上盖梁）、双柱、联系梁和桩基础组成。本图用立面图和侧面图两面视图表示。

B. 墩帽（上盖梁）钢筋布置图。钢筋布置图（钢筋结构图）最大的特点是假设混凝土为透明体，构件外形用细实线画出，钢筋用粗实线画出。如图 3-32 所示，由于上盖梁为对称结构，所以立面图和平面图只画一半，侧面图用两个断面图代替，断面图中方格内的数字表示钢筋的编号。在钢筋成型图中，因为⑦号钢筋布置在墩幅坡度处，高度有变化，所以只表示出平均高度。

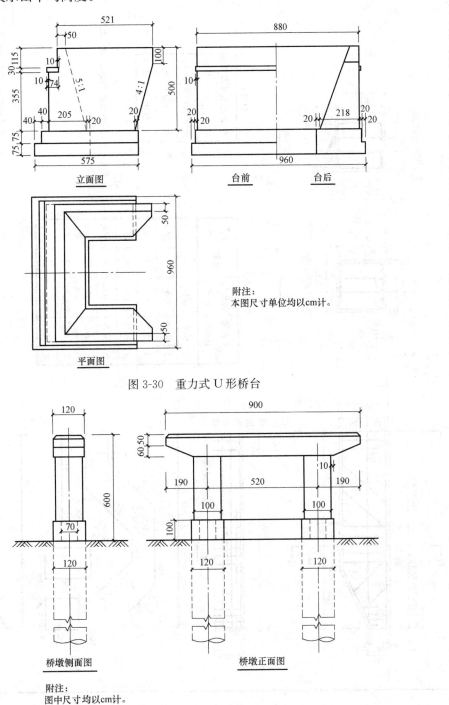

立面图

台前　　台后

附注：
本图尺寸单位均以cm计。

平面图

图 3-30　重力式 U 形桥台

桥墩侧面图　　　　桥墩正面图

附注：
图中尺寸均以cm计。

图 3-31　桥墩构造图

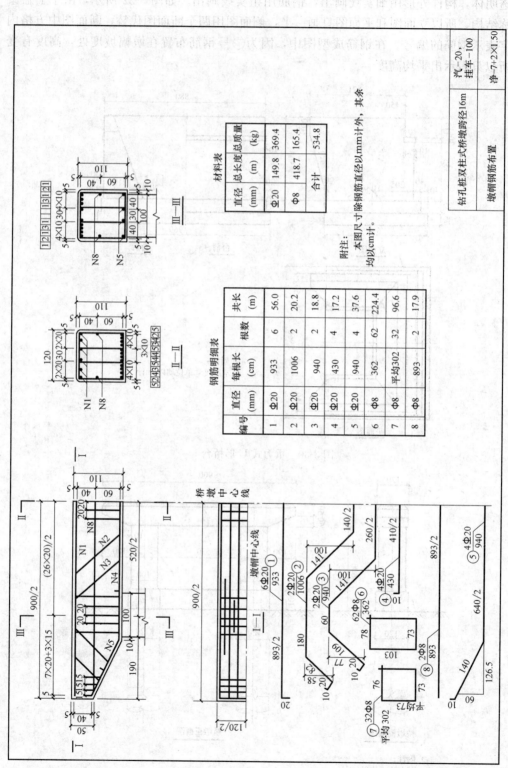

图 3-32　墩帽钢筋布置图

编号	直径 (mm)	每根长 (cm)	根数	共长 (m)
1	Φ20	933	6	56.0
2	Φ20	1006	2	20.2
3	Φ20	940	2	18.8
4	Φ20	430	4	17.2
5	Φ20	940	4	37.6
6	Φ8	362	62	224.4
7	Φ8	平均302	32	96.6
8	Φ8	893	2	17.9

钢筋明细表

直径 (mm)	总长度 (m)	总质量 (kg)
Φ20	149.8	369.4
Φ8	418.7	165.4
合计		534.8

材料表

附注：
本图尺寸除钢筋直径以mm计外，其余均以cm计。

钻孔桩双柱式桥墩跨径16m	汽-20，挂车-100
墩帽钢筋布置	净-7+2×1.50

128

3）主梁图（T形梁）

T形梁是由梁肋、横隔板（横隔梁）和翼板组成，在桥面宽度范围内往往有几根梁并在一起，在两侧的主梁称为边主梁，中间的主梁称为中主梁。主梁之间用横隔板连接，沿着主梁长度方向，有若干个横隔板，在两端的横隔板称为端隔板，中间的横隔板称为中隔板。其中边主梁一侧有横隔板，中主梁两侧有横隔板。如图 3-33 所示。

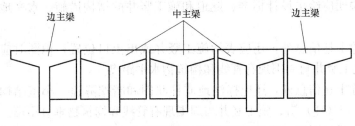

图 3-33　T形梁与横隔板示意图

5. 市政管道工程施工图识读

（1）管道平面图

1）先仔细阅读土建设计及施工说明，了解工程设计标准、管线起始点、平面位置和施工环境等要点。

2）确定图纸方位，了解平面图所反映的现状地形特征，现况或新建道路情况，周边现有建、构筑物的位置、性质、面积及服务面积、人数等信息。

3）平面图以粗黑色线表示设计管道，以细线表示现有管线；应掌握现状管线资料，管网上下游位置、高程、连接方式等信息。

4）着重掌握设计管线敷设位置及走向，与道路永中的关系，管线长度、坡度、管道连接形式，井室的选择，管线交叉的位置及高程关系，控制点的坐标及桩号。

5）结合设计说明书和管线纵断面图，确定施工方法与方案，并计算管线的施工工程量。

（2）管道纵断面图

1）开槽施工

① 市政管道纵断面图布局一般分上下两部分，上方为纵断图，下方列表，标注管线井室的桩号、高程等信息。

② 在纵断图部分中，水平方向表示管线长度，垂直方向表示高程。道路综合改扩建工程应特别注意：市政管道纵断面图同道路纵断面图相同，铅垂向与水平方向采用不同的绘制比例，以清晰反映垂直方向的高差。通常纵断图的铅垂向的比例比水平向的比例放大10 倍，图签栏中标明图纸铅垂向和水平向的比例。

③ 图样中以粗直线表示设计市政管道，以细线表示现况地面线和设计地面线。通过纵断面图，可以清楚地看出设计市政管道与地面线的位置关系、管道覆土深度、埋设深度。通过管道的坡降，可以看出管线的走向、坡度的大小。

④ 设计管线上的桥梁、立交桥、涵洞、河道等构筑物，与设计管线相交的其他管线，在纵断面图的相应高程桩号位置以相应图例绘制出，并注明桩号及构筑物的名称和高程等信息，可以清晰地看出管线间或与建、构筑物间的位置关系。

⑤ 在纵断面图的下方资料列表里面，以数据的形式表示出现况地面、设计地面、管线高程、埋设深度、基础形式、接口形式等设计要点。

⑥ 结合设计说明书和市政管道平面图，通过纵断面图的信息可以计算管线施工工程量。

2）不开槽施工

① 设计总说明应给出设计标准、隧道和施工竖井的结构措施、水文地质勘察结果和施工技术要求。

② 平面图除上述信息外，还应表示施工竖井或出土口位置；识图时应注意暗挖施工管（隧）道、施工竖井与周围现有管线和构筑物水平距离。

③ 纵断图除上述信息外，还应标注地质柱状图和暗挖隧道、小室结构断面；识图时应注意暗挖施工管（隧）道、施工竖井与周围现有管线和构筑物垂直距离。

④ 施工竖井设计图识读时，应仔细研读竖井结构图和马头门结构图或顶管后背结构形式。

6. 其他工程施工设计文件识读

市政工程施工，要求施工人员除阅读设计文件外，还必须阅读其他工程设计文件如热机图等、勘察和咨询资料，并与施工设计图、设计说明进行验证，以便掌握工程情况。

仔细阅读工程地质和水文地质勘察报告，注意勘察报告关于地层稳定性和地下水的描述。

市政工程城区不开槽施工时，还必须识读设计咨询报告、工前检测报告和地下管线检测调查报告，以指导施工方案和施工监测方案编制。

第4章 市政工程相关的力学知识

本部分主要介绍力的基本性质、力矩与力偶、平面一般力系的平衡方程及其应用、变形固体及其假设和几何图形的性质。要求掌握几种常见约束的约束反力、受力图的画法、平面力系的平衡方程及其应用；理解力的性质和投影、力矩的计算、力偶的概念；了解变形固体及其假设，强度、刚度、稳定性的概念，平面几何图形的性质。

4.1 平面力系

1. 力的基本性质

（1）力的基本概念

力是物体之间相互的机械作用，这种作用的效果是使物体的运动状态发生改变，或者使物体发生变形。力不可能脱离物体而单独存在。有受力物体，必定有施力物体。

1）力的三要素

力的三个要素是：大小、方向和作用点。

力是一个既有大小又有方向的物理量，所以力是矢量。力用一段带箭头的线段来表示。线段的长度表示力的大小；线段与某定直线的夹角表示力的方位，箭头表示力的指向；线段的起点或终点表示力的作用点。在国际单位制中，力的单位为牛顿（N）或千牛顿（kN）。1kN＝1000N。

2）静力学公理

在任何外力作用下，大小和形状保持不变的物体，称为刚体。在静力学部分，我们把所讨论的物体都看作是刚体。

① 作用力与反作用力公理：两个物体之间的作用力和反作用力，总是大小相等，方向相反，沿同一直线，并分别作用在这两个物体上。

作用力与反作用力的性质应相同。

② 二力平衡公理：作用在同一物体上的两个力，使物体平衡的必要和充分条件是，这两个力大小相等，方向相反，并且作用在同一直线上。

③ 加减平衡力系公理：作用于刚体的任意力系中，加上或减去任意平衡力系，并不改变原力系的作用效应。

同时力具有可传递性。作用在刚体上的力可沿其作用线移动到刚体内的任意点，而不改变原力对刚体的作用效应。根据力的可传性原理，力对刚体的作用效应与力的作用点作用线的位置无关。加减平衡力系公理和力的可传性原理都只适用于刚体。

（2）约束与约束反力

1）约束与约束反力的概念

一个物体的运动受到周围物体的限制时，这些周围物体就称为该物体的约束。约束对物体运动的限制作用是通过约束对物体的作用力实现的，通常将约束对物体的作用力称为约束反力，简称反力，约束反力的方向总是与约束所能限制的运动方向相反。通常，主动力是已知的，约束反力是未知的。

2）力的分类

物体受到的力一般可以分为两类：一类是使物体运动或使物体有运动趋势，称为主动力，如重力、水压力等，主动力在工程上称为荷载；另一类是对物体的运动或运动趋势起限制作用的力，称为被动力。

（3）受力分析

1）物体受力分析及受力图的概念

在受力分析时，当约束被人为地解除时，必须在接触点上用一个相应的约束反力来代替。在物体的受力分析中，通常把被研究的物体的约束全部解除后单独画出，称为脱离体。把全部主动力和约束反力用力的图示表示在分离体上，这样得到的图形称为受力图。画受力图的步骤如下：

① 明确分析对象，画出分析对象的分离简图；

② 在分离体上画出全部主动力；

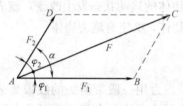

图 4-1　力平行四边形

③ 在分离体上画出全部的约束反力，并注意约束反力与约束应一一对应。

2）力的平行四边形法则

作用于物体上的同一点的两个力，可以合成为一个合力，合力的大小和方向由这两个力为边所构成的平行四边形的对角线来表示（图 4-1）。

一刚体受共面不平行的三个力作用而平衡时，这三个力的作用线必汇交于一点，即满足三力平衡汇交定理。

（4）计算简图

在对实际结构进行力学分析和计算之前必须加以简化。用一个简化图形（结构计算简图）来代替实际结构，省略其次要细节，重点显示其基本特点，作为力学计算的基础。简化的原则如下：

1）结构整体的简化

除了具有明显空间特征的结构外，在多数情况下，把实际的空间结构（忽略次要的空间约束）分解为平面结构。对于延长方向结构的横截面保持不变的结构，如隧洞、水管、厂房结构，可做两相邻横截面截取平面结构（切片）计算。对于多跨多层的空间刚架，根据纵横向刚度和荷载（风载、地震作用、重力等），截取纵向或横向的平面刚架来分析。若空间结构是由几种不同类型的平面结构组成（如框-剪结构），在一定条件下可以把各类平面结构合成一个总的平面结构，并算每类平面结构所分配的荷载，再分别计算。

2）杆件的简化

除了短杆深梁外，杆件用其轴线表示，杆件之间的连接区域用结点表示，并由此组成杆件系统（杆系内部结构）。杆长用结点间的距离表示，并将荷载作用点转移到杆件的轴线上。

3）杆件间连接的简化

杆件间的连接区简化为杆轴线的汇交点（称结点），杆件连接理想化为铰结点、刚结点和组合结点。各杆在铰结点处互不分离，但可以相互转动（如木屋架的结点）；各杆在刚结点处既不能相对移动，也不能相对转动，因此相互间的作用除了力以外还有力偶（如现浇钢筋混凝土结点）。组合结点即部分杆件之间属铰结点，另外部分杆件之间属刚结点（有时也称半铰结点或半刚结点）。

4）约束形式的简化图

① 柔体约束：由柔软的绳子、链条或胶带所构成的约束称为柔体约束。由于柔体约束只能限制物体沿柔体约束的中心线离开约束的运动，所以柔体约束的约束反力必然沿柔体的中心线而背离物体，即拉力，通常用 F_T 表示。如图 4-2 （a）所示的起重装置中，桅杆和重物一起所受绳子的拉力分别是 F_{T1}、F_{T2} 和 F_{T3} （图 4-2b），而重物单独受绳子的拉力则为 F_{T4} （图 4-2c）。

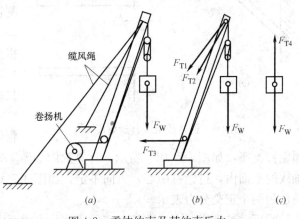

图 4-2　柔体约束及其约束反力

② 光滑接触面约束：当两个物体直接接触，而接触面处的摩擦力可以忽略不计时，两物体彼此的约束称为光滑接触面约束。光滑接触面对物体的约束反力一定通过接触点，沿该点的公法线方向指向被约束物体，即为压力或支持力，通常用 F_N 表示（图 4-3）。

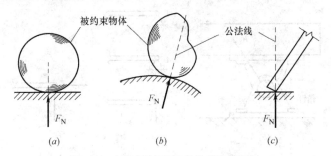

图 4-3　光滑接触面约束及其约束反力

③ 圆柱铰链约束：圆柱铰链约束是由圆柱形销钉插入两个物体的圆孔构成，如图 4-4（a）、（b）所示，且认为销钉与圆孔的表面是完全光滑的，这种约束通常如图 4-4（c）所示。圆柱铰链约束只能限制物体在垂直于销钉轴线平面内的任何移动，而不能限制物体绕销钉轴线的转动，如图 4-5 所示。

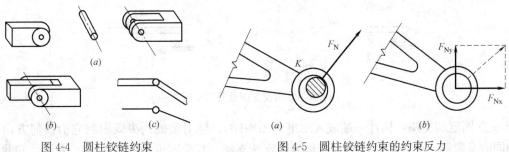

图 4-4　圆柱铰链约束　　　　图 4-5　圆柱铰链约束的约束反力

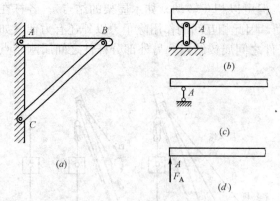

④ 链杆约束：两端用铰链与不同的两个物体分别相连且中间不受力的直杆称为链杆，图 4-6（a）、图 4-6（b）中 AB、BC 杆都属于链杆约束。这种约束只能限制物体沿链杆中心线趋向或离开链杆的运动。链杆约束的约束反力沿链杆中心线，指向未定。链杆约束的简图及其反力如图 4-6（c）、（d）所示。链杆都是二力杆，只能受拉或者受压。

图 4-6　链杆约束及其约束反力

⑤ 固定铰支座：用光滑圆柱铰链将物体与支承面或固定机架连接起来，称为固定铰支座，如图 4-7（a）所示，计算简图如图 4-7（b）所示。其约束反力在垂直于铰链轴线的平面内，过销钉中心，方向不定，如图 4-7（a）所示。一般情况下可用图 4-7（c）所示的两个正交分力表示。

⑥ 可动铰支座：在固定铰支座的座体与支承面之间加辊轴就成为可动铰支座，其简图可用图 4-8（a）、图 4-8（b）表示，其约束反力必垂直于支承面，如图 4-8（c）所示。在房屋建筑中，梁通过混凝土垫块支承在砖柱上，如图 4-8（d）所示，不计摩擦时可视为可动铰支座。

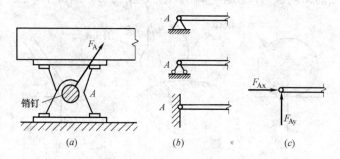

图 4-7　固定铰支座及其约束反力

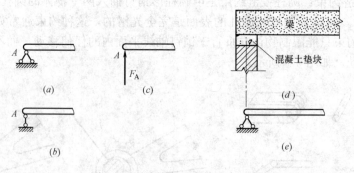

图 4-8　可动铰支座及其约束反力

⑦ 固定端支座：构件一端嵌入墙里（图 4-9a），墙对梁的约束既限制它沿任何方向移动同时又限制它的转动，这种约束称为固定端支座。其简图可用图 4-9（b）表示，它除了

产生水平和竖直方向的约束反力外，还有一个阻止转动的约束反力偶，如图 4-9（c）所示。

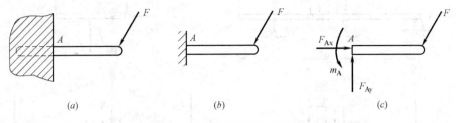

图 4-9　固定端支座及其约束反力

物体的受力图举例：

【例 4-1】 重量为 F_w 的小球放置在光滑的斜面上，并用绳子拉住，如图 4-10（a）所示。画出此球的受力图。

【解】 以小球为研究对象，解除小球的约束，画出分离体，小球受重力（主动力）F_w、绳子的约束反力（拉力）F_{TA} 和斜面的约束反力（支持力）F_{NB}（图 4-10b）的共同作用。

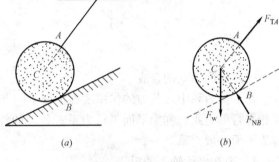

图 4-10　例 4-1 图

【例 4-2】 水平梁 AB 受已知力 F 作用，A 端为固定铰支座，B 端为移动铰支座，如图 4-11（a）所示。梁的自重不计，画出梁 AB 的受力图。

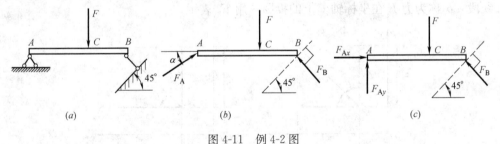

图 4-11　例 4-2 图

【解】 取梁为研究对象，解除约束，画出分离体，画主动力 F。A 端为固定铰支座，它的反力可用方向、大小都未知的力 F_A，或者用水平和竖直的两个未知力 F_{Ax} 和 F_{Ay} 表示；B 端为移动铰支座，它的约束反力用 F_B 表示，但指向可任意假设，受力图如图 4-11（b）、图 4-11（c）所示。

【例 4-3】 如图 4-12（a）所示，梁 AC 与 CD 在 C 处铰接，并支承在三个支座上，画出梁 AC、CD 及全梁 AD 的受力图。

【解】 取梁 CD 为研究对象并画出分离体，如图 4-12（b）所示。

取梁 AC 为研究对象并画出分离体，如图 4-12（c）所示。

以整个梁为研究对象，画出分离体，如图 4-12（d）所示。

2. 平面力系

凡各力的作用线都在同一平面内的力系称为平面力系。

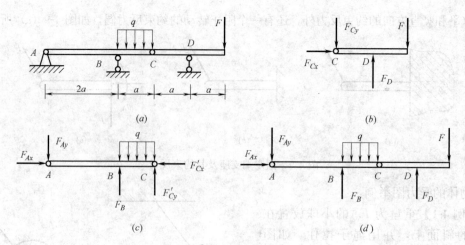

图 4-12 例 4-3 图

（1）平面力系的合成

在平面力系中，各力的作用线都汇交于一点的力系，称为平面汇交力系；各力作用线互相平行的力系，称为平面平行力系；各力的作用线既不完全平行又不完全汇交的力系，称为平面一般力系。

1）力在坐标轴上的投影

如图 4-13（a）所示，设力 F 作用在物体上的 A 点，在力 F 作用的平面内取直角坐标系 xOy，从力 F 的两端 A 和 B 分别向 z 轴作垂线，垂足分别为 a 和 b，线段 ab 称为力 F 在坐标轴 x 上的投影，用 F_x 表示。同理，从 A 和 B 分别向 y 轴作垂线，垂足分别为 a' 和 b'，线段 $a'b'$ 称为力 F 在坐标轴 y 上的投影，用 F_y 表示。

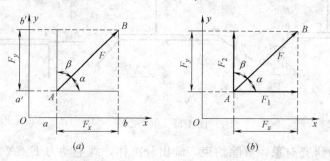

图 4-13 力在坐标轴上的投影

力的正负号规定如下：力的投影从开始端到末端的指向，与坐标轴正向相同为正；反之，为负。

若已知力的大小为 F，它与 z 轴的夹角为 α，则力在坐标轴的投影的绝对值为：

$$F_x = F\cos\alpha \tag{4-1}$$
$$F_y = F\sin\alpha \tag{4-2}$$

投影的正负号由力的指向确定。

反过来，当已知力的投影 F_x 和 F_y，则力的大小 F 和它与 z 轴的夹角 α 分别为：

$$F = \sqrt{F_x^2 + F_y^2} \quad \alpha = \arctan\left|\frac{F_x}{F_y}\right| \tag{4-3}$$

【例 4-4】 图 4-14 中各力的大小均为 100N，求各力在 x、y 轴上的投影。

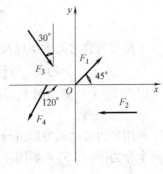

图 4-14　例 4-4 图

【解】 利用投影的定义分别求出各力的投影：

$$F_{1x}=F_1\cos45°=100\times(\sqrt{2}/2)=70.7\text{N}$$

$$F_{1y}=F_1\sin45°=100\times(\sqrt{2}/2)=70.7\text{N}$$

$$F_{2x}=-F_2\times\cos0°=-100\text{N}$$

$$F_{2y}=F_2\times\sin0°=0$$

$$F_{3x}=F_3\times\sin30°=100\times\frac{1}{2}=50\text{N}$$

$$F_{3y}=-F_3\times\cos30°=-100\times\left(\frac{\sqrt{3}}{2}\right)=-86.6\text{N}$$

$$F_{4x}=-F_4\times\cos60°=-100\times\left(\frac{1}{2}\right)=-50\text{N}$$

$$F_{4y}=-F_4\times\sin60°=-100\times\left(\frac{\sqrt{3}}{2}\right)=-86.6\text{N}$$

2）平面汇交力系合成的解析法

合力投影定理：合力在任意轴上的投影等于各分力在同一轴上投影的代数和。

数学式子表示为：

如果

$$F=F_1+F_2+\cdots+F_n \tag{4-4}$$

则

$$F_x=F_{1x}+F_{2x}+\cdots+F_{nx}=\sum F_x \tag{4-5}$$

$$F_y=F_{1y}+F_{2y}+\cdots+F_{ny}=\sum F_y \tag{4-6}$$

平面汇交力系的合成结果为一合力。

当平面汇交力系已知时，首先选定直角坐标系，求出各力在 x、y 轴上的投影，然后利用合力投影定理计算出合力的投影，最后根据投影的关系求出合力的大小和方向。

【例 4-5】 如图 4-15 所示，已知 $F_1=F_2=100\text{N}$，$F_3=150\text{N}$，$F_4=200\text{N}$，试求其合力。

【解】 取直角坐标系 xOy。

分别求出已知各力在两个坐标轴上投影的代数和为：

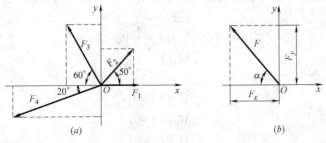

图 4-15　例 4-5 图

$$F_x=\sum F_x=F_1+F_2\cos50°-F_3\cos60°-F_4\cos20°$$

$$=100+100\times0.6428-150\times0.5-200\times0.9397=-98.66\text{N}$$

$$F_y = \sum F_y = F_2 \sin 50° + F_3 \sin 60° - F_4 \sin 20°$$
$$= 100 + 100 \times 0.6428 - 150 \times 0.5 - 200 \times 0.9397 = -138.1N$$

于是可得合力的大小以及与 z 轴的夹角：

$$F = \sqrt{F_x^2 + F_y^2} = \sqrt{(-98.66)^2 + 138.1^2} = 169.7N$$

因为 F_x 为负值，而 F_y 为正值，所以合力在第二象限，指向左上方（图 4-15b）。

3）力的分解

利用四边形法则可以进行力的分解，图 4-16（a）。通常情况下，将力分解为相互垂直的两个分力 F_1 和 F_2，如图 4-16（b）所示，则两个分力的大小为：

$$F_1 = F\cos\alpha \tag{4-7}$$
$$F_2 = F\sin\alpha \tag{4-8}$$

力的分解和力的投影既有根本的区别又有密切联系。分力是矢量，而投影为代数量；分力 F_1 和 F_2 的大小等于该力在坐标轴上投影 F_x 和 F_y 的绝对值，投影的正负号反映了分力的指向。

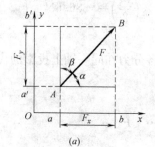 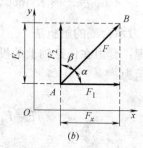

图 4-16　力在坐标轴上的投影

（2）平面力系的平衡

1）平面一般力系的平衡条件：平面一般力系中各力在两个任选的直角坐标轴上的投影的代数和分别等于零，各力对任意一点之矩的代数和也等于零。用数学公式表达为：

$$\sum F_x = 0$$
$$\sum F_y = 0$$
$$\sum M_0(F) = 0 \tag{4-9}$$

此外，平面一般力系的平衡方程还可以表示为二矩式和三力矩式。二矩式为：

$$\sum F_x = 0$$
$$\sum M_A (F) = 0$$
$$\sum M_B(F) = 0 \tag{4-10}$$

三力矩式为：

$$\sum M_A(F) = 0$$
$$\sum M_B(F) = 0$$
$$\sum M_C(F) = 0 \tag{4-11}$$

2）平面力系平衡的特例

① 平面汇交力系：如果平面汇交力系中的各力作用线都汇交于一点 0，则式中 $\sum M_0(F) = 0$，即平面汇交力系的平衡条件为力系的合力为零，其平衡方程为：

$$\sum F_x = 0 \tag{4-12a}$$

$$\sum F_y = 0 \tag{4-12b}$$

平面汇交力系有两个独立的方程，可以求解两个未知数。

② 平面平行力系：力系中各力在同一平面内，且彼此平行的力系称为平面平行力系。设有作用在物体上的一个平面平行力系，取 z 轴与各力垂直，则各力在 x 轴上的投影恒等于零，即 $\sum F_x \equiv 0$。因此，根据平面一般力系的平衡方程可以得出平面平行力系的平衡方程：

$$\sum F_y = 0 \tag{4-13a}$$

$$\sum M_0(F) = 0 \tag{4-13b}$$

同理，利用平面一般力系平衡的二矩式，可以得出平面平行力系平衡方程的又一种形式：

$$\sum M_A(F) = 0 \tag{4-14a}$$

$$\sum M_B(F) = 0 \tag{4-14b}$$

注意，式中 A、B 连线不能与力平行。平面平行力系有两个独立的方程，所以也只能求解两个未知数。

③ 平面力偶系：在物体的某一平面内同时作用有两个或者两个以上的力偶时，这群力偶就称为平面力偶系。由于力偶在坐标轴上的投影恒等于零，因此平面力偶系的平衡条件为：平面力偶系中各个力偶的代数和等于零，即：

$$\sum M = 0 \tag{4-15}$$

【例 4-6】 求图 4-17（a）所示简支桁架的支座反力。

【解】

（1）取整个桁架为研究对象。

（2）画受力图，图 4-17（b）。桁架上有集中荷载及支座 A、B 处的反力 F_A、F_B，它们组成平面平行力系。

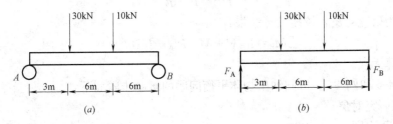

图 4-17　例 4-6 图

（3）选取坐标系，列方程求解：

$$\sum M_B = 0$$

$$= 30 \times 12 + 10 \times 6 - F_A \times 15 = 0$$

$$F_A = (360 + 60)/15 = 28 \text{kN}(\uparrow)$$

$$\sum F_Y = 0$$

$$F_A + F_B - 30 - 10 = 0$$

$$F_B = 40 - 28 = 12 \text{kN}(\uparrow)$$

校核：$\sum M_A = F_B \times 15 - 30 \times 3 - 10 \times 9 = 12 \times 15 - 90 - 90 = 0$

物体实际发生相互作用时，其作用力是连续分布作用在一定体积和面积上的，这种力称为分布力，也叫分布荷载。单位长度上分布的线荷载大小称为荷载集度，其单位为牛顿/米（N/m），如果荷载集度为常量，即称为均匀分布荷载，简称均布荷载。对于均布荷载可以进行简化计算：认为其合力的大小为 $F_q = qa$，a 为分布荷载作用的长度，合力作用于受载长度的中点。

【例 4-7】 求图 4-18（a）所示梁支座的反力。

【解】

（1）取梁 AB 为研究对象。

（2）画出受力图（图 4-18b）。梁上有集中荷载 F，均布荷载 q 和力偶 M 以及支座 A、B 处的反力 F_{Ax}、F_{Ay} 和 M。

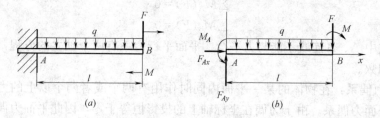

图 4-18　例 4-7 图

（3）选取坐标系，列方程求解：

$$\sum F_x = 0 \quad F_{Ar} = 0$$

$$\sum M_A = 0 \quad M_A - M - Fl - ql^2 \cdot l/2 = 0$$

$$M_A = M + Fl + l/2ql^2$$

$$\sum F_Y = 0 \quad F_{Ay} - ql - F = 0$$

$$F_{Ay} = F + ql$$

以整体为研究对象，校核计算结果：

$$\sum M_B = F_A yl + M - M_A - l/2ql^2 = 0$$

说明计算无误。

总结例 4-6 和例 4-7，可归纳出物体平衡问题的解题步骤如下：

1）选取研究对象；

2）画出受力图；

3）依照受力图的特点选取坐标系，注意投影为零和力矩为零的应用，列方程求解；

4）校核计算结果。

3. 力偶、力矩的特性及应用

（1）力偶和力偶系

1）力偶

① 力偶的概念：把作用在同一物体上大小相等、方向相反但不共线的一对平行力组成的力系称为力偶，记为（F，F'）。力偶中两个力的作用线间的距离 d 称为力偶臂。两个力所在的平面称为力偶的作用面。

在实际生活和生产中，物体受力偶作用而转动的现象十分常见。例如，司机两手转动方向盘，工人师傅用螺纹锥攻螺纹，所施加的都是力偶。

② 力偶矩：用力和力偶臂的乘积再加上适当的正负号所得的物理量称之为力偶，记作 $M(F，F')$ 或 M，即

$$M(F,F')=\pm F \cdot d \tag{4-16}$$

力偶正负号的规定：力偶正负号表示力偶的转向，其规定与力矩相同。若力偶使物体逆时针转动，则力偶为正；反之，为负。

力偶矩的单位与力矩的单位相同。

③ 力偶的性质

A. 力偶无合力，不能与一个力平衡和等效，力偶只能用力偶来平衡。力偶在任意轴上的投影等于零。

B. 力偶对其平面内任意点之矩，恒等于其力偶矩，而与矩心的位置无关。

C. 同一平面内的两个力偶，如果它们的力偶矩大小相等、转向相同，则这两个力偶等效，称为力偶的等效性。

从以上性质还可得出两个推论：力偶可在其作用面内任意移转，而不会改变它对物体的转动效应。力偶对于物体的转动效应完全取决于力偶矩的大小、力偶的转向及力偶作用面，即力偶的三要素。

实践证明，凡是三要素相同的力偶，彼此相同，可以互相代替。如图 4-19 所示。

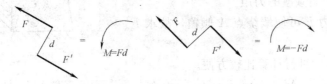

图 4-19　力偶

2）力偶系

作用在同一物体上的若干个力偶组成一个力偶系，若力偶系的各力偶均作用在同一平面，则称为平面力偶系。

力偶对物体的作用效应只有转动效应，而转动效应由力偶的大小和转向来度量，因此，力偶系的作用效果也只能是产生转动，其转动效应的大小等于各力偶转动效应的总和。可以证明，平面力偶系合成的结果为一合力偶，其合力偶矩等于各分力偶矩的代数和。即：

$$M=M_1+M_2+\cdots+M_n=\sum M_i \tag{4-17}$$

（2）力矩

1）力矩的概念

从实践中知道，力可使物体移动，又可使物体转动，例如当我们拧螺母时（图 4-20），在扳手上施加一力 F，扳手将绕螺母中心 O 转动，力越大或者 O 点到力 F 作用线的垂直距离 d 越大，螺母将容易被拧紧。

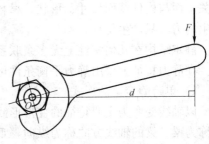

图 4-20　力矩的概念

将 O 点到力 F 作用线的垂直距离 d 称为力臂，将力 F 与 O 点到力 F 作用线的垂直距离 d 的乘积 F_d 并加上表示转动方向的正负号称为力 F 对 O 点的力矩，用 $M_O(F)$ 表示，即

$$M_O(F) = \pm F_d \tag{4-18}$$

O 点称为力矩中心，简称矩心。

正负号的规定：力使物体绕矩心逆时针转动时，力矩为正；反之，为负。

力矩的单位：牛米（N·m）或者千牛米（kN·m）。

2）合力矩定理

可以证明：合力对平面内任意一点之矩，等于所有分力对同一点之矩的代数和。即：
若

$$F = F_1 + F_2 + \cdots + F_n \tag{4-19}$$

则

$$M_O(F) = M_O(F_1) + M_O(F_2) + \cdots + M_O(F_n) \tag{4-20}$$

该定理不仅适用于平面汇交力系，而且可以推广到任意力系。

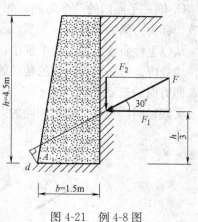

图 4-21 例 4-8 图

【例 4-8】 图 4-21 所示每 1m 长挡土墙所受的压力的合力为 F，它的大小 160kN，方向如图所示。求土压力 F 使墙倾覆的力矩。

【解】 土压力 F 可使墙绕点 A 倾覆，故求 F 对点 A 的力矩。

采用合力矩定理进行计算比较方便。

$$\begin{aligned}
M_A(F) &= M_A(F_1) + M_A(F_2) = F_1 \times h/3 - F_2 b \\
&= 160 \times \cos 30° \times 4.5/3 - 160 \times \sin 30° \times 1.5 \\
&= 87 \text{kN·m}
\end{aligned}$$

4.2 静定结构的杆件内力

1. 单跨静定梁的内力

（1）静定梁的受力

静定结构只在荷载作用下才产生反力、内力；反力和内力只与结构的尺寸、几何形状有关，而与构件截面尺寸、形状、材料无关，且支座沉陷、温度变化、制造误差等均不会产生内力，只产生位移。

静定结构在几何特性上无多余联系的几何不变体系。

在静力特征上仅由静力平衡条件可求全部反力内力。

1）单跨静定梁的形式

以轴线变弯为主要特征的变形形式称为弯曲变形或简称弯曲。以弯曲为主要变形的杆件称为梁。梁的轴线方向称为纵向，垂直于轴线的方向称为横向。在进行梁的工程分析和受力计算时，不必把梁的复杂工程图按实际画出来，而是以能够代表梁的结构、荷载情况

及作用效果的简化的图形来代替，这种简化后的图形称为梁的计算简图。梁的计算简图也可称为梁的受力图。在计算简图上应包括梁的本身、梁的荷载、支座或支座反力。

单跨静定梁的常见形式有三种：简支（图 4-22）、伸臂（图 4-23）和悬臂（图 4-24）。

2）静定梁的受力

横截面上的内力：

① 轴力：截面上应力沿杆轴切线方向的合力，使杆产生伸长变形为正，画轴力图要注明正负号（图 4-25）。

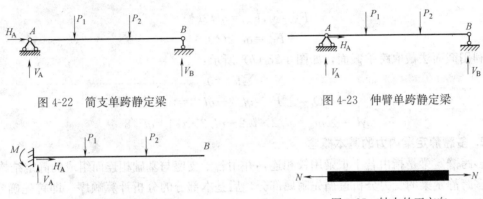

图 4-22 简支单跨静定梁   图 4-23 伸臂单跨静定梁

图 4-24 悬臂单跨静定梁   图 4-25 轴力的正方向

② 剪力：截面上应力沿杆轴法线方向的合力，使杆微段有顺时针方向转动趋势的为正，画剪力图要注明正负号；由力的性质可知：在刚体内，力沿其作用线滑移，其作用效应不改变。如果将力的作用线平行移动到另一位置，其作用效应将发生改变，其原因是力的转动效应与力的位置有直接的关系（图 4-26）。

③ 弯矩：截面上应力对截面形心的力矩之和，不规定正负号。弯矩图画在杆件受拉一侧，不注符号（图 4-27）。

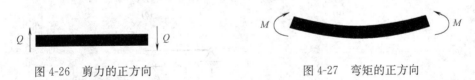

图 4-26 剪力的正方向   图 4-27 弯矩的正方向

（2）用截面法计算单跨静定梁内力

计算单跨静定梁内力常用截面法，即截取隔离体（一个结点、一根杆或结构的一部分），建立平衡方程求内力。

截面一侧上外力表达的方式：

$\sum F_x$ ＝ 截面一侧所有外力在杆轴平行方向上投影的代数和。

$\sum F_y$ ＝ 截面一侧所有外力在杆轴垂直方向上投影的代数和。

$\sum M$ ＝ 截面一侧所有外力对截面形心力矩代数和，使隔离体下侧受拉为正。为便于判断哪边受拉，可假想该脱离体在截面处固定为悬臂梁。

【例 4-9】 求图 4-28 所示单跨梁跨中截面内力。

【解】 单跨梁的支座反力如图 4-28（a）所示：

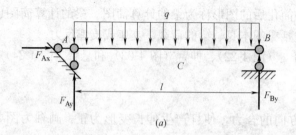
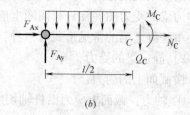

图 4-28　例 4-9 图

$$F_{Ax}=0, F_{Ay}=ql/2(\uparrow)$$
$$F_{By}=ql/2(\uparrow)$$

利用截面法截取跨中截面，如图 4-28（b）所示：

$$N_c=\sum F_x=0$$
$$Q_c=\sum F_y=ql/2-ql/2=0$$
$$M_c=\sum m_c=ql/2\times l/2-ql/2\times l/4=ql^2/8$$

2. 多跨静定梁内力的基本概念

多跨静定梁是指由若干根梁用铰相连，并用若干支座与基础相连而组成的静定结构。

多跨静定梁的受力分析遵循先附属部分，后基本部分的分析计算顺序。即首先确定全部反力（包括基本部分反力及连接基本部分与附属部分的铰处的约束反力），作出层叠图；然后将多跨静定梁折成几个单跨静定梁，按先附属部分后基本部分的顺序绘内力图。

如图 4-29 所示梁，其中 AC 部分不依赖于其他部分，独立地与大地组成一个几何不变部分，称它为基本部分；而 CE 部分就需要依靠基本部分 AC 才能保证它的几何不变性，相对于 AC 部分来说就称它为附属部分。

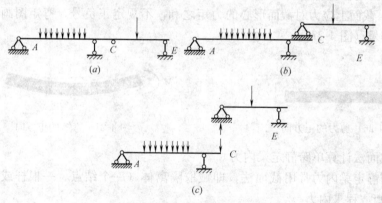

图 4-29　多跨静定梁的受力分析

从受力和变形方面看：基本部分上的荷载通过支座直接传于地基，不向它支持的附属部分传递力，因此仅能在其自身上产生内力和弹性变形；而附属部分上的荷载要先传给支持它的基本部分，通过基本部分的支座传给地基，因此可使其自身和基本部分均产生内力和弹性变形。

3. 静定平面桁架内力的基本概念

桁架是指由若干根直杆在两端用铰联结而组成的结构。

在平面桁架的计算中，通常采用如下假定：

（1）各结点都是无摩擦的理想铰。

（2）各杆轴线都是直线，且都在同一平面内通过铰的中心。

（3）荷载只作用在结点上，并位于桁架的平面内。

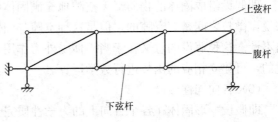

符合上述假定的桁架，称为理想桁架。理想桁架中的各杆只受轴力，截面上的应力分布均匀，材料可以得到充分利用。与梁相比，桁架的用料较省，并能跨越更大的跨度（图4-30）。

图4-30 理想结构

桁架计算一般是先求支座反力后计算内力。计算内力时可截取桁架中的一部分为隔离体，根据隔离体的平衡条件求解各杆的轴力。常用的方法有结点法和截面法。

（1）结点法

所谓结点法，是指以截取桁架的结点为隔离体，利用各结点的静力平衡条件计算杆件内力的方法。桁架中常有一些特殊形式的结点，掌握这些特殊结点的平衡条件，可使计算大为简化。我们把内力为零的杆件称为零杆。零杆是对某种荷载而言的，当荷载变化时，零杆也随之变化，故对于静定结构而言，零杆决非多余联系。

由于桁架中各结点所受力系都是平面汇交力系，而平面汇交力系可以建立两个平衡方程，求解两个未知力。因此，应用结点法时，应从不多于两个未知力的结点开始计算，且在计算过程中应尽量使每次选取的结点其未知力不超过两个。

（2）截面法

指用一适当截面，截取桁架的某一部分（至少包含两个结点）为隔离体，根据它的平衡条件计算杆件内力的方法。由于隔离体至少包含两个结点，所以作用在隔离体上的所有各力通常组成一平面一般力系。平面一般力系可建立三个平衡方程，求解三个未知力。

$$\sum X = 0$$
$$\sum Y = 0 \tag{4-21}$$
$$\sum M = 0$$

4.3 杆件强度、刚度和稳定性的概念

1. 变形固体基本概念及基本假设

构件是由固体材料制成的，在外力作用下，固体将发生变形，故称为变形同体。

在进行静力分析和计算时，构件的微小变形对其结果影响可以忽略不计，因而将构件视为刚体，但是在进行构件的强度、刚度、稳定性计算和分析时，必须考虑构件的变形。

构件的变形与构件的组成和材料有直接的关系，为了使计算工作简化，把变形固体的某些性质进行抽象化和理想化，做一些必要的假设，同时又不影响计算和分析结果。对变形固体的基本假设主要有：

（1）均匀性假设

即假设固体内部各部分之间的力学性质都相同。宏观上可以认为固体内的微粒均匀分布，各部分的性质也是均匀的。

（2）连续性假设

即假设组成固体的物质毫无空隙地充满固体的几何空间。实际的变形固体从微观结构来说，微粒之间是有空隙的，但是这种空隙与固体的实际尺寸相比是极其微小的，可以忽略不计。这种假设的意义在于当固体受外力作用时，度量其效应的各个量都认为是连续变化的，可建立相应的函数进行数学运算。

（3）各向同性假设

即假设变形固体在各个方向上的力学性质完全相同。具有这种属性的材料称为各向同性材料。铸铁、玻璃、混凝土、钢材等都可以认为是各向同性材料。

（4）小变形假设

固体因外力作用而引起的变形与原始尺寸相比是微小的，这样的变形称为小变形。由于变形比较小，在固体分析、建立平衡方程、计算个体的变形时，都以原始的尺寸进行计算。

对于变形固体来讲，受到外力作用发生变形，而变形发生在一定的限度内，当外力解除后，随外力的解除而变形也随之消失的变形，称为弹性变形。但是也有部分变形随外力的解除而变形不随之消失，这种变形称为塑性变形。

2. 杆件的基本受力形式

（1）杆件

在工程实际中，构件的形状可以是各种各样的，但经过适当的简化，一般可以归纳为四类，即：杆、板、壳和块。所谓杆件，是指长度远大于其他两个方向尺寸的构件。杆件的形状和尺寸可由杆的横截面和轴线两个主要几何元素来描述。杆的各个截面的形心的连线叫轴线，垂直于轴线的截面叫横截面。

轴线为直线、横截面相同的杆称为等值杆。

（2）杆件的基本受力形式及变形

杆件受力有各种情况，相应的变形就有各种形式。在工程结构中，杆件的基本变形有以下四种：

1）轴向拉伸与压缩（图 4-31a、图 4-31b）

这种变形是在一对大小相等、方向相反、作用线与杆轴线重合的外力作用下，杆件产生长度的改变（伸长与缩短）。

2）剪切（图 4-31c）

这种变形是在一对相距很近、大小相等、方向相反、作用线垂直于杆轴线的外力作用下，杆件的横截面沿外力方向发生的错动。

3）扭转（图 4-31d）

这种变形是在一对大小相等、方向相反、位于垂直于杆轴线的平面内的力偶作用下，杆的任意两横截面发生的相对转动。

4）弯曲（图 4-31e）

这种变形是在横向力或一对大小相等、方向相反、位于杆的纵向平面内的力偶作用下，杆的轴线由直线弯曲成曲线。

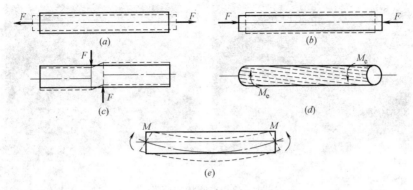

图 4-31　杆件变形的基本形式

3. 杆件强度的概念

构件应有足够的强度。所谓强度，就是构件在外力作用下抵抗破坏的能力。对杆件来讲，就是结构杆件在规定的荷载作用下，保证不因材料强度发生破坏的要求，称为强度要求。即必须保证杆件内的工作应力不超过杆件的许用应力，满足公式：

$$\sigma = N/A \leqslant [\sigma] \tag{4-22}$$

4. 杆件刚度和稳定的基本概念

（1）刚度

刚度是指构件抵抗变形的能力。

结构杆件在规定的荷载作用下，虽有足够的强度，但其变形不能过大，超过了允许的范围，也会影响正常的使用，限制过大变形的要求即为刚度要求。即必须保证杆件的工作变形不超过许用变形，满足公式：

$$f \leqslant [f] \tag{4-23}$$

拉伸和压缩的变形表现为杆件的伸长和缩短，用 ΔL 表示，单位为长度。

剪切和扭矩的变形一般较小。

弯矩的变形表现为杆件某一点的挠度和转角。

梁的挠度变形主要由弯矩引起，叫弯曲变形，在平面弯曲梁的横截面上，存在着两种内力——弯矩和剪力。横截面上既有弯矩又有剪力的弯曲称为横力弯曲。如果梁横截面上只有弯矩而无剪力，称为纯弯曲。通常我们都是计算梁的最大挠度，简支梁在均布荷载作用下梁的最大挠度作用在梁中，且

$$f_{\max} = \frac{5qL^4}{384EI}$$

由上述公式可以看出，影响弯曲变形（位移）的因素为：

1）材料性能：与材料的弹性模量 E 成反比；

2）截面大小和形状：与截面惯性矩 I 成反比；

3）构件的跨度：与构件的跨度 L 的 2、3 或 4 次方成正比，该因素影响最大；

（2）稳定性

稳定性是指构件保持原有平衡状态的能力。

平衡状态一般分为稳定平衡和不稳定平衡，如图 4-32 所示。

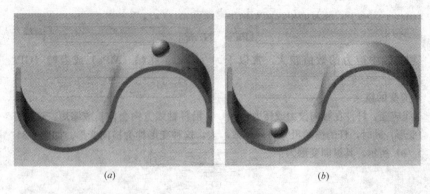

图 4-32　平衡状态分类

(*a*) 不稳定平衡；(*b*) 稳走平衡

两种平衡状态的转变关系如图 4-33 所示。

图 4-33

因此对于受压杆件，要保持稳定的平衡状态，就要满足所受最大压力 F_{max} 小于临界压力 F_{cr}。临界力 F_{cr} 计算公式如下：

$$F_{cr} = \frac{\pi^2 E I_{min}}{L^2} \tag{4-24}$$

公式（4-24）的应用条件：

1）理想压杆，即材料绝对理想；轴线绝对直；压力绝对沿轴线作用。

2）线弹性范围内。

3）两端为球铰支座。

5. 应力、应变的基本概念

（1）内力、应力的概念

1）内力的概念

构件内各粒子间都存在着相互作用力。当构件受到外力作用时，形状和尺寸将发生变化，构件内各个截面之间的相互作用力也将发生变化，这种因为杆件受力而引起的截面之间相互作用力的变化称为内力。

内力与构件的强度（破坏与否的问题）、刚度（变形大小的问题）紧密相连。要保证构件的承载必须控制构件的内力。

2）应力的概念

内力表示的是整个截面的受力情况。在不同粗细的两根绳子上分别悬挂重量相同的物体，则细绳将可能被拉断，而粗绳不会被拉断，这说明构件是否破坏不仅仅与内力的大小有关，而且与内力在整个截面的分布情况有关，而内力的分布通常用单位面积上的内力大小来表示，我们将单位面积上的内力称为应力。它是内力在某一点的分布集度。

应力根据其与截面之间的关系和对变形的影响，可分为正应力和切应力两种。

垂直于截面的应力称为正应力，用 σ 表示；相切于截面的应力称为切应力，用 τ 表示。在国际单位制中，应力的单位是帕斯卡，简称帕（Pa）。

$$1Pa = 1N/m^2$$

工程实际中应力的数值较大，常以千帕（kPa）、兆帕（MPa）或吉帕（GPa）为单位。

例如，纯弯曲梁的正应力如式 4-25 所示。

$$\sigma = \frac{My}{I_z} \qquad (4\text{-}25)$$

式中　y——横截面上所求应力点至中性轴的距离。

公式说明：

1）公式的适用范围为线弹性范围。

2）计算应力时可以用弯矩 M 和距离 y 的绝对值代入式中计算出正应力的数值，再根据变形形状来判断是拉应力还是压应力。

3）在应力计算公式中没有弹性模量 E，说明正应力的大小与材料无关。

3）应变的概念

① 线应变：杆件在轴向拉力或压力作用下，沿杆轴线方向会伸长或缩短，这种变形称为纵向变形；同时，杆的横向尺寸将减小或增大，这种变形称为横向变形。如图 4-33（a）、图 4-33（b）所示，其纵向变形为：

$$\Delta l = l_1 - l \qquad (4\text{-}26)$$

式中　l_1——受力变形后沿杆轴线方向长度；

　　　l——原长度。

为了避免杆件长度的影响，用单位长度的变形量反映变形的程度，称为线应变。纵向线应变用符号 ε 表示。

$$\varepsilon = \Delta l / l = (l_1 - l) / l \qquad (4\text{-}27)$$

② 切应变：图 4-33（c）为一矩形截面的构件，在一对剪切力的作用下，截面将产生相互错动，形状变为平行四边形，这种由于角度的变化而引起的变形称为剪切变形。直角的改变量称为切应变，用符号 γ 表示。切应变 γ 的单位为弧度。

图 4-33　杆件的应变变形

（2）虎克定律

实验表明，应力和应变之间存在着一定的物理关系，在一定条件下，应力与应变成正比，这就是虎克定律。

用数学公式表达为：

$$\sigma = E\varepsilon \qquad (4\text{-}28)$$

式中比例系数 E 称为材料的弹性模量，它与构件的材料有关，可以通过试验得出。

第5章 市政工程施工测量的基本知识

5.1 控制测量

5.1.1 水准仪的介绍及使用

水准仪为水准测量所使用的仪器，其辅助工具为水准尺和尺垫。水准仪按其精度高低可分为 DS05、DS1、DS3 和 DS10 等 4 个等级（D、S 分别为"大地测量"和"水准仪"的汉语拼音的第一个字母；数字 05、1、3、10 表示该仪器的标称精度，是指用该仪器进行水准测量时，往返测 1km 高差中误差，其单位是 mm）；按结构可分为微倾式水准仪和自动安平式水准仪；按构造可分为光学水准仪和电子水准仪。

1. 普通光学水准仪的构造

水准仪是测量高程、建筑标高用的主要仪器。根据水准测量的原理，水准仪的主要作用是提供一条水平视线，并能照准水准尺进行读数。水准仪主要由望远镜、水准器、基座组成。主要部件的名称如图 5-1 所示。

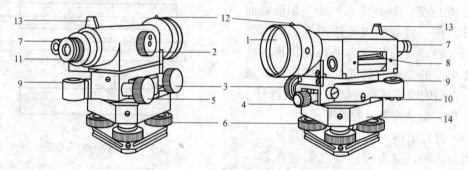

图 5-1　DS3 微倾式水准仪构造

1—物镜；2—物镜对光螺旋；3—水平微动螺旋；4—水平制动螺旋；5—微倾螺旋；
6—脚螺旋；7—符合气泡观察镜；8—水准管；9—圆水准器；10—圆水准器校正螺丝；
11—目镜调焦螺旋；12—准星；13—缺口；14—轴座

2. 水准尺与尺垫

水准尺是水准测量的重要工具（图 5-2），普通水准尺一般用不易变形且干燥的优质木材、铝合金或玻璃钢制成，精密测量水准尺采用铟钢制成。常用的普通水准尺按构造分有整尺（直尺）、折尺、塔尺三种，按尺面来分有单面尺和双面尺。

塔尺多用于等外水准测量，其长度有 2m 和 5m 两种，用两节或三节套接在一起。尺的底部为零点，尺上黑白格相同，每格宽度为 1cm 有的为 0.5cm，每 1m 和 1dm 处均有注记。

双面水准尺多用于三、四等水准测量，其长度有 2m 和 3m 两种，且两根尺为一对。

尺的两面均有刻划，一面为红白相间称为红面尺，另一面为黑白相间，称为黑面尺（也称主尺），两面的刻划均为1cm，并在分米处注写字。两根尺的黑面均由零开始，而红面，一根尺由 4.687m 开始，另一根由 4.787m 开始。

尺垫是在转点处放置水准尺用的，用生铁铸成或铁板压成，一般为三角形，中央有一突起的半球体，下方有三个支脚。用时将支脚牢固地插入土中，以防下沉，上方突起的半球形顶点作为竖立水准尺和标志转点之用。

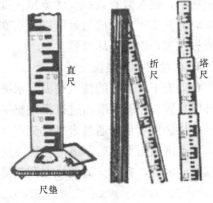

图 5-2　水准尺与尺垫

3. 普通光学水准仪的使用

在进行水准测量前，即抄平前要将水准仪安置在适当位置，一般选在观测的两点的中间位置处，并没有遮挡视线的障碍物。其安置步骤如下：

1）支三脚架：三脚架放置位置应行人少、振动小、地面坚实，支架高度以放上仪器后观测者测视合适为宜。支架的三角尖点形成等边三角形放置，支架上平面接近水平。

2）安放水准仪：从仪器箱中取出水准仪放到三脚架上，用架上的固定螺栓与仪器的连接板拧牢。最后把三脚架尖踩入坚土中，使三脚架稳固在地面上。取放仪器注意轻拿轻放及仪器在箱内的摆放朝向。

3）粗平：首先用双手按箭头所指的方向转动脚螺旋1、2，使气泡移到这两个脚螺旋方向的中间，再用左手按箭头方向转动脚螺旋3使气泡居中，见图5-3。

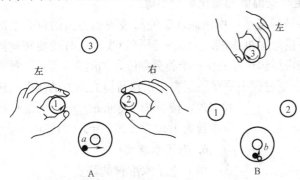

图 5-3　普通光学水准仪粗平

4）目镜对光：依个人视力将镜转向明亮背景如白色墙壁，旋动目镜对光螺旋，使在镜筒内看到的十字丝达到十分清晰为止。

5）概略瞄准：利用镜筒上的准星和缺口大致瞄准目标后，用目镜来观察目标并固定制动螺旋，完成概略瞄准。

6）物镜对光：转动物镜对光螺旋，使水准尺的像最清晰，在转动微动螺旋，使十字丝纵丝对准水准尺边缘或中央。

7）清除视差：当尺像与十字丝网平面不重合时，眼睛靠近目镜微微上下移动，可看见十字丝的横丝在水准尺上的读数随之变动，这种现象叫视差，它将影响读数的正确性。消除视差的方法是仔细转动物镜对光螺旋，直至尺像与十字丝网面重合。

8）精平：转动微倾螺旋，使水准管气泡严格居中，从而使望远镜的视线精确处于水平位置。

9）读数：仪器精平后，应立即用十字丝的中横丝在水准尺上进行读数，读数时应从上往下读，即从小往大读，读数后应立即在水准管气泡观察镜内重新检验气泡是否居中，如仍居中，则读数有效；应注意每次读数前都要精平。

以上9步工作完成后就可进行水准测量、抄平了。需注意的是在拧旋螺旋时，不要硬拧或拧过头，以免损坏仪器。

4. 自动安平水准仪

自动安平水准仪的特点是没有水准管和微倾螺旋，其基本原理是在望远镜中安置了一个补偿装置，用圆水准器进行粗略整平后，当视准轴有微小倾斜，通过物镜光心的水平光线经补偿装置后仍能通过十字丝交点（图5-4）。

当水准仪粗平以后，借助补偿器的作用，视准轴在1～2s内自动成水平状态，便可进行读数。因此，它操作简便，有利于提高测量速度。

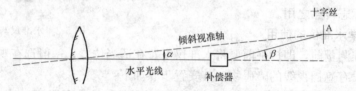

图5-4 水准仪安装示意图

5. 精密水准仪

精密水准仪主要用于国家一、二等水准测量和高精度的工程测量等。在市政工程中常用来进行建（构）筑物沉降观测、桩基试验的沉降观测以及大型构件试验的扰度观测等作业项目。常用精密水准仪为DS1和DS0.5级。

精密水准仪的构造与DS3水准仪基本相同，也是由望远镜、水准器和基座3部分组成。其不同点是：水准管分划值较小，一般为$10''/2mm$；望远镜放大率较大，一般不小于40倍；望远镜的亮度好，仪器结构稳定，受温度的变化影响小等。

精密水准仪的操作方法为：在仪器精确整平（用微倾螺旋使目镜视场左面的符合水准气泡半像吻合）后，十字丝横丝往往不恰好对准水准尺上某一整分划线，这时就要转动测微轮使视线上、下平行移动使十字丝的楔形丝正好夹住一个整分划线，如图5-5所示，被夹住的分划线读数为1.97m。视线在对准分划过程中平移的距离显示在目镜右下方的测微尺读数窗内，读数为1.50mm。所以水准尺的全读数为$1.97+0.0015=1.9715m$。

6. 电子水准仪

（1）电子水准仪的特点

电子水准仪和传统水准仪相比较，其相同点是：电子水准仪具有与传统水准仪基本相同的光学、机械和补偿器结构；光学系统也是沿用光学水准仪的；水准标尺一面具有用于电子读数的条码，另一面具有传统水准标尺的E型分划；既可用于电子水准测量，也可用于传统水准测量、摩托化测量、形变监测和适当的

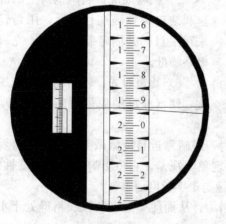

图5-5 精密水准仪读数

工业测量。其不同点是：传统水准仪用人眼观测，电子水准仪用光电传感器（CCD行阵）

（即探测镜）代替人眼；电子水准仪与其相应条码水准标尺配用。仪器内装有图像识别器，采用数字图像处理技术，这些都是传统水准仪所没有的；同一根编码标尺上的条码宽度不同，各型电子水准仪的条码尺有自己的编码规律，但均含有黑白两种条块，这与传统水准标尺不同。另外，对精密水准仪而言，传统的利用测微器读数，而电子水准仪没有测微器。

（2）电子水准仪的基本原理

水准标尺上宽度不同的条码通过望远镜成像到像平面上的CCD传感器上，CCD传感器将黑白相间的条码图像转换成模拟视频信号，再经仪器内部的数字图像处理，可获得望远镜中丝在条码标尺上的读数。此数据一方面显示在屏幕上，另一方面可存储在仪器内的存储器中。电子水准测量目前有三种测量原理，即相关法（徕卡）、几何法（蔡司）、相位法（拓普康、索佳）。

（3）电子水准仪的使用方法

电子水准仪的使用方法与一般水准测量大体相似，也包括以下几步：安置仪器、粗略整平、瞄准目标、观测。值得一提的是，第四步只需按一下测量键即可，我们便可从电子水准仪的显示屏上看到读数。

5.1.2 经纬仪的介绍及使用

经纬仪是角度测量最常用的仪器，经纬仪目前主要有光学经纬仪和电子经纬仪两大类。光学经纬仪为光学玻璃度盘，读数采用光学测微装置和一些光路系统，是目前应用较广泛的一种测角仪器；电子经纬仪则时采用角码转换器和微处理机将方向（或角度）值用数字形式自动显示出来，是一种自动化程度更高的测角仪器。

（1）光学经纬仪

光学经纬仪的型号为DJ07、DJ2、DJ6、DJ15。DJ分别为"大地测量"和"经纬仪"的汉语拼音第一个字母，07、2、6、15分别为该仪器一测回方向观测值的中误差的秒值。工程建设中常用的是DJ2、DJ6两种。

图5-6为北京光学仪器厂生产的DJ6型光学经纬仪，各部件名称如图所注。它主要由照准部分、水平度盘和基座3部分构成。

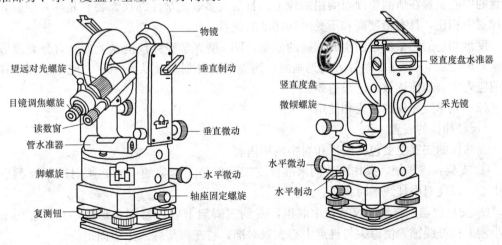

图 5-6 DJ6 型光学经纬仪

153

1）照准部分

主要由望远镜、测微器和竖轴组成。望远镜可精确地照准目标，它和横轴垂直固结连在一起，并可绕横轴旋转。当仪器调平后，绕横轴旋转时，视准轴可以扫出一个竖直平面。在望远镜的边上有个读数显微镜，从中可以看到度盘的读数。为控制望远镜的竖向转动，设有竖向制动螺旋和微动螺旋。照准部分上还有竖直度盘和水准器。照准部分下面的竖轴插在筒状的曲座内，可以使整个照准部分绕竖轴做水平方向的转动。为控制水平向的转动，也设有水平制动螺旋和微动螺旋。

2）水平度盘部分

水平度盘主要用来量度水平角值。

① 水平度盘：光学玻璃的圆环，圆环上按顺时针方向刻划，注记 0～360°，每度注有数字。根据注记可判断度盘分划值，一般为 30′或 1°。

② 度盘离合器（又称复测器扳手）：用来控制水平度盘与照准部之间的离合器的装置。当离合器扳手扳上时，度盘与照准部分离，水平读盘停留不动，读数指标所指读数随照准部的转动而变化，即称"上变"。离合器扳手扳下时，度盘与照准部结合在一起，照准部转动时，水平度盘与照准部同时转动，读数不变，即称"下不变"。所以离合器扳手是按"上离下合"而起作用。

有些经纬仪是用拨盘手轮代替度盘离合器，达到度盘变位的目的，它的作用是配置度盘起始位置。当望远镜转动时，水平度盘不随之转动，当需要转动水平度盘时，可以拨动拨盘手轮来改变度盘位置，将水平度盘调至指定的读数位置。

3）基座

主要用来整平和支撑上部结构。包括轴座、脚螺旋和连接板。

① 轴座固定螺旋：是固定仪器的上部和基座的专用螺旋。使用仪器时不要松动此螺旋，以防仪器脱离轴座而摔落受损。

② 脚螺旋：用来整平仪器。用三个脚螺旋使圆水准器气泡居中，达到竖轴铅直；水准管气泡居中，达到水平度盘水平的目的。

用连接螺栓可将仪器与三脚架连接，在连接螺旋下方的垂球挂钩上挂垂球，可将水平度盘的中心安置在所测角顶点的铅垂线上。目前大多数光学经纬仪都装有光学对中器，与垂球对中相比，具有精度高和不受风吹摆动的优点。

度盘和它的测微器是测角时读数的依据。DJ6 型光学经纬仪度盘上刻画有分划度数的线条，刻度从 0～360°顺时针方向刻画的。测微器的分划刻度从 0～60′。使用不同经纬仪之前应先学会如何读数，这很重要。

（2）光学经纬仪的安置和使用

1）经纬仪的安置

经纬仪的安置主要包括定平和对中两项内容。

① 支架：三脚架，操作方法同水准仪支架，但是三脚架的中心必须对准下面测点桩位中心，以便对中挂线锤时找正。

② 安放仪器：将经纬仪从箱中取出，安到三脚架上后拧紧固定螺旋，并在螺旋下端的小钩上挂好线锤，使锤尖与桩点中心大致对准，将三脚架踩入土中固定好。

③ 对中：根据线锤偏离桩中心的程度来移动仪器，使之对中。偏得少时可以松开固

定螺旋，移动上部的仪器来达到对中；若偏离过大须重新调整三脚架来对中。对中时观测人员必须在线锤垂挂的两个互相垂直的方向看是否对中，不能只看一侧。一般桩上都钉一小钉作中心，其偏离中心一般不允许超过1mm。对中准确拧紧固定螺旋即完成对中操作。

④ 定平：目的是使仪器竖轴竖直和水平度盘水平。操作时转动仪器照准部分，使水准管平行于任意一对脚螺旋的连线，然后用两手同时反方向转动两脚螺旋，使水准管气泡居中，注意气泡移动方向与左手大拇指移动方向一致；再将照准部分转动90°，使水准管垂直于原两脚螺旋的连线，转动另一脚螺旋，使水准管气泡居中。如此重复进行，直到在这两个方向气泡都居中为止。居中误差一般不得大于一格。

2）经纬仪的使用

经纬仪的使用主要是水平方向的测角，竖直方向的观测。

① 水平角度的观测：经纬仪安置好后，将度盘的0°00′00″读数对准，扳下离合器按钮，松开制定螺旋，转对仪器把望远镜照准目标，用十字丝双竖线夹住目标中心，固定度盘制动螺旋，对光看清目标后用微动螺旋使十字丝中心对准目标。

扳上离合器检查读数应为0°00′00″，读数不为0应再调整直至为0。再松开制动螺旋和转动仪器，看第二个目标并照准，读出转过的度数（即根据图纸上构筑物的边交角的度数，转过需要的度数），再固定仪器，让配合者把望远镜中照准的点定下桩位，此即定位定点的方法，测角示意如图5-7所示。

② 竖直方向的观测：利用经纬仪进行竖向观测是利用望远镜的视准轴在绕横轴旋转时扫出的一个竖直平面的原理来测建筑物的竖向偏差。如构件吊装观测时，可将经纬仪放在观测物的对面，使其某构件轴线与仪器扫出的竖向平面大致对准，然后与该构件根部的中心（或轴线）照准对好，再竖向向上转动望远镜，观测其上部中心是否在一个竖向平面中，如上部中心偏离镜中十字丝中心，则构件不垂直，反之垂直。偏离超过规范允许偏差要返工重置。

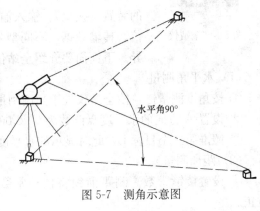

水平角90°

图5-7 测角示意图

3）经纬仪观测的误差和原因

其误差有测角不准，90°角不垂直，竖向观测竖直面不垂直水平面，对中偏离过大等。原因是：

① 仪器本身的误差：如仪器受损、使用年限过久、检测维修不善、制造不精密、质量差等。

② 气候等因素：如风天、雾天、太阳过烈、支架下沉等，高精度测量时应避开这些因素。

③ 操作不良因素：定平、对中不认真，操作时手扶三脚架，身体碰架子或仪器，操作人任意走受到其他因素影响等。

（3）电子经纬仪简介

电子经纬仪与光学经纬仪的根本区别在于：电子经纬仪是利用光电转换原理和微处理

器自动测量度盘的读数并将测量结果显示在仪器显示窗上，如将其与电子手簿连接，可以自动储存测量结果。电子经纬仪的测角系统有 3 种：编码度盘测角系统、光栅度盘测角系统和动态测角系统。

5.1.3　全站仪的介绍及使用

全站型电子测速仪简称全站仪（图 5-8），它是一种可以同时进行角度（水平角、竖直角）测量、距离（斜距、平距、高差）测量和数据处理，由机械、光学、电子元件组合而成的测量仪器。由于只需一次安置，仪器便可以完成测站上所有的测量工作，故被称为"全站仪"。全站仪上半部分包含有测量的 4 大光电系统，即水平角测量系统、竖直角测量系统、水平补偿系统和测距系统。通过键盘可以输入操作指令、数据和设置参数，以上各系统通过 I/O 接口接入总线与微处理机联系起来。

图 5-8　全站仪

微处理机（CPU）是全站仪的核心部件，主要有寄存器系列（缓冲寄存器、数据寄存器、指令寄存器）、运算器和控制器组成。微处理机的主要功能是根据键盘指令启动仪器进行测量工作，执行测量过程中的检核和数据传输、处理、显示、储存等工作，保证整个光电测量工作有条不紊地进行。输入输出设备是与外部设备连接的装置（接口），输入输出设备使全站仪与磁卡和微机等设备交互通信、传输数据。不同型号的全站仪，其具体操作方法会有较大的差异。下面简要介绍全站仪的基本操作与使用方法。

（1）水平角测量

① 按角度测量键，使全站仪处于角度测量模式，照准第一个目标 A。

② 设置 A 方向的水平度盘读数为 $0°00'00''$。

③ 照准第二个目标 B，此时显示的水平度盘读数即为两方向间的水平夹角。

（2）距离测量

① 设置棱镜常数。测距前须将棱镜常数输入仪器中，仪器会自动对所测距离进行改正。

② 设置大气改正值或气温、气压值。光在大气中的传播速度会随大气的温度和气压而变化，15℃ 和 760mmHg 是仪器设置的一个标准值，此时的大气改正为 0ppm。实测时，可输入温度和气压值，全站仪会自动计算大气改正值（也可直接输入大气改正值），并对测距结果进行改正。

③ 量仪器高、棱镜高并输入、全站仪。

④ 距离测量。照准目标棱镜中心，按测距键，距离测量开始，测距完成时显示斜距、平距、高差。

全站仪的测距模式有精测模式、跟踪模式、粗测模式 3 种。精测模式是最常用的测距模式，测量时间约 2.5s，最小显示单位 1mm；跟踪模式，常用于跟踪移动目标或放样时连续测距，最小显示一般为 1cm，每次测距时间约 0.3s；粗测模式，测量时间约 0.7s，最小显示单位 1cm 或 1mm。在距离测量或坐标测量时，可按测距模式（MODE）键选择不同的测距模式。

应注意，有些型号的全站仪在距离测量时不能设定仪器高和棱镜高，显示的高差值是横轴中心与棱镜中心的高差。

（3）坐标测量

① 设定测站点的三维坐标。

② 设定后视点的坐标或设定后视方向的水平度盘读数为其方位角。当设定后视点的坐标时，全站仪会自动计算后视的方位角，并设定后视方向的水平度盘读数为其方位角。

③ 设置棱镜常数。

④ 设置大气改正值或气温、气压值。

⑤ 照准目标棱镜，按坐标测量键，全站仪开始测距并计算显示点的三维坐标。

5.1.4 测距仪的介绍及使用

以电磁波为载波的测距仪统称为电磁波测距仪。根据载波的不同，它分为以光波为载波的光电测距仪和以微波为载波的微波测距仪。

光电测距仪按光源的不同又分为普通光测距仪、激光测距仪和红外测距仪。其中，普通测距仪早已淘汰；激光测距仪多用于远程测距；红外测距仪则用于中、短程测距，在工程测量中应用广泛。微波测距仪的精度低于光电测距仪，在工程测量中应用较少。

测距仪除按载波分类外，还可按测程分为短程（3km 以内）、中程（3～15km）和远程（15km 以上）；按精度可分为Ⅰ级、Ⅱ级和Ⅲ级，Ⅰ级为 1km 的测距中误差小于 ±5mm；Ⅱ级为±(5～10)mm，Ⅲ级为大于±10mm。

本节主要介绍红外测距仪及其使用。

红外测距仪是指采用砷化镓（GaAs）发光二极管发出的红外光作为光源的相位式测距仪。其波长 $\lambda=0.82\sim0.93\mu m$（作为一台具体的红外测距仪，则为一个定值），由于影响光速的大气折射率随大气的温度、气压而变，因此，在光电测距作业中，必须测定现场的大气温度和气压，对所测距离作气象改正。目前，国内外不同厂家生产的红外测距仪有多种型号，结构和操作也大同小异，下面以国产 D3000 系列（常州大地测距仪厂生产）为例进行简要介绍。

1. D3000 系列测距仪的主要技术指标

测程：D3000，2000m（单棱镜），3000m（三棱镜）；D3050，2200m（单棱镜），3200m（三棱镜），4500m（九棱镜）。

精度：±（5mm+5ppD）（ppm 为 1×10^{-6}mm）。

显示：最大显示距离 9999.999m，最小读数 1mm（跟踪 1cm）。

测量时间：标准测距 3s，跟踪测距 0.8s。

温度范围：−20～50℃。

照准望远镜：同轴照准，正像 13 倍，视场角 $1°30'$。

功耗：≤3.6W。

电源：镍-镉电池，装卸式 6V，1.2A/h，充电时间 14h。

质量：1.8kg（不包括电池）。

2. 仪器结构和操作

D3000 系列测距仪包括主机、电池和反射棱镜。主机可安装在 J2 型电子经纬仪上。

（1）主机。主机有发射、接收物镜，瞄准目镜，显示屏，操作键盘，数据接口，连接支架和制动、微动螺旋。操作键盘有多个按键，每个按键都具有双功能或多功能。这里主要介绍以下几种测距模式：

① 标准测距：按 DIST 键一次，仪器发出短促音响，开始单次测距，显示屏 3s 后显示测斜距，并处于待测状态。每照准反射棱镜一次进行 4 次标准测距，称为一测回。

② 连续测距：按 DIL 键一次，仪器发出短促音响，开始连续标准测距，显示屏每 3s 显示单次所测斜距。按 RESET 键停止（否则不停地测下去），并处于待测状态。

③ 平均测距：先按 SHIFT 键一次，再按 AVE 键一次，开始连续 5 次标准测距，显示屏 15s 后显示 5 次标准测距的平均值，并处于待测状态。若中途停止按 RESET 键。

④ 跟踪测距：按 TRC 键一次，开始连续粗测距，显示屏每 0.8s 显示单次所测斜距，只显示到厘米位。按 RESET 键则停止（否则不停地测下去），并处于待测状态。

（2）电池。D3000 系列测距仪的随机电池为 6V、1.2A/h 的镍-镉电池，插在主机下方，如测距工作量大，应配置大容量的外接电池。

（3）反射棱镜。反射棱镜分为单棱镜和三棱镜，另外还有九棱镜，用于较远距离的测量。

3. 观测步骤

（1）安置仪器。先将经纬仪安置在测站上，对中整平。然后将测距仪主机安置在经纬仪支架上，将电池插入主机下方的电池盒座内。在目标点安置反射棱镜，计算竖直角。然后读取温度计和气压计的读数。

（2）观测竖直角和气象元素。用经纬仪望远镜照准棱镜觇板中心，使竖盘指标水准管气泡居中（如有竖盘指标自动补偿装置则无此操作），读取并记录竖盘读数，计算竖直角。然后读取温度计和气压计的读数。

（3）测距。调节测距仪主机的竖直制动和微动螺旋，照准棱镜中心。按 ON/OFF 键，显示屏在 8s 内依次显示设置的仪器加、乘常数和电池电压、回光信号强度。仪器自动减光，正常情况下回光强度显示在 40～60，并有连续蜂鸣声，左下方出现"■"，表示仪器进入待测状态。若显示的仪器加、乘常数与实际不符，需重新输入。

测量过程中，如果显示屏左下方不显示"■"，而显示"R"，同时连续蜂鸣声消失，表示回光强度不足。若是在有效测程内，则可能是测线上有物体挡光，此时需清除障碍。

4. 改正计算

测距仪测得的初始值需要进行三项改正计算，以获得所需要的水平距离。

（1）仪器加常数改正

测距仪在标准气象条件、视线水平、无对中误差的情况下，所测得的结果与真实值之间会相差一个固定量，这个量称为加常数。产生加常数的原因主要有：测距仪主机的发射、接收等效中心与几何中心不一致，主机和棱镜的内、外光路延迟等。仪器加常数包括主机加常数和棱镜常数，棱镜常数由厂家提供，主机加常数需定期检定测得。将加常数在测距前直接输入仪器，仪器可自动改正观测值，否则应进入人工改正。

D3000 系列测距仪的加常数预置：先按 SHIFT 键一次，再按 mm 键一次，然后输入加常数。按 INC 键输入正号，按 DEC 键输入负号，输完所有数值后按 mm 键确认。加常数的输入范围为 $-999～999mm$。

（2）仪器乘常数改正和气象改正

测距仪在视线水平、无对中误差的情况下，所测得的结果与真实值之间会相差一个比例量。这个量称为比例因子。产生比例因子的主要原因是测距仪的频率漂移和大气折射的影响。其中，由频率漂移所引起的那一部分比例称为仪器乘常数，它需定期检定测得；而大气折射的影响可由气象改正公式计算，它由厂家提供或内置于仪器。比例因子的改正可直接输入仪器，也可以人工改正。D3000 系列测距仪的气象改正公式为

$$R=278.96-(793.12P)/(273.16+T) \tag{5-1}$$

式中，R 值以 mm/km 为单位，P 为气压值（kPa）；T 为气温值（℃）。

D3000 系列测距仪的比例因子预置：先按 SHIFT 键一次，再按 ppm 键一次，然后输入比例因子值（包括乘常数和气象改正值）。按 INC 键输入正号，按 DEC 键输入负号，输完所有数值后按 ppm 键确认。比例因子的输入范围为 −50～130ppm。

需要注意的是，某些厂商的仪器将乘常数和气象改正值分开设置。

（3）倾斜改正

经上述改正后，所得距离值为测距仪主机中心至反射棱镜中心的倾斜距离 S，还需要改正为水平距离 D，有

$$D=S\cos\alpha \tag{5-2}$$

5. 测距误差和标称精度

顾及大气折射率和仪器加常数 K，相位式测距的基本公式可写为

$$D=\frac{c_0}{2_{fn}}\left(N+\frac{\Delta\varphi}{2\pi}\right)+K \tag{5-3}$$

式中，c_0 为真空中的光速值；n 为大气的群折射率，它是载波波长、大气温度、大气湿度、大气压力的函数。

由式（5-3）可知，测距误差由光速值误差 m_{c0}、大气折射率误差 m_n、调制频率误差 m_f 和测相误差 $m_{\Delta\varphi}$、加常数误差 m_K 决定；但实际上，除上述误差外，测距误差还包括仪器内部信号窜扰引起的周期误差 m_A、仪器的对中误差 m_g 等。这些误差可分为两大类：一类与距离成正比，称为比例误差，如 m_{c0}、m_n、m_f、m_g；另一类与距离无关，称为固定误差，如 $m_{\Delta\varphi}$、m_K。因此，测距仪的标称精度表达式一般可写为

$$mD=\pm(a+bD) \tag{5-4}$$

式中，a 为固定误差（mm）；b 为比例误差系数（mm/km）；D 为距离（km）。

5.1.5　水准、距离、角度测量的原理和要点

1. 水准测量的原理和要点

（1）水准测量原理

水准测量的实质是测定两点之间的高程之差——高差，然后由已知高程及已知点与未知点间的高差求出未知点高程。

如图 5-9 所示，设 A 点高程 H_A 已知，B 点为高程待定点，通过水准测量测出 A、B两点之间的高差 h_{AB}，则可按下式求出 B 点高程：

$$H_B=H_A+h_{AB} \tag{5-5}$$

为测出 A、B 两点之间的高差，可在 A、B 两点上分别竖立水准尺，并在 A、B 点之

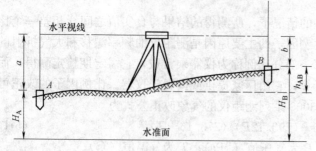

图 5-9　水准测量原理

间安置一架能提供水平视线的仪器——水准仪。根据仪器的水平视线，在 A 点尺上读数，设为 a；在 B 点尺上读数，设为 b；则 A、B 点的高差为

$$h_{AB}=a-b \qquad (5-6)$$

如果水准测量是由 A 到 B 进行的，如图 5-9 中的箭头所示，由于 A 点为已知高程点，故 A 点尺（后尺）上读数 a 称为后视读数，B 点为欲求高程的点，则 B 点尺（前尺）上读数 b 为前视读数。则高差等于后视读数减去前视读数。$a > b$ 时，高差为正；反之为负。

式（5-5）和式（5-6）是直接利用高差 h_{AB} 计算 B 点高程的，称为高差法。

还可以通过仪器的视线高 H_i 计算 B 点的高程，有

$$H_i=H_A+a$$
$$H_B=H_i-b \qquad (5-7)$$

式（5-7）是利用仪器视线高 H_i 计算 B 点高程的，称为仪器高法。

当需要通过很多站的观测，即通过建立水准路线高程求得较远处某点的高程时，采用高差法；若安置一次仪器需要测出多个点的高程时（如抄平工作），仪器高法更方便一些。

（2）水准点

水准点有永久性和临时性两种。永久性水准点由石料或混凝土制成，顶面设置半球状标志，城镇区也有在稳固的建筑物墙上设置路上水准点，如图 5-10 所示。

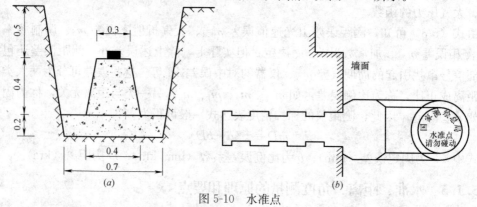

图 5-10　水准点

（a）半永久埋地水准点；（b）墙上水准点

施工测量水准点多采用混凝土制成，中间插入钢筋，或标示在突出的稳固岩石或构筑物的勒脚。临时性的水准点可用木桩钉入土层，桩顶用水泥浆封固并用钢筋架立保护。

（3）水准路线

1）分段（多站）测量

当地面两点间的高差较大、距离较远或通视困难，不能一次测出两点间的高差时，必须在其间分段进行观测，如图 5-11 所示。

$$h_{a1}=a_1-b_1$$

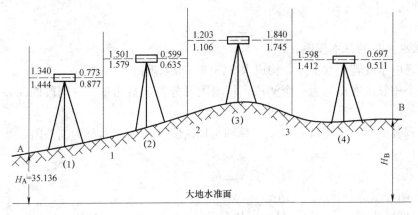

图 5-11 水准分段测量

$$h_{12}=a_2-b_2$$
$$\cdots$$
$$h_{3B}=a_4-b_4$$

将以上各式相加得 $\qquad \sum h=\sum a-\sum b$

上式说明，两点的总高差等于各站高差之和，等于后视读数之和减去前视读数之和。

2）水准路线

为了校合测量数据和控制整个观测区域，测区内的水准点通常布设成一定的线形。

① 闭合水准路线

闭合水准路线是由一个已知高程的水准点开始观测，顺序测量若干待测点，最后回到原来开始的水准点。如图 5-12 所示，已知水准点 BM_A 的高程，由 BM_A 开始，顺序测定 1、2、3、4 点，最后从第 4 点测回 BM_A 点构成闭合水准路线。

闭合水准路线各段高差的总和理论值应等于零，即

$$\sum h_{理}=0$$

② 附合水准路线

由一个已知高程的水准点开始，顺序测定若干个待测点，最后连续测到另一个已知高程水准点上，构成附和的水准路线（图 5-13）。附合水准路线各段高差的总和理论值如下：

$$\sum h_{理}=H_B-H_A=H_{终}-H_{始}$$

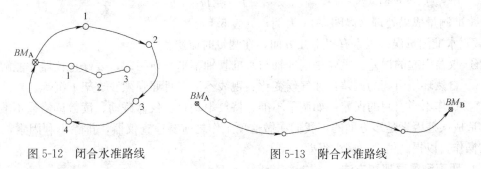

图 5-12 闭合水准路线 　　　　　图 5-13 附合水准路线

③ 支水准路线

由已知水准点开始测若干个待测点之后，既不闭合也不附合的水准路线称为支水准路

线。支水准路线不能过长。

$$\sum h_{往} = \sum h_{返}$$

（4）水准测量的基本程序

1）测区内布设若干水准点，构成水准路线（或水准网）。

2）两个相邻水准点称为一个测段，每测段可分若干站测量，一测段的高差为各测段高差和。

3）计算各测段的实测高差（$h_{测}$）总和与理论值（$h_{测}$）之差称为高差闭合差 f_h。通式如下：

$$f_h = \sum h_{测} - \sum h_{理}$$

其中：闭合水准路线 $f_h = \sum h_{测}$

附合水准路线 $f_h = \sum h_{测} - (H_{终} - H_{始})$

支水准路线 $f_h = \sum h_{往测} + \sum h_{返测}$

4）检验误差是否超限

$$f_h \leqslant f_{h容} = \pm 20\sqrt{L} 或 \pm 6\sqrt{n}(\text{mm})$$

式中 L——各测段长度总和（单位 km）；

n——各测段测站数总和；

$f_{h容}$——高差闭合差允许限度，如上述公式条件不满足则重测。

每千米转折点少于 15 点时用前一个公式，反之用后一个公式。

5）误差在限度内，按每测段的长度或测站数的正比对实测高差进行平差改正。改正数：

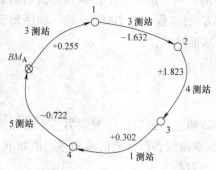

图 5-14　水准测量成果处理

$$V_i = (-f_h / \sum l)l_i$$

式中 V_i——第 i 测段的改正数；

$\sum l$——测段总长；

l_i——第 i 测段的长度。

$$h_i = h_{测} + V_i$$

6）计算未知点高程

前点的高程为后点已知高程加后前两点之间的改正后高差。

$$H_{前} = H_{后} + h_{后前}$$

水准测量成果处理（以图 5-14 为例）见表 5-1。

7）水准测量误差因素有以下几方面，在测量时应避免

① 仪器引起的误差：主要是视准轴与水准管轴不平行所引起，要修正仪器才能解决。

② 自然环境引起的误差：如气候变化、视线不清、日照强烈、支架下沉等。

③ 操作不当引起的误差：如调平不准、持尺不垂直、仪器碰动、读数读错或不准等。

造成误差因素是多方面的，我们在做这项工作之前要检查仪器，排除不利因素，认真细致操作，以提高精度，减少误差。

2. 距离测量原理和方法

（1）距离测量的一般方法

水准测量成果计算表 表 5-1

点号	测站数	实测高差(m)	改正数(m)	改正后高差(m)	高程(m)	备注
BMA					26.262	
	3	+0.255	−0.005	+0.250		
1					26.512	
	3	−1.632	−0.005	−1.637		
2					24.875	
	4	+1.832	−0.006	+1.817		
3					26.692	
	1	+0.302	−0.002	+0.300		
4					26.992	
	5	−0.722	−0.008	−0.730		
BMA					26.262	
总和	16	+0.026	−0.026	0		

$f_h = \sum h_{测} = +0.026\text{m}$ $f_h < f_{h容}$ 成果合格

$f_{h容} = \pm 8\sqrt{n} = \pm 32\text{mm}$ $V_i = (-f_h/\sum l)l_i$

在市政工程施工中，距离丈量通常采用钢尺进行；在有条件时，使用电磁波测距仪，以获得较高的精度。钢尺长度有 20m、30m、50m 等几种。此外，在量距中，一般采用花杆标定直线的方向，测钎标记所量的尺段数。丈量步骤主要包括定线、丈量和成果计算。

1）目估定线法

如图 5-15 所示，A、B 为地面两点，测量员位于 A 点标杆后 1~2m 处。用一只眼睛瞄准 B 点的标杆，使视线与两杆边缘相切，另一测量员手持标杆由 B 走向 A 到略短于一个整尺段长的地方，按照 A 点测量员的指挥移动标杆，标杆位于方向线时，插下标杆得出图中 1 点的位置。在 BA 方向上，逐个定出 2，3，…，n 点。

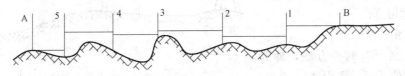

图 5-15　目估定线法

2）经纬仪定线法

测量员在 A 点安置经纬仪，用望远镜瞄准 B 点上的测钎，固定照准部，另一测量员在距 B 点略短于一个整尺段长度的地方，按照观测者的指挥移动测钎，当测钎与望远镜十字丝竖丝重合时，插下测钎，得 1 点。同样的，在 BA 方向线上依次标定出 2，3，…，n 点。

（2）丈量

丈量工作一般有两人担任，沿丈量方向前进，逐个尺段进行测量、标记。直到最后量出补足整尺的余长（零尺段）q 为止（图 5-16）。

$$D = nl + q$$

式中　l——整尺段长度；

　　　n——整尺段数；

　　　q——零尺段长。

为确保测距成果的精度，一般应进行往、返两次丈量。

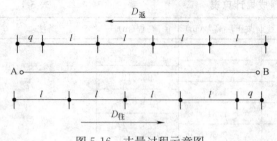

图 5-16 丈量过程示意图

（3）成果计算

根据往、返测的水平距离进行相对误差计算，取平均值为该两点间水平距离的最后结果。

3. 电磁波测距方法

（1）原理

随着现代光学、电子学的发展和各种新颖光源（激光、红外线等）的出现，电磁波测距技术得到了迅速发展，出现了激光、红外线和其他光源为载波的光电测距仪以及用微波为载波的微波测距仪。把这类测距仪统称为电磁波测距仪。

电磁波测距的原理见图 5-17。在 A 点安置测距仪，B 点架设反射镜，测距仪向反射镜发射电磁波，电磁波被反射镜反射回来又被测距仪接收。测距仪测量出电磁波往返的时间 t_{2D}。则可按下式计算距离：

$$D = I/2vt_{2D}$$

式中　v——电磁波在大气中的传播速度，其值约为 $3 \times 10^8 \text{m/s}$；

　　　t_{2D}——电磁波在被测距离上的往返时间；

　　　D——被测距离。

显然，只要测定 t_{2D} 时间，则被测距离 D 即可算出。

（2）测距方法

电磁波测距有两种方法，即为脉冲式和相位式两种测距法。

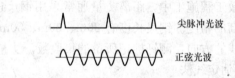

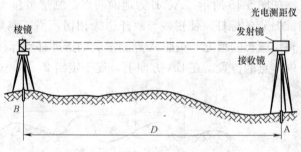

图 5-17　电磁波测距原理示意图

5.1.6　角度测量原理及方法

1. 角度测量原理

为测定地面点的平面位置，需要进行角度测量。角度测量是测量的基本工作之一，包括水平角测量和竖直角测量。

地面上某点到两目标的方向线垂直投影在水平面上所成的角称为水平角。如图 5-18 所示，A、O、B 是地面上任意三点，通过 OA 和 OB 分别作两个竖直面，将他们投影到水平面 H 上，得 O_1A_1 和 A_1O_1，则 $\angle A_1O_1B_1$ 就是 OA 与 OB 之间的水平角 β。也就是说，水平角 β 即为过直线 OA 与 OB 两个竖直面所夹的两面角。为了度量水平角 β 的大小，可在角顶 O 的铅垂线 OO_1 上任一点安置一个具有刻划的度盘，使度盘圆心 O 正好位于 OO_1 铅垂线上，并调整度盘至水平，则 OA 与 OB 在水平地盘上的投影 oa 和 ob 所夹的 $\angle aob$ 即为水平角 β。其角值可由水平度盘上两个相应读数之差求得，如图 5-18 所示。

$$\beta = b - a$$

测站点至观测目标的视线与水平线的夹角称为竖直角，又称高度角、垂直角，用 α 表

164

示，如图 5-19 所示。竖直角是由水平线起算的角度，视线在水平线以上者为正，称仰角，如 α_1，视线在水平线以下者为负，称俯角，如 α_2，其角值范围 $0 \sim -90°$。另外，测量上也常用视线与铅垂线的夹角表示，称为天顶距 Z，范围为 $0 \sim -180°$，没有负值。显然，同一方向线的天顶距和竖直角之和等于 $90°$，即 $\alpha = 90° - Z$。

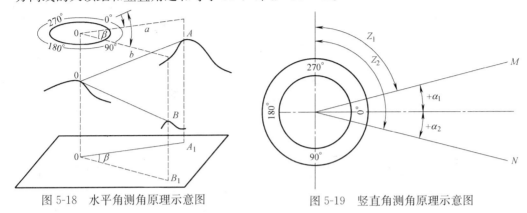

图 5-18　水平角测角原理示意图　　　　图 5-19　竖直角测角原理示意图

为进行水平角和竖直角测量，仪器必须具备以下条件：能将其圆心安置在角顶点铅垂线上的水平度盘；一个能随望远镜上下转动的竖直度盘，以及在度盘上读取读数的设备。经纬仪便是满足以上要求的一种仪器。

2. 水平角测量

（1）测回法

在角度观测中，为了消除仪器误差的影响，一般要求采用盘左、盘右两个位置进行观测。所谓盘左位置即竖直度盘在望远镜的左侧（又称正镜）；盘右位置即竖直度盘在望远镜的右侧（又称倒镜）。测水平角以角度的左方向为始边，图 5-20 中的 A 点；以角度的右方向为终边，见图中的 B 点。

测回法是观测水平角的基本方法，它是先用盘左位置对水平角两个方向进行一次观测，再用盘右位置进行一次观测。如两次观测值较差在限度内，取平均值作为观测结果。为了提高角度精度，往往需要观测几个测回。在观测了一测回后，应根据测回数 n 将起始方向读数改变 $180°/n$，以减小度盘刻划误差的影响。

（2）方向观测法

当一个测站上需要观测两个以上方向时，通常采用方向观测法。它是以任一目标作为起始方向（又称零方向），用盘左，盘右两个位置依次观测出其余各个目标相对于起始方向的方向值，根据相邻两个方向值之差即可求出角度来。当方向数多于三个并精度要求较高时，应先后两次瞄准起始方向（又称归零），称为全圆方向线，如图 5-21 所示。

当观测 n 个测回时，每个测回仍按 $180°/n$ 变换水平度盘起始位置。

3. 竖直角测量

当望远镜视线水平、竖盘指标水准管气泡居中时，无论盘左或盘右，指标线所指的读数为 $90°$（或它的整倍数），称为竖盘始读数。

在进行竖直角观测时，先用盘左位置将望远镜瞄准目标 M 后，调节竖盘指标水准管微动螺旋使气泡居中，此时在读数显微镜中读出的竖盘读数为 L 与视线水平时的始读数之差就是待测的竖直角，如图 5-22 所示。计算公式如下：

165

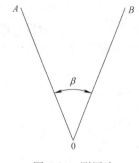

图 5-20　测回法

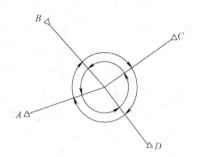

图 5-21　全圆法

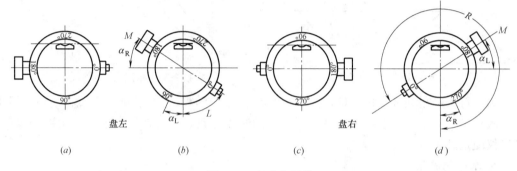

图 5-22　竖直角测量

$$盘左 \ \alpha = 90° - L = \alpha_L$$
$$盘右 \ \alpha = R - 270° = \alpha_R$$

由于存在测量误差，实测值 α_L 常不等于 α_R，取一测回竖角为

$$\alpha = (\alpha_L + \alpha_R)/2$$

5.1.7　导线测量和高程控制测量概念及应用

1. 导线测量概念及应用

（1）导线测量概念

1）在地面上选定一系列点连成折线，在点上设置测站，然后采用测边、测角方式来测定这些点的水平位置。导线测量是建立国家大地控制网的一种方法，也是工程测量中建立控制点的常用方法。

2）设站点连成的折线称为导线，设站点称为导线点。测量每相邻两点间距离和每一导线点上相邻边间的夹角，从一起始点坐标和方位角出发，用测得的距离和角度依次推算各导线点的水平位置。

3）导线测量布设灵活，推进迅速，受地形限制小，边长精度分布均匀。如在平坦隐蔽、交通不便、气候恶劣地区，采用导线测量法布设大地控制网是有利的。但导线测量控制面积下、检核条件少、方位传算误差大。

4）按国家大地网的精度要求实施的导线测量，称为精密导线测量，其导线应闭合成环或布设在高级控制点之间以增加检核条件。导线上每隔一定距离测定天文经纬度和方位角，以控制方位误差。

166

5）电磁波测距仪出现后，导线测量受到重视。电磁波测距仪测定距离，作业迅速，精度随仪器的改进而越来越高，电磁波导线测量得到广泛应用。

6）闭合导线：从高等控制点出发，最后回到原高等控制点形成一个闭合多边形。

7）附合导线：从高等控制点开始测到另一个高等控制点。

（2）导线测量方法

1）测区开始作业前，应对使用的全站仪或电子经纬仪、电子经纬仪、光学经纬仪、测距仪进行检验并记录，检验资料应装订成册。检验项目、方法和要求应符合现行国家标准《国家三角测量规范》GB/T 17942—2000 和现行行业标准《三、四等导线测量规范》GB/T 12898—2007 中的规定。各等级导线测量水平角观测技术指标应符合表 5-2 规定。

导线测量水平角观测技术指标一览表　　　　　　　　　表 5-2

等　级	测　回　数			方位角闭合差（″）
	DJ1	DJ2	DJ6	
三等	8	12	/	$\pm 3\sqrt{n}$
四等	4	6	/	$\pm 5\sqrt{n}$
一级	/	2	4	$\pm 10\sqrt{n}$
二级	/	1	3	$\pm 16\sqrt{n}$
三级	/	1	2	$\pm 24\sqrt{n}$

注：n 为测站数。

2）水平角观测可采用方向观测法

方向观测法各项限差应符合表 5-3 规定。当照准点方向的垂直角不在 $\pm 3°$ 范围内时，该方向的 2C 校差可按同一观测时间段内的相邻测回进行比较，但应在手簿中注明。

方向观测法各项限差（″）　　　　　　　　　表 5-3

经纬仪型号	光学测微器两次重合读数差	半测回归零差	一测回内内2C 校差	同一方向值各测回较差
DJ1	1	6	9	6
DJ2	3	8	13	9
DJ6	—	18	—	24

3）水平角观测前的准备工作应包括下列内容

检查并确认平面控制点标识是稳固的；整置仪器，检查视线超越或旁离障碍物的距离，并应符合规范规定；水平角观测采用方向观测法时，选择一个距离适中、通视良好、成像清晰的观测方向作为零方向。

4）水平角观测应符合下列规定

水平角观测应在通视良好、成像清晰稳定的情况下进行。水平角观测过程中，仪器不应受日光直射，气泡中心偏离整置中心不应超过 1 格。气泡偏离接近 1 格时，应在测回间重新整置仪器。

2. 高程控制测量

（1）高程控制点布设的原则

测区的高程系统，宜采用国家级高程基准。在已有高程控制网的地区进行测量时，可沿用原高程系统。当小测区联测有困难时，亦可采用假定高程系统。高程测量的方法分为水准测量法、电磁波测距三角高程测量法。市政工程常用水准测量法。高程控制测量等级划分：依次为二、三、四、五等。各等级视需要。均可作为测区的首级高程控制。

（2）水准测量法的主要技术要求

各等级的水准点，应埋设水准标石。水准点应选在土质坚硬、便于长期保持和使用方便的地点。墙水准点应选设于稳定的建筑物上，点位应便于寻找并应符合规范规定。一个测区及其周围至少应有 3 个水准点。水准点之间的距离，应符合规范规定。水准观测应在标石埋设稳定后进行。两次观测高差较大超限时应重测。当重测结果与原测结果分别比较，其校差均不超过时限值时，应取三次结果数的平均值数。水准测量所使用的仪器，水准仪视准轴与水准管轴的夹角，应符合规范规定。水准尺上的米间隔平均长与名义长之差应符合规范规定。

（3）每站观测程序

三等水准测量每测站观测程序：后（黑面)-前（黑面)-前（红面)-后（红面)

四等水准测量每测站观测程序：后（黑面)-后（红面)-前（黑面)-前（红面)

5.2 市政工程施工测量

5.2.1 测设的基本工作

测设工作是根据工程设计图纸上待建的建构筑物的轴线位置、尺寸及其高程，算出待建的建构筑物的轴线交点与控制点（或原有建构筑物的特征点）之间的距离、角度、高差等测设数据，然后以控制点为根据，将待建的建构筑物特征点（或轴线交点）在实地标定出来，指导施工。

测设工作的实质是点位的测设。测设点位的基本工作是测设已知水平距离、测设已知水平角和测设已知高程。

1. 已知水平距离的测设

已知水平距离的测设，是从地面上一个已知点出发，沿给定的方向，量出已知（设计）的水平距离，在地面上定出另一端点的位置。其测设方法如下：

（1）一般方法

如图 5-23 所示，设 A 为地面上已知点，D 为设计水平距离，要在地面上沿给定 AB 方向上测设出水平距离 D，以定出线段的另一端点 B。具体做法是从 A 点开始，沿 AB 方向用钢尺拉平丈量，按设计长度 D 在地面上定出 B' 点的位置。为了校核，应再量取 AB' 之间水平距离 D'，若相对误差在容许范围内，则将端点 B' 加以改正，求得 B 点的最后位置，使 AB 两点间水平距离等于设计长度 D。改正数 $\delta = D - D'$。当 δ 为正时，向外改正；反之，则向内改正。

（2）精密方法

当测设精度要求较高时，可按设计水平距离 D，用前述方法在地面上概略定出 B' 点，然后按精密量距方法，测量 AB' 的距离，并加尺长、温度和倾斜三项改正数，求出 AB' 的精确水平距离 D'。若 D' 与 D 不相等，则按其差值 $\delta = D - D'$ 沿 AB 方向以 B' 点为准进行

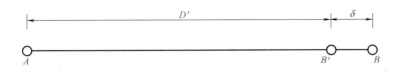

图 5-23 测设已知水平距离

改正。当 δ 为正时，向外改正；反之，向内改正。

另外，精密方法也可以根据已给定的水平距离 D，反求沿地面应量出的 D_0 值。由钢尺的尺长方程式、预计测设时温度 t 以及 AB 两点间的高差 h（需事先测定）可求得三项改正数。则 $D_0 = D - \Delta ld - \Delta lt - \Delta lh$

（3）用光电测距仪测已知水平距离

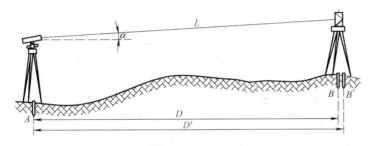

图 5-24 用测距仪测设已知水平距离

如图 5-24 所示，安置光电测距仪于 A 点，瞄准已知方向。沿此方向移动棱镜位置，使仪器显示值略大于测设的距离 D，定出 B' 点。在 B' 点安置棱镜，测出棱镜的竖直角 α 及斜距 L。计算水平距离 $D' = L \times \cos\alpha$，求出 D' 与应测设的已知水平距离 D 之差 $\delta = D - D'$。根据 δ 的符号在实地用小钢尺沿已知方向改正 B' 至 B 点，并在木桩上标定其位置，应再次进行改正，直到测设的距离符号限差要求为止。

2. 已知水平角的测设

已知水平角的测设，就是在已知角顶点并根据一已知边方向标定出另一边方向，使两方向的水平夹角等于已知角值。测设方法如下：

（1）一般方法

当测设水平角的精度要求不高时，可用盘左、盘右分中的方法测设，如图 5-25 所示。设地面已知方向 AB，A 为角顶，β 为已知角值，AC 为欲定的方向线。为此，在 A 点安置经纬仪，对中、整平，用盘左位置照准 B 点，调节水平度盘位置变换轮，使水平度盘读数为 $0°00'0$，转动照准部使水平度盘读数为 β 值，按视线方向定出 C' 点。然后用盘右位置重复上述步骤，定出 C'' 点。取 $C'C''$ 连线的中点 C，则 AC 即为测设角值为 β 的另一方向线，$\angle BAC$ 即为测设的 β 角。

（2）精确方法

当测设水平角的精度要求较高时，可先用一般方法按已知角值测设出 AC 方向线（图5-26），然后对 $\angle BAC$ 进行多测回水平角观测，其观测值为 β'。则 $\Delta\beta = \beta - \beta'$，根据 $\Delta\beta$ 及 AC 边的长度 D_{AC}，可以按下式计算垂距 CC_0：

$$CC_0 = D_{AC} \times \tan\Delta\beta = D_{AC} \times \Delta\beta'' / \rho''$$

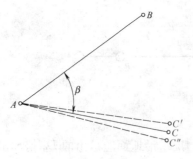

图 5-25　测设水平角

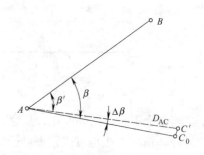

图 5-26　精确测设水平角

从 C 点起沿 AC 边的垂直方向量出垂距 CC_0，定出 C_0 点。则 AC_0 即为测设角值为 β 时的另一方向线。必须注意，从 C 点起向外还是向内量垂距，要根据 $\varphi \Delta \beta$ 的正负号来决定。若 $\beta' < \beta$，即 $\Delta \beta$ 为正值，则从 C 点向外量垂距，反之则向内改正。

例如，$\Delta \beta = \beta - \beta' = +48''$，$D_{AC} = 120.000$m，则

$$CC_0 = 120.000 \times (+48''/206265'') = 0.0279\text{m}$$

过 C 点作 AC 的垂线，在 C 点沿垂线方向向 $\angle BAC$ 外侧量垂距 0.0279m，定出 C_0 点，则 $\angle BAC_0$ 即为要测设的 β 角。

3. 已知高程的测设

已知高程的测设是利用水准测量的方法，根据附近已知水准点，将设计高程测设到地面上。

如图 5-27 所示，已知水准点 A 的高程 H_A 为 32.481m，测设于 B 桩上的已知设计高程 HB 为 33.500m。水准仪在 A 点上的后视读数 a 为 1.842m，则 B 桩的前视读数 b 应为

$$\begin{aligned}
b &= (H_A + a) - H_B \\
&= 32.481 + 1.842 - 33.500 \\
&= 0.823\text{m}
\end{aligned}$$

测设时，将水准尺沿 B 桩的侧面上下移动，当水准尺上的读数刚好为 0.823m 时，紧靠尺底在 B 桩上划一红线，该红线的高程 H_B 即为 33.500m。

当向较深的基坑和较高的建筑物上测设已知高程时，除使用水准尺之外，还需要借助钢尺配合进行。

如图 5-28 所示，设已知水准点 A 的高程 H_A，要在基坑内侧测出高程为 H_B 的 B 点位置。现悬挂一根带重锤的钢卷尺，零点在下端。先在地面上安置水准仪，后视 A 点读数 a_1，前视钢尺读数 b_1；再在坑内安置水准仪，后视钢尺读数 a_2，当前视读数正好在 b_2 时，沿水准尺底面在基坑侧面钉设木桩（或粗钢筋），则木桩顶面即为 B 点设计高程 HB 的位置。B 点应读前视尺读数 b_2 为

$$b_2 = H_A + a_1 - b_1 + a_2 - H_B$$

当向高处测设时，如图 5-29 所示，向高构筑物 B 处测设高程 HB，则可于该处悬吊钢尺，钢尺零端朝下，上下移动钢尺，使水准仪的中丝对准钢尺零端（0 分划线），则钢尺上端分划读数为 b 时，$b = H_B - (H_A + a)$，该分划线所对位置即为测设的高程 H_B。为了校核，可采用改变悬吊位置后，再用上述方法测设，两次较差不应超过 ±3mm。

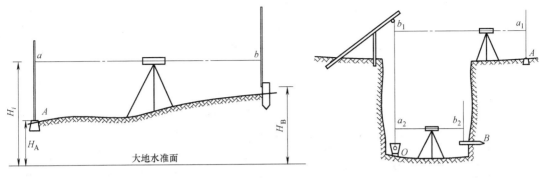

图 5-27　测设已知高程　　　　　　　图 5-28　向深基坑测设高程

4. 点的平面位置的测设方法

测设点的平面位置的方法有：直角坐标法、极坐标法、角度交会法、距离交会法等。采用哪种方法，应根据施工控制网的形式、控制点的分布情况、地形情况、现场条件及待建构筑物的测设精度要求等因素确定。

（1）直角坐标法

直角坐标法是根据已知点与待定点的纵横坐标之差，测设地面点的平面位置。它适用于施工控制网为建筑方格网或建筑基线的形式。

（2）极坐标法

极坐标法是根据已知水平角和水平距离测设地面点的平面位置，它适合于量距方便，且测设点距控制点较近的地方。极坐标法是目前施工现场使用最多的一种方法。如图 5-30 所示，1、2 是建构筑物轴线交点，A、B 为附近的控制点。1、2、A、B 点的坐标均为已知，欲测设 1 点（测站点为 A），需按坐标反算公式求出测设数据 β_1 和 D_1，见图 5-30。

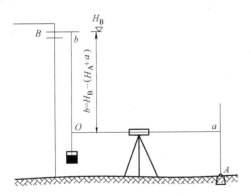

图 5-29　向高处测设高程　　　　　　　　图 5-30

$\alpha_{A1} = \arctan((y_1 - y_A)/(x_1 - x_A))$,

$\alpha_{AB} = \arctan((y_B - y_A)/(x_B - x_A))$

则 $\beta_1 = \alpha_{A1} - \alpha_{AB}$

$$D_1 = \sqrt{(x_1 - x_A)^2 + (y_1 - y_A)^2}$$

同理，也可求出 2 点的测设数据 β_2 和 D_2（测站点为 B）。

测设时，在 A 点安置经纬仪，瞄准 B 点，将水平度盘拨零，顺转测设 β_1 角，定出 A_1 视线方向，由 A 点起沿 A_1 视线方向测设距离 D_1，即定出 1 点。同样，在 B 点安置仪器，可根据（β_2，D_2）定出 2 点。最后丈量 1、2 两点间的水平距离与设计长度进行比较，其误差应在限差以内。

（3）角度交会法

角度交会法适用于测设点离控制点较远或量距较困难的场合。见图 5-31，测设点 P 和控制点 A、B 的坐标均为已知。根据坐标反算求出测设数据 β_1 和 β_2。

测设时，在 A、B 两点同时安置经纬仪、分别测设出 β_1 和 β_2 角，两视线方向的交点即为测设点 P。为了保证交汇点的精度，实际工作中还应从第三个控制点 C，测设 β_3 定出 CP 方向线作为校核。若三方向线不交于一点，会出现一个示误三角形，当示误三角形边长在限差以内，可取示误三角形重心作为测设点 P。两个交会方向所形成的夹角 γ_1、γ_2 应不小于 30°或不大于 150°。

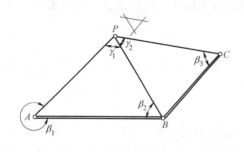

图 5-31　角度交会法

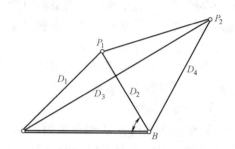

图 5-32　距离交会法

（4）距离交会法

距离交会法适用于测设点离两个控制点较近（一般不超过一整尺长），且地面平坦，便于量距的场合。见图 5-32，根据测设点 P_1、P_2 和控制点 A、B 的坐标，可求出测设数据 D_1、D_2、D_3、D_4。

测设时，使用两把钢尺，使各尺的零刻划线分别对准 A、B 点，将钢尺拉平，分别测设水平距离 D_1、D_2，其交点即为测设点 P_1。同法测设 P_2 点。为了校核，实地量测 P_1、P_2 水平距离与其设计长度比较，其误差应在限差以内。

5. 全站仪三维坐标放样法

全站仪用于施工测量除了精度高外，最大的优点在于能实施三维定位放样和测量，所以，三维直角坐标法和三维极坐标法已成为施工测量的常用方法，前者一般用于位置测定，后者用于定位放样。其实对于全站仪而言，实际测量值是距离、水平角度和天顶距，由于仪器自身具有自动计算和存储功能，可以通过计算获得所测点的直角坐标元素和极坐标元素，所以全站仪直角坐标法和全站仪极坐标法只是在概念上有区别，在现场施工测量中可以认为是同一种方法。本节统称为全站仪三维坐标法。

（1）三维坐标测量方法

利用全站仪进行三维坐标测量是在预先输入测站数据后，便可直接测定目标点的三维坐标。测站数据包括测站坐标、仪器高、目标高和后视方位角。仪器高和目标高可用小钢尺等量取；坐标数据可以预先输入仪器或从预先存入的工作文件中调用；后视方位角可通过输入测站点和后视点坐标后照准后视点进行设置。在完成了测站数据的输入和后视方位角的设置后，通过距离测量和角度测量便可确定目标点的位置。

如图 5-33 所示，O 为测站点，A 为后视点；P 点为待测点（目标点）。A 点的三维坐标为 $(X_A、Y_A、H_A)$，O 点的三维坐标为 $(X_O、Y_O、H_O)$，P 点的三维坐标为 $(X_P、Y_P、H_P)$，先计算出 OA 边的坐标方位角（称后视方位角）：

$$\alpha_{OA}=\arctan((Y_A-Y_O)/(X_A-X_O))$$

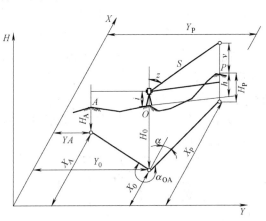

在测站点和后视点坐标输入到仪器之后，全站仪能自动进行这项计算。在瞄准后视点后，通过键盘操作，能将水平度盘读数自动设置为计算出的该方向的坐标方位角，即 X 方向的水平度盘读数为 $0°$。此时，仪器的水平度盘读数就与坐标方位角相一致。当用仪器瞄准 P 点，显示的水平读数就是测站 O 点至目标 P 点的坐标方位角 α_{OP}，仪器会按下列公式自动算出 P 点的坐标。目标点 P 三维坐标测量的计算公式为

图 5-33　三维坐标法测量示意图

$$X_P=X_O+S×\sin z×\cos\alpha$$
$$Y_P=Y_O+S×\sin z×\sin\alpha$$
$$H_P=H_O+S×\cos z+(1-K)/(2R)(S×\sin z)2+i-v$$

式中，S 为测站点至目标点的斜距；z 为测站点至目标点的天顶距；α 为测站点至目标点的坐标方位角（即水平读数）；i 为仪器高；v 为目标高（棱镜高）；K 为大气垂直折光系数，一般取 $K=0.14$；R 为地球半径。

实际上，这些计算通过操作键盘可直接由仪器完成从而得到目标点三维坐标，并可将目标点三维坐标显示在仪器的屏幕上。测量完毕后，可将观测数据和三维坐标计算结果都存储于所选的工作文件中。

（2）三维极坐标放样方法

首先输入测站数据（测站点坐标、仪器高、目标高和后视点坐标），后视方位角可通过输入测站点和后视点坐标后照准后视点进行设置。然后，输入放样点的点号及其二维或三维坐标。

实地放样时，当仪器后视定向后，只要选定该放样点的点号，仪器便会自动计算出该点的二维或三维极坐标法放样数据 $(\alpha、S)$ 或 $(\alpha、S、z)$，α 为测站点与放样点之间的方位角（即水平读数），S 为测站点与放样点之间的斜距，z 为测站点至目标点的天顶距。

全站仪瞄准任意位置的棱镜测量后，仪器会显示出该棱镜位置与放样点位置的差值 $(\Delta\alpha、\Delta S、\Delta z)$，然后再根据这些差值而指挥移动棱镜，全站仪不断跟踪棱镜测量（注：仪器要设置为"跟踪测量"状态），直至 $\Delta\alpha=0$、$\Delta S=0$、$\Delta z=0$，即可标定出放样点的空间位置。

5.2.2　已知坡度直线的测设

在平整场地、铺设管道及修筑道路等工程中，经常需要在地面上测设设计坡度线。坡度线的测设是根据附近水准点的高程、设计坡度和坡度端点的设计高程，应用水准测量的方法将坡度线上各点的设计高程标定在地面上。

测设方法有水平视线法和倾斜视线法两种。

1. 水平视线法

如图 5-34 所示，A、B 为设计坡度线的两端点，其设计高程分别为 H_A、H_B，AB 设计坡度为 i_{AB}，为使施工方便，要在 AB 方向上，每隔距离 d 定一木桩，要在木桩上标定出坡度线。施测方法如下：

（1）沿 AB 方向，用钢尺定出间距为 d 的中间点 1、2、3 的位置，并打下木桩。

（2）计算各桩点的设计高程：

第 1 点的设计高程　　$H_1 = H_A + i_{AB} \times d$

第 2 点的设计高程　　$H_2 = H_1 + i_{AB} \times d$

第 3 点的设计高程　　$H_3 = H_2 + i_{AB} \times d$

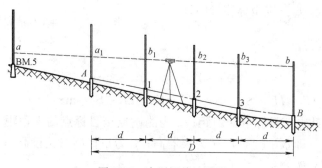

图 5-34　水平视线法放坡

B 点的设计高程　　$H_B = H_3 + i_{AB} \times d$

或　　　　　　　　　　$H_B = H_A + i_{AB} \times D$（检核）

坡度 i 有正有负，计算设计高程时，坡度应连同其符号一并运算。

（3）安置水准仪于水准点附近，后视读数 a，得仪器视线高程 $H_视 = H_{BM.5} + a$，然后根据各点设计高程计算测设各点的应读前视尺读数

$$b_j = H_视 - H_j \quad (j = 1, 2, 3)$$

（4）将水准尺分别贴靠在各木桩的侧面，上、下移动水准尺，直至尺读数为 b_j 时，便可沿水准尺底面画一横线，各横线连线即为 AB 设计坡度线。

2. 倾斜视线法

如图 5-35 所示，A、B 为坡度线的两端点，其水平距离为 D，A 点的高程为 H_A，要沿 AB 方向测设一条坡度为 i_{AB} 的坡度线，则先根据 A 点的高程、坡度 i_{AB} 及 A、B 两点间的水平距离计算出 B 点的设计高程，再按测设已知高程的方法，将 A、B 两点的高程测设在地面的木桩上。然后将水准仪安置在 A 点上，使基座上一个脚螺旋在 AB 方向上，其余两个脚螺旋的连线与 AB 方向垂直，量取仪器高 i，再转动 AB 方向上的脚螺旋和微倾螺

旋，使十字丝中横丝对准B点水准尺上的读数等于仪器高i，此时，仪器的视线与设计坡度线平行。在AB方向的中间各点1、2、3…的木桩侧面立尺，上、下移动水准尺，直至尺上读数等于仪器高i时，沿尺子底面在木桩上画一红线，则各桩红线的连线就是设计坡度线。

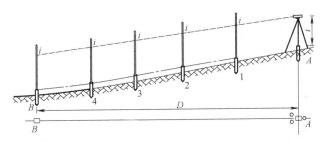

图 5-35　倾斜视线法放坡

如果设计坡度较大，超出水准仪脚螺旋所能调节的范围，则可用经纬仪测设，其方法相同。

5.2.3　线路测量

1. 线路测量概述

道路、管线等工程统称为线性工程，在线性工程建设中所进行的测量为线路工程测量，简称线路测量。

2. 道路施工测量

（1）恢复或加密导线点、水准点

线路经过勘察设计后，往往要经过一段时间才施工，某些导线点或水准点可能丢失。对丢失的导线点或水准点进行补测恢复或根据施工要求进行加密，以满足施工的需要。

（2）恢复中线

以控制点为依据，恢复丢失的交点、转点及中桩点的桩位。恢复中线所采用的方法与线路中线测量的方法基本相同，常采用极坐标法、偏角法、切线支距法、角度交会和距离交会法。

（3）路基边桩的测设

路基边桩测设是在地面上将每一个横断面的路基边坡线与地面的交点用木桩标定出来。边桩的位置由中桩至两侧边桩的距离来确定。常用的边桩测设方法如下：

① 图解法

直接在横断面上量取中桩至边桩的距离，然后在实地用尺沿横断面方向测定其位置，当填、挖方量不大时，采用此法。

② 解析法

路基边桩至中桩平通过计算求得。

如图 5-36 所示，路堤边桩至中桩的距离为：

$$斜坡上侧　D_{上} = B/2 + m(h_{中} - h_{上})$$
$$斜坡下侧　D_{下} = B/2 + m(h_{中} + h_{下})$$

(5-8)

如图 5-37 所示，路堑边桩至中桩的距离为：

$$斜坡上侧 D_上 = B/2 + S + m(h_中 + h_上)$$
$$斜坡下侧 D_下 = B/2 + S + m(h_中 - h_下) \qquad (5-9)$$

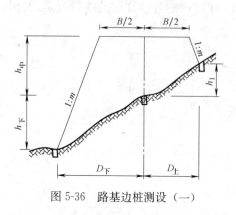

图 5-36　路基边桩测设（一）

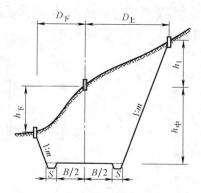

图 5-37　路基边桩测设（二）

式中，B、S 和 m 为已知，$h_中$ 为中桩处的填挖高度，亦为已知。$h_上$、$h_下$ 为斜坡上、下侧边桩与中桩的高差，在边桩未定出前为未知数。因此在实际工作中采用逐步趋近法测设边桩。先根据地面实际情况，参考路面横断面图，估计边桩的位置，然后测出边桩估计位置与中桩的高差，并以此作为 $h_上$、$h_下$ 带入式（5-8）或式（5-9），计算 $D_上$、$D_下$，并据此在实地定出其位置。若估计与其相符，即得边桩位置。否则应按实测资料重新估计边桩位置，逐次趋近，直至相符为止。

（4）路堤边坡的放样

当边桩位置确定后，为了保证填、挖的边坡达到设计要求，还应把设计边坡在实地标定出来，以方便施工。

① 用木桩、绳索放样边坡

如图 5-38 所示，O 为中桩，A、B 为边桩，CD 为路基宽度。放样时应在 C、D 处垂直插入木桩，在高度等于中桩填土高度 H 处的 C'、D' 点用绳索连接，同时连接到边桩 A、B，则设计边桩就展现于实地。

当路堤填土较高时，可随路基分层填筑分层挂线。如图 5-39 所示。

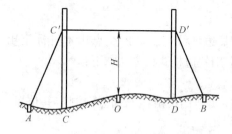

图 5-38　用木桩、绳索放样边坡

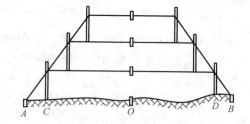

图 5-39　路堤填土较高时放样方法

② 用边坡样板放样边坡

施工前按照设计边坡坡度做好边坡样板，施工时，用边坡样板进行放样。

用活动边坡尺放样边坡：做法如图 5-40 所示，当水准气泡居中时，边坡尺的斜坡所指的坡度正好为设计坡度。

用固定边坡样板放样边坡：做法如图 5-41 所示，在开挖路堑时，在坡顶外侧按设计坡度设立固定样板，施工时可随时指示并检核开挖和整修情况。

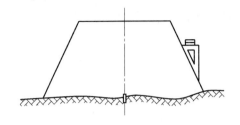

图 5-40　活动边坡尺放样边坡

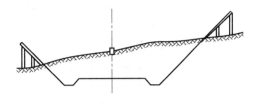

图 5-41　固定边坡样板放样边坡

（5）路面放线

路面放线的任务是根据路肩上测设的施工边桩上的高程钉和路拱曲线大样图（图 5-42a）、路面结构大样图（图 5-42b），测设侧石（即道牙）位置，并给出控制路拱的标志。

放线时，由路两侧的施工边桩线向中线量出至侧石的距离，钉小木桩并将相邻木桩用小线连接，即得测石的内侧边线。侧石的高程为：在边桩上按路中心高程拉上水平线后，自水平线下返路拱高度得到，如图 5-42（a）中的 6.8cm。

施工时可采用"平砖"法控制路拱形状，即在边桩上依据中心高程挂拉线后，按路拱曲线大样图中所注尺寸，在路中线两侧一定距离处，如图 5-42（c）中是在距中线 1.5m、3.0m 和 4.5m 处分别放置平砖，并使平砖顶面正处拱面高度，铺撒碎石时，以平砖为标志即可找出拱形。在曲线部分测设侧石和下平砖时，应根据设计图纸做好内侧路面加宽和外侧路拱超高的放样工作。

路口或广场的路面施工，则根据设计图先加钉方格桩，方格桩距为 5～20m，再于各桩上测设设计高程，以便分块施工和验收。

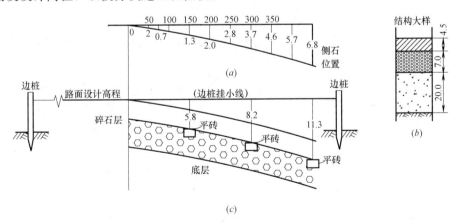

图 5-42　路面放线

3. 桥梁工程的施工测量方线

（1）概述

在现代化的城市建设中，由于道路网的扩充，跨河桥梁、跨线桥梁和高架桥梁的修

177

建，使桥梁工程日益增多。桥梁施工测量是桥梁施工过程中不可缺少的工作之一，其最终目的是按设计要求配合施工，完成桥梁主体建设。

桥梁施工测量主要任务是：

1）控制网的建立或复测，检查和施工控制点的加密。

2）补充施工过程中所需要的中线桩。

3）根据施工条件布设水准点。

4）测定墩、台的中线和基础桩的中线位置。

5）测定并检查各施工部位的平面位置、高程、几何尺寸等。

（2）平面控制测量

在施工阶段，平面控制点主要用来测定桥梁墩、台及其他构造物的位置。因此，平面控制点在密度和精度上都应满足施工的要求。

桥梁平面控制网的等级，应根据桥长按表 5-4 确定，同时应满足桥轴线相对误差的要求。对特殊的桥梁结构，应根据结构特点，确定桥梁控制网的等级与精度。

桥梁控制网的等级   表 5-4

平面控制测量等级	桥长(m)	桥轴线相对中误差
四等三角、导线	1000～2000 特大桥	1/40000
一级小三角、导线	500～1000 大桥	1/20000
二级小三角、导线	<500 小中桥	1/10000

桥梁平面控制网，可根据现场及设备情况采取边角测量、三角测量或 GPS 测量等方法来建立。图 5-43 是桥梁三角网的集中布设形式。布设桥梁三角网时，除满足三角测量本身的需要外，还要求控制点布设在不被水淹、不受施工干扰的地方。桥轴线应与基线一端连接且尽可能正交。基线长度一般不小于桥轴线长度的 0.7 倍，困难地段不小于 0.5 倍。

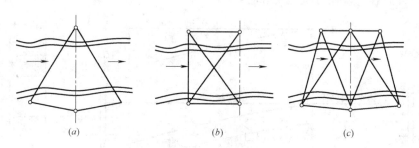

图 5-43 桥梁三角网的集中布设形式
（a）双三角形；（b）四边形；（c）双四边形（较宽河流上采用）

（3）高程控制测量

桥梁的高程控制测量，一般在路线基平测量时建立，施工阶段只需要复测与加密。2000m 以上特大桥应采用三等水准测量，2000m 以下桥梁可采用四等水准测量。桥梁高程控制测量采用高程基准必须与其连接的两端路线所采用的高程基准完全一致。

水准点应在河两岸各设置 1～2 个；河宽小于 100m 的桥梁可只在一岸设置 1 个，桥头接线部分宜每隔 1km 设置 1 个。

若跨河视线长度超过 200m 时，应根据跨河宽度和设备等情况，选用相应等级的光电测距三角高程测量或跨河水准测量方法进行观测。

下面只介绍跨河水准测量的观测方法：

1）跨河水准测量的场地布设

当水准测量路线通过宽度为各等级水准测量的标准视线长度两倍以上的河面、山谷等障碍物时，则应按跨河水准测量要求进行。图 5-44 为跨河水准测量的三种布设形式。

图 5-44 中 l_1、l_2 和 b_1、b_2 分别为两岸置镜点和置尺点。视线 l_1b_2 和 l_2b_1 应接近相等，且视线应高出水面 2~3m，岸上视线 l_1b_1、l_2b_2 不应短于 10m，且彼此等长，两岸置镜点亦接近等高。

图 5-44（c）中，l_1、l_2 均为置镜点或置尺点，而 b_1、b_2 仍为置尺点，b_1、b_2 两侧点间上下半测间的高差，应分为由两岸所测 b_1l_2、b_2l_1 的高差加上对岸的量置尺点间联测时所测高差求得。各等级跨河水准测量时，置尺点均应设置木桩。木桩不短于 0.3m，桩顶应与地面齐平，并钉以圆帽钉。

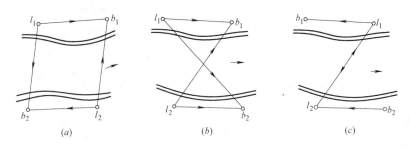

图 5-44 跨河水准测量形式
（a）平行四边形；（b）等腰梯形；（c）Z 字形（较宽河流上采用）

2）直接法跨河水准测量

以图 5-44（c）的布设形式为例，采用一台水准仪观测，观测步骤如下：

① 按常规测站观测方法在 l_1、b_1 之间测量高差，即测得高差为 h_1；

② 在 l_1 设水准仪，按中丝法观测 b_1 近尺的读数；

③ 照准（并调焦）l_2 远尺，按中丝法观测 l_2 远尺的读数，测得高差为 h_2；

④ 确保焦距不变，立即搬设测站至 l_2 处，b_1 点标尺置于 l_1，水平仪照准 l_1 远标尺，按步骤③读数，并观测 b_2 读数，测得高差为 h_3；

⑤ 水平仪在 l_2、b_2 之间设站，测得高差为 h_4；

以上①、②、③为上半测回，④、⑤为下半测回。

3）高差计算

上半测回计算高差：$h_上 = h_1 + h_3$

下半测回计算高差：$h_下 = h_2 + h_4$

检核计算：$\Delta h = h_上 + h_下$

$$h = (h_上 - h_下)/2$$

每一跨河水准测量需要观测两个测回。若用两台仪器观测时，则两岸各设一台仪器，同时观测一个测回。两测回间高差不符值，三等水准测量不应大于8mm，四等水准测量不应大于16mm。在限差以内时，取两侧回高差平均值作为最后结果；若超过限差应检查纠正或重测。

4. 管道工程的施工测量放线

管线施工测量前，应首先熟悉并认真分析管线平面图、断面图及施工总平面图等有关资料，核对有关测设数据，做好管线施工测量的准备工作。

（1）地下管线施工测量

1）主点桩的检查与测设

如果设计阶段在地面所标定的管道中线位置，与管线施工时所需的管道中线位置一致，且主点各桩在地面上完好无损，则只需进行桩位检查。否则就需要重新测设管线中线。

2）检查井位的测设

地下管线每隔一段距离都会设计一座维修检查井，测量人员应将设计井位定位点测设到地面上，并用木桩标定出来。

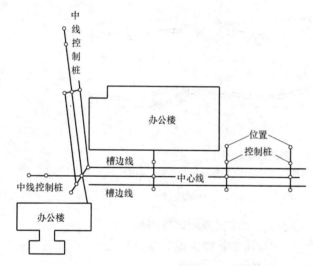

图5-45 控制桩测设

3）控制桩测设

施工时，管道中线上的各种桩位将被挖掉，为了在施工开挖后能方便地恢复中线和检查井的位置，应在管线主点处的中线延长线上设置中线控制桩，在每个检查井的垂直中线方向上，设置检查井位控制桩，见图5-45。

控制桩的桩位应选择在引测方便，不易被破坏的地方。一般来说，为了施工方便，检查井控制桩离中线的距离最好是一个整米数。

4）管道中线及高程施工测量

根据管径大小、埋置深度以及土质情况，决定开槽宽度，并在地面上定出槽边线的位置，若断面上坡度较平缓，则管道开挖宽度可按下式计算：

$$B=b+2mh$$

式中，b为槽底宽度；h为中线上挖土深度；m为管槽边坡坡度的分母。

槽边线定出后，即可进行施工开挖。

施工过程中，管道的中线和高程的控制，可采用龙门板法。在管径较小、坡度较大、精度要求较低的管道施工中，也可采用水平桩法（亦称平行轴腰桩法）来控制管道的中线和高程。

① 龙门板法

龙门板由坡度板和高程板组成，见图5-46，一般沿中线每10～20m和检查井处设置龙门板，中线放样时，根据中线控制桩，用经纬仪将管道中线投影至各坡度板上，以一小钉作为中线钉标记（图 5-47）。在各中线桩处挂上垂球，即可将中线位置投影在管槽底层。

管槽开挖深度的控制，一般是将水准点高程引测到各坡度板顶。根据管道坡度计算出所测之处管道的设计高程，则坡度板顶与管道设计高程之差再加上管壁与垫层的厚度即为坡度板顶起算应向下开挖的深度，称为下返数。

此时计算出的下返数一般是非整数，并且每个坡度板的下返数各不相同，不便于施工检查，故实际工作时，一般是使下返数为一预先确定的整数，由下式计算出每一坡度板顶应向下量的调整数。

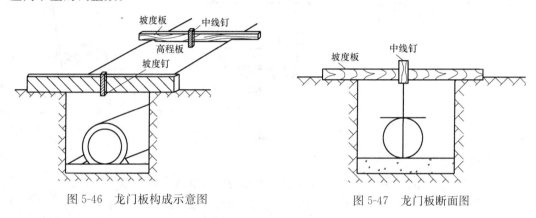

图 5-46 龙门板构成示意图   图 5-47 龙门板断面图

调整数＝预先确定的下返数－（板顶高程－管底设计高程）

根据计算出的调整数，在高程板上钉上一个小钉作为坡度钉，则相邻坡度钉的连线即与设计管底平行。

在坡度钉钉好后，应重新用水平仪检查一次各坡度钉高程。龙门板的中线位置和高程都应定期检查。

② 水平桩法

在管槽挖到一定深度以后，每隔 10～20m 在管槽两侧和在检查井处打入带小钉的木桩，并用水平仪测量其高程。在竖直方向上量出与预先确定的下返数的差值，再钉上带小钉的水平桩。各水平桩的连线应与设计管底坡度平行。

（2）架空管道的施工测量

架空管道的施工测量的主要任务是：主点的测设、支架基础开挖测量和支架安装测量等。其主点测设与地下管道相同。基础开挖中的测量工作和基础板定位于建筑高程测量中的桩基础相同。

（3）顶管施工测量

当所铺设的地下管道需要穿过铁路、公路或重要建筑物时，一般需要采用顶管施工方法以避免因开挖沟槽而影响交通和进行不必要的大量拆迁工作。

1）顶管测量的准备工作

① 设置顶管中线控制桩。中线桩是控制顶管中心线的依据，设置时应根据设计图上管道要求，在工作坑的前后钉立两个桩，称为中线控制桩。

② 引测控制桩。在地面上中线控制桩上架设经纬仪，将顶管中心桩分别引测到坑壁的前后，并打入木桩和铁钉，见图 5-48（a）。

③ 设置临时水准点。为了控制管道按设计高程和坡度顶进，需要在工作坑内设置临时水准点。一般要求设置两个，以便相互校核。为应用方便，临时水准点高程与顶管起点管底设计高程一致。

④ 安装导轨或方木。

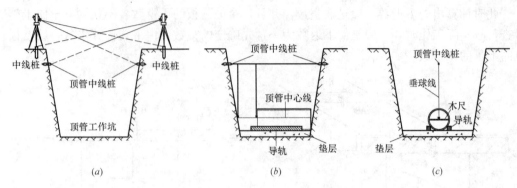

图 5-48　管顶中线桩测设示意图

2）中线测量

如上所述，先挖好顶管工作坑，然后根据地面的中线桩或中线控制桩，用经纬仪将管道中线引测到坑壁上。在两个顶管中线桩上拉一条细线，紧贴细线挂两根垂球线，两垂球的连线方向即为管道中线方向（见图 5-48b）。制作一把木尺，使其长度等于或略小于管径，分划以尺的中央为零向两端增加。将木尺水平放置在管内，如果两垂球的方向线与木尺上的零分划线重合（见图 5-48c），则说明管道中心在设计管线方向上，否则，管道有偏差。可以在木尺上读出偏差值，偏差值超过 1.5cm 时，需要校正。

3）高程测量

先在工作坑内布设好临时水准点，再在工作坑内安置水准仪，以在临时水准点上竖立的水准尺为后视，以在顶管内待测点上竖立的标尺为前视（使用一把小于管径的标尺），测量出管底高程，将实测高程值与设计高程值比较，其差超过 ±1cm 时，需要校正。

在管道顶进过程中，每顶进 0.5m 应进行一次中线测量和高程测量。当顶管距离较长时，应每隔 100m 开挖一个工作坑，采用对向顶管施工工法，其贯通误差应不超过 3cm。当顶管距离太长，直径较大时，可以使用激光水准仪或激光经纬仪进行导向，也可以使用图 5-49 所示的管道激光指向仪。管道激光指向仪可以精确地测量出管道的坡度。

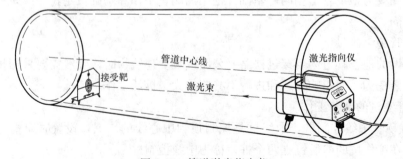

图 5-49　管道激光指向仪

第6章 城镇道路工程

6.1 城镇道路基本知识

6.1.1 城镇道路的组成与特点

1. 城镇道路工程的组成

城镇道路由机动车道、人行道、分隔带、排水设施、交通设施和街面设施等组成。工程内容如下：

（1）机动车道：供各种带有动力装置的车辆行驶的地表（或地下隧洞内）路面部分。

（2）非机动车道：供无动力装置的车辆行驶的地表路面部分。

（3）人行道：人群步行的道路，包括地下人行通道。

（4）分隔带（隔离带）：是安全防护的隔离设施。防止越道逆行的分隔带设在道路中线位置，将左右或上下行车道分开，称为中央分隔带。

（5）排水设施：包括用于收集路面雨水的平式或立式雨水口（进水口）、支管、检查井等。

（6）交通辅助性设施：为组织指挥交通和保障维护交通安全而设置的辅助性设施。如：信号灯、标志牌、安全岛、道口花坛、护栏、人行横道线（斑马线）、分车道线及临时停车场和公共交通车辆停靠站等。

（7）街面设施：为城市公用事业服务的照明灯柱、架空电线杆、消防栓、邮政信箱、清洁箱等。

（8）地下设施：为城市公用事业服务的人行地道和给水管、排水管、燃气管、供热管、通信电缆、电力电缆等。

2. 城镇道路工程特点

城镇道路与公路比较，具有以下特点：

（1）功能多样、组成复杂、艺技要求高；

（2）车辆多、类型混杂、车速差异大；

（3）道路交叉口多、易发生交通阻滞和交通事故；

（4）城镇道路需要大量附属设施和交通管理设施；

（5）城镇道路规划、设计和施工的影响因素多；

（6）行人交通量大，交通吸引点多，使得车辆和行人交通错综复杂，非机动车相互干涉严重；

（7）城镇道路规划、设计应满足城市建设管理的需求。

6.1.2 城镇道路的分类与路网的基本知识

1. 城镇道路的分类

按照道理的使用任务、性质可以把道路分为公路、城市道路、厂矿道路、林区道路和乡村道路。本教材主要研究城市道路。

城市道路按其在道路系统中的地位、交通功能及服务功能规定我国城市道路划分为：快速路、主干路、次干路、支路四大类。

（1）快速路：又称城市快速交通干道，是城市交通主干道，也是与高速公路联系的通道。

（2）主干路：又称城市主干道，是城市中连接各主要分区的交通道路，以交通功能为主。

（3）次干路：是城市各组团内的主要干道，与主干路结合组成城市道路网，兼有服务功能。

（4）支路：是次干路与城市各组团的连线，解决局部区域的交通，以服务功能为主。

除快速路外，其余各类道路按城市规模，设计交通量、地形情况分为Ⅰ、Ⅱ、Ⅲ级。

2. 城市道路网布局

城市道路网布局形式主要分为方格网状、环形放射状、自由式和混合式四种形式。

（1）方格网式道路网

方格网式道路网又称棋盘式道路系统，是道路网中最常见的一种。其干道相互平行，间距约800~1000m，干道之间布置次要道路，将市区分为大小合适的街区。

（2）环型放射式道路网

环形放射式是由中心向外辐射路线，四周以环路沟通。环路可分为内环路和外环路，环路设计等级不宜低于主干道。

（3）自由式道路网

自由式道路系统多以结合地形为主，路线布置依据城市地形起伏而无一定的几何图形。我国山丘城市的道路选线通常沿山麓或河岸布设，地形高差较大时，宜设人、车分行道路系统。

（4）混合式道路系统

混合式道路系统也称为综合式道路系统，是以上三种形式的组合。可以充分吸收其他各种形式的优点，组合成一种较为合理的形式。目前我国大多数大城市采用方格网式或环形放射式的混合式。

6.1.3 城镇道路线型组合的基本知识

道路是一个三维空间的实体，道路路线是道路中线的空间位置，主要依据设计车辆、设计车速交通量、通行能力确定道路平面、纵断面、横断面及道路交叉等的空间位置及线形要素，在实施中因严格按照设计数据进行测量、放样、施工。

1. 道路平面

道路中心线在水平面的投影是平面线形，它一般由直线、圆曲线、缓和曲线三个线形组成。城市道路一般采用直线——圆曲线——直线的组合方式。

（1）直线

直线是两点间距离最短的线段，它具有线形直接、布设方便、行车视距良好、行车平稳等优点。但直线不能适应地形变化、不便于避让障碍等缺陷，且直线过长容易使驾驶员产生麻痹而放松警惕导致发生行车事故，夜间行车时，对向的行车灯光炫目不利于安全。因此，直线不宜设置过长，长直线上的纵坡一般应小于3%。

（2）圆曲线

圆曲线是道路平面走向改变方向时，所设置的连接两相邻直线段的圆弧形曲线。圆曲线线形布设方便，能很好地适应地形，避让障碍，与地形配合得当可获得圆滑、舒顺、美观的路线，又能降低造价，而且由于行车景观不断变化使驾驶员保持警惕，可以增加行车安全性和诱导行车视线。但切不可因迁就地形而设置半径过小的圆曲线影响行车安全。

圆曲线上的技术代号一般有：交点（JD）、直圆（ZY）、曲中（QZ）、圆直（YZ）。

圆曲线的几何要素一般有：切线长（T）、曲线长（l）、外距值（E）、校正值（J）。

圆曲线的半径应控制在最小半径和最大半径之间。

为使汽车在曲线路段顺适行驶，减缓驾驶员的紧张操作，应根据设计车速、道路转角〔特别是小偏角（转角小于7°时）〕控制平曲线的最小长度。

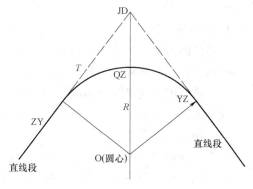

图6-1　平曲线参数示意图

为抵消车辆在平曲线路段上行驶时所产生的离（向）心力，在该平曲线路段横断面上设置曲线超高，即设置外侧高于内侧的单向横坡，其原理是利用车身自重沿路面向侧的水平分力抵消部分离（向）心力，以保证行车安全。

在平曲线路段上行驶的汽车车身占用路面宽度比直线路段要大，为了避免在弯道上行驶的汽车侵占相邻车道，在该平曲线路段横断面上设置曲线加宽，即该平曲线路段的宽度比标准横断面要宽一些。

（3）平面视距

为了行车安全，保证驾驶员在发现道路上的障碍、迎面来车等情况能及时采取制动或避让措施，道路平面线形（及纵断面线形）都应有足够的行车视距。平面视距包括停车视距、会车视距和超车视距。

2. 道路纵断面

沿道路中心线纵向垂直剖切的立面为纵断面，它反映道路沿线起伏变化情况。道路纵断面的确定与汽车爬坡性能、地形条件、运输与工程经济等诸多方面因素有关。纵断面线形主要由纵坡和竖曲线组成。

（1）纵坡与坡长

纵坡是两点间高差h与两点水平距离L之比的百分数，用坡度值（i）表示。

一般地，i值为正表示上坡，i值为负表示下坡。纵坡的取值范围一般应在最大纵坡和最小纵坡之间。最大纵坡要考虑合成坡度（即超高横坡与纵坡组合而成的坡度）；最小纵坡不能满足时，一般应设置锯齿形街沟或其他综合措施，满足排水要求。

从安全、节能、行车舒适、机械磨损等因素考虑，纵坡坡长应加以限制。

（2）竖曲线

竖曲线是道路纵断面上连接两不同直线坡度段而设置的连接两相邻直线段的竖向圆弧形曲线。竖曲线半径不宜太小，否则影响驾驶员观察变坡前方的视线，影响行车安全。

（3）锯齿形街沟

所谓锯齿形街沟，即在保持侧石顶面线与道路中心线总体平行的条件下，交替地改变侧石顶面线与平石（或路面）之间的高度，在最低处设置雨水进水口，并使进水口处的路面横坡度放大，在雨水口之间的分水点处标高最高，该处的横坡度便最小，使车行道两侧平石的纵坡度随着进水口和分水点之间标高的变化而变化。通常用于道路纵坡较小的城市道路中。

3. 道路横断面

道路横断面是指垂直于道路中心线方向的断面，它是由横断面设计线与地面线所围成。横断面宽度，通常称为路幅宽度。

（1）城市道路的横断面组成

城市道路横断面包括机动车道、非机动车道、人行道、绿化带、分隔带等。

（2）路拱与路拱横坡

为了迅速排除路面上的雨水，路面表面做成中间高两边低的拱形，称之为路拱。

人行道、行车道在道路横向单位长度内升高或降低的数值，也称为道路横坡。路拱横坡的基本形式有抛物线形、直线形、曲线直线组合形、折线形四种，横坡一般在 1.5%～2.0%。

（3）横断面的基本布置形式

道路横断面布置应满足机动车、非机动车和行人通行需要。城市道路通常采用侧石和绿化带将人行道、车行道布置在不同高度上，做到人车分流，防止互相干扰。常采用混合行驶、对向分流、车种分流等几种不同的交通组织要求来布设断面。行车道断面有单幅路、双幅路、三幅路、四幅路四种基本形成。

单幅路：又称"一块板"。道路上所有行驶车辆在同一幅车道混合行驶。这种断面形式对对向行驶车辆之间、机动车与非机动车之间干扰大，行车速度低。但造价低、用地省、起伏小、行人过街方便。适用于城市道路交通量不大的次干路、支路，商业街、旅游道路等，见图 6-2。

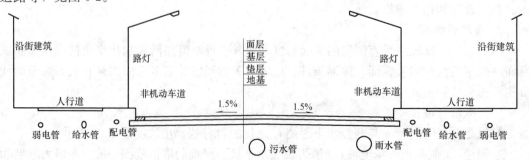

图 6-2　市政道路一块板结构示意图

双幅路：又称"二块板"。利用中间分隔带把行车道一分为二，使对向行驶车辆分开行驶，形成对向分流的断面形式，有效地避免了对向行车的相互干扰。而机动车与非机动车仍为混合行驶，相互影响较大。

三幅路：又称"三板块"。用两条分隔带把行车道分成三部分，中间为双向行驶的机动车道。两边为单向行驶的非机动车道，形成车种分流的断面形式。这种断面的缺点是路面宽，占地面积较大，费用较高；优点是较好地解决了机动车与非机动车之间相互干扰的问题，各类车辆行车速度快、通行效率高，且便于绿化、照明、杆线、地下管线的布置，是城市道路规划、设计优先考虑使用的断面。

四幅路：也称"四块板"。在三块板断面形式的基础上，再设中央分隔带把对向行驶的机动车分开，实现了车种分流、对向分流，是一种完全分道行驶的最理想的断面形式。但道路占地面积大，工程费用高。这种断面主要用于城市道路的快速干道上。

4. 道路交叉

道路与道路（或与铁路）的相交处称为交叉口（道口）。由于相交道路上车辆和行人之间相互干扰，且易发生交通事故。因此须合理设置。交叉口根据相交道路交汇时的标高情况，分为两类，即平面交叉和立体交叉。

（1）平面交叉

平面交叉的形式取决于道路规划、相交道路的等级、交通量的大小和交通组织特点、交叉口地形与用地等。按交汇于交叉口相交道路的条数分为三路交叉、四路交叉、多路交叉。其中常见的平面交叉口的形式有十字形、X形、T形、错位交叉、Y形、多路复合交叉等。

（2）立体交叉

立体交叉是指相交道路在不同高度上的交叉。这种交叉使各条相汇道路车流互不干扰，并可保持原有车速通过交叉口，既能保证行车安全，也大大提高了道路通过能力。

1）按交叉道路相对位置与结构类型分为上跨式和下穿式的立体交叉。

2）按交通功能与有无匝道连接上下层道路分为互通式和分离式两种。

分离式立体交叉：上下层车道不设匝道连接，常用于道路与铁路相交处，高速公路和快速干道与各级道路相交处。

互通式立体交叉：上下层车道用各种形式的匝道连接。互通式立体交叉以苜蓿叶形式最为典型，这种立交叉口的四个象限内都设有内、外环匝道，供上下层车辆行驶互换车道，是完全互通的定向立体交叉。此外还有二相匝道，三相匝道的不完全苜蓿叶形的部分互通式立体交叉。

城市道路与各种管线（电力线、电信线、电缆、管道等）与道路相交时，均不得侵入道路限界。不得妨碍道路交通安全，不得损害道路构造物，不得影响道路设施的使用。

6.1.4 道路路基、基层、面层工程结构

1. 路基的基本类型及要求

（1）路基的基本类型

主要有路堤（填方路基）、路堑（挖方路基）、半填半挖路基、不填不挖路基四种。

（2）对路基的基本要求

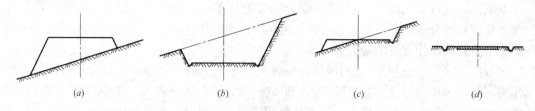

图 6-3　路基横断面图

(a) 路堤；(b) 路堑；(c) 半填半挖路基；(d) 不填不挖路基

路基必须满足的基本要求包括路基必须具有足够的强度、足够的水稳定性、足够的整体稳定性，季节性冰冻地区还需要具有足够的冰冻稳定性。

1）具有足够的强度

路基除与路面共同承受交通荷载外，又是路面结构物的基础。道路上的交通荷载，通过路面传递给路基，加上路基、路面的自重，路基会产生一定变形。因此，要求路基应具有一定的强度和抗变形能力。在我国的路基设计方法中，路基的强度指标以回弹模量或路床的 CBR 值表示。

2）具有足够的水稳定性

路基不仅承受交通荷载的作用，同时还受到水文、气候条件影响，使路基强度降低，产生过量的变形。因此，要求路基应具有足够的水稳性。

3）具有足够的整体稳定性

路基的整体稳定性是指路基整体在车辆及自然因素作用下，产生不允许的变形和破坏。由于修建路基改变了原地面的天然平衡状态，必须因地制宜地采取一定的措施来保证路基整体结构的稳定性。

4）具有足够的冰冻稳定性

季节性冰冻地区的路基，不仅受到交通荷载的作用，同时受到季节性的冰冻作用，使路基出现周期性的冻融状态，可能引发冻胀病害的发生。因此，对季节性冰冻地区的路基，除具有足够的强度外，还要求具有足够的冰冻稳定性。

2. 路面结构层

路面又称路面结构层，是承载于路基（土基）之上的多层结构，包括面层、基层和垫层等。

道路的路面直接承受汽车荷载作用，抵抗车轮的磨耗。根据路面及路面面层结构的力学特性，可将路面分为柔性路面和刚性路面。

柔性路面是指刚度较小、在车轮荷载作用下产生的弯沉较大，路面结构本身的抗弯拉强度较低，它通过各结构层将荷载传递给路基，使路基承受较大的单位压力。通常采用半刚性基层，提高车轮荷载的扩散性。

刚性路面是指面层板刚度较大，它的抗弯拉强度较高，一般指水泥混凝土路面。在车轮荷载的作用下，水泥混凝土结构层处于板体工作状态，竖向弯沉较小，主要靠水泥混凝土的抗弯拉强度承受车轮荷载，通过板体的扩散分布作用，传递给土基的单位压力较柔性路面小得多。

（1）面层

位于道路的顶层，直接承受汽车荷载作用，抵抗车轮的磨耗。通常用沥青面层和水泥混凝土面层。前者称为柔性路面，后者称为刚性路面。有时在沥青路面结构中加一层或一层以上厚度大于15cm的半刚性基层且能发挥其特性称为半刚性路面。

（2）基层

基层位于面层之下，底基层或垫层之上，是沥青路面结构层中的主要承重层。基层主要承担面层传下来的车辆垂直荷载，并把其扩散到垫层或路基上。基层应具有较高的强度、稳定性和耐久性，且要求抗裂性和抗冲刷性好。基层可为单层和双层，双层分为上基层、下基层。

底基层（有时设）是设置在基层之下，用质量较次材料铺筑的次要承重层。当路面基层太厚、垫层与基层模量比不符合要求时都应考虑设置底基层。因此，对底基层材料的技术指标要求可比基层材料略低，底基层也可分为上、下底基层。

（3）垫层

垫层是在水、温度稳定性不良地带设置的路面结构层。垫层是介于底基层与土基之间的结构层。设置垫层的主要目的是保证路基处于干燥或中湿状态。其次是将基层传下的荷载应力加以扩散，以减小土基产生的应力和变形。同时防止路基土挤入基层中，影响基层的结构性能。

6.1.5　道路附属工程的基本知识

1. 雨水口和雨水支管

一条完好的道路，必定配备一套完好的排水设施，才能保证其正常的使用寿命。雨水口、连接管和检查井是道路上收集雨水的构筑物，路面的雨水经过雨水口和连接管排入城市雨水管道。

雨水口分为落地和不落地两种形式，落地雨水口具有截流冲入雨水的污秽垃圾和粗重重物体的作用。不落地雨水口指雨水进入雨水口后，直接流入沟管。具体形式如图6-4所示。

雨水口的进水方式有平箅式、立式和联合式等。平箅式雨水口有缘石平箅式和地面平箅式。

缘石平箅式雨水口适用于有缘石的道路，地面平箅式适用于无缘石的路面、广场、地面低洼聚水处等。立式雨水口有立孔式和立箅式。联合式雨水口是平箅式与立式的综合形式，适用于路面较宽、有缘石、径流量较集中且有杂物处。

图6-4　雨水口

雨水口需一般设置在下行道路汇水点、道路平面交叉口、周边单位出入口、出水口等地点。雨水口的间距宜为25～50m，位置与雨水检查井的位置协调。雨水支管管径一般

图 6-5　路缘石

200～300mm，坡度一般不小于 10％，覆土厚度一般不小于 0.7m 或当地冰冻深度。

2. 路缘石和步道砖

（1）路缘石

路缘石可分为立缘石和平缘石两种，立缘石也称为道牙或侧石（图 6-5），是设在道路边缘，起到区分车行道、人行道、绿地、隔离带和道路其他路面水的作用；平缘石也称平石，是顶面与路面平齐的缘石，有标定路面范围、整齐路容、保护路面边缘的作用。平石是铺筑在路面与立缘石之间，常与侧石联合设置，有利于路面施工或使路面边缘能够被机械充分压实，是城市道路最常见的设置方式。

立缘石一般高出车行道 15～18cm，对人行道等起侧向支撑作用。

路缘石可用水泥混凝土、条石、块石等材料制作，混凝土强度一般不小于 30MPa。外形有直的、弯弧形和曲线形。应根据要求和条件选用。

（2）步道砖

人行道设置在城市道路的两侧，起到保障行人交通安全和保证人车分流的作用。人行道面常用预制人行道板块、石料铺筑而成，混凝土强度一般不小于 30MPa。

3. 交通标志和标线

（1）交通标志

道路交通标志是用图案、符号和文字传递特定信息，用以对交通进行导向、限制或警告等管理的安全设施。一般设置在路侧或道路上方。主要包括色彩、形状和符号等三要素。主标志可分为下列四类：

1）警告标志。警告车辆、行人注意危险地点的标志。

2）禁令标志。禁止或限制车辆、行人交通行为的标志。

3）指示标志。指示车辆、行人行进的标志。

4）指路标志。传递道路前进方向、地点、距离信息的标志。

辅助标志是铺设在主标志下，起辅助说明作用的标志。按用途不同分为表示时间、车辆种类、区域或距离、警告与禁令理由及组合辅助标志五种。

（2）交通标线

交通标线是由各种路面标线、箭头、文字、立面标记，突起路标和路边线轮廓标等所构成的交通安全设施。

路面标线应根据道路断面形式、路宽以及交通管理的需要画定。路面标线的形式主要有车行道中心线、车行道边缘线、车道分界线、停止线、人行横道线、导向车道线、导向箭头以及路面文字或图形标记等（图 6-6）。

突起路标是固定于路面上突起的标记块，一般应和路面标线配合使用，可起辅助和加强标线的作用，一般作为定向反射型。

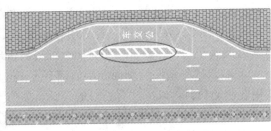

(a)

(b)

图 6-6　交通标线（单位：cm）
(a) 路面标线；(b) 港湾式停靠站标线

4. 道路照明与绿化景观

（1）照明灯杆设置在两侧和分隔带中，立体交叉处还应设有独立灯杆。

（2）分离带不宜种植乔木，广场宜进行景观设计。

6.2　城镇道路工程施工工艺和方法

6.2.1　常用湿软地基处理方法及应用范围

在软弱地基上修筑道路，软土地基处理恰当是否也关系到整个工程质量、投资。因此道路修建于软土地基时，无论是设计还是施工均必须给予充分的重视。

1. 垫层处治

（1）应用范围

路堤高度小于 2 倍极限高度（在天然软土地基上，基底不作特殊加固处理而用快速施工方法修筑路堤的填筑最大高度），软土层及其硬壳较薄，或软土表面渗透性很低的硬壳等情况，可采用垫层处治。

（2）处理方法

垫层法有砂（砂砾）垫层法、灰土垫层法等。

① 砂（砂砾）垫层法

在软土层顶面铺砂垫层，主要起浅层水平排水作用，使软土中的水分在路堤自重的压力作用下，加速沉降发展，缩短固结时间，但对基底应力分布和沉降量的大小无显著影响。

② 灰土垫层法

地下水不高出软土地面，在软土层顶面铺灰土垫层隔离地下水，保证上层结构的稳定。

（3）砂（砂砾）垫层施工方法

191

① 砂砾的最大粒径不得大于53mm，含泥量不得大于5%。

② 在清理的基底上分层铺筑符合要求的砂或砂砾垫层，分层铺筑松铺厚度不得超过200m，并逐层压实至规定的压实度，压实的方法应根据地基情况而选择振动法（平振、插振、夯实等）、碾压法等。若采用碾压法施工时，应控制最佳含水率。砂砾垫层应宽出路基边脚0.5～1.0m，且无明显的粗细料离析现象。两侧端以片石护砌，以免砂料流失。

③ 填筑砂砾垫层的基面和层面铺有土工布时，在砂砾垫层上下各厚100m层次中不得使用轧制的粒料，以免含有裂口的碎砾石损伤土工布。

④ 施工中应避免砂或砂砾受到污染。如有严重的污染，应换料重填。

（4）灰土垫层施工方法

① 石灰土垫层施工前必须对下卧地基进行检验，如发现局部软弱土坑，应挖除，用素土或石灰土填平夯实。

② 施工时应将灰土拌合均匀，控制含水率，如土料水分过多或不足时应晾干或洒水湿润，以达到灰土最佳含水率。

③ 分层松铺厚度按采用的压实机具现场试验来确定，一般情况下松铺厚度应不大于300mm，分层压实厚度应有大于200mm。

④ 压实后的灰土应采取排水措施，3d内不得受水浸泡。灰土垫层铺筑完毕后，要防止日晒雨淋，应及时铺筑上层。

2. 反压护道法

（1）应用范围

适用于路基高度不大于1.5～2倍的极限高度，非耕作区和取土不太困难的地区。

（2）处理方法

在路堤两侧填筑一定宽度和高度的护道，以改善路堤荷载方式来增加抗滑力的方法，使路堤下的软基向两侧隆起的趋势得到平衡，从而保证路堤的稳定性。

（3）反压护道法施工方法

① 路堤在施工过程中，在路堤的两侧或一侧设置反压护道。

② 反压护道的高度宜为路堤高度的1/2，宽度应通过稳定性验算确定，且应满足路堤施工后沉降的要求。反压护道所用的填筑材料应符合路堤填料的要求。

③ 反压护道施工应与路堤同时填筑，分开填筑时，必须在路堤达到临界高度前将反压护道填筑好。

3. 土工合成材料

（1）应用范围

土工合成材料适用于软黏土，常与垫层处治、换填处治相结合应用。

（2）处理方法

土工合成材料具有加筋、防护、过滤、排水、隔离等功能，利用土工合成材料的抗拉、抗剪强度好，改善施工机械的作业条件，均匀支承路堤荷载，减小地基的沉降和侧向位移，提高地基的承载力。土工合成材料的种类有：土工网、土工格栅、土工模袋、土工织物、土工复合排水材料、土工垫等。

（3）土工合成材料处治施工方法

① 土工合成材料技术、质量指标应满足设计要求。材料的存放及铺设过程中应避免

长时间暴露或暴晒。与土工合成材料直接接触的填料中严禁含强酸、强碱性物质。

② 土工合成材料在铺设时，应将强度高的方向置于垂直于路堤轴线方向。土工合成材料之间的连接应牢固，在受力方向连接处的强度不得低于材料设计抗拉强度，且其叠合长度不应小于 15cm。

③ 土工合成材料的铺设不允许有褶皱，应人工拉紧，必要时可采用插针等措施固定土工合成材料于填土层表面。铺设土工合成材料的土层表面应平整，表面严禁有碎、块石等坚硬凸出物。在距土工合成材料层 8cm 以内的路堤填料，其最大粒径不得大于 6cm。

④ 土工合成材料摊铺以后应及时填筑填料，以避免其受到阳光过长时间的直接暴晒，一般情况下，间隔时间不应超过 48h。填料应分层摊铺、分层碾压，所选填料及其压实度应达到设计或相关规范规定的要求。

⑤ 铺设土工合成材料，应在路堤每边各留一定长度，回折覆裹在已压实的填筑层面上，折回外露部分应用土覆盖。

⑥ 对于软土地基，应采用后卸式卡车沿加筋材料两侧边缘倾卸填料，以形成运土的交通便道，并将土工合成材料张紧。填料不允许直接卸在土工合成材料上面，必须卸在已摊铺完毕的土面上；卸土高度以不大于 1m 为宜，以免造成局部承载能力不足。卸土后应立即摊铺，以免出现局部下陷。

⑦ 土工合成材料的连接，采用搭接时，搭接长度宜为 300～600mm；采用接缝时，缝接宽度应不小于 50mm，缝接强度应不低于土工合成材料的抗拉强度。

4. 换填处治

（1）应用范围

换填法一般适用于地表下 0.5～3.0m 之间的软土处治。

（2）处理方法

换填处治包括开挖换填法、抛石挤淤法等。

① 开挖换填法

将软弱地基层全部挖除或部分挖除，用透水性较好的材料（如砂砾、碎石、钢渣等）等进行回填。该方法简单易行，也便于掌握，对于软基较浅（1～2m）的湿软地特别有效；但对于深层软基处理，要求沉降控制较平的路基、桥涵构造物、引道等，应考虑采用其他方法。

② 抛石挤淤法

在路基底部抛投一定数量片石，将淤泥挤出基底范围，以提高地基的强度。这种方法施工简单、迅速、方便。本方法适用于常年积水的洼地，排水困难，泥炭呈流动状态，厚度较薄，表面无硬壳，片石能沉达底部的泥沼或厚度为 3～4m 的软土；在特别软弱的地面上施工由于机械无法进入，或是表面存在大量积水无法排除时；石料丰富、运距较短的情况。

（3）基底开挖换土施工方法

1）开挖

① 基底开挖深度在 2m 以内可用推土机、挖掘机或人工直接清除至路基范围以外堆放或运至弃土场；深度超过 2m 时，要由端部向中央，分层挖除，由汽车运载出坑。

② 软土在路基坡脚范围以内全部清除。边部挖成台阶状再回填；路基穿过湿软地只

需要清除路基坡角（含护坡道）范围以内的软土。护坡道以外，对于小滑塌的软土，可挖成 1：1～1：2 的坡度，对于淤泥高压缩性软土可将护坡道加宽加高至湿软地相平或高出。

2）填筑及压实

① 软基在开挖时要注意解决渗水或雨水两个问题，可采用边挖边填，也可全部或局部清除后进行全部或局部回填，尽可能换填渗水性材料，并注意及时抽水。

② 碎石土及粉煤灰等工业废渣常作为换填材料，如果当地条件许可，可用这些填料回填至原地面或湿软地地面。压实时，由于非土方填料分层厚度不宜小，为达到较好的压实效果，常采用振动压路机和重型静力压路机（三轮压路机 12～15t）。

③ 如果路基与两侧湿软地完全隔离，就可按照一般路堤填筑方式进行填筑，分层碾压时控制好含水率、碾压遍数、碾压方式及路堤边坡、护坡道的密实程度，要做好湿软地与路堤之间的排水边沟，保证路堤不受水毁，不受冻害。

④ 路堤与两侧湿软地不能完全隔离，在清除路基底部软土后，如渗透性良好的土源缺乏，可在路堤底面用砂石料设置透水性路堤。

⑤ 路堤两侧设立全铺式（块石、片石浆砌护坡）护坡或护面墙（挡土墙式护坡）时，砌石应用当地不易风化开山片石，用 M5 等级砂浆砌筑，墙基应埋入非软基土中 0.5～1.2m，砌筑护坡时应夯实坡面，挡墙墙后应填筑开山石块并夯实。护面墙应在路堤压实稳定后再开挖砌筑。

（4）抛石挤淤施工方法

① 抛石挤淤应采用不易风化的片石，其尺寸应小于 300mm。

② 抛石挤淤应按图纸的要求进行，当软土地层平坦时，从路堤中心成等腰三角形向前抛填，渐次向两侧填至全宽，使淤泥或软土向两侧挤出。当软土地层横坡陡于 1：10 时应自高侧向底侧抛投，并在低侧边部多抛填。使底侧边部约有 2m 的平台顶面，待片石抛出软土面或抛出水面后，应用较小石块填塞垫平，用重型压路机压实。

③ 抛投片石的大小，随淤泥或软土的稠度而定。

④ 抛投顺序，应先从路堤中部开始，中部向前突进后再渐次向两侧扩展，以使淤泥向两旁挤出。

⑤ 当软土或淤泥底面有较大的横坡时，抛石应从高的一侧向低的一侧扩展，并在低的一侧多抛填一些。

⑥ 片石露出水面后，宜用重型压路机反复碾压，然后在其上面铺反滤层，再行填土。

5. 排水固结处治

（1）应用范围

排水固结法一般适用于饱和软黏土、吹填土、松散粉土、新近沉积土、有机质土及泥炭土地基。

（2）处理方法

排水固结法处理软基是在路基施工前，对天然路基或已设置竖向排水体的路基上加载预压，使土体固结沉降基本完成或大部分完成，从而提高地基土强度，减少地基工后沉降的一种地基加固方法。

排水固结法由排水系统和堆载加压系统两部分共同组成。

排水固结系统由竖向排水体和水平排水体构成，主要作用是改变地基的排水边界条件，缩短排水距离和增加孔隙水排出的途径。当软土层靠近地表且较薄、或土的渗透性好且施工周期较长时，可在地面铺设一定厚度的砂垫层，不设竖向排水通道。土中的孔隙水在外荷载作用下排至砂垫层，从而产生固结。若软土层较厚时，为加快排水固结，应在地基中设置砂井等竖向排水体，与水平砂垫层一起构成排水系统。

堆载加压系统是指对地基施加的荷载布置。

排水系统与加压系统总是联合使用的。如果只设置排水系统，不施加固结压力，土中的孔隙水没有压差，不会发生渗透固结，强度不会提高。如果只施加固结压力，不设置排水体，孔隙水就很难排出来，地基土的固结沉降就需要较长的时间。因此，要保证排水固结法的加固效果，从施工角度考虑，主要做好以下三个环节：铺设水平垫层、设置竖向排水体和施加固结压力。

（3）水平排水垫层施工方法

水平排水垫层的作用是使在预压过程中，从土体进入垫层的渗流水迅速地排出，使土层的固结作用能正常进行，防止土颗粒堵塞排水系统。因而垫层的质量将直接关系到加固效果和预压时间的长短。

（4）竖向排水体施工方法

竖向排水体在工程中的应用有普通砂井、袋装砂井、塑料排水带三种。

1）普通砂井施工方法

普通砂井砂料采用中粗砂，一般先在地基中成孔，再在孔内灌砂形成砂井。施工时保持砂井连续和密实，并且不出现缩颈现象，尽量减小对周围土的扰动，砂井的长度、直径和间距应满足设计要求。

普通砂井施工成孔的典型方法有套管法、射水法、螺旋钻成孔法和爆破法4种。

① 套管法

将带有活瓣管尖或套有混凝土管靴的套管沉到预定深度，然后在管内灌砂，拔出套管形成砂井。根据施工工艺的不同，又分为静压沉管法、锤击沉管法、锤击静压联合沉管法和振动沉管法，其中振动沉管法是目前最为常用的方法。

② 射水法

射水法是指利用高压水通过射水管形成高速水流的冲击和环刀的机械切削，使土体破坏，并形成一定直径和深度的砂井孔，清孔后再向孔内灌砂而成砂井。采用该法施工时，有两个环节需特别注意。一是控制好冲孔时水压力大小和冲水时间，这和土层性质有关，当分层土的性质不同而用相同水压时，会出现成孔直径不同的现象；二是孔内灌砂质量，如孔内泥浆未清洗干净，砂中含泥量增加，会使砂井渗透系数降低，这对土层的排水固结是不利的，并且如果泥浆排放疏导不好，也会对水平排水垫层带来不利影响。

射水成孔工艺，对土质较好且均匀的黏性土地基是较适用的，但对土质很软的淤泥，因成孔和灌砂过程中容易缩孔，很难保证砂井的直径和连续性；对夹有粉砂薄层的软土地基，若压力控制不严，易在冲水成孔时出现串孔，对地基扰动较大。

射水法成井的设备比较简单，对土的扰动较小，但在泥浆排放、坍孔、缩颈、串孔、灌砂等方面都还存在一定的问题。

③ 螺旋钻成孔法

该法以动力螺旋钻钻孔,属于干钻法施工,提钻后孔内灌砂成形。此法适用于陆地工程,砂井长度在10m以内,土质较好,且不会出现缩颈和坍孔现象的软弱地基。该工艺所用设备简单而机动,成孔比较规整,但灌砂质量较难掌握,对很软弱的地基也不太适用。

2) 袋装砂井施工方法

袋装砂井是用具有一定伸缩性和抗拉强度很高的聚丙烯或聚乙烯编织袋配合套管填满砂子形成的砂井。它基本上解决了大直径砂井中所存在的问题,使砂井的设计和施工更加科学化,保证了砂井的连续性,施工设备实现了轻型化,比较适合在软弱地基上施工。用砂量大为减少,施工速度加快、工程造价降低,是一种比较理想的竖向排水体。

① 材料要求

A. 砂袋:应采用聚丙烯、聚乙烯、聚酯等编织布制作,并应具有足够的抗拉轻度,使能够承受袋内砂自重及弯曲所产生的拉力,要有一定的抗老化性能和耐环境水腐蚀性能,其渗透系数应不小于所用砂的渗透系数。

B. 砂:应采用渗水率较高的中、粗砂、大于0.5mm的砂料含量应占总量的50%以上,含泥量应小于3%,渗透系数应大于 5×10^{-2} mm/s。

② 施工机械

我国较普遍使用的振动式导管打桩机,也可根据实际情况选择专用打桩机、轻型柴油打桩机(DD-6型)、门式打桩机(LM-19),配套机具有罐砂袋设备、成孔导管、桩尖与桩帽。

③ 施工工艺流程

测量定位→机具就位→整理桩尖→沉入导管→检查砂井深度→灌制砂袋→检查砂袋质量→下砂袋→灌水、拔导管→处理井口和砂袋头。

④ 施工要点

A. 测量定位

按线路中线进行控制,准确定出每个砂井位置,钉设木桩(竹片桩)或点白灰标示。

B. 机具就位

a. 打桩机底支垫要平衡牢固。若采用的是轻型柴油打桩机,则用卷扬机定位,并用经纬仪或其他观测办法控制桩锤导向架的垂直度。

b. 定位时要保证桩锤中心与地面定位在同一点上,以确保沉管的垂直度。在打设导管成孔过程中,如连续出现两根桩打入深度超过施工图要求时,说明桩锤过重,要更换较轻的锤。

C. 整理桩尖

a. 桩尖有导管相连的活瓣桩尖和分离式的混凝土预制桩尖,在导管沉入前应安装和检查,尤其是活瓣桩是否能正常开合。

b. 要检查导管与桩尖是否密合,清除导管内泥土,避免导管内过多存泥,影响砂井深度。管内加压后,砂袋仍然拔起,则可能是活门的开启失灵,需要拔出来排除故障。

D. 沉入导管

a. 采用振动法或静压法将导管沉入土层。

b. 开始时落锤要轻缓,防止导管突然倾斜。

196

c. 沉入导管时应先松后振，导管压入过程中不得起管。

d. 导管入土深度距施工图标示深度约 2m 时，要控制锤击频率，防止超深。

E. 检查砂井深度

应在导管上部作出进深标识，砂井深度可用导管压入的长度直接控制。

F. 灌制砂袋

宜使用风干砂，避免湿砂干燥后体积减小，造成砂井中砂柱高度不足或缩径、砂体中断，甚至与排水垫层不搭接。

G. 检查砂袋质量

a. 灌砂应饱满，充填要密实，袋口应扎紧，不得有中断、拧结现象。

b. 检查砂袋是否破损、漏砂。

c. 已灌制好的砂袋，在搬运施工中不得有破损，凡受损的砂袋应进行修补，否则不得使用。运至工地井位盘成圆形堆放。

H. 下砂袋

a. 要用专门的运输工具运送砂袋，严禁在地上拖拉。

b. 导管入口处应装设滚轮，避免砂袋被刮破漏砂。

c. 下砂袋时，应将整个砂袋吊起，人工配合将端部放入套管口，拉住袋尾，经导管入口滚轮，平稳迅速将砂袋送入导管内，使砂袋徐徐下放。

d. 必须保证砂袋到达导管底部，如出现砂袋下不去的现象，则检查桩尖活门和接头，排除管内杂物，处理好活门和接头。

I. 灌水、拔导管

a. 灌水是为了减小砂袋与导管壁的摩擦力，保证顺利拔管，不带出砂袋。

b. 拔管前应检查砂柱的高度，必要时补充灌砂。

c. 拔管时，应先启动微振动器，后提升导管，做到先振后拔。

d. 起拔时要连续缓慢地进行，中途不得放松吊绳，防止因导管下坠而损坏砂袋。

e. 当导管拔出后，若露出地面的长度大于理论值，说明砂袋有随导管拔起的现象，应进行补救处理，并从拔管速度、管壁及管口光滑情况等方面查找原因，采取预防措施。

f. 拔管过程中，应检查砂袋口，若砂袋不满，应及时向袋内补砂。

J. 处理井口和砂袋头

a. 清除井口泥土。

b. 砂袋高出井口部分可以割除，重新扎牢袋口，砂量不足应予补充。

c. 露出地面的砂袋应埋入砂垫层中，埋入长度应大于 0.3m 或符合施工图要求。

3）塑料排水板施工方法

① 材料要求

芯板：是由聚乙稀或聚丙烯加工而成两面有间隔沟槽的板条，土层中孔隙水通过滤膜渗入到沟槽内，并沿着沟槽竖向排入地面的砂垫脚石层中。应具有足够的抗拉强度和垂直排水能力，其抗拉强度不应小于 130N/cm。芯板应具有耐腐性和足够的柔性，保证塑料排水板在地下的耐久性并在主体固结变形时不会被折断或破裂。

滤套：一般由非纺织物制成，具有一定的隔离土颗粒和渗透功能，且应等效于 0.025mm 孔隙，其最小自由透水表面积宜为 $1500cm^2/m$，渗透系数应不小于 $5 \times 10^{-3}mm/s$。

② 施工机械

主要机具是插板机，也可与袋装砂井机具共用，但应将圆形套管换成矩形套管。

③ 施工工艺流程

地面平整→摊铺下层砂垫层→机具就位→塑料排水板穿靴→插入套管→拔出套管→割断塑料排水板→机具位移→摊铺上层砂垫层。

④ 施工要点

A. 塑料排水板的质量应符合图纸和本规范规定的要求，施工之前应将塑料排水板堆放在现场，并加以覆盖，以防暴露在空气中老化。施工时应严格按照图纸指出的位置、深度和间距设置。塑料排水板留出孔口长度应保证伸入砂垫层不小于 500mm，使其与砂垫层贯通；并将其保护好，以防机械、车辆进出时受损，影响排水效果。

B. 塑料排水板在插入地基的过程中应保证板不扭曲、透水膜无破损和不被污染。板的底部应有可靠的锚固措施，以免在抽出保护套管时将其带出。

C. 塑料排水板插好后应及时将露在垫层的多余部分切断，并予以保护，以防因插板机的移动、车辆的进出或下雨时受到损坏而降低排水效果。

D. 塑料排水板宜采用滤水膜内平搭接的方法连接，搭接长度不得小于 200mm。

E. 施工质量不符合要求，应采取补救措施或更换排水板。

（5）预压荷载施工方法

预压荷载施工方法有堆载预压法、真空预压法等。

1）预压和超载预压施工方法

在软基上修筑路堤，通过填土堆载预压，使地基土压密、沉降、固结，从而提高地基强度，减少路堤建成后的沉降量。

堆载预压法使用材料、机具简单，施工操作方便。堆载预压需要一定的时间，适合工期要求不紧的项目。对于深厚的饱和软土，排水固结所需要的时间很长，同时需要大量的堆载材料，在使用上会受限。

进行预压的荷载超过设计的工程荷载，称为超载预压；预压荷载等于工程荷载，称为等载预压。

① 一般要求

A. 预压和超载预压的填土高度应符合图纸的要点。

B. 用于预压与超载预压的土压应分层填筑并压实。

C. 预压路堤顶面应设一定的横坡使排水顺畅。

D. 对有要求预压的路段，尤其是桥头路段和箱涵路相接路段，在施工安排上应尽要能早地堆载预压。堆载顶面要平整密实有横坡。在工期限制较严、预压时间较短时，也可采用超载预压的方法来加快预压期的沉降量。

E. 预压或超预压沉降后应及时补方，一次补方厚度不应超过一层填筑厚度，并适当压实，对地基稳定性较好的路段，亦可按预测沉降量随路基填筑一次完成到位。对于在预压后期或在路面施工时一次补填的做法，以避免引起过大的沉降。

F. 在软基地段路堤完工到路面铺筑之前，应有路堤预压期。预压期应按图纸规定；如无规定，一般应为一年。

② 沉降监测

A. 沉降期内，不得在预压路堤上修筑任何工程，但可加填由于沉降引起的附加填土。

B. 预压期内，应按规定要求进行沉降监测。在预压期完成前，应将监测原始记录、沉降记录汇总表、沉降曲线图等资料以及完成预压期的分析报告，上报批准。预压期可根据沉降监测结果确定是否应予延长。

C. 路堤沉降变形达到设计预期值后，始允许铺装路面。有超出路床以上多余填料时，应在路面即将铺筑之前，将路堤超出的多余填料卸除，并将路堤整修到路床面高程和满足压实要求。

D. 填筑路堤前，应在清理好的地表上安装沉降板。沉降板应符合图纸的要求。如果认为在某些桥头高路堤需要同时监测孔隙水压力时，应埋设孔隙水压力计及其观测设备，并与沉降同步观测。

E. 在超载预压路段，沉降板应安装在路基顶部中心线上，纵向间距为200m。桥头引道路堤，第一块沉降板从距桥台台背10m处开始，按路基中心线、左右两侧路肩内缘设置，其后，以50m的间距设置沉降板。施工过程中，应对沉降板采取可靠的保护措施，不使其变形和损坏。应承担由于未按要求进行沉降监测而造成沉降期延长和任何施工延误的全部责任。

F. 施工期间，应每填筑一层填料进行一次观测。如果两次填筑间隔时间较长，应每3d观测一次。路堤填筑完毕后，应每14d进行一次定期观测，直到预压期完成、多余填料卸除为止。

G. 应在路堤两侧趾部及距路堤两侧趾部5m处设置混凝土侧向变位桩。其纵向间距不得超过100m，桥头引道地段不得超过50m。应对侧向变位桩按三维控制，与沉降同步观测。

H. 路基加载速度应控制为：路堤中心线地面沉降速率每昼夜不大于10mm；坡脚水平位移速率每昼夜不大于5mm。应将观测结果结合沉降和位移发展趋势进行综合分析。其填筑速率，应以水平位移控制为主，如超过此限应立即停止填筑。

2）真空预压施工方法

利用大气压强0.098MPa等效堆载预压法对软基进行加固。即依靠真空抽气设备，使密封的软弱地基产生真空复压力，使土颗粒间的自由水、空气沿着纵向排水通道，上升到软基上部砂垫层内，由砂垫层内过滤再软基密封膜以外，从而使土体固结。该法适用于含水率高、孔隙比大、强度低、渗透系数和固结系数均较小的黏土。

① 设置排水通道包括在软基表面铺设砂垫层和土体中打设排水通道。目前多采用塑料排水板作为竖向排水通道。采用套管法打设塑料排水板。在钢套管压入地基土内之前，须先将塑料板放入套管，并在塑料板端部加管靴，这样，当钢套管压入时，管靴和塑料板也随之入土，拔出钢套管时，塑料板靠管靴的阻力留置于土中，在地面将塑料板切断，打设即完成。

② 铺设膜下滤管在打好塑料排水板的砂垫层上布设膜下滤管，并将滤管埋入砂垫层中。

③ 铺设封闭薄膜。

④ 连接膜外管道和出膜装置与抽真空设备。

⑤ 安装自动控制设备。

6. 加固土桩处治

（1）应用范围

加固土桩处治适用于处理淤泥、淤泥质土、粉土和含水量较高的黏性土。

（2）处理方法

常用的处理方法有碎石桩、粉喷桩。

① 碎石桩

碎石桩是用碎石做填料并依靠振动沉沉管机、水振冲器等挤压软土层形成桩体。碎石桩与桩间的软土形成复合地基，起到地基承载能力，减少沉降。

② 粉喷桩

粉喷桩是以干粉（生石灰粉或水泥粉等粉体材料）作为加固料，通过粉喷桩机，用压缩空气将粉体加固料送到地基中与软土搅拌并得到充分拌合，使其充分吸收地下水并与地基土发生理化反应，形成具有水稳定性、整体性和一定强度的柱状体。这种强度和刚度较桩周土高出若干倍的柱状加固体与桩间上一起构成复合地基，在稳定地基土的同时提高其强度，使地基土工程性质得到局部改善，从而达到加固地基的目的。

（3）碎石桩加固施工方法

1）填料宜为 19～63mm 粒径未风化的砾石或碎石，含泥量小于 10％。

2）成桩试验

施工前应按规定做成桩试验，记录冲孔、清孔、成桩时间和深度、冲水量、水压、压入碎石量及电流的变化等，作为碎石施工的控制指标。

3）施工机械

主要机具是振冲器、吊机或施工专用平车和水泵。

① 选择振冲器型号应考虑桩径、桩长及加固工程离周围建筑物的距离。

② 配备的供水设备，出水口压应为 400～600kPa，流量 20～30m³/h。起重机械起吊能力应大于 100～200kN。

4）施工工艺流程

整平原地面→振冲器就位对中→成孔→清孔→加料振密→关机停水→振冲器移位。

5）施工要点

① 振冲器对准桩位，打开水源和电源，检查水压、电压和振冲器的空载电流是否正常。

② 起动吊机，使振冲器以 1～2m/min 的速度在土层中徐徐下沉。当振冲器到达设计加固深度以上 30～50cm 时可把振冲器往上提至孔口，提升速度可增至 5～6m/min，以清除孔器泥块，防止"缩颈"。

③ 重复上述步骤一至两次。然后将振冲器停留在设计加固深度以上 30～50cm 处，借循环水使孔内泥浆变稀，即清孔。清孔 1、2min 以后将振冲器提出孔口，准备加填料。

④ 填料：往孔内倒入填料，将振冲器下放至填料中，进行振实。这是，振冲器一方面将填料振密，另一方面使填料挤入孔壁的土中，从而使桩径扩大。随着填料的不断挤入，孔壁上的约束力逐渐增大，当约束力与振冲器产生振力相等，桩径不再扩大时，继续振密，振冲器电机的电流值迅速增大；当电流达到规定值时，认为该深度的桩体已经振密。如果电流达不到规定值，则需提出振冲器继续往孔内倒一批填料，然后再下降振冲器

继续进行振密。如此重复操作，直至深度的电流达到规定值为止。

⑤ 成桩：重复上一步骤，自下而上制作桩体，直至孔口。

⑥ 表层清理：加固区碎石桩全部完成后，应进行表层清理。将桩顶部约 1m 范围内的桩体挖去，或者用振动碾使之压实，若采用挖除的办法，对施工前的地面高层和桩顶高程要事先测量放样。

（4）粉喷桩加固施工方法

1）材料要求

加固土桩所采用的材料有水泥、生石灰、粉煤灰等符合相关规定。

2）成桩试验

为全面施工提供依据，加固土桩施工前须进行成桩试验，桩数不小于 5 根。

① 满足设计喷入量的各种技术参数，如钻进速度、提升速度、搅拌速度、喷气压力、单位时间喷入量等。

② 搅拌要均匀，根据地层、地质情况确定覆喷范围。

3）室内配合比试验

应根据软土层的土质情况进行加固土的室内配合比试验，选择合适的固化剂和外掺剂量，确定实际使用时的施工配合比。

4）施工机具

粉体固化剂所用的施工机械主要有钻机、粉体发送器、空气压缩机、搅拌钻头等。

5）施工工艺流程

原地面整平→测量放样→钻机定位→钻杆下沉钻进→上提喷粉强制搅拌→复搅下沉→复搅喷粉提升→成桩钻机移位。

6）施工要点

① 移动钻机、使钻头对准桩位，分别以经纬仪、水平尺在钻杆及转盘的两个正交方向校正垂直度及水平度。清理喷射口、管。

② 打开粉喷机料罐上盖，按"（设计有效桩长＋余桩长）×每米用料"计算出水泥等粉灰用量，并进行过筛，加料入罐，第一罐多加 50kg 水泥等粉灰。

③ 关闭粉喷机灰路蝶阀、球阀，打开气路蝶阀。

④ 启动钻机和空压机，并缓慢打开气路调压阀，对钻机供气，视地质及地下障碍情况采用不同转速正转下钻，宜用慢档先试钻。

⑤ 观察压力表读数，随钻杆下钻压力增大而调节压差，使后阀较前阀大 0.02～0.05MPa 压差。

⑥ 钻头钻至设计桩长底标高，关闭气路蝶阀，并开启灰路蝶阀，反转提升，打开调速电机，视地质情况调整转速，喷灰成桩。

⑦ 钻机正转下钻复搅，反转提钻复喷。根据地质情况及余灰情况重复数次，保证桩体灰土搅拌均匀。

⑧ 钻头提升至桩顶标高下 0.5m，关闭调速电机，停止供灰，充分利用管内余灰喷搅。

⑨ 原位旋转钻具 2min，脱开减速箱、离合器将钻头提离地面 0.2m。

⑩ 打开球阀，减压放气。打开料罐上盖，检查罐内余灰，并记录喷灰量。

6.2.2 路堤填筑施工工艺

1. 基底处理

路堤一般都是在天然地基上利用当地土石做填料填筑起来的。为保证路堤具有足够的强度和稳定性，必须严格控制基底的处理质量。

若原基底为平面或坡面坡度小于1：5时，需清除表面上树、草杂物或耕植土，处理树根坑、井穴并填平，将翻松的表层压实后即可保证坡面的稳定。若原基底坡面坡度大于1：5时，清除草木等杂物、淤泥、腐殖土后，将原基底面斜坡挖成台阶，台阶宽度不得小于1m，台阶顶面应向内倾斜，并当路基稳定受到地下水影响时，应予拦截或排除，引地下水至路堤基础范围之外再进行填方压实。

2. 填料选择

填土方路堤应优先选用级配较好的砾类土、砂类土等粗粒土作为填料，填料最大粒径应小于150mm。填方材料的强度（CBR）值应符合设计要求，其最小强度值应符合表6-1规定。不应使用淤泥、沼泽土、泥炭土、冻土、有机土以及含生活垃圾的土做路基填料。对液限大于50%、塑性指数大于26、可熔盐含量大于5%、700℃有机质烧失量大于8%的土，未经技术处理不得用作路基填料。

路基填料强度（CBR）的最小值   表6-1

填方类型	路床顶面以下深度（cm）	最小强度（%）	
		城市快速路、主干路	其他等级道路
路床	0~30	8.0	6.0
路基	30~80	5.0	4.0
路基	80~150	4.0	3.0
路基	>150	3.0	2.0

填石方路堤石料强度（饱和试件极限抗压强度）不应小于15MPa，石块最大径粒应不大于500mm，且不得超过厚度的2/3。路床底面以下30cm范围内，填料粒径应小于150mm。

3. 土质路堤的填筑

路堤基本填筑方案有分层填筑法、竖向填筑法和混合填筑法三种，见图6-7。

① 分层填筑法：路堤填筑必须考虑不同的土质，从原地面逐层填起并分层压实，每层填土的厚度应符合设计或规范规定。分层填筑法又可分为水平分层填筑法和纵向分层填筑法两种。

② 竖向填筑法：在深谷陡坡地段填筑路堤，无法自下而上分层填筑，可采用竖向填筑法。竖向填筑是指从路堤的一端或两端按横断面全部高度，逐步推进填筑。竖向填筑因填土地过厚不易压实，施工时需采取下列措施：选用振动式或夯击式压实机械；选用沉陷量较小及粒径均匀的砂石材料；暂不铺筑较高级的路面，容许短期内自然沉落。

③ 混合填筑法：在深谷陡坡地段填筑路堤，尽量采用混合填筑法，即在路堤下层竖向填筑，上层水平分层填筑，使上部填土经分层压实获得需要的压实度。

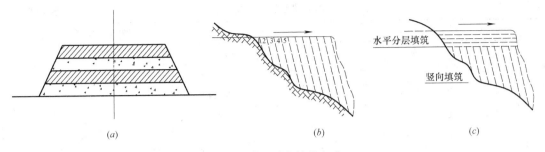

图 6-7　路基混合填筑方式

（a）水平填筑方案；（b）竖向填筑方案；（c）混合填筑方案

4. 土质路堤压实

土基的压实程度对路基的强度和稳定性影响极大。因此，土基的压实是路基施工极其重要的环节，是保证路基质量的关键。

（1）影响路基压实的主要因素

① 含水量

在一定击实做功条件下得到的土样干密度与其含水量大小有关，通过标准击实试验（图6-8），可得出干密度与含水量的关系曲线，曲线的最高点对应的干密度称为最大干密度，与之相对应的含水量称为最佳含水量。如能控制工地含水量为最佳含水量，就能获得最好的压实效果，使路基强度和稳定性最好。

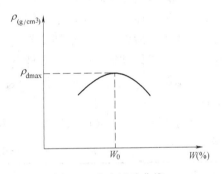

图 6-8　击实试验曲线

② 土质

不同的土质，其压实效果不同。因此不同的土质具有不同的最佳含水量及最大干密度。

③ 压实功能

土的压实效果与压实工具的类型、质量、速度和碾压次数有关。压实工具质量越大，速度越慢和压实次数越多，单位体积压实功能就越大，压实度就越大。然而，当压实功增加到一定程度后，土的密实度就增加得不显著了。这表明，对于某一种土说来，如果超过某一限度，再采用增加压实功能的办法来提高土的密实度就不经济了。因此，若不能降低密实度的要求，则应采取换土或其他措施来解决。

（2）路基压实标准

路基压实标准通常用压实度来表征。土的压实度是现场压实后土的干密度与室内用压实标准仪测定的土的最大干密度的比值百分数。

城市道路通常采用重型击式标准，路基压实度应符合表6-2的规定。

（3）选用压实机械

压实机械通常可分为静碾型、振碾型和夯实型。压实工具不同，压力传布的有效程度也不同。夯击式机具的压力传布最深，振动式次之，静碾式最浅。然而，一种机具的作用深度在压实过程中并不是固定不变的。例如光面碾，开始碾压时，因土体松软，压力传布较深，但随着碾压次数的增加，土的强度相应提高，其作用深度就逐渐减小。

填方路基压实度标准 表 6-2

路床顶面以下深度(cm)	道路类别	压实度(%)(重型击实)
0～80	城市快速路、主干路	≥95
	次干路	≥93
	支路及其他小路	≥90
>80～150	城市快速路、主干路	≥93
	次干路	≥90
	支路及其他小路	≥90
>150	城市快速路、主干路	≥90
	次干路	≥90
	支路及其他小路	≥87

压实机具的重力较小时，荷载作用时间越长，土的密实度越高，但密实度的增长速度则随时间增加而减小，压实机具较重时，土的密实度随施荷时间增加而迅速增加，但超过某一时间限度后，土的变形即急剧增加而达到破坏；机具过重以致超过土的强度极限时，将立即引起土体破坏。碾压速度越高，压实效果越差。

根据施工的要求，正确选择压路机种类、规格、压实作业参数及运行路线是保证压实品质和压实效率的前提条件。

常有压实机械适应的松铺厚度见表 6-3。

压实机具及压实厚度表 表 6-3

压实机械	羊足碾(6～8t)	振动压路机(10～12t)	压路机(8～12t)	压路机(12～15t)
压实厚度(m)	≤0.50	≤0.40	0.2～0.25	0.25～0.35

（4）路基的压实施工

在路基压实过程中，应遵循"先轻后重、先慢后快、先边后中、先低后高、注意重叠"的原则。

首先取土样进行击实试验以确定最大干密度和最佳含水量，然后做试验段选定压实机具类型及组合和碾压遍数，再上土、测含水量、碾压，最后按规定频率和点数检测压实度，直到合格为止。应注意的事项包括：

压实时，控制土样含水量在最佳含水量附近±2%范围之内；

严格控制路基填筑宽度和松铺层厚度；一般实际宽度比理论宽度每侧宽不小于 350cm；

碾压分初压、复压和终压。碾压时，相邻碾压轮应相互重叠 20～30cm；

正确选择压路机的运行路线，压路机最快速度不宜超过 4km/h，确保压实的均匀度；

遇到死角或作业场地狭小的地段，应换用机动性好的小型压实机械予以压实；

保证当天铺筑，当天压实。每班作业结束后，做好路基排水。压路机停放在硬实平坦的安全路段。

（5）边坡的压实

路堤填土的坡面应该充分压实，而且要符合设计截面。如果边坡面层和路堤整体相比压得不够密实，下雨时，由于表面流水的洗刷和渗透，而发生滑坡、崩溃和路侧下沉等现象。因此，边坡也必须给予充分压实，不可忽视。

边坡面施工有削土坡面施工和堆土坡面施工两种方法。

削土坡面施工：路堤堆土要加宽，经正常的填土碾压后，再将坡面没有压实的土铲除后修整坡面，用液压挖掘机对坡面进行整形。

堆土坡面施工，系采用碾压坡面的方法。碾压机械可用振动压路机、推土机或挖掘机等。坡面的坡度在1∶1.8左右时，要先粗拉线放坡，用自重3t以上的拖式振动压路机，从填土的底部向上滚动振动压实。为防止土壤坍落，压路机下行时不要振动。压路机的上下运动，用装在推土机后的卷扬机来操作。

（6）台背回填的压实

桥梁、箱形涵洞等构筑物和填土相连接部分，一般在行车后，连接部发生不同沉陷，使路面产生高差导致损坏，影响正常交通。因此台背回填的压实工作必须认真做好。

台背回填土选用透水性好、易压实、压缩性小的材料。填土应在接近最佳含水率状态下分层压实或夯实，每层松铺厚度不宜超过20cm。为保证压实质量，条件许可时仍应尽量采用大型压实机械。场地狭窄及临近构造物边缘及涵顶50cm内，应用小型压实机械分层压实或夯实。夯压遍数应通过试验确定，以达到规定的压实度要求为准。适用于台背填土压实（或夯实）的小型机械有蛙式打夯机、内燃打夯机、手扶式振动压路机、振动平板夯等。

5. 填石路基的填筑

填石路堤的填筑方式有逐层填筑压实和倾填（含抛填）两种。抛填又可分为石块从岩面爆破后直接散落在准备填筑的路堤内，或用推土机将爆破后的石块以及用自卸汽车从远处运来的爆破石块推入路堤两种情况。

填石路堤填筑应先修筑试验路段，确定压实遍数等参数。填石作业自最低处开始，逐层水平填筑，每一分层先是机械摊铺主集料，平整作业铺撒嵌缝料，将填石孔隙以小或石屑填满铺平，采用自重不小于18t的振动压路机碾压，压至填筑层顶面石块稳定、不再下沉（无轮迹）、石块紧密、表面平整为止。

6. 路基填、挖交界（纵、横）地段路堤施工

（1）横向半填半挖地段

横向半填半挖地段填方，应按图纸要求分层填筑，以免填筑不当而出现路基纵向裂缝。

要认真清理半填断面的原地面，根据图纸要求及相关规范的规定将半填断面原地面表面翻松或挖成台阶，再进行分层填筑。填筑时，必须从低处往高处分层摊铺碾压，特别要注意填、挖交界处的拼接，碾压要做到密实无拼痕。

半填半挖路段的开挖，必须待下半填挖断面原地面处理好，方可开挖上挖方断面。对挖方中非适用材料必须废弃，严禁填在半填断面内。

若图纸对半填半挖路基采用土工合成材料加筋时，则土工合成材料的设置部位、层数和材料规格、质量要求应符合图纸要求及规范有关规定。

（2）纵向填、挖交界处

纵向填、挖交界处的路基填方，应按图纸要求分层填筑，以免因填筑不当，而出现路基横向裂缝。

施工时首先认真清理填方路段的原地面，清理长度依据填土高度和原地面坡度而定，原地面清理应符合图纸要求及规范的规定；待填方处原地面处理好，方可开挖挖方断面。对挖方中非适用材料严禁用于填筑。

纵向填、挖交界处填筑时，必须从低处往高处分层摊铺碾压，特别要注意填、挖交界处的拼接，碾压要做到密实无拼痕。

纵向填、挖交界处常伴随着半填半挖横断面，应按图纸要求妥善安排，做到纵、横交界填筑均衡，碾压密实无拼痕。

若图纸对纵向填、挖交界处采用土工合成材料加筋时，应按图纸要求及规范的有关规定设置土工合成材料。

7. 路堤预留沉降量

路堤填方的沉降与施工碾压质量、填土高度、填料土质等因素有关。在正常情况下可按堤高的1%～3%预留量进行路基设计标高放样，同时计算路基放样宽度时，在考虑了沉降损失后，还应根据经验略有放宽，以满足沉降后路基的设计宽度和日后修理边坡要求。施工期间要加强沉降量观测；施工加强质量管理，边坡要夯密实，尽早密铺草皮及其他必要的防护设施。

6.2.3　路堑开挖施工工艺

1. 挖方路基施工特点

由于挖方路堑是由天然地层构成的，天然地层在生成和演变的长期过程中，一般具有复杂的地质结构。处于地壳表层的挖方路堑边坡施工中受到自然和认为因素，包括水文、地质、气候、地貌、设计与施工方案等的影响，比路堤边坡更容易发生变形和破坏。

工程实践证明，路基出现的病害大多发生在路堑挖方地段上，诸如滑坡、崩坍、落石、路基翻浆等。路基大断面的开挖施工，破坏了原有山体的平衡，施工方案选择不合理，边坡太陡，废方堆弃太近，草皮栽种、护面铺砌及挡土墙施工不及时，排水不良等都会引起路堑边坡失稳、滑坍，严重时影响整个工程进度。施工人员应从设计图纸会审、施工方案选择、现场地质水文调查多方面把关，切实搞好挖方路基施工。

2. 土质路堑施工

（1）施工方法

路堑开挖施工，除需考虑当地的地形条件、采用的机具等因素外，还需考虑土层的分布。在路堑开挖前，应做好现场伐树、除树根清理和排水工作。路堑的开挖方法根据路堑高度、纵向长短及现场施工条件，可采用横向挖掘法、纵向挖掘法、混合式挖掘法三种方法。

横向挖掘法：包括单层横向全宽挖掘法和多层横向全宽挖掘法。

纵向挖掘法：包括分层纵挖法、通道纵挖法、分段纵挖法。

混合式挖掘法：当路线纵向长度和挖深都很大时，为扩大工作面，可将多层横挖法和通道纵挖法综合使用。先沿路堑纵向挖通道，然后沿横坡面挖掘，以增加开挖坡面。每一坡面的大小应能容纳一个施工小组或一台机械作业。

（2）注意事项

深挖掘中特别需要注意的问题是保证施工过程或竣工后的有效排水。一般应先开挖排水沟槽，并要求与永久性构造物相结合，并设法排除一切可能影响边坡稳定的地面水和地下水，为此，路堑开挖作业时应注意以下几点：

不论采取何种开挖方法，均应保证施工过程或竣工后的有效排水。确保施工作业面不积水。开挖路堑时，在路堑的线路方向保持一定的纵坡度，以利排水和提高运输效率。

开挖时应按照横断面自上而下，依照设计边坡逐层进行，防止因开挖不当而引起边坡失稳崩坍。当开挖至零填、路堑路床部分后，应尽快进行路床施工，如不能及时进行，宜在设计路床顶标高以上预留至少300mm厚的保护层。

开挖过程中，应采取措施保证边坡稳定。开挖至边坡线前，应预留一定宽度，预留的宽度应保证刷坡过程中设计边坡线外的土层不受扰动。

路堑弃土应及时运出现场。如现场堆放应按要求整齐地堆在路基一侧或两侧或弃土内侧坡脚（靠路堑一侧），至路堑边坡顶端距离不得小于规定限度。

弃土运往他处时，挖掘工作面的运输散落土料要及时清除，尤其是每个工作日作业结束时，更要注意及时用推土机将散落土清除干净，以防土遇雨积水，造成滑坡损害，以至于发生滑塌事故。

送软地带或其他不符合要求的土质地段，要采取各种稳定处理措施，并注意地下水的上升情况，根据需要设置排水盲沟等。

3. 石质路堑施工

石质路堑是道路通过山区与丘陵地区的一种常见路基形式，由于是开挖建造，结构物的整体稳定时路堑设计、施工的中心问题。

路基边坡的形状，一般可分为直线、折线和台阶形三种。当挖方边坡较高时，可根据不同的土质、岩石性质和稳定要求开挖成折线式或台阶式边坡，边沟外侧应设置碎落台，其宽度不宜小于1.0m；台阶式边坡中部应设置边坡平台，边坡平台的宽度不宜小于2m。

边坡坡顶、坡面、坡脚和边坡中部应设置地表排水系统，当边坡有积水湿地、地下水渗出或地下水露头时，应根据实际情况设置地下渗沟、边坡渗沟或仰斜式排水孔，或在上游沿垂直地下水流向设置拦截地下水的排水隧洞等排导设施。

根据边坡稳定情况和周围环境确定边坡坡面防护形式，边坡防护应采取工程防护与植物防护相结合，稳定性差的边坡应设置综合支挡工程。条件许可，宜优先采用有利于生态环境保护的防护措施。

当土质挖方边坡高度超过20m、岩石挖方边坡高度超过30m以及不良地质地段路堑边坡，应按有关规定，进行路基高边坡个别处理设计。

对于岩石的破碎开挖，主要采用两种方法：一是松土机械作业法，二是爆破作业法。

松土机械作业法是利用大型、整体式松土器，耙松岩土后铲运机械装运。

爆破作业法：是利用炸药爆炸时所产生的热和高压，使岩石或周围的介质受到破坏或位移。其特点是施工进度快，并可减轻繁重的体力劳动，提高劳动生产率。但这种方法，毕竟是一种带有危险性的作业，需要有充分的爆破知识和必要的安全措施。

6.2.4 基层施工工艺

1. 级配碎石基层

级配碎石是一种古老的路面结构层，常用几种粒径不同的粗、中、细碎石和石屑掺配拌制而成路面结构形式，分为骨架密实型与连续型。它适应于各级道路的基层和底基层，以减轻或消除半刚性基层开裂对沥青面层的影响，避免反射裂缝。采用级配碎石是柔性与半刚性两类基层结构的优化组合以满足新形势下的交通需求。

（1）级配碎石的材料

① 碎石中针片状颗粒的 应不超过 20％。碎石中不应有黏土块、植物等有害物质。

② 级配碎石级配合理，所用石料的压碎值应符合设计规定或验收标准。

③ 在最佳含水量时进行碾压，并达到规范要求的压实度。

（2）施工工艺流程

级配碎石的施工有路拌法和中心站集中场拌法两种。其主要施工流程为：备料→运输与摊铺集料→拌合及整形→碾压→横缝的处理→纵缝的处理→养护。

① 备料

根据级配碎石的颗粒组成计算碎石和石屑的配合比；根据各段基层或底基层的宽度、厚度及规定的压实干密度按确定的配合比计算碎石、石屑的数量；碎石和石屑按预定比例混合并洒水加湿，使混合料的含水量超过最佳含水量约 1％。

② 运输与摊铺集料

通常通过试验确定集料的松铺系数并确定松铺厚度；用平地机或其他合适的机具将集料均匀地摊铺在预定的宽度上，表面应力求平整，并具有规定的路拱，并应同时摊铺路肩用料；采用不同粒级的碎石和石屑时，应将大碎石铺在下层，中碎石铺在中层，小碎石铺在上层，洒水使碎石湿润后，在摊铺石屑。

③ 拌合及整形

对于高等级道路，应采用专用稳定土拌合机拌合级配碎石；拌合结束时，混合料的含水量应均匀，并较最佳含水量大 1％左右，同时没有粗细颗粒离析现象发生；用平地机将拌合均匀的混合料按规定的路拱进行整平和整形，在整形过程中，应注意消除粗细集料的离析现象。

④ 碾压

整形后，当混合料的含水量等于或略大于最佳含水量的 1％时，立即用 12t 以上的压路机进行碾压。碾压方法同前。

⑤ 横缝的处理

两作业段的衔接处，应搭接拌合。第一段拌合后，留 5～8cm 不进行碾压，第二段施工时，前段留下的未碾压部分与第二段一起拌合整平后进行碾压。

⑥ 纵缝的处理

级配碎石施工时应避免纵向接缝。在必须分幅铺筑时，纵缝应搭接拌合。

⑦ 养护

未洒透层沥青或未铺封层时，禁止开放交通，以保护表层不受损坏。

2. 稳定类基层

凡是用无机结合料稳定的各种土，当其原材料强度应符合规定要求。半刚性基层材料包括水泥稳定土、石灰稳定土、石灰稳定工业废渣和综合稳定土。

半刚性类基层稳定路面具有稳定性好、抗冻性能强、结构本身自成板体等特点，但其耐磨性差。因此，广泛用于修筑路面结构层的基层或底基层。较厚的半刚性材料层可以抵消土基强度的巨大差别。

（1）常用半刚性材料

水泥应符合国家技术标准的要求，初凝时间应大于4h，终凝时间应在6h以上。

石灰、粉煤灰稳定土类和石灰稳定土类的半刚性基层、底基层，粉煤灰中SiO_2，Al_2O_3和Fe_2O_3的总含量应大于70%，烧失量不宜大于20%，比表面积宜大于$2500cm^2/g$或0.075mm筛孔通过率应大于60%，采用Ⅲ级以上石灰。

① 水泥稳定土

在粉碎的或原来松散的土（包括各种粗、中、细粒土）中，掺入足够量的水泥和水，经拌合、压实和养生得到的一种强度或耐久性符合要求的结构材料称为水泥稳定土。它包括水泥土、水泥碎石、水泥砂砾等。

② 石灰稳定土

在粉碎的土和原状松散的土（包括各种粗、中、细粒土）中，掺入适量的石灰和水，按照一定技术要求，经拌合，在最佳含水量下摊铺、压实及养生，其抗压强度符合规定要求的路面基层称为石灰稳定类基层。用石灰稳定细粒土得到的混合料简称石灰土，所做成的基层称石灰土基层（底基层）。它包括石灰土、石灰砂砾土、石灰碎石土等。石灰稳定类土禁止用作高等级路面的基层。

③ 石灰稳定工业废渣

当掺入无机材料为石灰稳定工业废渣（常用工业废渣有粉煤灰、炉渣、高炉铁渣、钢渣、煤矸石和其他粒状废渣），用一定比例的石灰与这些废渣中的一种或两种经加水拌合、压实和养生后得到的一种强度和耐久性，都有很大提高的结构材料称之为石灰稳定工业废渣。

④ 综合稳定土

同时用水泥和石灰稳定某种土得到的强度符合要求的混合料，简称为综合土。

（2）石灰稳定土基层施工

1）施工工艺流程

石灰土基层施工分路拌法和厂拌法两种方法，工艺流程分别为：

① 路拌法施工工艺流程：准备工作→摊铺土料→整平、轻压→石灰摊铺→拌合与洒水→接缝和调头处的处理→碾压成型→养生。

② 厂拌法施工工艺流程：石灰土拌合、运输→摊铺→粗平整形→稳压→精平整形→碾压成型→养护。

2）路拌法施工

① 准备工作

摊铺土料前，土基洒水湿润。稳定用土最大尺寸不应大于15mm。生石灰块在使用前7～10d必须充分消解，并过孔径10mm筛，尽快使用。应将石灰堆成高堆，保持一定湿度，并用篷布等覆盖，以防扬尘。

② 摊铺集料

根据事先通过试验确定土或集料的松铺系数（或压实系数，它是混合料的松铺干密度与压实干密度的比值）。将土和集料摊铺均匀。

③ 整形轻压

将土或集料摊铺均匀后，必须进行整形，并应用两轮压路机立即开始碾压一至两遍，使其表面具有规定的路拱，并使土或集料层表面平整。考虑拌合后碾压前水的蒸发，混合料的压实含水量应在最佳含水量的±1％范围内。

④ 摊铺石灰

在事先计算得的每车或每袋石灰的纵横间距，用石灰土在土层或集料层上做卸置石灰的标记，同时划出摊铺石灰的边线。用刮板将石灰均匀摊平，应量测石灰土的松铺厚度，根据石灰土的含水量和松密度，确定石灰用量是否符合要求。

⑤ 拌合与洒水

拌合机应先将拌合深度调整好，由两侧向中心拌合，每次拌合应重叠10～20cm，防止漏拌。先干拌一遍，然后视混合料的含水情况，再进行补充拌合，以达到混合料颜色一致，没有灰条、灰团和花面为止。

⑥ 接缝和调头处的处理

同日施工的两工作段的衔接处，应采用搭接形式。即先施工的前一段尾部留5～8m不进行碾压，待第二段施工时，应与前段留下未压部分要再加部分石灰，重新拌合，并与第二段一起碾压。

工作缝应成直线，而且上下垂直，经过摊铺整形的石灰稳定土当天应全部压实，不留尾巴。第二天铺筑时，为了使已压成型的稳定边缘不致遭受破坏，应用方木（厚度与其压实后厚度相同）保护，碾压前将方木提出，用混合料回填并整平。

⑦ 碾压

当混合料处于最佳含水范围时，进行碾压。当用12～15t三轮压路机碾压时，每层压实厚度不应超过15cm；用18～20t三轮压路机或相应功能的滚动压路机碾压时，每层压实厚度不应超过20cm。压实厚度超过上述规定时，应分层铺筑，每层的最小压实厚度为10cm。

在碾压结束之前，用平地机再终平一次，使其纵向顺适，高程、路拱和超高符合设计要求。石灰土碾压中出现"弹簧"、松散、起皮等现象，应及时翻开晾晒或换新混合料重新拌合碾压。

严禁压路机在已完成的或正在碾压的路上"调头"和急刹车，以保证灰土表面平整。

⑧ 养生

石灰稳定土在养生期间应保湿。养生条件主要指温度与湿度。养生期应禁止车辆通行。不能封闭交通时，应当限制车速不得超过30km/h，禁止重型号车辆通行。

施工其的最低温度应在5℃以上，并在第一次重冰冻（−5～−3℃）到来之前一个月至一个半月完成。其拌合碾压时间不得多于2d。

3）厂拌法施工

① 石灰土拌合

原材料进场检验合格后，按照生产配合比生产石灰土，当原材料发生变化时，应重新调整石灰土配合比。出厂石灰土的含水量应根据天气情况综合考虑确定，晴天、有风天气一般稍多1％～2％，应对石灰土的含水量、灰剂量进行及时监控，检验合格后方能允许出厂。

② 石灰土运输

采用有覆盖装置的车辆进行运输，按照需求量、运距和生产能力合理配置运输车辆的数量，运输车按既定的路线进出现场，禁止在作业面上急刹车、急转弯、掉头和超速行驶。

③ 施工放样

在下承层上恢复中线，并在两侧路肩边缘外设指示桩，指示桩上应明显标记出基层边缘的设计高程。

④ 石灰土摊铺

在湿润的下承层上按照设计厚度计算出每延米需要灰土的虚方数量，松铺系数一般取1.65～1.70，设专人按固定间隔、既定车型、既定的车数指挥卸料。卸料堆宜按梅花桩形布置，以便于摊铺作业。摊铺前人工按虚铺厚度用白灰撒出高程点，用推土机、平地机进行摊铺作业，必要时用装载机配合。

⑤ 粗平整形

先用摊铺机进行粗平1～2遍，粗平后宜用推土机在路基全宽范围内进行排压1～2遍，以暴露潜在的不平整，其后用人工通过拉线法用白灰再次撒出高程点（预留松铺厚度），根据大面的平整情况，对局部高程相差较大（一般指超出设计高程50mm时）的面继续用推土机进行整平，推土机整平过程中本着"宁高勿低"的原则，大面基本平整高程相差不大时（一般指±30mm以内时），再用平地机整形。

⑥ 稳压

先用平地机进行初平一次，质检人员及时检测其含水量，必要时通过洒水或晾晒来调整其含水量，含水量合适后，用轮胎压路机快速全宽静压一遍，为精平创造条件。

⑦ 精平整平

人工再次拉线用白灰撒出高程点，用平地机进行精平1～2次，并及时检测高程、横坡度、平整度。对局部出现粗细集料集中的现象，人工及时进行处理。对局部高程稍低的灰土面严禁直接采取贴薄层找补，应先用人工或机械耕松100mm左右后在进行找补。

⑧ 碾压

石灰土摊铺长度约50m时宜进行试碾压，在最佳含水量调整为1％～2％时进行碾压，试压后及时进行高程复测。碾压原则是"先慢后快"、"先轻后重"、"先低后高"。

直线和不设超高的平曲线段，由两侧路肩向路中心碾压，设超高的平曲线段，由内侧路肩向外侧路肩进行碾压。压路机应逐次倒轴碾压，两轮压路机每次重叠1/3轮宽，三轮压路机每次重叠1/2后轮宽度。

压路机的碾压速度头两遍以1.5～1.7km/h为宜，以后宜采用2～2.5km/h。

首先压路机静压一遍，再进行振动压实3～5遍。根据试验段的经验总结，结合现场自检压实的结果，确定振动压实的遍数。最后用钢轮压路机和轮胎压路机静压1～2遍，最终消除轮迹，使表面达到坚实、平整、不起皮、无波浪，压实度符合质量要求。

在涵洞、桥台背后等难以使用压路机碾压的部位，用蛙夯或冲击夯压实。由于检查井、雨水口周围不易压实，可采取先埋后挖的逆做法施工，先在井口上覆盖板材，石灰土基层成活后，再挖开，进行长井圈、安井盖，必要时对井室周围浇筑混凝土处理。

⑨ 接槎的处理

⑩ 工作间断或分段施工时，应在石灰土接槎处预留300～500mm不予压实，与新铺石灰衔接，碾压时应洒水润湿，宜避免纵向接茬缝，当需纵向接茬时，接茬缝宜设在路中

线附近；接茬宜做成阶梯形，梯级宽约 500mm。

成活后应立即进行洒水养护，养护期不得少于 7d。养护期间应封闭交通，若分层连续施工应在 24h 内完成。

4）冬、雨期施工

① 冬期施工

石灰土基层不应在冬期施工，施工期的日最低气温应在 5℃ 以上。

石灰土基层应在第一次重冰冻（－5～－3℃）到来前一至一个半月完成。

石灰土基层养护期进入冬期，应在石灰土内掺加防冻剂。

② 雨期施工

应避免在雨期进行石灰土结构的施工。

缩短摊铺长度，已摊铺的石灰土应当天成活。

（3）水泥稳定类基层施工

水泥稳定土按照颗粒的粒径大小和组成，将土分为三种：粗粒土、中粒土、细粒土。常用的水泥稳定材料有：水泥碎石、水泥砂砾、水泥土等。

水泥剂量不宜超过 6%。必要时，应首先改善集料的级配，然后用水泥稳定，以达到要求的压实度。

1）施工工艺流程

① 路拌法

准备工作→摊铺集料→洒水预湿→整平和轻压→摆放和摊铺水泥→干拌→加水并湿拌→整形→碾压→接缝和调头处的处理→养生。

② 厂拌法

施工放样→水泥稳定土类材料拌合→摊铺→碾压→接缝→养护。

2）路拌法施工

① 准备工作：包括下承层准备、施工放样等。

② 摊铺集料

通过试验确定集料的松铺系数。摊铺材料在摊铺水泥前一天进行。摊料长度以日进度的需要量为度，够次日一天内完成掺加水泥、拌合、碾压成型即可。雨期施工，及时摊铺集料并保证后续工艺在降雨之前全部完成。

洒水预湿：在运输到底基层上的选料（包括各种砂砾土和细粒土）上洒水预湿。洒水使土的含水量约为最佳含水量的 70%。预湿时，将水均匀地喷洒在土上。

③ 整平和轻压

集料经过预湿之后，采用平地机整平成要求的路拱和坡度，并用轻型压路机碾压 1～2 遍，使集料层具有平整光滑的表面，同时具有一定的密实度，以便摊铺水泥。

④ 摆放和摊铺水泥

采用袋装水泥时，应先根据水泥稳定土层厚度的压实厚度、预定的干密度和润滑油剂量，计算每一平方料水泥稳定土需要的水泥用量，并计算每袋水泥摊铺面积。然后，根据水泥稳定土层的宽度，计算的每袋水泥摆放的水泥的行数和间距。

⑤ 干拌

用稳定土拌合机进行拌合，拌合的第一、二遍，通常进行"干拌"。严禁在拌合层底部留有"素土"夹层。

⑥ 加水并湿拌

在上述拌合过程结束时，如果混合料的含水量不足，用喷管式洒水车补充洒水。洒水车起洒处和另一端"调头"处都超出拌合段 2m 以上。禁止洒水车在正进行拌合的以及当天计划拌合的路段上"调头"和停留，以防局部水量过大。

⑦ 整形

混合料拌合均匀后，立即用平地机进行初平。在直线段，平地机由两侧向路中心进行刮平；在曲线段，平地机由内侧向外侧进行刮平；需要时，再返回刮一二遍。用轻型压路机立即在刚初平的路段上快速碾压一遍，以暴露潜在的不平整；然后再用平地机整平一次。每次整平都按照要求的坡度和路拱进行。特别注意接缝处的整平，使接缝顺适平整。

水泥稳定土基层摊铺时，按"宁高勿低"、"宁刮勿补"的原则处理。

⑧ 碾压

水泥稳定土层整平满足要求后，混合料的含水量等于或略大于最佳含水量时，立即用三轮压路机、重型轮胎压路机或振动压路机在全宽内进行碾压。碾压时，重叠 1/2 轮宽，后轮超过两段的接缝处。

碾压过程中，水泥稳定土的表面始终保持湿润，如水分蒸发过快，及时补洒少量的水。如发生"弹簧"松散起皮等现象，及时翻开换以新的混合料或添加适量的水泥重新拌合，使其达到质量要求。

经过拌合、整形的水泥稳定土，在水泥初凝前和试验确定的延迟时间内完成碾压，并达到要求的密实度，同时无明显的轮迹。

⑨ 接缝和调头处的处理

同时施工的两工作段的衔接时，采用搭接。前一段拌合整形后，留 5~8m 不进行碾压；后段施工时，前段留下未碾压部分，加部分水泥重新拌合，并与后一段一起碾压。

在已碾压完成的水泥稳定土层末端，沿稳定土挖一条横贯铺筑层全宽的宽约 30cm 的槽，直挖到下承层顶面。此槽与路的中心线垂直，靠稳定土的一面切成垂直面，并放两根与压实厚度等厚、长为全宽一半的方木紧贴其垂直面。第二作业段拌合后，除去方木，用混合料回填。靠近方木未能拌合的一小段，人工进行补充拌合。整平时，接缝处的水泥稳定土较已完成断面高出约 5cm，以利形成一个平顺的接缝。

⑩ 养生

水泥稳定土经过拌合、压实成型后立即养生。用潮湿的土工布、粗麻袋、稻草麦秸或其他合适的潮湿材料覆盖养生。养生期不少于 7d。养生期间禁止车辆通行。

3）厂拌法施工

① 施工放样

在下承层上恢复中线，并在两侧路肩边缘外设指示桩，并在指示桩上明显标记出基层边缘的设计高程。中线、边线、标高标记应明显。

② 水泥稳定土类材料拌合

A. 土块应粉碎

B. 配料应准确，拌合应均匀。

C. 含水量宜略大于最佳值，使混合料运到现场摊铺后碾压的含水量不小于最佳值。

D. 在正式拌合前，应先调试所用设备，使混合料的颗粒组成和含水量都达到规定要求。当发生变化时，应重新调试设备。

E. 在潮湿多雨地区或其他地区的雨期施工时，应采取措施覆盖保护集料，防止雨淋。

F. 应根据集料含水量及时调整加水量。

③ 摊铺

A. 应尽快将拌成的混合料运到铺筑现场。运输途中应对混合料进行苫盖，减少水分损失。

B. 宜采用沥青混凝土摊铺机或稳定土摊铺机进行摊铺，松铺系数一般取 1.3～1.5。

C. 拌合机和摊铺机的生产能力应互相匹配。若拌合机生产能力较小，摊铺机应采用较低速度的摊铺，减少摊铺机停机待料的情况。

D. 在摊铺机后设专人消除粗细集料离析现象。

E. 水泥稳定土类材料自搅拌至摊铺完成，不应超过 3h，应按当班施工长度计算用料量。

④ 碾压

A. 宜先用轻型压路机跟在摊铺机后及时进行碾压，后用重型压路机继续碾压密实。经拌合、整形的水泥稳定土应在试验确定的延迟时间内完成碾压。

B. 根据路宽、压路机轮宽和轮距的不同，制定碾压方案应使各部分碾压到的次数尽量相同，路面的两侧应多压 2～3 遍。

C. 当混合料的含水量为 1%～2%最佳含水量时，应立即用轻型压路机并配合 12t 以上压路机在结构层全宽内进行碾压。直线和不设超过的平曲线段，由两侧向中心碾压；设超高的平曲线段，由内侧向外侧碾压。压路机应逐次倒轴碾压，两轮压路机每次重叠 1/3 轮宽，三轮压路机每次重叠 1/2 后轮宽度，使每层整个厚度和宽度完全均匀地压实到规定的密实度为止。碾速头两遍以 1.5～1.7km/h 为宜，以后以 2.0～2.5km/h 为宜。采用人工摊铺和整形的，宜先用拖拉机或 6～8t 双轮压路机或轮胎压路机碾压 1～2 遍，然后再用重型压路机碾压。

D. 严禁压路机在已完成的或正在碾压的路段上调头或急刹车，应保证基层表面不受破坏。

E. 碾压过程中，表面应始终保持湿润，如水分蒸发过快，应及时补洒少量的水碾压。

F. 碾压过程中，如有"弹簧"、松散、起皮等现象，应及时翻松重新拌合或采用其他方法处理。

G. 在检查井、雨水口等难以使用压路机碾压的部位，应采用小型压实机具或人力夯加强压实。

⑤ 接缝

A. 摊铺机摊铺混合料不宜中断。如因故中断，时间过长，应设置横向接缝，摊铺机应驶离混合料床端。

B. 人工将末端含水量合适的混合料整齐，紧靠混合料放置方木，方木应与混合料压实厚度同厚；整平紧靠方木的混合料。

C. 方木的另一侧用砂砾或碎石回填约 3m 长，其高度应高出方木几厘米。

D. 将混合料碾压密实。

E. 在重新开始摊铺之前，将砂砾或碎石和方木出去，并将下承层顶面清扫干净。

F. 摊铺机返回到已压实层的末端，重新开始摊铺。

G. 应尽量避免纵向接缝。城镇快速路和城镇主干道的基层宜整幅摊铺，宜采用两台摊铺机一前一后，步距 5～8m 同步向前摊铺，并一起进行碾压。

H. 同日施工的两工段的衔接处，应采用搭接。前一段拌合整形后，留 5～8m 不进行碾压，后一段施工时，前段留下未压部分，应再掺加部分水泥重新拌合，并与后一段一起碾压。

I. 应注意每天最后一段末端缝（即工作缝）的处理。工作缝可按下述方法处理：

J. 在已碾压完成的水泥稳定土层末端，沿稳定土挖一条横贯铺筑层全宽约 30cm 的槽，直挖到下承层顶面。此槽应与路中心垂直，靠稳定土的一面切成垂直面，并放厚度与压实厚度相等的方木紧贴其垂直面。用原挖出的素土回填槽内其余部分。第二天，邻接作业段拌合后，除去方木，用混合料回填。靠近方木未能拌合的一小段，应人工进行补充拌合。整平时，接缝处的水泥稳定土应较已完成断面高出约 5cm，以利于形成平顺的接缝。在新混合料碾压过程中，应将接缝修整平顺。

⑥ 养护

A. 水泥稳定土底基层分层施工时，下层水泥稳定土碾压完成后，在采用重型振动压路机碾压时，宜养护 7d 后铺筑上层水泥稳定土。在铺筑上层稳定土之前，应始终保持下层表面湿润。铺筑上层稳定土时，宜在下层表面撒少量水泥或水泥浆。底基层养护 7d 后，方可铺筑基层。

B. 每一段碾压完成并经压实度检验合格后，应立即开始养护。

C. 应保湿养护，养护结束后，需将覆盖物清除干净。

D. 基层也可采用沥青乳液养护。沥青乳液的用量按 0.8～1.0kg/m² 选用，宜分两次喷洒。第一次喷洒沥青含量为 35% 的慢裂沥青乳液，第二次喷洒浓度较大的沥青乳液。养护期间应断绝交通。

4）冬、雨期施工

① 冬期施工

水泥稳定土（粒料）类基层，宜在进入冬期前 15～30d 停止施工。当养护期进入冬期施工时，应在基层施工时向基层材料中掺入防冻剂。

② 雨期施工

A. 各地区的防汛期宜作为雨期施工的控制期。

B. 雨期施工应充分利用地形与既有排水设施，做好防雨和排水工作。

C. 施工中应集中工力、设备，分段流水、快速施工，不宜全线展开。

D. 雨中、雨后应及时检查工程主体及现场环境，发现雨患、水毁必须及时采取处理措施。

E. 雨后摊铺基层时，应先对路基状况进行检查，符合要求后方可摊铺。

F. 水泥稳定土类基层施工宜避开主汛期。

G. 搅拌厂应对原材料与搅拌成品采取防雨淋措施，并按计划向现场供料。

H. 施工现场应计划用料，随到随摊铺。

I. 摊铺段不宜过长，并应当日摊铺、当日碾压成活。

J. 未碾压的料层受雨淋后，应进行测试分析，按配合比要求重新搅拌。

（4）石灰工业废渣稳定土（二灰碎石）施工

石灰工业废渣稳定土可分为两大类：石灰粉煤灰、石灰其他废渣类。二灰碎石（或二灰集料）在道路工程路面结构层中得到广泛应用。

二灰碎石基层所用材料就地取材，施工方便、强度高。形成板体后，具有类似贫混凝土的性质，水稳性、抗裂性也较好。由于这些优点，使二灰碎石基层得到广泛应用。

二灰碎石施工的重点是控制好后台的质量检测工作，每天一开机就要进行混合料的筛分以及灰剂量、含水量的检测工作，各项指标合格后才能进行正式拌合。采用罐砂法进行现场压实度的检测，在碾压过程中试验人员跟踪定点检测，直至达到压实度要求。采用生石灰粉进行施工时，试验室制作强度试件要首先进行焖料，每隔1～2h应掺拌一次，使生石灰颗粒充分消解，否则试件容易炸裂。

1）施工工艺流程

准备下承层→施工放样→备料→集中拌合→运输→摊铺→焖料→碾压→养生。

2）施工要点

① 准备下承层

二灰碎石不能直接在土路基上施工，一般以石灰稳定土或二灰土作为二灰碎石的下承层。下承层必须平整、密实。

② 施工放样

在下承层上恢复中线并放出边桩，直线段每10m设一桩，曲线段每5m设一桩。用水准仪放出基准杆的设计高程，并架设基准钢丝。用石灰再打出基层边线，控制好基层宽度。然后立钢模或上土培肩，厚度与二灰碎石厚度相同。

③ 备料

所有材料必须经检验合格后才能进场。尤其是生石灰，必须每车一检。对存放时间过长的石灰，使用前必须重新测定其钙镁含量。石灰、粉煤灰必须覆盖，以防雨淋或随风飘扬。为保证配料的准确，粉煤灰的含水量不宜超过35%。

④ 集中拌合

集中拌合法是将材料运到拌合场用机械进行集中拌合，然后将拌合好的混合材料运到路基上直接进行铺装。

⑤ 运输

混合料采用自卸车进行运输。二灰碎石集中拌合虽然比路拌的均匀，但在运输和装卸过程中容易产生混合料离析现象。因此，装料经过拌合、焖料24h后，由装载机装车。装料时应视混合料情况重新翻拌2～3次后再装车，防止产生离析。

当运距较远时，加盖篷布，晴天可防止水分散失，雨天可防止淋湿混合料。

运输车辆在运输途中不得停留，应避免在底基层上调头、刹车，倒车时防止对高程控制支架的破坏。

⑥ 摊铺

摊铺作业采用摊铺机组合，单幅全宽成梯队联合进行摊铺。摊铺过程应连续，摊铺机匀速行驶，尽可能减少手工操作，以防止造成混合料离析和水分散失。摊铺过程中，摊铺机应缓慢、均匀、不间断的摊铺，不得随意变换速度或中途停顿。

⑦ 焖料

施工现场摊铺整形摊铺完成后要进行焖料，一般至少焖 5h，以保证其充分消解。在焖料期间，要使混合料保持适宜的含水量，以高出最佳含水量 5% 左右为宜，同时补洒适当水分以防表面干燥。

⑧ 碾压

碾压应先轻后重，先慢后快。如有振动压路机，则先用振动压路机碾压，对保证平整度、稳定面层效果会更好。同时，边碾压边人工修整，对露出石子的地方撒二灰，直到二灰刚刚覆盖住碎石为止。凡碾压机械不能作业的部位要采用蛙夯进行夯实，达到规定的密实度。

二灰基层连续施工时，横缝可以每天摊铺完预留 5~8cm 不碾压，第二天将混合料耙松后与新料人工拌合，整平后与新铺段一起碾压。若间隔时间太长应将接缝做成平接缝。接缝处理时必须平整密实，严禁有混合料离析。同半幅两横缝必须错开 50cm 以上。

⑨ 养生

碾压完成后立即进行养生。养生采用洒水方式，时间不小于 7d。洒水养生时，应使喷出的水成雾状，不得将水直接喷射或冲击二灰碎石基层表面，将表面冲成松散状。

养生期间应封闭交通，养生期结束后，车辆行驶时，限速在 30km/h 以下，并禁止急刹车。车辆行驶在全宽范围内均匀分布。

6.2.5 沥青类面层施工工艺

1. 沥青表面处治

（1）适用条件

由于沥青表面处治层很薄，一般不起提高强度作用，其主要作用是抵抗行车的磨耗、增强防水性、提高平整度以及改善路面的行车条件。沥青表面处治宜在干燥和较热的季节施工，并应在雨期及日最高温度低于 15℃ 到来以前半个月结束，使表面处治层通过开放交通压实，成型稳定。

（2）材料要求

沥青表面处治可采用道路石油沥青、乳化沥青、煤沥青铺筑，标号符合规范规定。

沥青表面处治施工后，应在路侧另备 S12（5~10mm）碎石或 S14（3~5mm）石屑、粗砂或小砾石 2~3m³/1000m² 作为初期养护用料。

（3）沥青表面处治的类型

沥青表面处治可采用拌合法或层铺法施工。采用层铺法施工时，按照洒布沥青及铺撒矿料的层次多少可划分为单层式、双层式、三层式。单层式为洒布一次沥青，铺撒一次矿料，厚度为 1.0~1.5cm；双层式为洒布二次沥青，铺撒二次矿料，厚度为 1.5~2.5cm；三层式为洒布三次沥青，铺撒三次矿料，厚度为 2.5~3.0cm。

（4）双层式沥青表面处治施工

层铺法沥青表面处治施工，一般采用所谓"先油后料"法，即先洒布一层沥青，后铺撒一层矿料。施工程序为：备料→清理基层及放样→浇洒透层沥青→洒布第一次沥青→铺撒第一层矿料→碾压→洒布第二次沥青→铺撒第二层矿料→碾压→初期养护。

2. 沥青透层、粘层与封层

透层、粘层和封层是沥青混合料路面施工的辅助层，可以起到过渡、粘结或提高道路性能的作用。

（1）透层

透层用于非沥青材料与沥青结构层连接。透层的作用使沥青面层与半刚性基层材料粘结成为一体，以提高路面的整体承载力。透层使用的材料较多选用乳化沥青、改性乳化沥青、液体沥青（成本高）。透层的施工要求沥青材料要能够充分渗透到基层内。宜在铺筑沥青层前 1~2d 洒布；气温低于 10℃ 或大风、即将降雨时不得喷洒透层油。

（2）粘层

粘层是在沥青混凝土层与层之间铺设一层薄薄的沥青层，将层与层之间的混合料牢牢粘成一个整体，提高路面的整体强度。粘层使用的材料宜采用快裂或中裂乳化沥青、改性乳化沥青，也可采用快、中凝液体石油沥青。符合下列情况之一时，必须喷洒粘层油。

① 双层式或三层式热拌热铺沥青混合料的沥青层之间。

② 水泥混凝土路面、沥青稳定碎石基层或旧沥青路面层上加铺沥青层。

③ 路缘石、雨水口、检查井等构造物与新铺沥青混合料接触的侧面。

（3）封层

封层的作用是使道路表面密封，防止雨水浸入道路，保护路面结构层，防止表面磨耗层损坏。封层分为下封层和上封层。

① 下封层：下封层铺筑在沥青面层的下面。在多雨地区的高速公路、一级公路的沥青路面空隙较大时，有严重渗水可能，可能对基层造成损坏，或铺筑基层不能及时铺筑沥青面层而需要通行车辆时，宜在基层上喷洒透层油铺筑下封层。可以起到保护基层的作用，待施工条件成熟后，再在下封层上铺筑沥青混合料面层。

② 上封层：上封层铺筑在沥青面层的上表面。对二级及二级以下道路的旧沥青路面出现裂缝，造成严重透水时，铺筑上封层可以防止路面透水。多采用普通的乳化沥青稀浆封层，也可在喷洒道路石油沥青后洒布一层高耐磨性石屑（砂）后碾压做封层，以改善道路表面的防滑性能或提高耐磨性能。

铺设上封层的下卧层必须彻底清扫干净，并对车辙、坑槽、裂缝进行处理或挖补。

3. 沥青混凝土路面施工

（1）适用条件

热拌沥青混合料适用于各种等级道路的沥青面层。城市快速路、主干路的沥青面层的上面层、中面层及下面层应采用沥青混凝土混合料铺筑。

（2）分类

沥青混合料必须在沥青拌合厂（站）采用拌合机械拌制，运至施工现场，经摊铺压实修筑路面的施工方法。

厂拌法按混合料铺筑时的温度不同，又可分为热拌热铺和热拌冷铺两种。

厂拌法拌制的沥青碎石及沥青混凝土混合料拌制与现场施工工艺基本相同。

（3）拌合温度及摊铺温度

普通沥青结合料的施工（摊铺）温度宜通过在 135℃ 及 175℃ 条件下测定的黏度－温度曲线按规范确定。

（4）沥青混凝土路面施工程序

沥青混凝土施工过程可分为沥青混合料的拌制与运输及现场铺筑两个阶段。

沥青混凝土路面施工的主要流程为：沥青混合料的拌制与运输（略）→基层准备和放样→洒布透层沥青与粘层沥青→摊铺（包括机械摊铺和摊铺）→碾压→接缝施工→开放交通。

1）基层准备和放样：面层铺筑前，应对基层或旧路面的厚度、密实度、平整度、路拱等进行检查。基层或旧路面若有坎坷不平、松散、坑槽等现象出现时，必须在面层铺筑之前整修完毕，并应清扫干净。

2）洒布透层沥青与粘层沥青。

3）摊铺：沥青混合料一般应采用机械摊铺，因施工条件等限制时采用摊铺。

先做试验段进行试拌试铺，取得经验后，再全面展开。

① 机械摊铺

沥青混合料摊铺机有履带式和轮胎式两种。沥青摊铺机的主要组成部分为料斗、链式传送器、螺旋摊铺器、振动板、摊平板、行驶部分和发动机等。

采用两台以上摊铺机成梯队作业进行摊铺，相邻两幅的摊铺应有5~10cm左右宽度的重叠。相邻两台摊铺机宜相距10~30m。当混合料供应能满足不间断摊铺时，也可采用全宽度摊铺机一幅摊铺。

摊铺机自动找平时，中、下面层宜采用一侧钢丝绳引导的高程控制方式，表面层宜采用摊铺层前后保持相同高差的雪橇式厚度控制方式。

② 人工摊铺

将汽车运来的沥青混合料先卸在铁板上，随即用人工铲运，以扣铲方式均匀摊铺在路上，摊铺时不得扬铲远甩，以免造成粗细粒料分离，一边摊铺一边用刮板刮平。刮平时做到轻重一致，往返刮2~3次达到平整即可，防止反复多刮使粗粒料刮出表面。摊铺过程中要随时检查摊铺厚度、平整度和路拱，如发现有不妥之处应及时修整。

4）碾压

沥青混合料摊铺平整之后，应趁热及时进行碾压。碾压的温度应符合规定。压实后的沥青混合料应符合压实度及平整度的要求，沥青混合料的分层压实厚度不得大于10cm。

沥青混合料碾压过程分为初压、复压和终压三个阶段。

① 初压应在混合料摊铺后温度较高时进行。初压用60~80kN双轮压路机，以1.5~2.0km/h的速度先碾压两遍，使混合料得以初步稳定。压路机应从外侧向路中心碾压，相邻碾压带应重叠1/3~1/2轮宽。一幅宽度边缘无支挡时，可用人工将边缘的混合料稍稍耙高，然后将压路机的外侧轮伸出边缘10cm以上碾压。也可在边缘先空出30~40cm，待压完第一遍后，将压路机大部分的重量位于已压过的混合料面上再压边缘，以减少向外推移。

碾压时应将驱动轮面向摊铺机。碾压路线及碾压方向不应突然改变而导致混合料产生推移。压路机启动、停止，必须缓慢进行。

② 复压是碾压过程最重要的阶段，混合料能否达到规定的密实度，关键全在于本阶段的碾压。复压宜采用重型轮胎压路机，也可采用振动压路机或钢轮压路机。一般采用100~120kN三轮压路机或轮胎式压路机碾压。碾压速度对于三轮压路机为3km/h；对于

轮胎式压路机为 5km/h。碾压遍数不少于 4~6 遍。复压阶段碾压至稳定无显著轮迹为止。

③ 终压应紧接复压进行。一般用 60~80kN 双轮压路机以 3km/h 的碾压速度碾压 2~4 遍，以消除碾压过程中产生的轮迹，并确保路面表面的平整。

④ 碾压路线

压路机碾压时开始的方向应平行于路中心线，并由一侧路边缘压向路中。用三轮压路机碾压时，每次应重叠后轮宽的 1/2；双轮压路机则每次重叠 30cm；轮胎式压路机亦应重叠碾压。由于轮胎式压路机能调整轮胎的内压，可以得到所需的接触地面压力，使骨料相互嵌挤咬合，易于获得均一的密实度，而且密实度可以提高 2%~3%。所以轮胎式压路机最适宜用于复压阶段的碾压。

⑤ 压路机械

热拌沥青混合料的压实宜采用钢轮式压路机与轮胎压路机或振动压路机组合的方式。双轮钢筒式振动压路机为 6~8t 或 10~15t；轮胎压路机为 16~20t 或 20~26t。

5）接缝施工

沥青路面的施工缝包括纵缝、横缝、新旧路面的接缝等。

① 纵缝施工

摊铺时采用梯队作业的纵缝应采用热接缝。施工时应将已铺混合料部分留下 10~20cm 宽暂不碾压，作为后摊铺部分的高程基准面，再最后作跨缝碾压以消除缝迹。

半幅施工不能采用热接缝时，宜架设挡板或采用切刀切齐。铺另半幅前必须将缝边缘清扫干净并涂少量粘层沥青。摊铺时应重叠在已铺层上 5~10cm，摊铺后用人工将摊铺在前半幅上面的混合料铲走。碾压时先在已压实路面上行走，碾压新铺层 10~15cm，然后压实新铺部分，再伸入已压实路面 10~15cm，充分将接缝压实紧密。上下层的纵缝应错开 15cm 以上，表层的纵缝应顺直，且宜留在车道区画线位置上。

对当日先后修筑的两个车道，摊铺宽度应在已铺车道重叠 3~5cm，所摊铺的混合料应高出相邻已压实的路面，以便压实到相同的厚度。对不在同一天铺筑的相邻车道，或与旧沥青路面连接的纵缝，在摊铺新料之前，应对原路面边缘加以修理，要求边缘凿齐，塌落松动部分应刨除，露出坚硬的边缘。缝边应保持垂直，并需在涂刷一薄层粘层沥青之后方可摊铺新料。

纵缝应在摊铺之后立即碾压，压路机应大部分在已铺好的路面上，仅有 10~15cm 的宽度压在新铺的车道上，然后逐渐移动跨过纵缝。

② 横缝施工

横缝应与路中线垂直。接缝时先沿已刨齐的缝边用热沥青混合料覆盖，以资预热，覆盖厚度约 15cm。待接缝处沥青混合料变软之后，将所覆盖的混合料清除，换用新的热混合料摊铺，随即用热夯沿接缝边缘夯捣，并将接缝的热料铲平，然后趁热用压路机沿接缝边缘碾压密实。双层式沥青路面上下层的接缝应相互错开 20~30cm，做成台阶式衔接。

相邻两幅及上下层的横向接缝均应错位 1m 以上。表面层横向接缝应采用垂直的平接缝，以下各层可采用自然碾压的斜接缝，沥青层较厚时也可作阶梯形接缝。斜接缝的搭接长度与厚度有关，宜为 0.4~0.8m。搭接处应清扫干净并洒粘层油。当搭接处混合料中的粗集料颗粒超过压实层厚时应予剔除，并补上细料。斜接缝应充分压实并搭接平顺。平接缝做到紧密粘结，充分压实，连接平顺。

为保证接缝质量，可在摊铺施工结束时，在摊铺机接近端部前约 1m 处将熨平板稍稍抬起驶离现场，用人工将端部混合料铲齐后再予碾压。然后用 3m 直尺检查平整度，趁尚未冷透时垂直铲除端部层厚不足的部分，使下次施工时成直角连接；在预定的摊铺段的末端先撒一薄层砂带，摊铺混合料后趁热在摊铺层上挖出一条缝隙，缝隙位于撒砂与未撒砂的交界处。在缝中嵌入一块与压实层厚等厚的木板或型钢，待压实后，铲除撒砂的部分，扫尽砂子，撤去木板或型钢，在端部洒粘层沥青接搓摊铺。在预定摊铺段的末端先铺上一层麻袋或牛皮纸，摊铺碾压成斜坡，下次施工时将铺有麻袋或牛皮纸的部分用人工刨除，在端部洒粘层沥青接槎摊铺。在预定摊铺段的末端先撒一薄层砂带，再摊铺混合料；待混合料稍冷却后用切割机将撒砂的部分切割整齐后取走，用干拖布吸走多余的冷却水，待完全干燥后在端部洒粘层沥青并接着摊铺。不得在接头处有水或潮湿情况下铺筑混合料。

从接缝处起继续摊铺混合料前，应用 3m 直尺检查端部平整度。不合要求时，应予修整。摊铺时应调整好预留高度，接缝处摊铺层施工结束后再用 3m 直尺检查平整度，当不合要求时应趁热立即处理。

横缝的碾压应先用双轮压路机进行横向碾压。碾压带的外侧应放置供压路机行驶的垫木，碾压时压路机应位于已压实的混合料层上伸入新铺层的宽度为 15cm。然后每压一遍向新铺混合料移动 15~20cm，直至全部在新铺层上为止，再改为纵向碾压。当相邻摊铺层已经成型，同时又有纵缝时，可先用钢筒式压路机沿纵缝碾压一遍，其碾压宽度为 15~20cm，然后再沿横缝做横向碾压，最后进行正常的纵向碾压。

③ 开放交通

应待摊铺层完全自然冷却，混合料表面温度低于 50℃，方可开放交通。需要提早开放时，可洒水冷却降低混合料温度。

铺筑好的沥青层应严格控制交通，做好保护、保持整洁、不得造成污染。严禁在沥青层上堆放施工产生的土或杂物，严禁在已铺沥青层上制作水泥砂浆。

(5) 沥青混凝土路面雨期施工

下雨时，不允许铺筑沥青混合料。在雨水较多的季节进行施工时，应注意以下几点：

① 要设专人收集天气预报信息，在制定施工计划时，要根据天气预报确定次日是否可以进行摊铺施工。

② 摊铺施工现场设专人负责与沥青混合料生产厂联系。施工作业时如遇突然下雨，应及时停止沥青混合料的生产。

③ 摊铺施工要做到及时摊铺、及时压实，若遇摊铺作业中突然下雨，应尽量抢在下雨前将已经摊铺的混合料压实，至少应保证碾压 2~4 遍。

④ 摊铺的沥青混合料未经压实而遭水侵蚀，要全部铲除清理，重新铺筑。

⑤ 雨期施工，基层要做好排水。基层潮湿或积水不得摊铺沥青混合料。

⑥ 进场的施工机械应备有防雨设施。

(6) 沥青混凝土路面冬期施工

冬期进行沥青混合料路面施工，摊铺的沥青混合料冷却速度很快，如果不及时压实，很快就冷却固化，无法压实到规定的压实度。因此，高速公路和一级公路施工气温不得低于 10℃，其他等级公路施工温度不得低于 5℃。

1) 冬期施工影响质量的因素

① 地表温度：冬期施工应测量地表温度，选择天气晴朗、日照强、无风时，地面温度较高。

② 摊铺厚度：厚度较薄时，摊铺后混合料很快冷却，难以压实，不宜在低温环境下施工。

③ 沥青混合料类型：改性沥青混合料要求在较高的温度下压实，才能保证压实的密实度。因此，改性沥青在低温下施工也难以保证压实质量。

2）冬期施工措施

① 适当提高沥青混合料的出厂温度。石油沥青混合料可控制在 160℃ 以上。

② 为了防止沥青混合料在运输过程中降温，车辆应使用帆布严密覆盖，保证摊铺时沥青混合料的温度不低于 120～150℃。每次从运输车卸下来的沥青混合料都应覆盖苫布保温。

③ 摊铺机要重点检查预热装置，保证完好有效。

④ 摊铺作业适宜在上午 9 时至下午 4 时之间无风的天气进行。

⑤ 碾压工作应有足够数量的压路机。一般采用振动压路机碾压压实效果较好。

⑥ 应快速摊铺、快速碾压。作业时可采用缩小压路机与摊铺机距离、缩短碾压段长度、碾压时先重后轻，在短时间内达到规定的压实度，再用轻压消除表面轮迹等方法。

⑦ 雨雪天气不能进行沥青混合料的摊铺施工。

6.2.6　水泥混凝土面层施工工艺

1. 施工准备

（1）选择混凝土拌合场地

根据施工路线的长短和所采用的运输工具，混凝土可集中在一个场地拌制，也可以在沿线选择几个场地，随工程进展情况迁移。拌合场地的选择首先要考虑使运送混合料的运距最短，同时拌合场还应该接近水源和电源。此外，拌合场应有足够的面积，以供堆放砂石材料和搭建水泥库房。

（2）进行材料试验和混凝土配合比设计

根据技术设计要求与当地材料供应情况，做好混凝土各组成材料的试验，进行混凝土各组成材料的配合比设计。

（3）基层的检查与整修

基层的宽度、路拱与标高、表面平整度和压实度，均应检查其是否符合要求。如有不符之处，应予整修。半刚性基层的整修时机很重要，过迟则强度已形成，难以修整且很费工。当在旧砂石路面上铺筑混凝土路面时，所有旧路面的坑洞、松散等损坏，以及路拱横坡或宽度不符合要求之处，均应事先返修调整压实。

（4）洒水润湿

混凝土摊铺前，基层表面应洒水湿润，以免混凝土底部的水分被干燥的基层吸去，变得疏松以致产生细裂缝。有时也可以在基层和混凝土之间铺设薄层沥青混合料或塑料薄膜。

2. 小型机具铺筑施工程序

小型机具铺筑是指采用固定模板，人工布料、手持振动棒，平板振动器或振动梁振实，用修复尺、抹刀整平，且对其表面进行了抗滑处理的水泥混凝土路面。

小型机具施工主要机械设备有：配备自动重量计量设备的强制式搅拌机、插入式振动棒、平板振动器和振动梁等振捣式机具；提浆滚杆、叶片式或圆盘式抹面机、3m 刮尺和抹刀等整平工具；拉毛机、工作桥、刻槽机等抗滑构造设备以及运输车辆。

水泥混凝土小型机具施工主要流程为：施工放样→安装模板→设置传力杆和拉杆→混凝土混合料的制备与运输→摊铺与振捣→抹面与设置防滑措施→接缝→养生与填缝→开放交通。

（1）安装模板

在摊铺混凝土前，应先安装两侧模板。模板宜采用钢制模板，接头处应拼装牢固，而且装拆容易。钢模板可用厚 4～5mm 的钢板冲压制成，或用 3～4mm 厚钢板与边宽 40～50mm 的角钢或槽钢组合构成。模板厚度应与混凝土面板厚度相同，模板的顶面与面板设计高程一致。如果采用木模板，其厚度应在 5cm 以上。模板安装、检查后，在模板内侧面均匀涂刷一薄层隔离剂（如废机油、肥皂液等），以便于脱模。弯道和交叉口路缘处，可采用 1.5～3m 厚的木模板，以便弯成弧形。

（2）设置传力杆和拉杆

1）纵缝处的设置：可采用三种形式。

① 在模板上设孔，立模后在浇筑混凝土之前将拉杆穿入孔中。

② 拉杆弯成直角形，立模后用铁丝将其一半绑在模板上；另一半浇筑在混凝土内。拆模后将外露在已浇筑混凝土侧面上的拉杆弯直。

③ 采用带螺栓的拉杆，一半拉杆用支架固定在基层上，拆模后另一半带螺栓接头的拉杆同埋在已浇筑混凝土内的半根拉杆相接。

2）横缝处的设置：分混凝土板连续浇筑和不连续浇筑两种形式。

① 连续浇筑：混凝土板连续浇筑时设置胀缝传力杆的做法，一般是在嵌缝板上预留圆孔以便传力杆穿过，嵌缝板上面设木制或铁制压缝板条，其旁再放一块胀缝模板，按传力杆位置和间距，在胀缝模板下部挖成倒 U 形槽，使传力杆由此通过。传力杆的两端固定在钢筋支架上，支架脚插入基层内。

② 不连续浇筑：对于不连续浇筑的混凝土板在施工结束时设置的胀缝，宜用顶头模板固定传力杆的安装方法。即在端模板外侧增设一块定位模板，板上同样按照传力杆间距及杆径钻成孔眼，将传力杆穿过端模板孔眼并直至外侧定位模板孔眼。两模板之间可用按传力杆一半长度的横木固定。继续浇筑邻板时，拆除挡板、横木及定位模板，设置胀缝板、压缝板条和传力杆套管。

（3）混凝土混合料的制备与运输

1）混合料的制备

可采用现场拌制和工厂集中制备后用汽车运送到工地两种方式。

混凝土混合料应有适当的施工和易性，一般规定其坍落度为 0～30mm，工作度约 30s。一般坍落度的混凝土，最短的拌合时间不低于最佳拌合时间的低限，最长拌合时间不超过最短拌合时间的 3 倍。

在工地制备混合料时，应在拌合场地上合理布置拌合机和砂石、水泥等材料的堆放地点，力求提高拌合机的生产率。拌制混凝土时，要准确掌握配合比，特别要严格控制用水量。每天开始拌合前，应根据天气变化情况，测定砂、石材料的含水量，以调整拌制时的实际用水量。每拌所用材料应过秤。量配的精确度对水泥为±1.5%，砂为±2%，碎石为±3%，水为±1%。每一工班应检查材料量配的精确度至少2次，每半天检查混合料的坍落度2次。

在施工时，应力求混凝土强度满足设计要求。通常要求面层混凝土的28d抗弯拉强度达到4.0～5.0MPa，28d抗压强度达到30～35MPa。

2）混合料的运输

① 对混凝土混合料的一般要求：混凝土运至浇筑地点时，如发生离析、严重泌水或坍落度不合要求时，应进行第二次搅拌，并不得任意加水。确有必要时，可同时加水和水泥，以保持水灰比不变。如二次搅拌仍不合要求，严禁使用。

② 选择运输设备：混合料一般可根据车辆种类和混合料容许的运输时间选择推车、翻斗车、自卸汽车、混凝土搅拌运输车等运输车辆。运输车辆应洁净，运输中应防止污染并注意防止产生离析现象。当不能满足容许的运输时间要求时，应使用缓凝剂。通常，夏季不宜超过30～40min，冬季不宜超过60～90min。高温天气运送混合料时应采取覆盖措施，以防混合料中水分蒸发。运送用的车厢必须在每天工作结束后，用水冲洗干净。

（4）摊铺与振捣

1）摊铺

① 为防止混凝土离析现象，当运送混合料的车辆运达摊铺地点后，一般直接倒向安装好侧模的路槽内，并用人工找补均匀。如果自高处向模板内倾卸混凝土时，应注意：

A. 直接倾卸时，其自由倾落高度不宜超过2m，以不发生离析现象为准。

B. 高度超过2m时，应通过串筒、溜管或振动管等辅助设施；高度超过10m时，应设置减速装置。

C. 在串筒等出料口下端，混凝土堆积高度、不宜超过1m。

② 混凝土应按照一定厚度、顺序和方向浇筑。当分层浇筑时，应从底处开始逐层扩展升高，保持水平分层。

③ 虚铺厚度：混凝土摊铺时应考虑混凝土振捣后的落沉量，摊铺时可高出设计厚度约10%左右，使振实后的面层标高同设计相符。

2）振捣

浇筑混凝土时，除少量塑性混凝土可用人工捣实外，宜采用振动器振实。混凝土混合料的振动器具，应由平板振动器、插入式振动器和振动梁配套作业。凡振捣不到之处，如面板的边角部、窨井、进水口附近，以及设置钢筋的部位，可用插入式振动器进行振实；当混凝土板厚较大时，可先插入振捣，然后再用平板振捣，以免出现蜂窝现象。

平板振动器在同一位置停留的时间，一般为10～15s，以达到表面振出浆水，混合料不再沉落为宜。平板振捣后，用带有振动器的、底面符合路拱横坡的振动梁，两端搁在侧模上，沿摊铺方向振捣拖平。拖振过程中，多余的混合料将随着振动梁的拖移而刮去，低陷处则应随时补足。随后，再用直径75～100mm长的无缝钢管，两端放在侧模上，沿纵向滚压一遍。对每一振动部位，必须振动该部位混凝土密实为止。密实的标志是：混凝土停止下沉，不再冒出气泡，表面呈现平坦、泛浆。

（5）抹面与设置防滑措施

① 抹面

混凝土终凝前必须用人工或机械抹平其表面。当用人工抹光时，不仅劳动强度大、工效低，而且还会把水分、水泥和细砂带至混凝土表面，致使它比下部混凝土或砂浆有较高的干缩性，致使强度较低。而采用机械抹面时可以克服以上缺点。目前国产的小型电动抹面机有两种装置：装上圆盘即可进行粗光；装上细抹叶片即可进行精光。在一般情况下，面层表面仅需粗光即可。抹面结束后，有时再用拖光带横向轻轻拖拉几次。

② 设置防滑措施

为保证行车安全，混凝土表面应具有粗糙抗滑的表面。最普通的做法是用棕刷沿道路横向在抹平后的表面上轻轻刷毛；也可用金属丝梳子梳成深 1~2mm 的横槽。今年来，国外已采用一种更有效的方法，既在已结硬的混凝土表面塑压成槽，或压入坚硬的石屑来防滑。

（6）接缝

① 胀缝

先浇筑胀缝一侧混凝土，取去胀缝模板后，再浇筑另一侧混凝土，钢筋支架浇筑在混凝土内。压缝板条使用前应涂废机油或其他润滑油，在混凝土振捣后，先抽动以下，随后最迟在终凝前，将压缝板条抽出。缝隙上部需浇灌填缝料。留在缝隙下部的嵌缝板应采用沥青浸制的软木板或油毛毡等材料制成。

② 纵缝

纵缝筑做企口式纵缝，模板内壁做出凸榫状。拆模后，混凝土板侧面即形成凹槽。需设置拉杆时，模板在相应位置处要钻成圆孔，以便拉杆穿入。浇筑另一侧混凝土前，应先在凹槽壁上涂抹沥青。

③ 横向缩缝

横向缩缝即假缝，通常采用有切缝法。

在结硬的混凝土中用切缝机切割出要求深度的槽口。这种方法可保证缝槽质量，并且不会扰动混凝土结构，但要掌握好锯割时间，一般为 25%~30% 的设计强度时为宜。

（7）养生与填缝

1）养生

为防止混凝土中水分蒸发过速而产生缩裂，并保证水泥水化过程的顺利进行，混凝土应及时养生。一般用湿润养生和塑料薄膜或养护剂养生两种方法。

① 湿润养生

混凝土抹面 2h 后，当表面已有相当硬度，用手指轻压不见痕迹时既可开始养生。一般采用湿麻袋或草垫，或者 20~30mm 厚的湿砂覆盖于混凝土表面。每天均匀洒水数次，使其保持潮湿状态，至少延续 14d。

② 塑料薄膜或养护剂养生

当混凝土表面不见浮水，用手指按压无痕迹时，即均匀喷洒塑料溶液，形成不透水的薄膜粘附于表面，从而阻止混凝土中水分的蒸发，保证混凝土的水化作用。

混凝土强度必须达到设计强度的 90% 以上时，方能开放交通。

2）填缝

填缝工作宜在混凝土初步结硬后及时进行。填缝前，首先将缝隙内泥砂杂物清除干净，然后浇灌填缝料。

理想的填缝料应能长期保持弹性、韧性、热天缝隙缩窄时不软化挤出，冷天缝隙增宽时能胀大并不脆裂，同时还要与混凝土粘牢，防止土砂、雨水进入缝内，此外还要耐磨、耐疲劳、不易老化。实践表明，填料不宜填埋缝隙全深，最好在浇灌填料前先用多孔柔性材料填塞缝底，然后再加填料，这样夏天胀缝变窄时填料不至于受挤而溢至路面。

3. 特殊气候条件下混凝土路面的施工

所谓特殊气候条件下的施工，是指气温超过 25℃（一般指夏期）和气温低于 5℃（一般指冬期）的天气条件下，由于水泥混凝土施工工艺及材料成型过程的要求，必须采取必要的措施才能保证满足要求。

混凝土路面铺筑期间，应注意天气预报，遇到不良天气时应暂停施工。如降雨；风力大于 6 级，风速在 10.8m/s 以上的强风天气；现场温度高于 40℃ 或拌合物摊铺温度高于 35℃；摊铺现场连续 5d 昼夜平均气温低于 5℃，夜间最低气温低于 −3℃。

（1）高温季节施工

在气温超过 25℃ 时施工，应防止混凝土的温度超过 30℃，以免混凝土中水分蒸发过快，致使混凝土干缩而出现裂缝，应采取相应的措施。

① 当现场气温高于 30℃ 时，应避开中午高温时段施工。

② 砂石料堆应设遮阳篷；抽取地下水或采用冰屑水拌合混合物。

③ 对湿混合料在运输途中要加以遮盖。

④ 各道工序应紧凑衔接，尽量缩短施工时间。

⑤ 搭设临时性的遮光挡风设备，避免混凝土遭到烈日暴晒并降低吹到混凝土表面的风速，减少水分蒸发。

⑥ 在采用覆盖保湿养生时，应加强洒水，并保持足够的湿度。

⑦ 应根据混凝土强度的增长情况确定切缝时间，应比常温施工时适当提前。特别是在降雨或夜间降温幅度较大时，应提早切缝。

（2）低温季节施工

混凝土强度的增长主要依靠水泥的水化作用。当水结冰时，水泥的水化作用即停止，而混凝土的强度也就不再增长，而且当水结冰时体积会膨胀，促使混凝土结构松散破坏。因此，混凝土路面应尽可能在气温高于 5℃ 时施工。由于特殊情况必须在低温情况下（5 昼夜平均气温低于 5℃ 和最低气温低于 −3℃）施工时，应按低温季节施工处理，应采取相应的措施。

① 采用高强度等级（42.5 级以上）快凝水泥或掺入早强剂，或增加水泥用量。

② 加热水或集料。较常用的方法是仅将水加热。拌制混凝土时，先用温度超过 70℃ 的水同冷集料相拌合，使混合料在拌合时的温度不超过 40℃，摊铺后的温度不低于 10（气温为 0℃ 时）～20℃（气温为 −3℃ 时）；

③ 混凝土修整完毕后，表面应覆盖蓄热保温材料，必要时还应加盖养生暖棚。

低温条件下施工时，混凝土路面养生天数不得少于 28d。

（3）滑模摊铺机施工简介

目前在我国一些省市和机场道路的铺筑中已开始使用滑模摊铺机施工，由于该项施工技术属于比较复杂完整的大型机械化施工系统，其要求标准高、难度大、因此做好施工前的准备工作及把握好各个施工环节均十分重要。这里对水泥混凝土路面的滑模摊铺机施工做简单介绍。

水泥混凝土滑模摊铺机施工主要流程为：施工准备→滑模摊铺机的设置→初始摊铺→拉杆施工→摊铺→摊铺结束后的工作。

滑模摊铺机的施工类似于沥青混凝土摊铺机施工，区别在于摊铺的料的性质不同，通过试验段施工摸索经验，然后大面积展开施工。

① 摊铺开始前，应对摊铺机进行全面性能检查和正确的施工位置参数设定，这是滑模摊铺机操作技术中最关键的技术环节之一，也是摊铺机调试当中最重要的容。

② 设置基准线是为滑模摊铺机建立一个标高、纵横坡、板厚、板宽、摊铺中线、弯道及连续平整度等基本几何位置的基准参照系。基准线有单向坡双线式、单向坡单线式和双向坡双线式三种。

③ 首次摊铺前，应按照路面设计高程、横坡度或路拱测量设定2～3根基准线或4～6个桩，将6个传感器全部挂到两侧基准线上，并检查传感器的灵敏度和反应方向。开动滑模机进入设好的桩位或线位，调整水平传感器立柱高度，使滑模摊铺机挤压底板恰好落在进精确测量设置好的木桩或基准线上。同时调整好滑模摊铺机机架前后左右的水平度。令滑模摊铺机挂线自动行走，再返回校核1～2遍，正确无误后方可开始摊铺。

④ 首次摊铺，应校准摊铺位置，即直线段校准滑模摊铺机挤压底板四角点高程和侧模前进方向。在开始摊铺的5m内，必须对所摊铺出的路面标高、边缘厚度、中线、横坡度等技术参数进行复核测量。

第7章 城市桥梁工程

7.1 城市桥梁基本知识

7.1.1 城市桥梁的基本组成

城市桥梁包括隧道（涵）和人行天桥。

桥梁一般由上部结构、支座、下部结构、基础和附属结构组成（图7-1），具体如下：

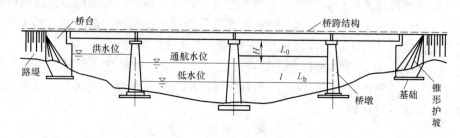

图 7-1 跨河桥的基本组成

（1）上部结构：即桥跨结构，是在线路中断时跨越障碍的主要承载结构。包括桥面系、承重梁板结构。桥面系包括桥面铺装、人行道、栏杆、排水和防水系统、伸缩缝等。

承重梁板结构是桥梁上部结构的主体，承受着桥梁上部结构的自重、人群和车辆荷载等，并将其传递至桥梁下部结构。

（2）支座：在桥跨结构与桥墩或桥台的支承处所设置的传力装置。它不仅要传递很大的荷载，并且还要保证桥跨结构能产生一定的变位。

（3）下部结构：是支承桥跨结构并将恒载和车辆等活载传至地基的构筑物。包括桥墩、桥台、墩柱、系梁、盖梁等。桥台位于桥梁的两端，并与路堤衔接，具有承重、挡土和连接作用，桥墩是多跨桥的中间支撑结构，主要起承重的作用。

（4）基础：桥梁的自重以及桥梁上作用的各种荷载都要通过它传递和扩散给地基。基础是埋置于地层内的隐蔽工程，基础涉及复杂的水文、地质条件，是桥梁工程中的难点。

（5）附属设施：桥梁的附属设施有挡土墙、锥形护坡、护岸、河道护砌等。锥形护坡是在路堤与桥台衔接处设置的圬工构筑物（图7-2），它保证迎水部分路堤边坡的稳定。

桥梁工程主要名词术语

（1）计算跨径 l：桥梁结构相邻两个支座中心之间的距离；

（2）标准跨径 l_b：两桥墩中线间距离或桥墩中线与台背前缘间的距离；

（3）净跨径 l_0：设计水位上相邻两桥墩（或墩与桥台）之间的净距；

（4）总跨径：指多孔桥梁中各孔净跨径的总和；

（5）桥梁全长 L：有桥台的桥梁为两岸桥台翼墙（或八字墙等）尾端间的距离；

（6）桥梁建筑高度：桥面至上部结构最下缘之间的高差；

（7）桥梁高度：桥面与低水位之间的高差，或桥面与桥下线路路面之间的距离；

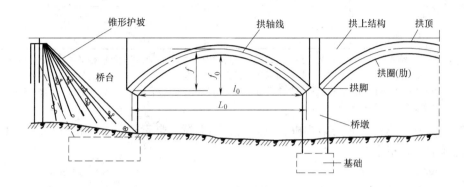

图 7-2　跨河拱桥梁结构示意图

（8）桥下净空高度：设计水位、或设计通航水位与桥跨结构最下缘之间的高差。

7.1.2　城市桥梁的分类和设计荷载

1. 城市桥梁的分类

按跨越障碍物的性质来分，有跨河桥、跨海桥、跨谷桥、高架桥、立交桥、地下通道等。

按主要承重结构所用的材料分，有木桥、圬工桥、钢筋混凝土桥、预应力混凝土桥、钢桥和钢混凝土结合梁桥等。钢筋混凝土和预应力混凝土是目前应用最广泛的桥梁，钢桥的跨越能力较大，跨度位于各类桥梁之首。

按上部结构的行车道位置分为上承式、下承式和中承式。桥面在主要承重结构之上的为上承式，桥面在主要承重结构之下的为下承式，桥面在主要承重结构中部的为中承式。如图 7-3 所示。

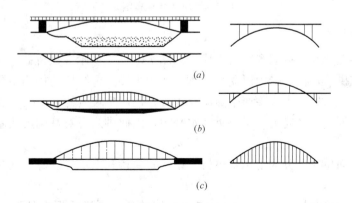

图 7-3　上（中、下）承式桥与受力示意图

（a）上承式；（b）中承式；（c）下承式

按桥梁全长和跨径的不同分为特大桥、大桥、中桥、小桥四类，见表 7-1。

桥梁按总长或路径分类

表 7-1

桥梁分类	多孔路径总长 L(m)	单孔路径 L_k(m)
特大桥	$L>1000$	$L_k>150$
大桥	$1000 \geqslant L \geqslant 100$	$150>L_k \geqslant 40$
中桥	$100>L>30$	$40>L_k \geqslant 20$
小桥	$30 \geqslant L>8$	$20>L_k \geqslant 5$

注：1. 单孔跨径系指标准跨径。梁式桥、板式桥以两桥墩中线之间桥中心线长度或桥墩中线与桥台台背前缘线之间桥中心线长度为标准跨径；拱式桥以净跨径为标准跨径。

2. 梁式桥、板式桥的多孔跨径总长为多孔标准跨径的总长；拱式桥为两岸桥台起拱线间的距离；其他形式的桥梁为桥面系的行车道长度。

按桥梁力学体系可分为梁式桥、拱式桥、刚架桥、悬索桥、斜拉桥五种基本体系以及它们之间的各种组合。

（1）梁式桥

梁式桥是一种在竖向荷载作用下无水平反力的结构，桥的主要承重构件是梁或板，构件受力以受弯为主是一种使用最广泛的桥梁形式，可细分为简支梁桥、连续梁桥和悬臂梁桥，如图 7-4 所示。所谓简支梁是指梁的两端分别为铰支（固定）端与活动端的单跨梁式桥。连续梁桥是指桥跨结构连续跨越两个以上桥孔的梁式桥。在桥墩上连续，在桥孔内中断，线路在桥孔内过渡到另一根梁上的称为悬臂梁，采用这种梁的桥称为悬臂梁桥。

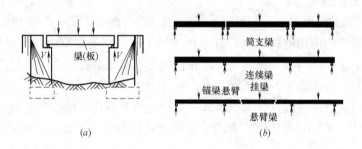

图 7-4　梁式桥示意图

（2）拱式桥

拱式桥由拱上建筑、拱圈和墩台组成，如图 7-5（a）所示。拱桥在竖向荷载作用下承重构件是拱圈或拱肋，构件受力以受压为主。作为主要承重结构的拱肋主要承受压力，在竖直荷载作用下，拱桥的支座除产生竖向反力外，还产生较大的水平推力如图 7-5（b）所示，拱脚基础既要承受竖向力，又要承受水平力，因此拱式桥对基础与地基的要求比梁式桥要高。

拱式桥按桥面位置可分为上承式拱桥、中承式拱桥和下承式拱桥，见图 7-5。

（3）刚构桥

刚构桥是指桥跨结构与桥墩式桥台连为一体的桥。刚构桥根据外形可分为门形刚构桥、斜腿刚构桥和箱形桥，如图 7-6 所示。斜腿刚构桥可应用于山谷、深河陡坡地段，

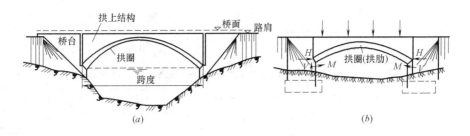

图 7-5　拱式桥

(a) 拱式桥示意图；(b) 拱式桥受力简图

避免修建高墩或深水基础。箱形桥的梁跨、腿部和底板联成整体，刚性好。

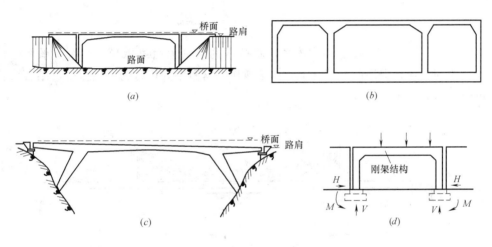

图 7-6　刚构桥示意图

(a) 门形刚构桥；(b) 箱形桥；(c) 斜腿刚构桥；(d) 刚构桥受力简图

刚构桥将上部结构的梁与下部结构的立柱进行刚性连接，在竖向荷载作用下，梁部主要受弯，柱脚则要承受弯矩、轴力和水平推力，如图 7-6 (d) 所示，受力介于梁和拱之间。它的主要承重结构是梁和柱构成的刚构结构，梁柱连接处具有很大的刚性。

（4）悬索桥

悬索桥是桥面支承在悬索（也称主缆）上的桥，又称吊桥，如图 7-7 (a) 所示。它是以悬索跨过塔顶的鞍形支座锚固在两岸的锚锭中，作为主要承重结构。在缆索上悬挂吊杆，桥面悬挂在吊杆上。由于这种桥可充分利用悬索钢缆的高抗拉强度，具有用料省、自重轻的特点，是现在各种体系桥梁中能达到最大跨度的一种桥型。

悬索桥（吊桥）在竖向荷载作用下，通过吊杆使缆索承受拉力，而塔架除承受竖向力作用外，还要承受很大的水平拉力和弯矩，如图 7-7 (b) 所示，它的主要承重构件是主缆，以受拉为主。

（5）斜拉桥

斜拉桥是将梁用若干根斜拉索拉在塔柱上的桥，由梁、斜拉索和塔柱三部分组成，如

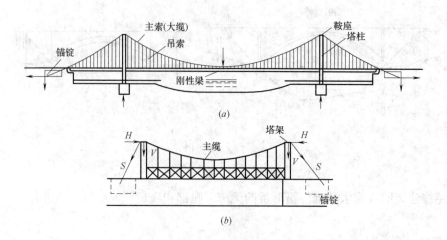

图 7-7 悬索桥与受力示意图

图 7-8 所示。斜拉桥是一种自锚式体系，斜拉索的水平力由梁承受、梁除支承在墩台上外，还支承在由塔柱引出的斜拉索上。按梁所用的材料不同可分为钢斜拉桥、结合梁斜拉桥和混凝土梁斜拉桥。

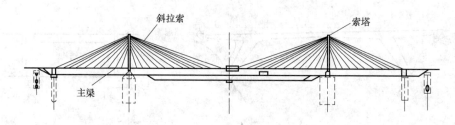

图 7-8 斜拉桥示意图

斜拉桥是由梁、塔和斜拉索组成的结构体系，在竖向荷载作用下，梁以受弯为主，塔以受压为主，斜索则承受拉力。

（6）组合体系桥

组合体系桥是指由上述 5 种不同基本体系的结构组合而成的桥梁。系杆拱桥是由梁和拱组合而成的结构体系，竖向荷载作用下，梁以受弯为主，拱以受压为主，以九江长江大桥为代表，如图 7-9 （a）所示；梁与悬吊系统的组合，以丹东鸭绿江大桥为代表，如图 7-9 （b）；梁与斜拉索的组合，以芜湖长江大桥为代表，如图 7-9 （c）等。

2. 设计荷载

根据《城市桥梁设计规范》GJJ 11-2011，城市桥梁设计汽车荷载由车道荷载和车辆荷载组成，分为两个等级，即城 A 级和城 B 级。城 A 级车辆标准载重汽车应采用五轴式货车加载，总重 700kN，前后轴距为 18.0m，行车限界横向宽度为 3.0m；城 B 级标准载重汽车应采用三轴式货车加载，总重 300kN，前后轴距为 4.8m，行车限界横向宽度为 3.0m。

桥梁设计采用的作用可分为永久作用、可变作用和偶然作用三类，见表 7-2。

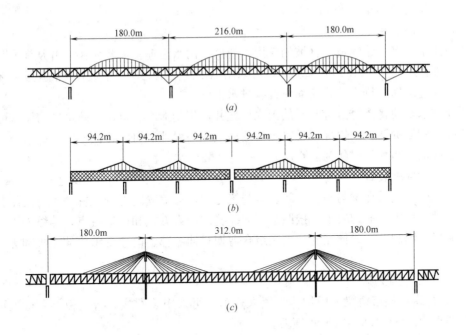

图 7-9　组合体系桥示意图

(*a*) 九江长江大桥；(*b*) 丹东鸭绿江大桥；(*c*) 芜湖长江大桥

作用分类表 表 7-2

编号	分类	名称	编号	分类	名称
1	永久作用	结构重力(包括结构附加重力)	10	可变作用	汽车荷载
2		预加应力	11		汽车冲击力
3		土的重力及土侧压力	12		汽车离心力
4		混凝土收缩及徐变影响力	13		汽车引起的土侧压力
5		基础变位作用	14		人群荷载
6		水的浮力	15		风荷载
7	偶然作用	地震作用	16		汽车制动力
8		船只或漂流物的撞击作用	17		流水压力
9		汽车撞击作用	18		冰压力
			19		温度(均匀、梯度)作用
			20		支座摩擦力

7.1.3　城市桥梁的构造

1. 桥面系

梁桥的桥面系一般由桥面铺装层、防水和排水系统、伸缩缝、安全带、人行道、栏杆、灯柱等构成。

（1）桥面铺装层

梁桥桥面铺装一般采用厚度不小于 5cm 的沥青混凝土或厚度不小于 8cm 的水泥混凝土，混凝土强度等级不应低于 C40。为使铺装层具有足够的强度和良好的整体性，一般在混凝土中铺设直径不小于 8mm 的钢筋网。

（2）排水防水系统

桥面排水是借助于纵坡和横坡的作用，使桥面雨水迅速汇向集水碗，并从泄水管排出桥外。桥面横坡一般为 1.5%～2.0%，可采用铺设混凝土三角垫层或在墩台上直接形成横坡。除了通过纵横坡排水外，桥面应设有排水设施。

桥面防水是使将渗透过铺装层的雨水挡住并汇集到泄水管排出，防水层的设置可避免或减少钢筋的锈蚀，以保证桥梁结构的质量。一般地区可在桥面上铺 8～10cm 厚的防水混凝土或铺贴防水卷材作为防水层。

（3）桥梁伸缩装置

桥梁伸缩一般设在梁与桥台之间、梁与梁之间，伸缩缝附近的栏杆、人行道结构也应断开，以满足自由变形的要求。按照常用伸缩缝的传力方式和构造特点，伸缩缝可分成对接式伸缩缝、钢制支承式伸缩缝、橡胶组合剪切式伸缩缝、模数支承式伸缩缝和无缝式伸缩缝五大类。

（4）其他附属设施

1）人行道：城市桥梁一般均应设置人行道，可采用装配式人行道板。人行道顶面应做成倾向桥面 1%～1.5% 的排水横坡。

2）安全带：在快速路、主干路、次干路或行人稀少地区，可不设人行道，而改用安全带。

3）栏杆：是桥梁的防护设备，同时城市桥梁栏杆应美观实用，高度不小于 1.1m。

4）灯柱：城市桥梁应设照明设备，灯柱一般设在栏杆扶手的位置上，高度一般高出车道约 8～12m。

5）安全护栏：在特大桥和大、中桥梁中，一般根据防撞等级在人行道与车行道之间设置桥梁护栏，常用的有金属护栏、钢筋混凝土护栏等。

特大桥、大桥还应设置检查平台、避雷设施、防火照明和导航设备等装置。

2. 钢筋混凝土梁桥上部结构

钢筋混凝土梁是利用抗压性能良好的混凝土和抗拉性能良好的钢筋结合而成的，具有耐久性好、适应性强、整体性好和美观的特点，多用于中小跨径桥梁。

按承重结构的横截面形式，钢筋混凝土梁桥可分为板桥、肋梁桥、箱形梁桥等。板桥的承重结构是矩形截面的钢筋混凝土板或预应力混凝土板。

按承重结构的静力体系分类有简支梁桥、悬臂梁桥、连续梁桥。

按施工方法分类有整体浇筑式梁桥、预制装配式梁桥。城市桥梁多采用钢筋混凝土简支结构。

（1）钢筋混凝土简支板桥

1）整体式简支板桥

整体式简支板桥一般做成等厚度的矩形截面，具有整体性好，横向刚度大，而且易于浇筑成复杂形状等优点，在 5.0～10.0m 跨径桥梁中得到广泛应用。

整体式板桥配置纵向受力钢筋和与之垂直的分布钢筋，按计算一般不需设置箍筋和斜筋，但习惯上仍在跨径的 1/6～1/4 处部分主筋按 30°～45° 弯起，当板宽较大时，尚应在板的顶部适当地配置横向钢筋。

2）装配式钢筋混凝土简支板桥

装配式简支板桥的板宽，一般为1.0m，预制宽度通常为0.9m，以便于构件的运输与安装。按其横截面形式主要有实心板和空心板两种，空心板截面形式如图7-10所示。

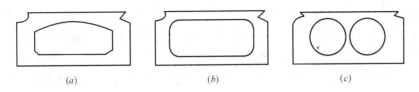

图7-10　空心板截面形式

实心板桥一般适用跨径为4.0～8.0m。空心板较同跨径的实心板重量轻，运输安装方便，而建筑高度又较同跨径的T形梁小，因此目前使用较多。钢筋混凝土空心板桥适用跨径为8.0～13.0m，板厚为0.4～0.8m；预应力混凝土空心板适用跨径为8.0～16.0m，板厚为0.4～0.7m。常用的横向连接方式有企口混凝土铰连接和钢板焊接连接。

（2）现浇钢筋混凝土简支梁桥

1）整体式简支梁桥

整体式简支T形梁桥多数在桥孔支架模板上现场浇筑，个别也有整体预制、整孔架设的情况。

2）装配式钢筋混凝土简支T形梁桥

装配式简支T形梁桥由T形主梁和垂直于主梁的横隔梁组成，主梁包括主梁梁肋和梁肋顶部的翼缘（也称行车道板）。预制主梁通过设在横隔梁顶部和下部的预埋钢板焊接连接成整体，或用就地浇筑混凝土连接而成的桥跨结构，如图7-11所示。

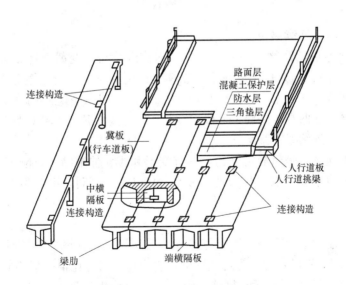

图7-11　装配式T形梁桥构造

装配式钢筋混凝土简支T形梁桥常用跨径为8.0～20m，主梁间距一般采用1.8～2.2m。横隔梁在装配式T形梁桥中的作用是保证各根主梁相互连成整体共同受力，横隔梁刚度越大，梁的整体性越好，在荷载作用下各主梁就越能更好地共同受力，一般在跨内设置3~5道横隔梁，间距一般5.0~6.0m为宜。预制装配式T形梁桥主梁钢筋包括纵向受力钢筋（主筋）、弯起钢筋、箍筋、架立钢筋和防收缩钢筋。由于主筋的数量多，一般采用多层焊接钢筋骨架。

为保证T形梁的整体性，防止在使用过程中因活载反复作用而松动，应使T形梁的横向连接具有足够的强度和刚度，一般可采用横隔梁横向连接和桥面板横向连接方法。

装配式预应力混凝土简支T形梁桥常用跨径为25.0~50.0m，主梁间距一般采用1.8~2.5m。横隔梁采用开洞形式，以减轻桥梁自重。装配式预应力混凝土T形梁主梁梁肋钢筋

由预应力筋和其他非预应力筋组成，其他非预应力筋主要有受力钢筋、箍筋、防收缩钢筋、定位钢筋、架立钢筋和锚固加强钢筋等。

装配式预应力混凝土简支I形梁桥与T形梁桥类似。

3）装配式钢筋混凝土简支箱形梁桥

装配式简支箱形梁桥由箱形主梁和垂直于主梁的横隔梁组成。预制主梁通过就地现浇混凝土横隔梁连接成整体，形成桥跨结构。

装配式预应力混凝土简支箱形梁桥常用跨径为25.0~50.0m，主梁间距一般采用2.5~3.5m。装配式预应力混凝土箱形梁主梁钢筋由预应力筋和其他非预应力筋组成。其他非预应力筋主要有受力钢筋、箍筋、防收缩钢筋、定位钢筋、架立钢筋和锚固加强钢筋等。

（3）钢筋混凝土悬臂梁桥

悬臂梁桥可减小跨中弯矩值，因而可适用于较大跨径桥梁，悬臂梁桥分为双悬臂梁和单悬臂梁，此外，将悬臂梁桥的墩柱与梁柱固结后便形成了带挂梁和带铰结构的T形刚构桥。

（4）预应力混凝土连续梁桥

连续梁桥是中等跨径桥梁，一般分为等截面连续梁桥、变截面连续梁桥、连续刚构桥。连续梁桥通常是将3~5孔做成一联，连续梁桥施工时，一般先将主梁逐孔架设成简支梁然后互相连接成为连续梁，也可以整联现浇而成，或者采用悬臂施工；采用顶推法施工，即在桥梁一端（或两端）路堤上逐段连续制作梁体逐段顶向桥孔；另外还有采用移动吊支模架和转体施工连续梁。

预应力混凝土连续梁是超静定结构，具有变形和缓、伸缩缝少、刚度大、行车平稳、超载能力大、养护简单等优点。其跨径一般在30~150m之间，主要用于地基条件较好、跨径较大的桥梁上。

1）跨径布置

预应力混凝土连续梁的跨径布置有等跨和不等跨两种，如图7-12所示。图7-12（a）为等跨连续梁，图7-12（b）为不等跨连续梁，边跨与中跨之比值一般为0.5~0.7。当比值小于0.3时如图7-21（c）所示，则连续梁将变为固端梁，两边端支座上将产生负的反力（拉力），支座构造要作特殊考虑。

2）截面形式

梁的横截面形式有板式、T形截面和箱形截面等，纵截面分等截面与变截面两大类。

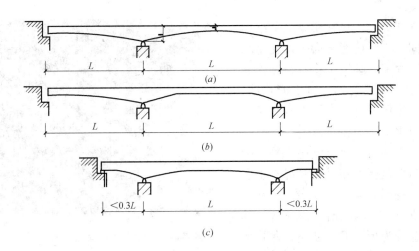

图 7-12 预应力混凝土连续梁

等截面连续梁构造简单，用于中小跨径时，梁高 $h=(1/15-1/25)l$。采用顶推法施工时梁高宜较大些，$h=(1/12-1/16)l$。当跨径较大时，恒载在连续梁中占主导地位，宜采用变高度梁，跨中梁高 $h=(1/25-1/35)l$，支点梁高 $H=(2\sim5)h$，梁底设曲线连接。

连续板梁高 $h=(1/30-1/40)l$，宜用于梁高受限制场合；同时，实心板能适应任何形式的钢束布置，所以在有特殊情况要求时，如斜度很大的斜桥、弯道桥等，可用连续板桥。为了受力和构造上要求，T形截面的下缘常加宽成马蹄形。较大跨径的连续梁一般都采用箱形截面。采用顶推法施工时，一般为单孔单箱。

3) 钢（筋、预应力筋）束布置

钢束布置必须分别考虑结构在使用阶段与施工阶段的受力特点，有直线与曲线布置两种。正弯矩钢筋置于梁体下部；负弯矩钢筋则置于梁体上部；正负弯矩区则上下部均需配置钢筋，如图 7-13 所示。

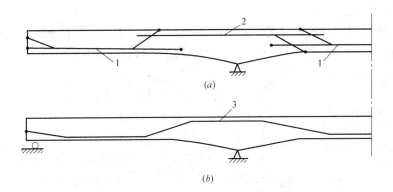

图 7-13 钢束布置图

（a）钢筋布置；（b）预应力束布置

1—正弯矩钢筋；2—负弯矩钢筋；3—预应力筋束

预应力筋锚固于梁端布置，也可根据受力需要在跨径范围内弯出锚固于梁顶或梁底。

（5）支座

支座（图 7-14）设在桥梁上部结构与墩台之间，按照功能分为固定支座和活动支座。固定支座用于将桥跨结构固定在墩台上，可以转动，但不能移动，活动支座用来保证桥跨结构在各种因素作用下可以水平移动和转动。

常用的支座有：垫层支座、平面钢板支座、弧形钢板支座、钢筋混凝土摆柱式支座、钢筋混凝土铰支座、铸钢支座、橡胶支座、聚四氟滑板支座等。其中橡胶支座分为板式橡胶支座、盆式橡胶支座、聚四氟乙烯滑板支座、球形橡胶支座等。

图 7-14　支座示意图

板式橡胶支座由多层天然橡胶与薄钢板镶嵌、粘合、硫化而成，具有足够的竖向刚度以承受垂直荷载，且能将上部构造的压力可靠地传递给墩台；有良好的弹性以适应梁端的转动；有较大的剪切变形以满足上部构造的水平位移。

聚四氟乙烯滑板式橡胶支座是在普通板式橡胶支座的表面粘复一层 1.5～3mm 厚的聚四氟乙烯板。聚四氟乙烯板与梁底不锈钢板之间的低摩擦系数，使上部构造的水平位移不受支座本身剪切变形量的限制，能满足一些桥梁的大位移量需要。

盆式橡胶支座由顶板、不锈钢滑板、聚四氟乙烯滑板、中间钢板、橡胶板、密封圈、底盆、支座锚栓等组成，盆式橡胶支座具有承载能力大、变形量小、水平位移量大、转动灵活等特点。

球形橡胶支座与普通盆式橡胶支座相比，具有转角更大、转动灵活、承载力大、容许位移量大等特点，而且能更好地适应支座大转角的需要。

3. 下部结构

桥墩、桥台以及基础是桥梁的下部结构，主要作用是承受上部结构传来的荷载，并将荷载传递给地基，桥墩一般系指多跨桥梁的中间支承结构通称墩柱。

（1）桥墩（柱）

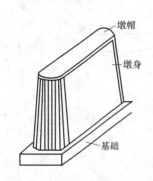

图 7-15　重力式桥墩

桥墩按其构造可分为重力式、空心式、柱式、柔性排架桩式、钢筋混凝土薄壁桥墩等。

1）重力式桥墩

重力式桥墩由墩帽、墩身组成（图 7-15），主要特点是靠自身重量来平衡外力而保持稳定，适用于地基良好的桥梁，通常使用天然石材或片石混凝土砌筑，基本不用钢筋。墩帽设置在桥墩顶部，通过支座承托上部结构的荷载并传递给墩身。墩帽内一般设置构造钢筋，墩帽的支座处设置垫石，其内设置水平钢筋网。墩帽顶部常做成一定的排水坡，四周挑出墩身约 5～10cm 作为滴水（檐口）。墩身是桥墩的主体，一般采用料石、块石或混凝土建造。墩身平面形状通常做成圆端形、尖端形、矩形或破冰体。

2）空心桥墩

在一些高大的桥墩中，为了减少圬工体积，节约材料、减轻自重、减少地基的负荷，将墩身内部做成空腔体，就是空心桥墩。它在外形上与重力式桥墩无大的差别，只是自重较轻，但抵抗流水、含泥含砂流体或冰块冲击的能力差，不宜在有上述情况的河流中采用。

3）柱式桥墩

柱式桥墩是由基础之上的承台、分离的立柱（墩）和盖梁组成，是目前城市桥梁中广泛采用的桥墩形式之一，特别是在较宽较大的立交桥、高架桥中。常用的形式有单柱式、双柱式、哑铃式以及混合双柱式四种（图 7-16）。柱式桥墩的墩身沿横向常有 1～4 根立柱组成，柱身为 0.6～1.5m 的大直径圆柱或方形、六角形，当墩身高度大于 6～7m 时，可设横系梁加强柱身横向连接。

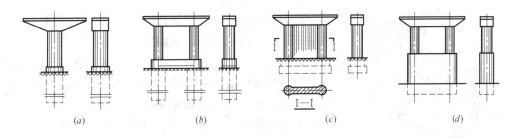

图 7-16　柱式桥墩

（a）单柱式；（b）双柱式；（c）哑铃式；（d）混合双柱式

4）柔性排架桩墩

柔性排架桩墩是将钻孔桩基础向上延伸作为桥墩，通称桩接柱。在桩顶浇筑盖梁，由单排或双排钢筋混凝土桩与顶端的钢筋混凝土盖梁连接而成（图 7-17）；依靠支座摩阻力使桥梁上下部构成一个共同承受外力和变形的整体，通常采用钢筋混凝土结构。适合平原地区建桥，有漂流物和流速过大的河道不宜采用。

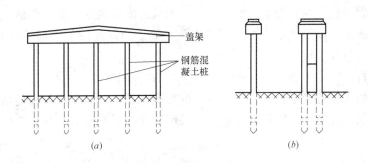

图 7-17　柔性排架桩墩

（a）横向布置；（b）纵向布置

5）钢筋混凝土薄壁墩

钢筋混凝土薄壁墩墩身可做得很薄（30～50cm），高度不宜大于 7m，主要分为钢筋混凝土薄壁墩和双壁墩以及 V 形墩三类（图 7-18）。其特点是在横桥向的长度基本和其他形式的墩相同，但是在纵桥向的长度很小。可以减轻桥墩的自重，同时双壁墩可以增加桥墩的刚度，减少主梁支点负弯矩，增加桥梁美观。

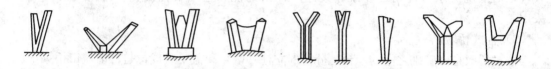

图 7-18　钢筋混凝土薄壁墩

（2）桥台

梁桥桥台按构造可分为重力式桥台、轻型桥台、框架式桥台和组合式桥台。

1）重力式桥台

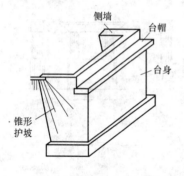

图 7-19　重力式桥台

重力式桥台也称为实体式桥台（图 7-19），主要依靠自身来平衡后台土压力。常用类型有 U 形、埋式、耳墙式。U 形重力式桥台是常用的桥台形式，由于台身由前墙和两个侧墙构成的 U 字形结构，故而得名。U 形桥台构造简单、自重大、对地基要求高，适用于填土高度不大的中、小桥梁中。埋式桥台适用于填土较高时，为减少桥台长度节省圬工，可将桥台前缘后退，使桥台埋入锥体填土中而成的一种桥台形式。耳墙式桥台在台尾上部用两片钢筋混凝土耳墙代替实体台身并与路堤连接，借以节省圬工。

重力式桥台一般由台帽、台身（前墙、背墙和侧墙）组成。桥台的前墙一方面承受上部结构传来的荷载，另一方面承受路堤填土侧压力。前墙设台帽以安放支座，上部设置挡土的背墙，背墙临台帽一面一般直立，另一面采用前墙背坡。侧墙与前墙结合成整体，兼有挡土墙和支撑墙的作用。侧墙外露面一般直立，其长度由锥形护坡位置确定，长度不小于 0.75m，以保证桥台与路堤有良好的衔接，侧墙内应填透水性良好的砂土或砂砾。桥台两边需设锥形护坡，以保证路堤坡脚不受水流冲刷。为保证桥与路堤衔接顺畅，快速路、主干道应在背墙后设搭板。

2）轻型桥台

轻型桥台的主要特点是利用结构本身的抗弯能力来减少圬工体积而使桥台轻型化、自重小，适用于软土地基，但构造较复杂。多采用钢筋混凝土材料，分为薄壁和带支撑梁两种类型。

薄壁轻型桥台是由扶壁式挡土墙和两侧的薄壁侧墙构成，挡土墙由前墙和间距为 2.5～3.5m 的扶壁组成。台顶由竖直小墙和扶壁上的水平板构成，用以支承桥跨结构。两侧的薄壁和前墙垂直的为 U 形薄壁桥台，与前墙斜交的为八字形薄壁桥台。

带支撑梁的桥台是由台身直立的薄壁墙、台身两侧的翼墙、同时在桥台下部设置钢筋混凝土支撑梁、上部结构与桥台由锚栓连接构成四铰框架结构系统，并借助两端台后的土压力来保持稳定。

3）框架式桥台

框架式桥台是一种在横桥向呈框架式结构的桩基础轻型桥台，所受的土压力较小，适用于地基承载力较低、台身较高、跨径较大的梁桥。其构造形式有双柱式、多柱式、墙式、半重力式和双排架式、板凳式等。

4）组合式桥台

为使台式轻型化，桥台本身主要承受跨结构传来的竖向力和水平力，而台背的土压力由其他结构来承受，形成组合式桥台。组合的方式很多，如桥台与锚定板组合、桥台与挡土墙组合、桥台与梁及挡土墙组合、框架式的组合、桥台与重力式后座组合等。

5）承拉桥台

承拉桥台主要在斜弯桥中使用，用来承受由于荷载的偏心作用而使支座受到的拉力。

4. 基础

基础按埋置深度分为浅基础和深基础两类，浅基础埋深一般在 5m 以内，最常用的是天然地基上的扩大基础；埋置深度超过 5m 的基础为深基础，深基础有桩基、管柱基础、沉井基础、地下连续墙和锁口钢管桩基础。

（1）扩大基础

扩大基础是直接在墩台位置开挖基坑，在天然地基上修建的实体基础，属于刚性浅基础。该基础自重大，对地基要求高，平面形状一般为矩形；立面形状可分为单层或多层台阶扩大形式。扩大部分最小宽度为 20～50cm，台阶高度为 50～100cm。常用材料有混凝土、片石混凝土、浆砌片石。

（2）桩基础

桩基础是由若干根桩和承台组成，桩在平面上可为单排或多排，桩顶由承台联成一个整体；在承台上修筑桥墩、桥台等结构，如图 7-20 所示。桩身可全部或部分埋入地基之中，当桩身外露较高时，在桩之间应加系梁，以加强各桩的横向连接。

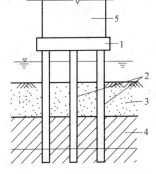

图 7-20　桩基础构造示意图
1—承台；2—基桩；3—土层；
4—持力层；5—墩身

（3）管柱基础

管柱基础是一种大直径桩基础，适用于深水、有潮汐影响以及岩面起伏不平的河床。它是将预制的大直径（直径 1.5～5.8m，壁厚 10～14cm）钢筋混凝土、预应力混凝土管柱或钢管柱，用大型的振动沉桩锤沿导向结构将桩竖向振动下沉到基岩，然后以管壁做护筒，用水面上的冲击式钻机进行凿岩钻孔，再吊入钢筋笼架并灌注混凝土，将管柱与基岩牢固连接。管柱施工需要有振动沉桩锤、凿岩机、起重设备等大型机具，动力要求也高，一般用于大型桥梁基础。

（4）沉井基础

由开口的井筒构成的地下承重结构物，适用于持力层较深或河床冲刷严重等水文地质条件，具有很高的承载力和抗震性能。这种基础系由井筒、封顶混凝土和井盖等组成，其平面形状可以是圆形、矩形或圆端形，立面多为垂直边，井口为单孔或多孔，沉井一般采用钢筋混凝土结构。

（5）地下连续墙基础

用地下连续墙体作为土中支撑单元的桥梁基础。一种是采用分散的板墙，墙顶设钢筋混凝土承台；另一种是用板墙围成闭合结构，墙顶设钢筋混凝土盖板，在大型桥基中使用较多。

7.2　城市桥梁施工技术

7.2.1　桥梁基础施工

1. 围堰施工

桥梁桩基础陆上施工见基础工程明挖基坑施工部分，水中施工常采取围堰施工方法。

（1）围堰基本要求

围堰高度应高出施工期内可能出现的最高水位（包括浪高）0.5～0.7m。这里指的施工期是：自排除堰内积水，边排水边挖除堰内基坑土（石）方，砌筑墩台基础及墩身（高出施工水位或堰顶高程），到可以撤除围堰时为止。基础应尽量安排在枯水期施工，围堰高度可降低，断面可减小，基坑排水量也可减少。

围堰外形设计应考虑水深及河底断面被压缩后，流速增大而引起水流对围堰、河床的集中冲刷及航道影响等因素通常，围堰点用过水的断面不应超过原河床流水断面的30%。围堰应经常检查、做好维修养护，尤其在汛期更应加强检查，以保证施工安全。

（2）土围堰施工

水深在1.5m以内，流速0.5m/s以内，河床土质渗水性较小时可筑土围堰。堰顶宽度一般为1～2m，堰外边坡一般为1：2～1：3，堰内边坡一般为1：1～1：1.5；内坡脚与基坑边缘距离根据河床土质及基坑深度而定，但不得小于1.0m。筑堰宜用松散的黏性土或砂夹黏土，塑性指数应大于12，不得含有树根、草皮和有机物质，填出水面后应进行夯实。填土应自上游开始至下游合龙。

（3）土袋围堰

水深在3m以内，流速小于1.5m/s，河床土渗水性较小时，可筑土袋围堰。土袋围堰的堰顶宽度一般为1～2m，有黏土心墙时为2.0～2.5m；堰外边坡视水深及流速而定，一般为1：0.75～1：1.5；堰内边坡一般为1：0.5～1：0.75。坡脚与基坑边缘的距离根据河床土质及基坑深度而定，但不得小于1m。

筑土袋应自下游开始至下游合龙。土袋上下层之间应填一层薄土，上下层与内外层搭接应相互错缝，搭接长度为1/3～1/2，堆码尽量密实平整，必要时可由潜水员配合施工，并整理坡脚。

（4）间隔有桩围堰

水深在3.0～4.5m，流速为1.5～2.0m/s时可筑间隔有桩围堰。间隔有桩围堰常用在靠岸边的月牙形或n形围堰，桩可采用桐木或槽型钢板桩。间隔有桩围堰的堰顶宽度一般不应小于2.5m。桩的间距应根据桩的材质与规格、入土深度、堰身高度、土质条件等因素而定，一般桩与桩之间净距不大于 0.75m，桩的入土深度与出土部分桩长相当。

排桩之间应设置水平拉结，水平拉结可采用槽钢和木板，内外排桩应用钢拉条连成一体，以增加堰身稳定，拉条间距宜为 2.0～2.5m。为防止堰身外倾，宜在岸上设置锚拉措施。

(5) 钢板桩围堰

钢板桩围堰适用于水深在 3.0～5.0m，流速 2.0m/s 的各类土质（包括强风化岩）河床的深水基础。当围堰高度超过 5.0m 时，应采用锁口型钢板桩或按照设计规定。堰顶宽度应根据水深、水流速度及围堰的长宽比来决定，一般为 2.5～3.0m。

板桩施打顺序一般由上游分两头向下游合龙，宜先将钢板桩逐根或逐组施打到稳定深度，然后依次施打至设计深度。在垂直度有保证的条件下，也可一次打到设计深度。插打好的钢板桩应设置水平联系拉结，内外两排钢板桩应用螺栓对拉，使钢板桩连成一个整体。

拔除钢板桩前，宜先向围堰内灌水，使堰内外水位相平。拔桩时应从下游附近易于拔除的一根或一组钢板桩开始。宜采取射水或锤击等松动措施，并尽可能采用振动拔桩方法。

(6) 套箱围堰

套箱围堰适用于埋置不深的水中基础或高桩承台。套箱围堰必须经过设计方可使用。套箱分有底和无底两种，有底套箱一般用于水中桩基承台；无底套箱用于水中基础。套箱可用木材、钢材、钢丝网水泥或钢筋混凝土制成，内部可设置木、钢料作临时或固定支撑，使用套箱法修建承台时，宜在基桩沉入完毕后，整平河底下沉套箱，清除桩顶覆盖土至要求标高，灌注水下混凝土封底，抽干水后建筑承台。

套箱下沉应根据河道水位高低、流速大小以及套箱自重、制作位置和移动设备能力而定；可采用起重机直接吊装就位，也可采用卷扬机配索具浮运、定位、下沉、固定或套箱就按排在承台上方工作平台上制作，然后直接下沉等方式。

2. 桩基础施工

桥梁桩基础按传力方式有端承桩和摩擦桩。通常可分为沉入桩基础和灌注桩基础，按成桩方法可分为：沉入桩、钻孔灌注桩、人工挖孔桩。

(1) 沉入桩施工

常用的沉入桩有钢筋混凝土桩、预应力混凝土桩、钢管桩。

常用的沉桩方法有：锤击法沉桩、静力压桩。

1) 锤击法沉桩时，桩锤有落锤、单动汽锤、双动汽锤、柴油锤、振动锤和液压锤六种。目前应用最多的是柴油锤，具有低噪音、无油烟、耗能小的优点。停打标准一般摩擦桩以标高为主，以贯入度作为参考；端承桩以贯入度为主，以标高作为参考。但亦有摩擦桩桩尖进入硬土持力层的情况，此时如一定要求按标高控制，会出现桩打不到设计标高的情况。为此，宜按桩尖所处的土层条件来确定，是用标高进行控制，还是以贯入度来进行控制，应与设计部门协商确定。

2) 静力压桩法是在软土地基上，利用静力压桩机或液压压桩机用无振动、无噪声的静压力（自重和配重）将预制桩压入土中的一种沉桩工艺。与锤击沉桩相比，它具有施工无噪声、无振动、节约材料、降低成本、提高施工质量、沉桩速度快等特点。特别适宜于扩建工程和城市内桩基工程施工。压桩施工时应注意压同一根（节）桩时应连续进行，应缩短停歇时间和接桩时间，以防桩周与土固结，压桩力骤增，造成压桩困难或桩机被抬起情况。压桩的终止条件控制很重要。一般对纯摩擦桩，终压时按设计桩长进行控制。对端承摩擦桩或摩擦端承桩，按终压力值进行控制。

（2）灌注桩施工

钻孔灌注桩依据成桩方式可分为泥浆护壁成孔、干作业成孔、沉管成孔及爆破成孔施工机具及使用条件见表7-3。

成桩方式与使用条件表

表7-3

序号	成桩方式与设备		土质适用条件
1	泥浆护壁成孔桩	冲抓钻	黏性土、粉土、砂土、填土、碎石土及风化岩层
2		冲击钻	
3		旋挖钻	
4		潜水钻	黏性土、淤泥、淤泥质土及砂土
5	干作业成孔桩	长螺旋钻	地下水位以上的黏性土、砂土及人工填土、非密实的碎石土、强风化岩
6		钻孔扩底	地下水位以上的坚硬、硬塑的黏性土及中密以上的风化岩层
7		人工挖孔	地下水位以上的黏性土、黄土及人工填土
8		全套管钻机	砂卵石、砾石、漂石
9	沉管成孔桩	夯扩	桩端持力层埋深不超过20m的中、低压缩性黏性土、粉土、砂土、碎石类土
10		振动	黏性土、砂土、粉土
11	爆破成孔桩	爆破成孔	地下水位以上的黏性土、黄土碎石土及风化岩

钻孔灌注桩主要工艺流程包括场地准备、护筒埋设、泥浆制备、钻孔、清孔、下钢筋笼、下导管浇筑水下混凝土等。

1）护筒有固定桩位，引导钻头（锥）钻进方向，并隔离地面水以免其流入井孔，保护孔口不坍塌，并保证孔内水位（泥浆）高出地下水或施工水位一定高度，形成静水压力（水头），以保护孔壁免于坍塌等作用。

2）钻孔中，采用泥浆护壁是由于泥浆比重大于水的比重，护筒内同样高的水头，泥浆的静水压力比水大，泥浆可作用在井孔壁形成一层泥浆膜，阻隔孔外渗流，保护孔壁免于坍塌。泥浆还起悬浮钻渣的作用，使钻进正常进行。在冲击和正循环回转钻进中，悬浮钻渣的作用更为重要。反循环回转、冲抓钻进中，泥浆主要起护壁作用；泥浆的主要三大性能指标为：比重、黏度、含砂率。

3）钻孔至设计标高后，应对孔径、孔深进行检查，确认合格后即进行清孔；清孔时，必须保持孔内水头，防止坍塌；清孔后应对泥浆试样进行性能指标试验；清孔后的沉渣厚度应符合设计要求。

4）灌注水下混凝土之前，应再次检查孔内泥浆性能指标和孔底沉渣厚度，如超过规定，应进行第二次清孔，符合要求后方可灌注。混凝土应连续灌注，中途停顿时间不宜大于30min；在灌注过程中，导管的埋置深度宜控制在2～6m；桩顶标高应比设计高出0.5～1m；应采取防止钢筋骨架上浮的措施。

7.2.2 桥梁下部结构施工

桥梁下部结构包括桥墩、桥台、墩台帽（盖梁）等。

1. 桥墩

（1）重力式桥墩

实体重力式桥墩主要靠自身的重量（包括桥跨结构重力）平衡外力保证桥墩的强度和稳定。实体重力式桥墩采用混凝土、浆砌块石或钢筋混凝土材料施工。

（2）柱式桥墩

柱式桥墩又称为墩柱，是目前城市桥梁中广泛采用的桥墩形式。柱式桥墩一般可分为独柱、双柱和多柱等形式，可以根据桥宽的需要以及地物地貌条件任意组合。柱式桥墩由承台、柱墩和盖梁组成，上部结构为大悬臂箱形截面时，墩身可以直接与梁相接。

2. 桥台

（1）重力式桥台

重力式桥台主要靠自重来平衡台后的土压力。桥台台身多数由石砌、钢筋混凝土或混凝土等圬工材料建造，并采用现场施工方法。U 形桥台较为常见，如图 7-21（a）所示。

（2）埋置式桥台

框架式桥台是一种在横桥向呈框架式结构的桩基础轻型桥台，埋置土中，所承受的土压力较小，适用于地基承载力较低、台身较高、跨径较大的梁桥。其构造形式有双柱式、多柱式、墙式、半重力式和双排架式、板凳式等（图 7-21b）。

（3）轻型桥台

钢筋混凝土轻型桥台，其构造特点是利用钢筋混凝土结构的抗弯能力来减少圬工体积而使桥台轻型化。常见的有薄壁轻型桥台、支承梁型桥台（图 7-21c）。

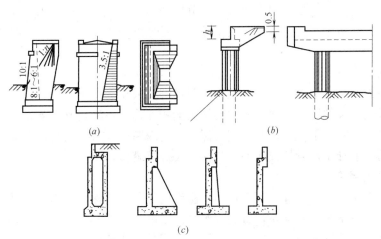

图 7-21 常用桥台构造示意图
(a) 重力式桥台；(b) 埋置式桥台；(c) 薄壁轻型桥台

3. 石砌墩台施工

墩台石料应符合设计要求，使用前浇水湿润，泥土、水锈清洗干净。砌筑墩台的第一层砌块时，若底面为岩层或混凝土基础、应先将底面清洗、湿润，再坐浆砌筑；若底面为土质，可直接坐浆砌筑。

砌筑斜面墩、台时，斜面应逐层收坡，以保证规定坡度。若用块石或料石砌筑，应分层放样加工，石料应分层分块编号，砌筑时对号入座。

墩台应分段分层砌筑，两相邻工作段的砌筑高差不超过 1.2m。分段位置宜尽量留置在沉降缝或伸缩缝处，各段水平砌缝应一致。应先砌外圈定位行列，然后砌筑里层，外圈砌块应与里层砌块交错连成一体。砌体外露面镶面种类应符合设计规定。位于流冰或有大量漂流物的河流中的墩台，宜选用较坚硬的石料进行镶砌。砌体里层应砌筑整齐，分层应与外围一致，应先铺一层适当厚度的砂浆再安放砌块和填塞砌缝。

砌块砌缝砂浆应饱满。上层石块应在下层石块上铺满砂浆后砌筑。竖缝可在先砌好的砌块侧面抹上砂浆。不得采取先堆积石块、后以稀浆灌缝的方法砌筑。

同层石料的水平灰缝厚度要均匀一致，每层按水平砌筑，丁顺相间，砌石灰缝互相垂直。

砌石顺序为先角石、再镶面、后填腹。填腹石的分层高度应与镶面相同。

砌体外露面均应进行勾缝，并应在砌筑时靠外露面预留深约 2cm 的空缝备做勾缝之用；砌体隐蔽面的砌缝可随砌随刮平，不另勾缝。

4. 钢筋混凝土墩台施工

（1）模板

组合式模板是由各种尺寸的标准模板利用销钉连接并与拉杆、加劲构件等组成墩、台所需形状的模板。由于模板在厂内加工制造，因此板面平整、尺寸准确、体积小、质量小、拆装容易、运输方便。它适用于高大桥墩或在同类墩台较多时，待混凝土达到拆模强度后，可以整块拆下，直接或略加修整就可周转使用。组合模板可用钢材或木材加工制作。钢模板用 2.5～4mm 厚的薄钢板并以型钢为骨架，可重复使用、装拆方便、节约材料、成本较低。但钢模板需机械加工制作。

柱墩（方形或圆形）模板制作成多节，分成两半，预先拼装好后整体吊装就位，然后进行校正固定。柱墩施工时，模板、支架除应满足强度与刚度外，稳定计算中应考虑风力影响。

（2）钢筋

钢筋应按设计图纸下料加工，运至工地现场绑扎成型。在配置垂直方向的钢筋时应使其有不同的长度，以便同一截面上的钢筋接头能相互错开，满足施工规范的要求。水平钢筋的接头也应内外、上下互相错开。钢筋保护层的净厚度应符合设计规范要求。条件许可时，可事先将钢筋加工成骨架或成型后整体吊装焊接就位。

（3）混凝土浇筑

浇筑前应对承台（基础）混凝土顶面做凿毛处理，并清除模板内的垃圾、杂物。

墩台混凝土宜水平分层浇筑，每层浇筑高度一般为 1.5～2m，逐层振捣密实，控制混凝土下落高度，防止混凝土拌合料离析。第一层混凝土浇筑前，承台（基础）顶面应浇水湿润并坐浆。墩台柱的混凝土应一次连续浇筑整体完成，有系梁时，系梁应与柱同步浇筑。V 形墩柱混凝土应对称浇筑。混凝土浇筑过程中必须随时检查模板、支撑位移和变形情况，发现问题及时采取补救加固措施。

大体积墩台混凝土应合理分块进行浇筑，每块面积不宜小于 50m²，高度不宜超过 2m；块与块间的接缝面应与墩台平截面短边平行，与平截面长边垂直，上、下邻层混凝土间的接缝应错开位置做成企口，并按施工缝处理。

（4）大体积混凝土施工措施

优化混凝土级配、降低水胶比、掺入混合料、掺入外加剂等方法减少水泥的用量；应采用水化热低的大坝水泥、矿渣水泥、粉煤灰水泥；混凝土用料应采取棚户遮盖，以降低用料的初始温度；控制入模混凝土温度，或在混凝土内埋设冷却管通水冷却；减小浇筑分层厚度，加快混凝土散热速度。

5. 墩台帽（盖梁）

（1）支架

支架一般采用满堂式扣件钢管支架或碗扣钢管支架。当墩台身与立柱较高、需搭设较高的支架或支架承受的荷载较大时，必须验算支架的强度、刚度和稳定性。

无支架施工条件时，可利用立柱作为竖向承重结构，在立柱适当高度处用两个半圆形夹具将立柱夹紧，在半圆夹具上探出牛腿，在牛腿上架设纵梁。也可在立柱适当高度处预留水平贯穿的孔洞，在孔洞内穿入型钢作为牛腿，在牛腿上架设纵梁。纵梁一般采用型钢，以纵梁作为搭设盖梁模板的施工平台。

（2）模板

支架搭设完成后，以支架作为施工平台铺设墩台帽、盖梁底模板，在底模板上测设墩台帽与盖梁的纵横轴线与平面尺寸位置，弹上墨线作为安装钢筋与模板的基准。

（3）钢筋

钢筋安装可采用预先加工、现场绑扎和预先绑扎成型整体吊装焊接两种方法。具体要求可参见墩台部分内容。

（4）混凝土浇筑

墩台帽与盖梁混凝土浇筑可参见墩台内容。

7.2.3 支座安装施工

1. 板式橡胶支座安装

板式橡胶支座包括滑板式支座、四氟板支座、坡形板式橡胶支座等。一般工艺流程主要包括：支座垫石凿毛清理、测量放线、找平修补、环氧砂浆拌制、支座安装等。

垫石顶凿毛清理、人工用铁錾凿毛，将墩台垫石处清理干净。

根据设计图上标明的支座中心位置，分别在支座及垫石上画出纵横轴线，在墩台上放出支座控制标高。

支座安装前应将垫石顶面清理干净，用于硬性水泥砂浆将支承面缺陷修补找平，并使其顶面标高符合设计要求。

环氧砂浆的配制严格按配合比进行，强度不低于设计规定，设计无规定时不低于40MPa。在粘结支座前将乙二胺投入砂浆中并搅拌均匀，乙二胺为固化剂，不得放得太早或过多，以免砂浆过早固化而影响粘结质量。

支座安装在找平层砂浆硬化后进行；粘结时，宜先粘结桥台和墩柱盖梁两端的支座，经复核平整度和高程无误后，挂基准小线进行其他支座的安装。严格控制支座平整度，每块支座都必须用铁水平尺测其对角线，误差超标应及时予以调整。

支座与支承面接触应不空鼓，如支承面上放置钢垫板时，钢垫板应在桥台和墩柱盖梁施工时预埋，并在钢板上设排气孔，保证钢垫板底混凝土浇筑密实。

2. 螺栓锚固盆式橡胶支座安装

先将墩台顶清理干净。在支座及墩台顶分别画出纵横轴线，在墩台上放出支座控制标高。配制环氧砂浆，配制方法见板式支座安装的有关内容。进行锚固螺栓安装，安装前按纵横轴线检查螺栓预留孔位置及尺寸，无误后将螺栓放入预留孔内，调整好标高及垂直度后灌注环氧砂浆并用环氧砂浆将顶面找平。

在螺栓预埋砂浆固化后找平层环氧砂浆固化前进行支座安装；找平层要略高于设计高程，支座就位后，在自重及外力作用下将其调至设计高程；随即对高程及四角高差进行检验，误差超标及时予以调整，直至合格。

3. 球形支座安装

墩台顶凿毛清理。当采用补偿收缩砂浆固定支座时，应用铁錾对支座支承面进行凿毛，并将顶面清理干净；当采用环氧砂浆固定支座时，将顶面清理干净并保证支座支承面干燥。

安装锚固螺栓及支座。吊装支座平稳就位，在支座四角用钢楔将支座底板与墩台面支垫找平，支座底板底面宜高出墩台顶 20~50mm，然后校核安装中心线及高程。

灌注砂浆。用环氧砂浆或补偿收缩砂浆把螺栓和支座底板与墩台面间隙灌满，灌注时从一端灌入从另一端流出并排气，保证无空鼓。砂浆达到设计强度后撤除四角钢楔并用环氧砂浆填缝。安装支座与上部结构的锚固螺栓。

4. 焊接连接球形支座

焊接连接球形支座安装采用焊接连接时，应用对称、间断焊接方法，焊接时应采取防止烧伤支座和混凝土的措施。

7.2.4 桥梁上部结构施工

1. 预制梁板施工

（1）预制场地、台座

根据预制梁板的需要，平整修筑场地，场地宜用水泥混凝土硬化。完善排水排污系统，布设安装水电管路，统筹规划台座位置、底模布置、钢筋模板加工场地、混凝土搅拌站位置、原材料堆场、预制梁板成品堆场、运输道路、试验室等平面布置。

根据梁的尺寸、数量、工期确定预制台座的长度、数量、尺寸，台座应坚固、平整、不沉陷，表面压光。

张拉台座由混凝土筑成，应具有足够的强度和刚度，其抗倾覆安全系数不得小于1.5，抗滑移安全系数不得小于1.3。张拉横梁应有足够的刚度，受力后的最大挠度不得大于2mm。锚板受力中心应与预应力筋合力中心一致。在台座上注明每片梁的具体位置、方向和编号。

（2）混凝土浇筑

先浇筑底板并振实，振捣时注意不得触及预应力筋。浇筑面板混凝土，振平后表面做拉毛处理。

混凝土强度、弹性模量符合设计要求时才能放松预应力筋。设计未规定时，不应低于设计混凝土强度等级值的75%；当日平均气温不低于20℃时，龄期不小于5d；当日平均气温低于20℃时，龄期不小于7d。放张应分阶段、对称、均匀、分次完成，不得骤然放松。

（3）先张法预应力筋张拉施工要点

预应力张拉时，应先调整到初应力，初应力宜为张拉控制应力（σ_{con}）的 $10\%\sim15\%$，伸长值应从初应力时开始量测。其中控制张拉力由预应力筋的张拉控制应力与截面积的乘积来确定。

同时张拉多根预应力筋时，应预先调整其初应力，使相互之间的应力一致，再正式分级整体张拉到控制应力。在张拉过程中，应使活动横梁与固定横梁始终保持平行，并应抽查预应力值，其偏差的绝对值不得超过按一个构件全部力筋预应力总值的 5%。

张拉时，张拉方向与预应力钢材在一条直线上。同一构件内预应力钢丝、钢绞线的断丝数量不得超过 1%，否则，在浇筑混凝土前发生断裂或滑脱的预应力钢丝、钢绞线必须予以更换。对于预应力钢筋不允许断筋。预应力筋张拉完毕，与设计位置的偏差不大于 $5mm$，同时不大于构件最短边长的 4%。注意张拉设备的校准期不得超过半年，且不得超过 200 次张拉作业。

（4）后张法预应力筋张拉要点

预应力筋张拉时，混凝土强度必须符合设计规定；设计无规定时，不得低于设计强度的 75%，且应将限制位移的模板拆除后，方可张拉。

预应力筋的张拉顺序和张拉程序应符合设计要求，设计无具体要求时可采取分批、分阶段对称张拉，先中间、后上下或两侧。预应力筋的张拉程序应符合表 7-4 的规定。

后张法预应力筋张拉程序   表 7-4

预应力筋种类		张拉程序
钢绞线束	对夹片式等有自锚性能的锚具	普通松弛力筋　0→初应力→$1.03\sigma_{con}$（锚固） 低松弛力筋　0→初应力→σ_{con}（持荷 2min 锚固）
	其他锚具	0→初应力→$1.05\sigma_{con}$（持荷 2min）→（锚固）
钢丝束	对夹片式等有自锚性能的锚具	普通松弛力筋　0→初应力→$1.03\sigma_{con}$（锚固） 低松弛力筋　0→初应力→σ_{con}（持荷 2min 锚固）
	其他锚具	0→初应力→$1.05\sigma_{con}$（持荷 2min）→0→σ_{con}（锚固）
精轧螺纹钢筋	直线配筋时	0→初应力→σ_{con}（持荷 2min 锚固）
	曲线配筋时	0→σ_{con}（持荷 2min）0→初应力→σ_{con}（持荷 2min 锚固）

注：1. σ_{con} 为张拉时的控制应力值，包括预应力损失值。
　　2. 梁的竖向预应力筋可一次张拉到控制应力，持荷 5min 锚固。

预应力张拉采用应力控制，伸长值进行校核，实际伸长值与理论伸长值的差值应控制在 6% 之内。张拉时，应先调整到初应力，初应力宜为张拉控制应力（σ_{con}）的 $10\%\sim15\%$，伸长值应从初应力时开始量测。预应力筋在张拉控制应力达到稳定后方可锚固，锚固阶段预应力筋的内缩量不得超过设计规定。预应力筋锚固后的外露长度不宜小于 $30cm$，锚具应采用封端混凝土保护。封锚混凝土的强度应符合设计规定，一般不应低于构件混凝土强度等级值的 80%，且不得低于 $30MPa$。锚固完毕并经检验合格后，即可切割端头多余的预应力筋。切割宜用砂轮机，严禁使用电弧焊切割。

2. 预制钢筋混凝土梁板的安装

（1）自行式起重机安装

吊装场地应满足起重机的布置和运梁车的停放，平整坚实，必要时采取地基加固措施。

起重机的选择应充分考虑梁板的自重、吊车的起吊能力和作业半径、吊索具的配置等因素。一般采用履带式或汽车式起重机，根据梁板的自重可采用"单机吊"或"双机吊"。

采用双机抬吊同一构件时，吊车臂杆应保持一定的距离，设专人指挥，双机操作时动作应一致，每一单机必须按降效 25％作业。

（2）架桥机安装

在桥跨内设置导梁，导梁上布置起重行车，用卷扬机将梁悬吊穿过桥孔，再行落梁、横移、就位，这种机械结构称为架桥机。架桥机的种类甚多，有专用的架桥机设备，也有施工单位运用常备构件（如万能杆件或贝雷桁架等）自行拼装而成的。按结构形式的不同，架桥机又分为单导梁、双导梁、斜拉式和悬吊式等。

（3）跨墩龙门吊机安装

在墩台两侧顺桥向设置轨道，在轨道上架立两副龙门吊机，当运梁车将梁运至龙门架下、桥孔的侧面后，即由龙门吊机上的起重小车一前一后将预制梁起吊、横移、落梁、就位。此法一般可将梁的预制场地安排在桥头引道上，以缩短运梁距离。

跨墩龙门吊机安装预制梁的特点为施工作业简单、快速、生产效率高，保证施工安全。但要求架设地点的地形应平坦且良好，桥墩不能太高，水上施工受到限制，且因设备费用较大，架设安装的桥跨数不能太少，否则不经济。

3. 现浇混凝土模板、支架施工

（1）模板、支架和拱架应结构简单、制造与装拆方便，应具有足够的承载能力、刚度和稳定性，并应根据工程结构形式、跨径、荷载、地基类别、施工方法、施工设备和材料供应等条件及有关的设计、施工规范进行施工设计。

模板、拱架和支架的设计应符合国家现行标准《钢结构设计规范》GB 50017—2003、《木结构设计规范》GB/T 50005—2013、《组合钢模板技术规范》GB/T 50214—2013 和《公路钢桥结构桥梁设计规范》JTGD64—2015 的有关规定。设计模板、支架和拱架时应按表 7-5 进行荷载组合。

计算模板、支架和拱架的荷载组合表　　　　　　　表 7-5

模板构件名称	荷载组合	
	计算强度用	验算刚度用
梁、板和拱的底模及支承板、拱架、支架等	①+②+③+④+⑦	①+②+⑦
缘石、人行道、栏杆、柱、梁、拱等的侧模板	④+⑤	⑤
基础、墩台等厚大建筑物的侧模板	⑤+⑥	⑤

表中：① 模板、拱架和支架自重；

② 新浇筑混凝土、钢筋混凝土或坞工、砌体的自重力；

③ 施工人员及施工材料机具等行走运输或堆放的荷载；

④ 振捣混凝土时的荷载；

⑤ 新浇筑混凝土对侧面模板的压力；

⑥ 倾倒混凝土时产生的荷载；

⑦ 其他可能产生的荷载，如风雪荷载、冬季保温设施荷载等。

（2）验算模板、支架和拱架的抗倾覆稳定时，各施工阶段的稳定系数均不得小于1.3。验算模板、支架和拱架的刚度时，其变形值不得超过下列规定：

结构表面外露的模板挠度为模板构件跨度的 1/400；

结构表面隐蔽的模板挠度为模板构件跨度的1/250；

拱架和支架受载后挠曲的杆件，其弹性挠度为相应结构跨度的1/400；

钢模板的面板变形值为1.5mm；

钢模板的钢楞、柱箍变形值为$L/500$及$B/500$（L：计算跨度，B：柱宽度）。

（3）模板、支架和拱架的设计中应设施工预拱度。预拱度应考虑下列因素：

设计文件规定的结构预拱度；支架和拱架承受全部施工荷载引起的弹性变形。

受荷载后由于杆件接头处的挤压和卸落设备压缩而产生的非弹性变形；支架、拱架基础受荷载后的沉降。超静定结构由于混凝土收缩、徐变及温度变化而引起的变形。

设计预应力混凝土结构模板时，应考虑施加预应力后张拉件的弹性压缩、上拱及支座螺栓或预埋件的位移等。

（4）支架与模板安装

支架地基必须有足够承载力，立柱底端应放置垫板或混凝土垫块。地基严禁受水浸泡。支架安装，支架的横垫板应水平，立柱铅直，上下层立柱在同一中心线上。随安装随架设临时支撑。支架的构件连接应紧固，以减小支架变形和沉降。支架立柱在排架平面内应设水平横撑，立柱高度在5m以内时，水平撑不得少于两道；立柱高于5m时，水平撑间距不大于2m，并应在两横撑之间加双向剪刀撑，每隔两道水平撑应设一道水平剪刀撑作为加强层。在排架平面外应设斜撑，斜撑与水平交角宜为45°。架体的高宽比宜小于或等于2；当高宽比大于2时，宜扩大下部架体尺寸或采取其他构造措施。

为了保证支架的稳定，支架不宜与施工脚手架和便桥相连。

船只或汽车通行孔的两侧支架应加设护桩，夜间设警示灯，标明行驶方向。受漂流物冲撞的河中支架应设置坚固防护设备。应通过预压的方式，消除支架地基的不均匀沉降和支架的非弹性变形，检验支架的安全性，获取弹性变形参数。预压荷载一般为支架需承受荷载的1.05～1.10倍，预压荷载的分布应模拟结构荷载及施工荷载。

安装模板应与钢筋工序配合进行，固定在模板上的预埋件和预留孔洞须安装牢固，位置准确。安装过程中，必须设置防倾覆设施。模板板面应平整，接缝严密不漏浆，如有缝隙必须采取措施密封。重复使用的模板应始终保持其表面平整、形状准确、不漏浆、有足够的强度与刚度。模板与混凝土接触面应涂刷隔离剂，外露面混凝土模板的隔离剂应采用同一品种，不得使用易粘在混凝土上或使混凝土变色的隔离剂。

模板安装完毕后，应对其平面位置、顶部标高、节点联系及纵横向稳定性进行检查，验收合格后方能浇筑混凝土。

4. 支架法现浇预应力混凝土箱梁施工

（1）模板由底模、侧模及内模三个部分组成，一般预先分别制作成组件，在使用时再进行拼装。模板以胶合板材模板和钢模板为主，模板的楞木采用方木，钢管、方钢或槽钢组成，布置间距以30～50cm左右为宜，具体的布置需根据箱梁截面尺寸确定，并通过计算对模板及支撑强度、刚度进行验算。

在安装并调好底模及侧模后，开始底、腹板普通钢筋绑扎及预应力管道的安装。混凝土采用一次浇筑时，在底、腹板钢筋及预应力管道完成后，安装内模，再绑扎顶板钢筋及预应力管道。混凝土采用两次浇筑时，底、腹板钢筋及预应力管道完成后，浇筑第一次混凝土；混凝土终凝后，再安装内模顶板，绑扎顶板钢筋及预应力管道，进行混凝土的第二次浇筑。

预应力管道采用金属螺旋管道或塑料波纹管，预应力管道的位置按设计要求准确布设，并采用每隔 50cm 一道的定位筋进行固定。管道接头要求平顺严密，在管道的高点设置排气孔，低点设排水孔。预应力筋穿束可根据现场情况在混凝土浇筑前或浇筑后进行。

（2）混凝土浇筑应根据实际情况综合比较确定箱梁混凝土采用一次或分次浇筑，合理安排浇筑顺序。混凝土浇筑时一般采用分层或斜层浇筑，先底板、后腹板、再顶板，底板浇筑时要注意角部位必须密实，如图 7-22 所示。其浇筑速度要确保下层混凝土初凝前覆盖上层混凝土。

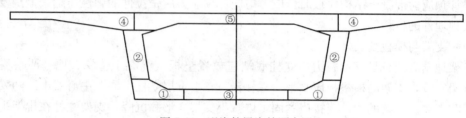

图 7-22　现浇箱梁浇筑顺序图

（3）预应力的张拉

1）预应力筋张拉的理论伸长值 ΔL（mm）可按下式计算：

$$\Delta L = P_P L / A_P E_P$$

式中：P_P——预应力筋的平均张拉力（N），直线筋取张拉端的拉力；两端张拉的曲线筋，取张拉端的拉力与跨中扣除孔道摩阻损失后拉力的平均值；

　　L——预应力筋的长度（mm）；

　　E_p——预应力筋弹性模量（N/mm²）；

　　A_P——预应力筋截面面积（mm²）。

2）预应力筋平均张拉力 $\overline{P}$ 按下式计算：

$$\overline{P} = \frac{P\left[1 - e^{-(kx + \mu\theta)}\right]}{kx + \mu_\theta}$$

式中　P——预应力钢材张拉端的张拉力（N）；

　　x——从张拉端至计算截面的孔道长度（m）；

　　θ——从张拉端至计算截面曲线孔道部分切线的夹角之和（rad）；

　　k——孔道每 m 局部偏差对摩擦的影响系数，参见表 7-5；

　　μ——预应力钢筋与孔道壁的摩擦系数，参见表 7-6。

注：当预应力钢材为直线且 $k=0$ 时，$\overline{P} = P$。

系数 k 及 μ　　　　　　　　　　　　　　　表 7-6

孔道成型方式	k	μ 值	
		钢丝束、钢绞线	精轧螺纹钢筋
预埋铁皮管道	0.003	0.35	
抽芯成型孔道	0.0015	0.55	
预埋金属螺旋管道	0.0015	0.20~0.25	0.50

3）预应力钢束实际伸长量的测量和计算（夹片式锚具）

实际总伸长量 ΔL：

$$\Delta L = \Delta L_1 + \Delta L_2 - [\Delta L_0 - (2\sim3\text{mm})]$$

式中：ΔL_1——从 0 到初应力的伸长量（mm）；

ΔL_2——从初应力至最大张拉应力间的实际伸长量（mm）；

ΔL_0——张拉前夹片外露量（mm）；

2～3mm——张拉完成后夹片外露量（mm）。

（4）孔道压浆、封锚

张拉完成后要尽快进行孔道压浆和封锚，压浆所用灰浆的强度、稠度、水胶比、泌水率、膨胀剂用量按施工技术规范及试验标准中的要求控制。每个孔道压浆到最大压力后，应有一定的稳定时间。压浆应使孔道另一端饱满和出浆。并使排气孔排出与规定稠度相同的水泥浓浆为止。压浆完成后，应将锚具周围冲洗干净并凿毛，设置钢筋网，浇筑封锚混凝土。

（5）模板与支架的拆除

模板、支架和拱架拆除的时间、方法应根据结构的特点、部位和混凝土的强度决定遵循先支后拆，后支先拆的原则。钢筋混凝土结构的承重模板、支架和拱架的拆除，应符合设计要求。当设计无要求时，应在混凝土强度能承受自重力及其他可能的叠加荷载时，方可拆除，底模板拆除还应符合规范规定。非承重侧模应在混凝土强度能保证其表面及楞角不致因拆模受损害时方可拆除。一般应在混凝土抗压强度达到 2.5MPa 方可拆除侧模。

预应力混凝土结构构件模板的拆除，侧模应在预应力张拉前拆除，底模应在结构构件建立预应力后方可拆除。

5. 移动模架法现浇箱梁施工

移动模架法混凝土箱梁施工按照过孔方式不同，移动模架分为上行式（图 7-23）、下行式（图 7-24）和复合式三种形式（图 7-25）。主梁在待制箱梁上方，借助已成箱梁和桥墩移位的为上行式移动模架；主梁在待制箱梁下方，完全借助桥墩移位的为下行式移动模架；主梁在待制箱梁下方，借助已成箱梁和桥墩移位的为复合式移动模架，按过孔时后支撑是否在已成箱梁上滑移，复合式移动模架又分为后支撑滑移式和后支撑固定式两种形式。

图 7-23　上行式移动模架　　　　图 7-24　下行式移动模架　　　　图 7-25　复合式移动模架

移动模架施工工艺流程为：

移动模架组装—移动模架预压—预压结果评价—模板调整—绑扎钢筋—浇筑混凝土—预应力张拉、压浆—移动模架过孔。主要施工要点为：

1) 支架长度必须满足施工要求。

2) 支架应利用专用设备组装，在施工时能确保质量和安全。

3) 浇筑分段工作缝，必须设在弯矩零点附近。

4) 箱梁内、外模板滑动就位时，模板平面尺寸、高程、预拱度的误差必须在容许范围内。

5) 混凝土内预应力筋管道、钢筋、预埋件设置应符合规范规定和设计要求。

6. 悬臂法施工

悬臂法（又称挂篮施工）施工是从中间桥墩开始，向两侧对称进行梁段现浇或将预制梁段对称进行悬臂拼装。前者称为悬臂浇筑施工，后者称为悬臂拼装施工。采用该方法施工时，多孔桥跨可同时施工，施工周期短；施工机具设备可重复使用；桥跨间可不用或少用支架，施工期间不影响通航或桥下交通，适用于大跨径的连续梁桥、悬臂梁桥、T型刚构桥、连续刚构桥、斜拉桥等结构。

（1）悬臂拼装法

该方法施工速度快，桥梁上、下部结构可平行作业，但结构整体性差，施工精度要求比较高，起重能力要求大，一般可在跨径 100m 以下的大桥中选用。主要施工工序为梁段预制、移位、存放、运输→悬拼→体系转换→合龙段施工，其中施工的基础是梁段预制，施工的核心是梁段的吊运和拼装。

（2）悬臂浇筑法

该方法施工速度慢，结构整体性好，施工变形易控制，起重能力要求不高，施工适应性强，常在跨径大于 100m 的桥梁上选用。

1）悬臂浇筑的主要设备是一对能行走的挂篮。挂篮在已经张拉锚固并与墩身连成整体的梁段上移动。绑扎钢筋、立模、浇筑混凝土、施加预应力都在其上进行。完成本段施工后，挂篮对称向前各移动一节段，进行下一梁段施工，循序渐进，直至悬臂梁段浇筑完成。

连续梁施工需注意结构体系转化问题。以三孔连续梁悬臂施工为例，其施工程序如图 7-26 所示。

图 7-26（a）为平衡悬臂施工上部结构，此时结构体系如同 T 形刚构。

图 7-26（b）为锚孔不平衡部分施工（支架上浇筑或拼装）；安装端支座；拆除临时锚固，中间支点落到永久支座上，此时结构为单悬臂梁。

图 7-26（c）为浇筑中孔跨中连接段，使其连成为三跨连续梁。作为连续梁承载仅是后加荷载（桥面铺装及人行道）及活载。

2）悬臂浇筑梁体一般应分四大部分浇筑：墩顶梁段（0 号块）、墩顶梁段（0 号块）两侧对称悬浇梁段、边孔支架现浇梁段、主梁跨中合龙段。其主要浇筑顺序为：

① 在墩顶托架或膺架上浇筑 0 号段并实施墩梁临时锚固，如图 7-26 所示。托架等应经过设计，计算其弹性及非弹性变形。

② 在 0 号块段上安装悬臂挂篮，向两侧依次对称分段浇筑主梁至合龙前段。

③ 在支架上浇筑边跨主梁合龙段。

④ 最后浇筑中跨合龙段形成连续梁体系。

3）预应力混凝土连续梁合龙顺序一般是先边跨、后次跨、再中跨。连续梁（T 形刚

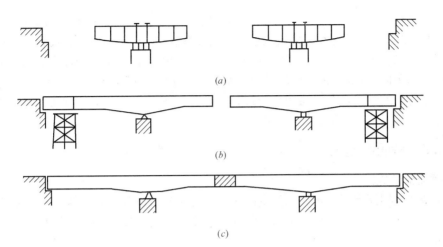

(a)

(b)

(c)

图 7-26　三孔连续梁

悬臂施工工序

构）的合龙、体系转换和支座反力调整应符合下列规定：

合龙段的长度宜为 2m；合龙前应按设计要求，将两悬臂端合龙端临时连接，并将合龙跨一侧墩的临时锚固放松或改成活动支座。合龙宜在一天中气温最低时进行。合龙段的混凝土强度宜提高一级，以尽早施加预应力。

4）确定悬臂浇筑段前段标高时应考虑：挂篮（图 7-28）前端的垂直变形值、预拱度设置、施工中已浇段的实际标高、温度影响等因

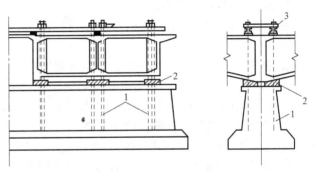

图 7-27　临时锚固构造

1—预应力锚固筋；2—混凝土楔形垫块；3—钢梁

素。施工过程中的监测项目为前三项；必要时结构物的变形、应力也应进行监测，保证结构的强度和稳定。

图 7-28　悬壁浇筑施工

7. 顶推法施工

顶推法是先在两端桥台处路基上逐段浇筑等高度箱梁（约 10～30m 一段），待有 2～3 段

255

后，即施加对中预应力（顶推过程需要），然后用水平千斤顶将支在聚四氟乙烯与不锈钢滑板上的箱梁顶推出去。这样反复浇筑顶推，直至最终落位，再施加抵抗活载的预应力。

为了减少悬臂负弯矩，在梁的前端安装一节轻型钢导梁。可以单向顶推，也可以双向相对顶推。当单向顶推跨径大于50m时，往往要加设临时墩，以减少梁中施工弯矩。对于三跨不等跨的连续梁，为了避免中跨过长的悬臂，往往从两岸相对顶推。顶推法适用于10孔以上40～50m跨径的连续梁施工。

7.2.5 桥面系施工

1. 桥面铺装施工

桥面铺装采用沥青混凝土、水泥混凝土、高分子聚合物等材料铺筑在桥面板上的保护层，又称车道铺装。常用的桥面铺装有水泥混凝土、沥青混凝土两种铺装形式，城市桥梁以后者居多。

桥面铺装施工工艺流程：桥面防水层、排水系统验收合格—摊铺、压实设备就位—摊铺机预热—混合料运输到场—混合料温度检测—摊铺—压实—温度检测—封闭桥面—降温—开放交通。

2. 桥面防水卷材施工

防水卷材施工工艺流程：基面处理—涂刷基层处理—热熔滚铺—辊压排气—热熔封边压牢—检查修理—养护。

1) 基面的浆皮、浮灰、油污、杂物等应彻底清除干净；基面应坚实平整粗糙，不得有尖硬接槎、空鼓、开裂、起砂和脱皮等缺陷。

基层混凝土强度应达到设计强度并符合设计要求，含水率不得大于9%。

2) 将配好的基层处理剂涂刷在基层上，涂刷必须均匀，不得漏刷，不漏底，不堆积，阴阳角、泄水口部位可用毛刷均匀涂刷，做好附加层。

3) 防水卷材铺贴应按"先低后高"的顺序进行（顺水搭接方向），纵向搭接宽度为100mm，横向为150mm，铺贴双层卷材时，上下层搭接缝应错开1/3～1/2幅宽。纵向搭接缝尽量避开车行轮迹。热熔封边是卷材搭接缝处用喷枪加热，压合至边缘挤出沥青粘牢为止。

卷材末端收头用橡胶沥青嵌缝膏嵌固填实。搭接尺寸符合设计要求，与基层粘结牢固。

3. 涂层防水施工

涂层防水施工工艺流程：基面处理及清理—涂刷（刮涂或喷涂）第一层涂料—干燥—清扫—涂刷第二层涂料—干燥养护。

1) 先将基层彻底清理干净。

2) 桥面涂层防水施工采用涂刷法、刮涂法或喷涂法施工。涂刷应先做转角处、变形缝部位，后进行大面积涂刷。涂刷应多遍完成，后遍涂刷应待前遍涂层干燥成膜后方能进行。

3) 涂料防水层施工不能一次完成需留接槎时，其甩槎应注意保护。预留槎应大于30mm以上，搭接宽度应大于100mm，下次施工前需先将甩槎表面清理干净，在涂刷涂料。

4) 对缘石、地袱、变形缝、泄水管、水落口等部位按设计与防水规程要求做增强处理。

4. 伸缩缝装置安装施工

（1）伸缩缝施工工艺流程

进场验收—预留槽施工—测量放线—切缝—清槽—安装就位—焊接固定—浇筑混凝

土—养护。

（2）主要工序

1）预留槽施工

桥面混凝土铺装施工时按设计尺寸预留出伸缩缝安装槽口，锚栓钢筋、伸缩缝埋件按设计要求埋设好，并且将螺栓外露部分用塑料膜包裹，避免混凝土污染螺栓，使用水准仪和经纬仪严格控制预埋钢板高程和螺栓预埋位置，以保证伸缩缝的安装质量。

2）切缝

用路面切割机沿边缘标线匀速将沥青混凝土面层切断，切缝边缘要整齐、顺直，要与原预留槽边缘对齐。切缝过程中，要保护好切缝外侧沥青混凝土边角，防止污染破损。

3）清槽

人工清除槽内填充物，并将槽内结合处混凝土凿毛，用洒水车高压冲洗、并用空压机吹扫干净。

4）伸缩装置安装就位

安装前将伸缩缝内止水带取下。根据伸缩缝中心线的位置将伸缩缝顺利吊装到位。中心线与两端预留槽间隙中心线对正，其长度与桥梁宽度对正。伸缩装置与现况路面的调平采用专门门架、手拉葫芦等机具。

用填缝材料（可采用聚苯板）将梁板（或梁台）间隙填满，填缝材料要直接顶在伸缩装置橡胶带的底部。

5）焊接固定

用对称点焊定位。在对称焊接作业时伸缩缝每 0.75～1m 范围内至少有一个锚固钢筋与预埋钢筋焊接。两侧完全固定后就可将其余未焊接的锚固筋完全焊接，确保锚固可靠。

6）浇筑混凝土

伸缩缝混凝土坍落度宜控制在 50～70mm，采用人工对称浇筑，振捣密实，严格控制混凝土表面高度和平整度。

浇筑成型后用塑料布或无纺布等覆盖保水养护，养护期不少于 7d。待伸缩装置两侧预留槽混凝土强度满足设计要求后，清理缝内填充物，嵌入密封橡胶带，方可开放交通。

第8章 市政管道工程

8.1 市政管道基本知识

市政管道工程是市政工程的重要组成部分，是城市重要的基础工程设施。它犹如人体内的"血管"和"神经"，日夜担负着传送信息和输送能量的任务，是城市赖以生存和发展的物质基础，是城市的生命线。市政管道工程包括的种类很多，按其功能主要分为：给水管道、排水管道、燃气管道、热力管道、电力电缆和电信电缆六大类。

根据城市规划布置要求，市政管道应尽量布置在人行道、非机动车道和绿化带下，部分埋深大、维修次数少的污水管道和雨水管道可布置在机动车道下。

管线平面布置的次序一般是：从道路红线向中心线方向依次为：电力、电信、燃气、供热、中水、给水、雨水、污水。当市政管线交叉敷设时，自地面向地下竖向的排列顺序一般为：电力、电信、供热、燃气、中水、给水、雨水、污水。当各种管线布置发生矛盾时，处理的原则是：新建让现况、临时让永久、有压让无压、可弯管让不可弯管、小管让大管。

目前，我国正在推广和应用地下综合管廊，将各专业管线有序布置在同一管沟内进行运营和管理。

1. 给水管道工程

给水管道工程主要是将水质符合用户要求的成品水输送和分配到各用户，包括输水管道和配水管网两部分。输水管道一般有重力输水系统、压力输水系统和重力、压力相结合的输水系统 3 种方式。配水管网有树状网和环状网 2 种布置形式。按照配水管网中各管段的功能，可将配水管网分为配水干管、配水支管、连接管和分配管。为保证配水管网正常工作和便于维护管理，在管网的适当位置上要设阀门井、消火栓、支墩、排气阀井和泄水阀井等附属构筑物。

给水常用的管材有钢管、球墨铸铁管、钢筋混凝土压力管、预应力钢筒混凝土管（PCCP 管）和化学建材管等。管材要有足够的强度、刚度、密闭性，具有较强的抗腐蚀能力，内壁整齐光滑，接口应施工简便，且牢固可靠符合国家相关标准。

2. 排水管道工程

排水管道工程是指收集、输送、处理城市中的生活污水、工业废水和雨水，并将生活污水和工业废水输送到污水处理厂进行适当处理后再排放，通常由排水管道系统和污水处理系统组成。

排水管道系统是指在一个地区内收集和输送污（废）水的方式，一般有合流制与分流制 2 种基本形式。合流制排水系统：是将生活污水、工业废水和降水在同一个管渠内排出的系统。分流制排水系统：将生活污水、工业废水和雨水分别在两个或两个以上各自独立的管渠内排除的系统。

市政污水管道一般包括支管、干管和主干管；因雨水不需要进行处理，一般是就近排入附近的水体中，所以雨水管道一般包括支管和干管。排除生活污水、工业废水的系统称污水系统；排除雨水的系统称为雨水系统。汇集的污水和部分工业废水送到污水处理厂，经处理后排放；汇集的雨水可就近排入水体。

按照所用材料，排水管道可分为：混凝土管、金属管、化学建材管、砌筑管渠等。按照管体结构受力形式，埋地管道分为刚性管道和柔性管道两个大类。刚性管道是指主要依靠管体材料强度支撑外力的管道，在外荷载作用下其变性很小。管道失效由管壁强度控制；如钢筋混凝土管、预应力混凝土管等。柔性管道是指在外荷载作用下变形显著的管道，竖向荷载大部分由管道两侧土体所产生的弹性抗力所平衡，管道的失效由变形造成，而不是管壁的破坏。如钢管、化学建材管和柔型接口的球墨铸铁管管道。

3. 燃气管道工程

燃气包括天然气、人工燃气和液化石油气。燃气经长距离输气系统输送到燃气分配站（也称作燃气门站），在燃气分配站将燃气压力降至城市燃气供应系统所需的压力后，由城市燃气管网系统输送分配到各用户使用。

燃气管道一般包括分配管道和用户引入管。我国城市燃气管道根据输气压力的不同一般分为：低压燃气管道（$P \leqslant 0.005\text{MPa}$）、中压 B 燃气管道（$0.005\text{MPa} < P \leqslant 0.2\text{MPa}$）、中压 A 燃气管道（$0.2\text{MPa} < P \leqslant 0.4\text{MPa}$）、高压 B 燃气管道（$0.4\text{MPa} < P \leqslant 0.8\text{MPa}$）、高压 A 燃气管道（$0.8\text{MPa} < P \leqslant 1.6\text{MPa}$）。

高压 A 燃气管道通常用于城市间的长距离输送管线，有时也构成大城市输配管网系统的外环网；高压 B 燃气管道通常构成大城市输配管网系统的外环网，是城市供气的主动脉。高压燃气必须经调压站调压后才能送入中压管道，中压管道经用户专用调压站调压后，才能经中压或低压分配管道向用户供气，供用户使用。

高压和中压 A 燃气管道，应采用钢管；中压 B 和低压燃气管道，宜采用钢管或机械接口铸铁管。中、低压地下燃气管道采用聚乙烯管材时，应符合有关标准的规定。

4. 其他市政管线工程

热力管道是将热源中产生的热水或蒸汽输送分配到各用户，供用户取暖使用。一般有热水管道和蒸汽管道两种。

电力电缆主要为城市输送电能，按其功能可分为动力电缆、照明电缆、电车电缆等；按电压的高低又可分为低压电缆、高压电缆和超高压电缆三种。

电信电缆主要为城市传送信息，包括市话电缆、长话电缆、光纤电缆、广播电缆、电视电缆、军队及铁路专用通信电缆等。

8.2 市政管渠（排水管道）的材料接口及管道基础

8.2.1 排水管渠的断面形式

排水管渠的断面形状应综合考虑下列因素后再确定：①受力稳定性好；②断面过水流量大，在不淤流速下不发生沉淀；③工程综合造价经济；④便于冲洗和清通。

排水工程常用管渠的断面形状有圆形、矩形、梯形、卵形和马蹄形等，如图 8-1 所示。

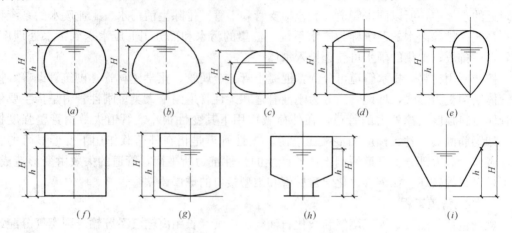

图 8-1　常用管道的断面形状

(a) 圆形；(b) 半椭圆形；(c) 马蹄形；(d) 拱顶矩形；(e) 卵形；
(f) 矩形；(g) 弧形流槽的矩形；(h) 带底流槽的矩形 (i) 梯形

1）圆形断面有较好的水力性能，结构强度高，在一定的坡度下，指定的断面面积具有最大的水力半径，因此流速大，流量也大。此外，圆形管便于预制，使用材料经济，对外压力的抵抗力较强，若挖土的形式与管道相对称，能获得较高的稳定性，在运输和施工养护方面也较方便。因此是最常用的一种断面形式。

2）矩形断面可以就地浇制或砌筑，并可按需要将深度增加，以增大排水量。某些工业企业的污水管道、路面狭窄地区的排水管道及排洪沟道常采用这种断面形式。不少地区在矩形断面的基础上，将渠道底部用细石混凝土或水泥砂浆做成弧形流槽，这种组合的矩形断面是为了合流制管道设计的，晴天的污水在小矩形槽内流动，以保持一定的充满度和流速，使之能够免除或减轻淤积程度。

3）排水管道工程中采用箱涵的主要因素有：受当地制管技术、施工环境条件和施工设备等限制，超出其能力的即用现浇箱涵；在地势较为平坦的地区，采用矩形断面箱涵敷设，可减少深埋。

4）梯形断面适用于明渠，它的边坡决定于土壤性质和铺砌材料。

5）卵形断面由于底部较小，从理论上看，在小流量时可以维持较大的流速，因而可减少淤积，适用于污水流量变化较大的情况，合流制排水系统可采用卵形断面。但实际养护经验证明，这种断面的冲洗和清通工作比较困难，施工较为复杂，现已很少使用。

6）半椭圆形断面在土压力和动荷载较大时，可以更好地分配管壁压力，因而可减小管壁厚度。在污水流量无大变化及管渠直径大于 2m 时，采用此种形式的断面较为合适。

7）马蹄形断面，其高度小于宽度。在地质条件较差或地形平坦，受收纳水体水位限制时，需要尽量减少管道埋深以减低造价，可采用此种形式的断面。又由于马蹄形断面的下部较大，对于排除流量无大变化的大流量污水，较为适宜。但马蹄形管的稳定性有赖于回填土的密实度，若回填土松软，两侧底部的管壁易产生裂缝。

在实际工程中，排水管渠的断面形状应根据设计流量、埋设深度、工程环境条件，同时结合当地施工、制管技术水平和经济、养护管理要求来综合考虑确定，宜优先选用成品管。大型特大型管渠的断面选择应注意要方便维修、养护和管理。

8.2.2 常用排水管渠的材料、接口和基础

1. 常用排水管渠的材料

排水管渠的材质、管渠构造、管渠基础、管道接口，应根据排水水质、水温、冰冻情况、断面尺寸、管内外所受压力、土质、地下水位、地下水侵蚀性、施工条件及对养护工具的适应性等因素，进行选择和设计。

（1）对管渠材料的要求

1）排水管渠必须具有足够的强度，以承受外部的荷载和内部的水压，外部的荷载包括土壤的重量（静荷载），以及由于车辆通行所造成的动荷载。压力管及倒虹管一般要考虑内部水压。发生自流管道检查井内充水时，也可能引起内部水压。此外，为了保证排水管道下载运输和施工过程中不致破裂，也必须使管道具有足够的强度。

2）排水管渠不仅应能承受污水中杂质的冲刷和磨损，而且应具有抗腐蚀的性能，以免在污水或地下水（或酸、碱）的侵蚀作用下受到损坏。输送腐蚀性污水的管道必须采用耐腐蚀性材料，其接口及附属构筑物必须采用相应的防腐蚀措施。

3）排水管渠必须不透水，以防止污水渗出或地下水渗入。对于污水管道、合流污水管道和附属构筑物为保证其严密性，应进行闭水试验。因为污水从管渠渗出至土壤，将污染地下水或临近水体，或者破坏管道及附近房屋的基础；地下水渗入管渠，不但降低管渠的排水能力，而且将增大污水泵站及处理构筑的负荷。

4）排水管渠的内壁应整齐光滑，以减小水流阻力。当输送易造成管渠内沉析的污水时，管渠形状和断面的确定，必须考虑便于维护检修。

5）排水管渠应就地取材，并考虑预制管件及快速施工的可能，以便尽量降低管渠的造价、运输及施工费用。

（2）常用排水管渠的材料

1）混凝土管和钢筋混凝土管

混凝土管和钢筋混凝土管适用于排除雨水、污水，分为混凝土管、轻型钢筋混凝土管和重型钢筋混凝土管3种。它们可以在专门的工厂预制，也可以在现场浇制。管口通常有承插式、企口式和平口式，如图8-2所示。

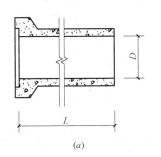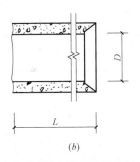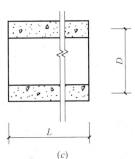

（a）　　　　　　（b）　　　　　　（c）

图8-2　混凝土管和钢筋混凝土管
（a）承插式；（b）企口式；（c）平口式

混凝土管的管径一般小于 450mm，长度多为 1m，适用于管径较小的无压管。当管道埋深较大或敷设在土质条件不良地段，为抗外压，管径大于 400mm 时，通常都采用钢筋混凝土管。轻型钢筋混凝土排水管和重型钢筋混凝土排水管的技术条件及标准规格分别参见表 8-1～表 8-3。

混凝土排水管技术条件及标准规格 表 8-1

公称内径 (mm)	管体尺寸		外压试验	
	最长管长(mm)	最小壁厚(mm)	安全荷载(kg/m)	破坏荷载(kg/m)
75	1000	25	2000	2400
100	1000	25	1600	1900
150	1000	25	1200	1400
200	1000	27	1000	1200
250	1000	33	1200	1500
300	1000	40	1500	1800
350	1000	50	1900	2200
400	1000	60	2300	2700
450	1000	67	2700	3200

轻型钢筋混凝土排水管技术条件及标准规格 表 8-2

公称内径 (mm)	管体尺寸		套环			外压试验		
	最小管长(mm)	最小壁厚(mm)	填缝宽度(mm)	最小壁厚(mm)	最小管长(mm)	安全荷载(kg/m)	裂缝荷载(kg/m)	破坏荷载(kg/m)
100	2000	25	15	25	150	1900	2300	2700
150	2000	25	15	25	150	1400	1700	2200
200	2000	27	15	27	150	1200	1500	2000
250	2000	28	15	28	150	1100	1300	1800
300	2000	30	15	30	150	1100	1400	1800
350	2000	33	15	33	150	1100	1500	2100
400	2000	35	15	35	150	1100	1800	2400
450	2000	40	15	40	200	1200	1900	2500
500	2000	42	15	42	200	1200	2000	2900
600	2000	50	15	50	200	1500	2100	3200
700	2000	55	15	55	200	1500	2300	3800
800	2000	65	15	65	200	1800	2700	4400
900	2000	70	15	70	200	1900	2900	4800
1000	2000	75	18	75	250	2000	3300	5900
1100	2000	85	18	85	250	2300	3500	6300
1200	2000	90	18	90	250	2400	3800	6900
1350	2000	100	18	100	250	2600	4400	8000
1500	2000	115	22	115	250	3100	4900	9000
1650	2000	125	22	125	250	3300	5400	9900
1800	2000	140	22	140	250	3800	6100	11100

公称内径 (mm)	管体尺寸		套环			外压试验		
	最小管长(mm)	最小壁厚(mm)	填缝宽度(mm)	最小壁厚(mm)	最小管长(mm)	安全荷载(kg/m)	裂缝荷载(kg/m)	破坏荷载(kg/m)
300	2000	58	15	58	150	3400	3600	4000
350	2000	60	15	60	150	3400	3600	4400
400	2000	65	15	65	150	3400	3800	4900
450	2000	67	15	67	200	3400	4000	5200
550	2000	75	15	75	200	3400	4200	6100
650	2000	80	15	80	200	3400	4300	6300
750	2000	90	15	90	200	3600	5000	8200
850	2000	95	15	95	200	3600	5500	9100
950	2000	100	18	100	250	3600	6100	11200
1050	2000	110	18	110	250	4000	6600	12100
1300	2000	125	18	125	250	4100	8400	13200
1550	2000	175	18	175	250	4100	10400	18700

混凝土管和钢筋混凝土管便于就地取材、制造方便，而且可根据抗压的不同要求，制成无压管、低压管、预应力管等，所以在排水管道系统中得到了普遍的应用。混凝土管和钢筋混凝土管除用作一般自流排水管道外，钢筋混凝土管及预应力钢筋混凝土管也可用作泵站的压力管及倒虹管。它们的主要缺点是抗酸、碱侵蚀及抗渗性能较差、管节短、接头多、施工复杂。在地震烈度大于 8 度的地区及饱和松砂、与泥土、冲填土、杂填土的地区不宜采用。此外，大管径的自重大，搬运不便。

2）陶土管

陶土管是由塑性黏土制成的，为了防止在焙烧过程中产生裂缝，通常加入耐火黏土及石英砂（按一定比例），经过研细、调和、制坯、烘干、焙烧等过程制成。可根据需要制成无釉、单面釉和双面釉。若采用耐酸黏土和耐酸填充物，还可以制成特种耐酸陶土管。

陶土管一般制成圆形断面，有承插式和平口式两种形式，如图 8-3 所示。

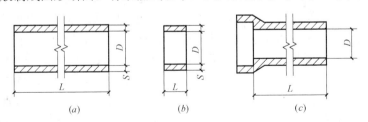

图 8-3　陶土管

（a）直管；（b）管箍；（c）承插管

普通陶土排水管最大公称直径可达 300mm，有效长度为 800mm，适用于居民区室外排水。耐酸陶瓷管最大公称直径国内可达 800mm，一般在 400mm 以内，管节长度有300mm、500mm、700mm、1000mm 四种，适用于排除酸性废水。

带釉的陶土管内外壁光滑，水流阻力小、不透水性好、耐磨损、抗腐蚀。其缺点是陶土管质脆易碎，不宜远运，不能受内压；抗弯、抗拉强度低，不宜敷设在松土中或埋深较大的地方。此外，管节短，需要较多的接口，增加了施工难度和费用。由于陶土管耐酸抗腐蚀性好，适用于排除酸性废水，或管外有侵蚀性地下水的污水管道。

3）金属管

常用的金属管有铸铁管及钢管。室外重力流排水管道很少采用金属管，只有当排水管道承受高内压、高外压或渗漏要求特别高的地方，如排水泵站的进/出水管、穿越铁路、河道的倒虹管或靠近给水管道和房屋基础时，才采用金属管。在地震烈度大于8度或地下水位高、流砂严重的地区可采用金属管。

金属管管质很坚固，抗压、抗震、抗渗性能好；内壁光滑，水流阻力小；管子每节长度大，接头少。但价格较高，钢管抗酸碱腐蚀及地下水侵蚀的能力差。因此，在采用钢管时必须涂刷耐腐涂料并注意绝缘。

4）浆砌砖、石或钢筋混凝土渠道

排水管道的预制管管径一般小于2m，实际上当管道设计断面大于1.5m时，通常就在现场建造大型排水渠道。建造大型排水渠道常用的建筑材料有砖、石、陶土块、混凝土块、钢筋混凝土块和钢筋混凝土等。采用钢筋混凝土时，要在施工现场支模浇制；采用其他几种材料时，在施工现场主要是铺砌或安装，在多数情况下，建造大型排水渠道，常采用两种以上材料。

砌砖渠道在国内外排水工程中应用较早，目前在我国仍普遍使用。常用的断面形式有矩形、圆形、半椭圆形等，可用普通砖或特制的楔形砖砌筑。当砖的质地良好时，砖砌渠道能抵抗污水或地下水的腐蚀，耐久性好，因此能用于排放有腐蚀性的污水。

在石料丰富的地区，常常采用条石、方石或毛石砌筑渠道。通常将渠顶砌成拱形，渠底和渠身偏光、勾缝，已是水力性能良好。

5）新型排水管材

随着我国国民经济的发展，市政建设的规模也在不断扩大，传统的排水管材由于其本身固有的一些缺点，已经难以适应城市快速发展的需要。因此，近年来出现了许多新型塑料排水管材，这些管材无论是性能还是施工难易程度都优于传统管材，一般具有以下特性：强度高，抗压耐冲击；内壁平滑，摩阻低，过流量大；耐腐蚀，无毒无污染；连接方便，接头密封好，无渗漏；质量轻，施工快，费用低；埋地使用寿命可达五十年以上。

根据原建设部《关于发布化学建材技术与产品的公告》精神，应用于排水的新型管材主要是塑料管材，其主要品种包括：聚氯乙烯管（PVC-U）、聚氯乙烯芯层发泡管（PVC-U）、聚氯乙烯双壁波纹管（PVC-U）、玻璃钢夹砂管（RPMP）、塑料螺旋缠绕管（HDPE、PVC-U）、聚氯乙烯径向加筋管（PVC-U）等。近些年，我国排水工程中采用较多的埋地塑料排水管道的品种主要有硬聚氯乙烯管、聚乙烯管和玻璃纤维增强塑料夹砂管等。

市场上出现的大口径新型排水管管材可依据其材质的不同，大致可分为玻璃钢管，以高密度聚乙烯为原料的HDPE管，以及以聚氯乙烯为原料的PVC管。由于UPVC在熔断挤出时的流动性和热稳定性差，所以生产大口径管材相当困难，大口径聚氯乙烯管的连接也困难，目前国内生产的UPVC排水管管径绝大部分在DN600以下，比较适合在小区等排水管管径不大的地区使用，而不适合在市政排水管网（管径较大）中使用。市政工程使用的主要是玻璃钢管和 HPDE 管。

玻璃钢纤维缠绕增强热固性树脂管，简称玻璃钢管，是一种新型的复合管材。它主要以树脂为基体，以玻璃纤维作为增强材料制成的，具有优异的耐腐蚀性能、轻质高强、输送流量大、安装方便、工期短和综合投资低等优点，广泛应用于化工企业腐蚀性介质输送及城市给水排水工程等诸多领域。随着玻璃钢管的普及使用，又出现了夹砂玻璃钢管（RPMP 管），这种管道从性能上提高了管材的刚度，降低了成本，一般采用具有两道"O"形密封圈的承插式接口。它的优点是：安装方便、可靠、密封性、耐腐蚀性好，接头可在小角度范围内任意调整管线的方向。

2. 常用排水管渠（管道）的接口形式

（1）管道接口形式

排水管道的不透水性和耐久性，在很大程度上取决于管道接口形式与施工质量。管道接口应具有足够的强度、密封性能和抗侵蚀能力，并且施工方便。管道接口的形式主要有以下两种：

柔型接口：多为橡胶圈接口，能承受一定量的轴向线变位（一般 3～5mm）和相对角变位且不引起渗漏的管道接口，一般用在抗地基变形的无压管道上。

刚性接口：采用水泥类材料密封或用法兰连接的管道接口。不能承受一定量的轴向线变位和相对角变位的管道接口。刚性接口抗变位性能差，一般用在地基比较良好，有条形基础的无压管道上，但也需设置变形缝。

（2）管道接口

1）水泥砂浆抹带接口：属于刚性接口，在管子接口处用 1:2.5～1:3 水泥砂浆抹成半椭圆形或其他形状的砂浆带，带宽 120～150mm。适用于地基土质较好的雨水管道，或用于地下水位的污水支线上。混凝土平口管、企口管和承插管等可采用此接口方式，如图 8-4 所示。

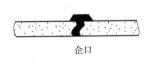 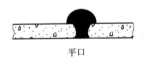 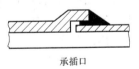

企口　　　　　　　　　　平口　　　　　　　　　承插口

图 8-4　水泥砂浆抹带接口

2）钢丝网水泥砂浆抹带接口，也属于刚性接口。将抹带范围内的管外壁凿毛，抹 15mm 厚 1:2.5 的水泥砂浆，中间采用 20 号 10×10 钢丝网一层，两端插入基础混凝土中，上面再抹 10mm 厚砂浆一层。该种接口适用于地基土质较好的具有带形基础的雨水、污水管道。

3）石棉沥青卷材接口，属柔性接口，如图 8-5 所示。石棉沥青卷材为工厂加工，沥青玛𫯶脂的重量配比为沥青:石棉:细砂＝7.5:1:1.5。

先将接口处关闭刷净烤干，涂上冷底子油一层，再刷上 3mm 厚的沥青玛𫯶脂，然后包上石棉沥青卷材，接着再涂 3mm 厚的沥青玛𫯶脂，这种方法称为三层做法，若再加卷材和沥青玛𫯶脂各一层，就称为"五层做法"。该种接口一般适用于地基沿管道轴向不均匀沉陷地区。

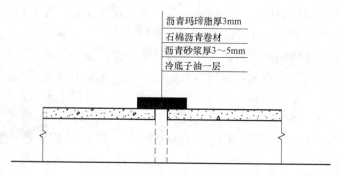

图 8-5 石棉沥青卷材接口

图 8-6 橡胶圈接口

4）橡胶圈接口，属柔性接口，如图 8-6 所示。此接口结构简单、施工方便、适用于施工地段土质较差、地质硬度不均匀或地震地区。

5）预制套环石棉水泥（或沥青砂）接口，属于半刚半柔接口，如图 8-7 所示。石棉水泥的重量配比为水：石棉：水泥＝1：3：7（沥青砂配比为沥青：石棉：砂＝1：0.67：0.67）。该种接口适用于基地不均匀地段，或地基经过处理后管道可能产生不均匀沉陷且位于地下水位以下、内压低于 10m 的管道。

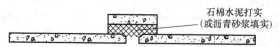

图 8-7 预制套环石棉水泥（或沥青砂）接口

6）顶管施工常用的接口形式：混凝土（或铸铁）内套环石棉水泥接口，一般只用于污水管道；沥青油毡、石棉水泥接口、麻辫（或塑料圈）石棉水泥接口，一般只用于雨水管道。采用铸铁管的排水管道，常用的接口作法有承插式铸铁管油麻石棉水泥接口。

除上述所用的管道接口外，在化工、石油、冶金等工业的酸性废水管道上，需要采用耐酸的接口材料。目前有些单位研制了防腐蚀接口材料－环氧树脂浸石棉绳，使用效果良好。也有试用玻璃布和煤焦油、高分子材料配置的柔性接口材料等，这些接口材料尚未广泛使用。

3. 常用排水管渠（管道）基础

为了防止污水外泄、地下水入渗，以及保证污水管道的试用年限，排水管道基础的处理非常重要，对排水管道的基础处理应严格执行国家相关标准的规定，而对于各种化学制品管材，也应严格按照相关施工规范处理好管道基础。

排水管道的基础一般由地基、基础和管座三部分组成，如图 8-8 所示。地基是指沟槽底的土壤部分，它承受管道和基础的质量、管内水重、管上土压力和地面上的载荷。基础是指管道与地基之间经人工处理或专门建造的设施，其作用是使管道较为集中的载荷均匀分布，以减少对地基单位面积的压力，如原土夯实、混凝土基础等。管座是管子下侧与基础之间的部分，设置管座的目的在于使管子与基础连成一个整体，以减少对地基的压力和对管道的反力。管座包角的中心角（ϕ）越大，基础所受的单位面积的压力和地基对管子作用的单位面积的反作用力就越小。

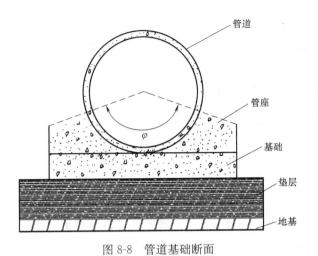

图 8-8　管道基础断面

为保证排水管道系统能安全正常运行，管道的地基与基础要有足够的承受荷载的能力和可靠的稳定性，否则排水管道可能产生不均匀沉陷，造成管道错口、断裂、渗漏等现象，导致对附近地下水的污染，甚至影响附近建筑物的基础。一般应根据管道材质、接口形式和地基条件确定管道基础，对地基松软或不均匀沉陷地段，管道基础应采用加固措施。目前常用的管道基础有以下 3 种：

（1）砂土基础

砂土基础包括弧形素土基础及砂垫层基础，如图 8-9 所示。

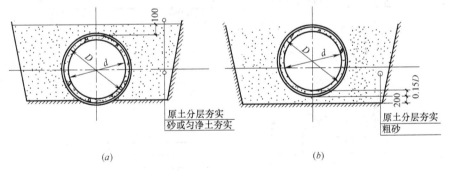

图 8-9　砂土基础
（a）弧形素土基础；（b）砂垫层基础

弧形素土基础是在原土挖一弧形管槽（通常采用 90°弧形），管子落在弧形管槽内。弧形素土基础适用于无地下水、原土能挖成弧形的干燥土壤；管道直径小于 600mm 的混凝土管、钢筋混凝土管、陶土管；管顶覆土厚度在 0.7～2.0m 之间的街巷污水管道。

（2）混凝土枕基

混凝土枕基是只在管道接口处才设置的管道局部基础，如图 8-10 所示。通常在管道接口下用 C8 混凝土作为枕状垫块，此种基础适用于干燥土壤中的雨水管道及不太重要的污水支管，而且常与素土基础或砂填层基础同时使用。

（3）混凝土带形基础

混凝土带形基础是沿管道全长铺设的基础，其按管座的形式不同分为 90°、135°和

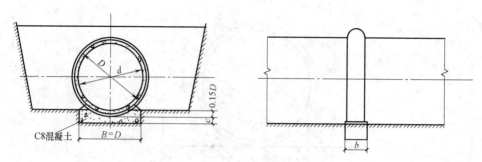

图 8-10　混凝土枕基

180°3 种管座基础，如图 8-11 所示。混凝土带形基础适用于各种潮湿土壤及地基软硬不均匀的排水管道，管径为 200～2000mm，无地下水时在槽底老土上直接浇混凝土基础，而有地下水时常在槽底铺 10～15 厚的卵石或碎石垫层，然后在其上浇筑混凝土基础（一般采用强度等级为 C8 的混凝土）。当管顶覆土厚度在 0.7～2.5m 时采用 90°管座基础；覆土厚度为 2.6～4m 时采用 135°基础；覆土厚度在 4.1～6m 时采用 180°基础。对于地基松软

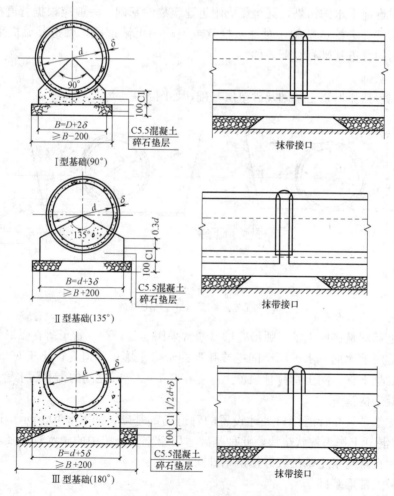

图 8-11　混凝土带形基础

或不均匀沉陷地段，为增强管道强度，保证使用效果，可对基础或地基采取加固措施，并用柔性接口。

8.3 排水管渠（管道）的附属构筑物

为了排除污水，除管渠本身外，还需要在管渠系统上设置某些附属构筑物，这些构筑物包括检查井、跌水井、换气井、水封井、截流井、雨水口、沉泥井、连接暗井、倒虹管、冲洗井、防潮门和出水口等，而本章将讲述这些构筑物的作用及构造。

管渠系统上的构筑物，有些数量很多，它们在管渠系统的总造价中占有相当大的比例。例如，为了便于管渠的维护管理，通常都设置检查井，对于污水管道，一般每50m左右设置一个，这样，每千米污水管道上的检查井就有20个之多。因此，如何使这些构筑物分布合理，并能充分发挥其作用，是排水管渠系统设计和施工中的重要任务之一。

为了方便对管渠系统做定期检查和清通，必须设置检查井。当检查井内衔接的上、下游管渠的管底标高跌落差大于1m时，为消减水流速度，防止冲刷，在检查井内应有消能措施，这种检查井称为跌水井。当检查井内具有水封设施时，可隔绝易爆、易燃气体进入排水管渠，使排水管渠在进入可能遇火的场地时不致引起爆炸会火灾，这样的检查井称为水封井，后两种检查井属于特殊形式的检查井，或称为特种检查井。

1. 检查井

检查井通常设在管道交汇处、转弯处、管径或坡道改变处、跌水处及直线段上每隔一定距离处。检查井在直线管段上的最大间距应根据疏通方法等具体情况确定，一般按表8-4的规定采用。

检查井的最大间距 表8-4

管径或暗渠净高(mm)	最 大 间 距	
	污水管道	雨水(合流)管道
200～400	40	50
500～700	60	70
800～1000	80	90
1100～1500	100	120
1600～2000	120	120

检查井一般采用圆形，由井底（包括基础）、井身和井盖（包括盖底）3部分组成，如图8-12所示。

检查井井底材料一般采用低强度混凝土，基础采用碎石、卵石、碎砖夯实或低强度混凝土。为使水流流过检查井时阻力较小，井底宜设半圆形或弧形流槽，而流槽的直壁应向上升展。污水管道的检查井流槽顶应与上、下游管道的管顶相平，或与0.85倍大管管径处相平，而雨水管渠和合流管渠的检查井流槽顶可与0.5倍大管管径处相平。流槽两侧至井壁间的底板（称沟肩）应有一定宽度，一般不应小于20mm，以便养护人员下井时立足，并应有0.02～0.05的坡度坡向流槽，以便检查井积水时淤泥沉积。在管渠转弯处或几条管渠交汇处，为使水流通顺，流槽中心线的弯曲半径应按转角大小和管径大小确定，但不宜小于大管管径。检查井底各种流槽的平面形式如图 8-13 所示。在污水干管每个适当距离的检查井内和泵站前宜设置深度为 0.3～0.5 的沉泥槽；接入的支管（接户管或连接管）管径大于 300mm 时，支管数不宜超过 3 条；检查井与管渠接口处，应采取防止不均匀沉陷措施；检查井和塑料管道应采用柔性连接。

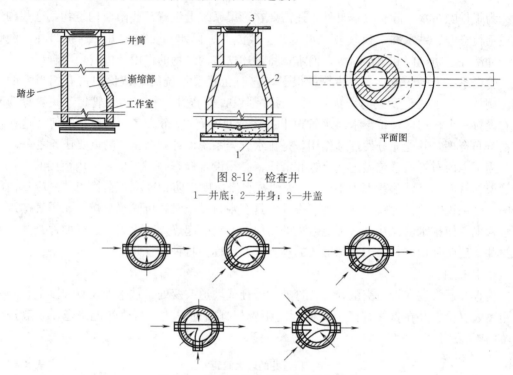

图 8-12　检查井
1—井底；2—井身；3—井盖

图 8-13　检查井底各种流槽的平面形式

位于车行道的检查井，应采用具有足够承载力和稳定性良好的井盖和井座，设置在主干道上的检查井的井盖基座宜和井体分离；检查井宜采用具有防盗功能的井盖，位于路面的井盖宜与路面持平；位于绿化带内的井盖，不应低于地面。由于一般建筑物和小区均采用分流制排水系统，为防止接出管道误接，产生雨污混接现象，应在检查井井盖上分别标识"雨"和"污"，而合流污水管应标识"污"。检查井井盖可采用铸铁或钢筋混凝土材料，在车行道上一般采用铸铁。为防止雨水流入，盖顶采用铸铁、钢筋混凝土或混凝土材料制作。

井身的构造与是否需要工人下井有密切关系，井口、井筒和井室的尺寸应便于养护和维修。不需要下人的浅井，构造简单，一般为直壁圆桶形；需要下人的井在构造上可分为工作室、减缩室和井筒三部分。工作室是养护人员养护时下井进行临时操作的地方，不应过分狭小，其直径不应小于 1m，其高度在埋深许可时一般采用 1.8m。为降低检查井造价，缩小井盖尺寸，井筒直径一般比工作室小，但为了工人检修出入安全与方便，其直径不应小于 0.7m。井筒与工作室之间可采用锥形减缩部连接，减缩部高度一般为 0.6～0.8m，也可以在工作室顶偏向出水管渠一侧加钢筋混凝土盖板梁，井筒则砌筑在盖板梁上。为方便上、下井，井身在偏向进水管渠一侧应保持井壁直立。

检查井井身的材料可采用砖、石、混凝土或钢筋混凝土。为防止渗漏、提高工程质量、加快建设进度，在条件许可时，检查井宜采用钢筋混凝土成品井或塑料成品井，不应使用实心黏土砖砌检查井。污水和合流污水检查井应进行闭水试验，宜防止污水外渗。井身的平面形状一般为圆形，如图 8-14 所示。但在大直径管道的连接处或交汇处，可做成方形、矩形或其他各种不同的形状，如图 8-15 所示。图 8-16 为大管道上改向的扇形检查井。

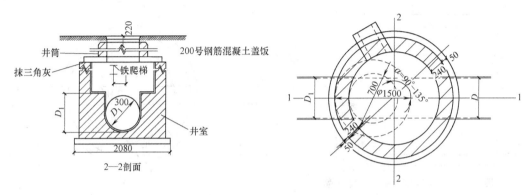

图 8-14　圆形污水检查井

对于高流速排水管道坡度突然变化的第一座检查井，为使急速下泄的水流在流槽内顺利通过，避免使用普通低流槽产生的水流溢出而发生冲刷井壁的现象，检查井宜采用高流槽排水检查井，并采取增强井筒抗冲击和冲刷能力的措施，且井盖宜采用排气井盖。

在压力管道上应设置压力检查井。

2. 跌水井

跌水井是设有消能设施的检查井，当管道跌水水头为 1.0～1.2m 时，宜设跌水井；当跌水水头大于 2.0m 时，应设跌水井；管道转弯处不宜设跌水井。目前常用的跌水井有两种

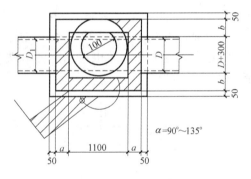

图 8-15　矩形污水检查井
顶平接入支管
D<1800 时，d<500
D>1800 时，d>500

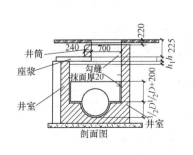

剖面图

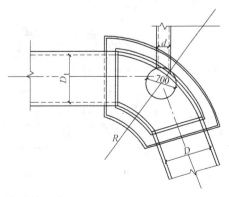

图 8-16　扇形检查井

271

形式：竖管式（或矩形竖槽式）和溢流堰式。前者适用于直径等于或小于400mm的管道，后者适用于400mm以上的管道。当管径大于600mm时，其一次跌水水头高度及跌水方式应按水力计算确定。当上、下游管底标高落差小于1m时，一般只将检查井底部做成斜坡，不采取专门的跌水措施。

竖管式跌水井的构造如图8-17所示，该种跌水井一般不作水力计算。当管径不大于200mm时，一次落差不宜大于6m；当管径为300～600mm时，一次落差不宜大于4m。

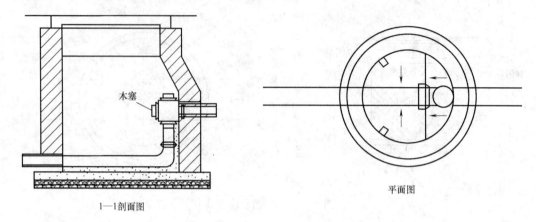

图 8-17　竖式管跌水井的构造

溢流堰式的跌水井的主要尺寸（包括井长、跌水水头高度）及跌水方式等均应通过水力计算求得。这种跌水井也可用阶梯形跌水方式代替，其跌水部分为多级阶梯，逐步消能，如图8-18所示。

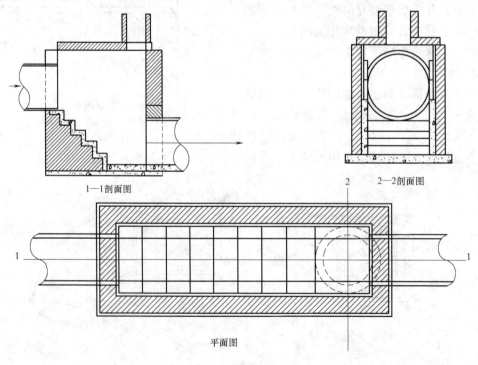

图 8-18　阶梯形跌水井

跌水井的井底及阶梯要考虑水流冲刷的影响，应采取必要的加固措施。有关跌水井其他形式及尺寸，详见《给水排水标准图集》。

3. 水封井

水封井是一种能起到水封作用的检查井。当工业废水中含有能产生引起爆炸或火灾的气体时，其管道系统中必须设置水封井，宜阻隔易燃易爆气体的流通及阻隔水面游火，防止其蔓延。水封井的位置应设在产生上述废水的生产装置、储罐区、原料储运场地、成品仓库、容器洗涤陈剑等的废水排出口处及其干管上适间隔距离处。水封井及同一管道系统的其他检查井，均不应设在车行道和行人众多的地段，并应适当远离产生明火的场地。水封深度与管径、流量和污水中含有易燃易爆物质的浓度有关，一般不应小于 0.25m，井上宜设通风管，井底应设沉泥槽，为养护方便，其深度一般采用 0.3～0.5m。水封井的形式有竖管式和高差式两种。图 8-19 为竖管式水封井示意图。

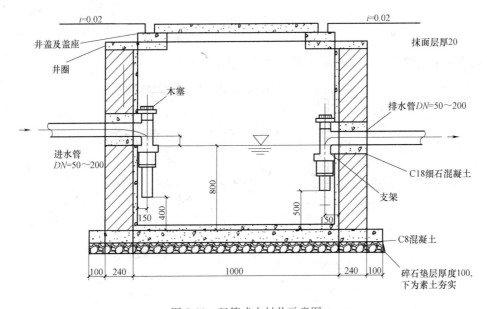

图 8-19　竖管式水封井示意图

4. 换气井

换气井是一种设有通风管的检查井。图 8-20 为换气井的形式之一。由于污水中的有机物常在管渠中沉积而厌氧发酵，发酵分解产生的甲烷、硫化氢等气体，若与一定体积的空气混合，在点火条件下将产生爆炸，甚至引起火灾。为防止此类偶然事故的发生，同时也为保证在检修排水管渠时工作人员能较安全地进行操作，有时在接到排水管的检查井上设置通风管，使此类有害气体在住宅竖管的抽风作用下，随同空气沿庭院管道、出户管及竖管排入大气中。

5. 截流井

在截流式合流制管渠系统中，通常在合流管渠与截流干管的交汇处设置截流井。截流井的位置应根据污水截流干管位置、合流管渠位置、溢流管下游水位高度和周围环境等因素确定。截流井形式有槽式、堰式和槽堰结合式。槽式截流井的截流效果好，不影响合流管渠排水能力，当选用堰式或槽堰结合式时，堰高和堰长应进行水力计算；槽堰式截流井

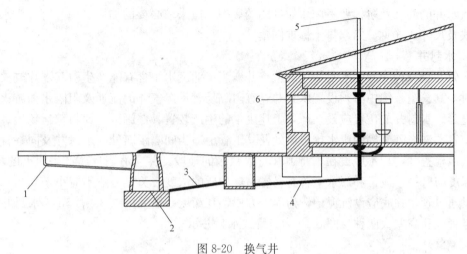

图 8-20 换气井
1—通风管；2—街道排水管；3—庭院管；4—出户管；5—透气管；6—竖管

兼有槽式和堰式的优点。图 8-21 为截流槽式溢流井示意图。

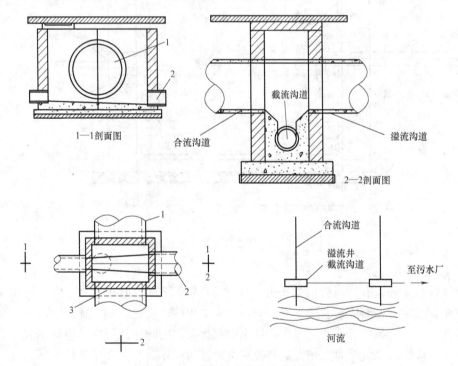

图 8-21 截流槽式溢流井示意图
1—合流管道；2—截流干管；3—溢流管道

　　截流井的溢流水位，应在设计洪水位或受纳管道设计水位以上，以防止下水倒灌，否则溢流管道上应设置闸门等防倒灌设施。截流井宜设置流量控制设施。

　　截流井的设计计算详见《合流制系统污水截流井设计规程》CECS 91：97。

6. 雨水口、沉泥井、连接暗井

　　雨水口是在雨水管渠或合流管渠上收集雨水的构筑物。接到路面上的雨水经雨水口通过连接管流入排水管渠。

雨水口的形式、数量和布置,应按汇水面积所产生的流量、雨水口的泄水能力和道路形式来确定。雨水口的设置位置,应能保证迅速有效地收集到地面雨水,一般应在交叉路口、路侧边沟的一定距离处及设有道路边石的低洼地方设置,以防止雨水漫过道路或造成道路及低洼地区积水而妨碍交通。一般一个单算雨水口可排泄 15~20L/s 的地面径流量。在路侧边沟上及路边低洼地点,雨水口的设置间距还要考虑路边的纵坡和路边石的高度。道路上与雨水口的间距一般为 25~50m(视汇水面积大小而定),在低洼和易积水的地段,应根据需要适当增加雨水口的数量。当道路纵坡大于 0.02m 时,雨水口的间距可大于50m,其形式、数量和布置应根据具体情况计算确定,坡段较短时可在最低点处集中收水,其雨水口的数量和面积应适当加大。

雨水口的形式主要有平算式和立算式两种。平算式水流通畅,但暴雨时易被树枝等杂物堵塞,影响收水能力;立算式不易堵塞,边沟需保持一定水深,但有的城镇因逐年维修道路,路面加高,使立算断面减小,影响收水能力。各地可根据具体情况和经验确定。

雨水口的构造包括进水算、井筒和连接管 3 部分。雨水口的进水算可用铸铁或钢筋混凝土、石料制成。采用钢筋混凝土或石料进水算可节约钢材,但其进水能力远不如铸铁进水算,有些城市为加强钢筋混凝土或石料进水算的进水能力,把雨水口处的边沟底下降数厘米,但给交通造成不便,甚至可能引起交通事故。进水算条的方向与进水能力也有很大关系,算条与水流方向平行比垂直的进水效果好,因此有些地方将进水算设计成纵横交错的形式,以便排出路面上从不同方向流来的雨水。雨水口按进水算在街道上的设置位置可分为:①边沟雨水口,进水算稍低于边沟底水平放置,如图 8-22 所示;②侧石雨水口,进水算嵌入侧石垂直放置;③联合式雨水口,在边沟底和边石侧面部都安放进水算。为提高雨水口的进水能力,目前我国许多城市已采用双算联合式或三算联合式雨水口,由于扩大了进水算的进水面积,使得进水效果良好,图 8-23 为双算联合式雨水口。雨水口的井筒可用砖砌或用钢筋混凝土预制,也可采用定制的混凝土管。雨水口的深度一般不大于

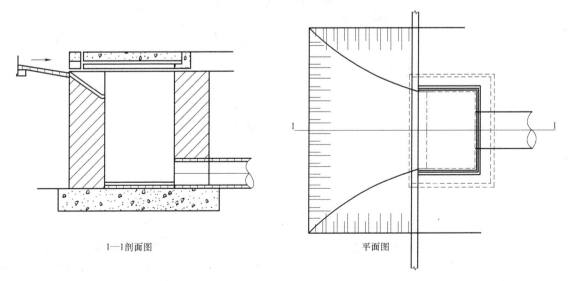

1—1剖面图   平面图

图 8-22　边沟雨水口

1m，并根据需要设置沉泥槽，遇特殊情况需要浅埋时，应采取加固措施，而在有冻胀影响的地区，雨水口的深度可根据当地经验确定。雨水口的底部可根据需要做成有沉泥井的形式，它可截留雨水所挟带的砂砾，防止它们进入管道造成淤积，但沉泥井往往积水、滋生蚊蝇、散发臭气、影响环境卫生，因此需要经常清除，增加了养护工作量，通常仅在路面较差、地面上积秽很多的街道或菜市场等地，才考虑设置有沉泥井的雨水口，其构造如图 8-24 所示。

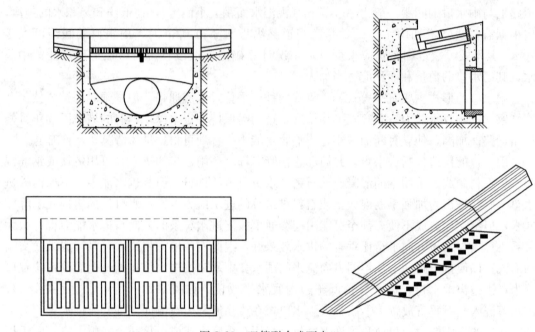

图 8-23　双箅联合式雨水口

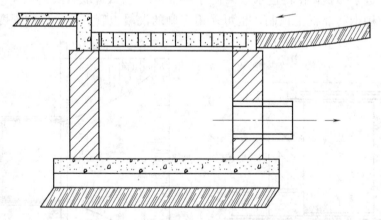

图 8-24　有沉泥井的雨水口

　　雨水口以连接管与街道排水管渠的检查井相连，当排水管径大于 800mm 时，也可在连接管与排水管连接处不另设检查井，而设连接暗井。连接管的最小管径为 200mm，坡度一般为 0.01，长度不宜超过 25mm，连接管串联雨水口个数不宜超过 3 个，为保证路面雨水排放通畅，又便于维护，雨水口只宜横向串联，不应横、纵向一起串联。

276

7. 倒虹管

排水管渠遇到河流、山涧、洼地或地下构筑物等障碍物时，不能按原有的坡度埋设，而是应按下凹的折线方式从障碍物下通过，这种管道称为倒虹管。倒虹管由进水井、下行管、平行管、上行管和出水井等组成，如图 8-25 所示。

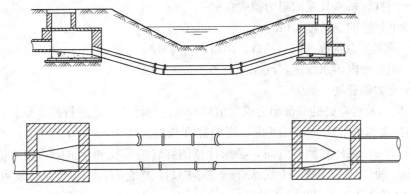

图 8-25　倒虹管示意图

在确定倒虹管的路线时，应尽可能与障碍物正交通过，以缩短倒虹管的长度，并应选择在河床和河岸较稳定、不易被水冲刷的地段及埋深较小的部位敷设。

通过河道的倒虹管，不宜少于两条；通过谷地、旱沟或小河的倒虹管可采用一条；通过障碍物的倒虹管，应符合与该障碍物相交的有关规定。穿过河道的倒虹管管顶与规划河底的距离一般不小于 1.0m，在通过航运河道时，其位置和规划河底距离应与航运管理部门协商确定，并设置标志，遇冲刷河床应考虑采取防冲刷措施。

由于倒虹管的清通比一般管道困难，因此必须采取各种措施防止倒虹管内污泥的淤积。在设计时，可采取以下措施：

倒虹管管内设计流速大于 0.9m/s，并应大于进水管内的流速，当管内流速达不到 0.9m/s 时，应增加定期冲洗措施，冲洗流速不应小于 1.2m/s；合流管道的倒虹管应按旱流污水流量校核流速。

倒虹管的最小管径宜为 200mm。

倒虹管设置在进水井时可利用河水冲洗的设施。

若倒虹管在进水井或靠近进水井的上游管渠的检查井中，则在取得当地卫生部门同意的条件下，设置事故排出口。当需要检修倒虹管时，可以让上游污水通过事故排水口直接泄入河道。

倒虹管的上、下行管与水平线夹角应不大于 30°。

为了调节流量和方便检修，在进水井中应设置闸槽或闸门，有时也应用溢流堰式来代替；进、出水井应设置井口和井盖。倒虹管进、出水井的检修室净高宜高于 2m，当进、出水较深时，井内应设检修台，其宽度应满足检修要求。当倒虹管为复线时，井盖的中心应在各条管道的中心线上。

在倒虹管内设置防沉装置。例如，德国汉堡市，有一种新式的所谓空气垫式倒虹管，它是在倒虹管中借助于一个体积可以变化的空气垫，使之在流量小的条件下达到必要的流速，以避免在倒虹吸管中产生沉淀。

污水在倒虹管内的流动是依靠上、下游管道中的水面高差（进、出水井的水面高差）H 进行的，该高差用于克服污水通过倒虹管时的阻力损失。倒虹管内的阻力损失值按下式计算：

$$H_1 = iL + \sum \zeta v_2/2g$$

式中　i——倒虹管每米长度的阻力损失；

　　　L——倒虹管的总长度，m；

　　　ζ——局部阻力系数（包括进口、出口、转弯处）；

　　　v——倒虹管内污水流速，m/s；

　　　g——重力加速度，m/s^2。

进口、出口及转弯处的局部阻力损失值应分项进行计算。在进行初步估算时，一般可按沿程阻力损失值的 5%～10% 考虑，当倒虹管长度大于 60m 时采用 5%，等于或小于 60m 时采用 10%。在计算倒虹管时，必须计算倒虹管的管径和全部阻力损失值，要求进水井和出水井间的水位高差 H 稍大于全部阻力损失值 H_1，其差值一般可考虑采用 0.05～0.10m。

当采用倒虹管跨过大河时，进水井水位与平行管高差很大，此时应特别注意下行管消能与上行管的防淤设计，必要时应进行水力学模型试验，以便确定设计参数和应采取的措施。

【例题】　已知最大流量为 340L/s，最小流量为 120 L/s，倒虹管长为 60m，共 4 只 15°弯头，倒虹管上游管流速为 1.0m/s，下游管流速为 1.24m/s。求倒虹管管径和倒虹管的全部水头损失。

解：（1）考虑采用两条管径相同、平行敷设的倒虹管线，每条倒虹管的最大流量为 340/2＝170L/s，查水力计算表得到倒虹管管径 D＝400mm，水利坡度 i＝0.0065，流速 v＝1.37m/s，此流速大于允许的最小流速 0.9m/s，也大于上游管流速 1.0m/s。在最小流量 120 L/s 时，只用一条倒虹管工作，此时查表得流速为 1.0m/s＞0.9m/s。

（2）倒虹管沿程水利损失值为

$$iL = 0.0065 \times 60 = 0.39 \text{m}$$

（3）考虑倒虹管局部阻力损失为沿程阻力损失的 10%，则倒虹管全部阻力损失值为

$$H = H_1 + 0.01 = 0.429 + 0.01 = 0.529 \text{m}$$

8. 冲洗井

当污水管内的流速不能保证自清时，为防止淤塞，可设置冲洗井。冲洗井有两种做法：人工冲洗和自动冲洗。自动冲洗井一般采用虹吸式，其构造复杂，造价很高，目前已很少采用；人工冲洗井的构造比较简单，是一个具有一定容积的普通检查井。冲洗井出流管道上设有闸门，井内设有溢流管以防止井中水深过大。冲洗水可利用上游来的污水或自来水，当用自来水时，供水管的出口

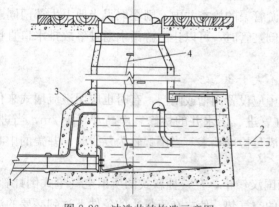

图 8-26　冲洗井的构造示意图

1—出流管；2—供水管；3—溢流管；4—拉阀的绳索

必须高于溢流管管顶，以免污染自来水。

冲洗井一般适用于管径不大于400mm的管道。冲洗管道的长度一般为250mm左右。图8-26为冲洗井的构造示意图。

9. 防潮门

临海城市的排水管渠往往受潮汐的影响，为防止涨潮时潮水倒灌，在排水管渠出水口上游的适当位置上应设置装有防潮门（或平板闸门）的检查井，如图8-27所示。临河城市的排水管渠，为防止高水位时河水倒灌，有时也采用防潮门。

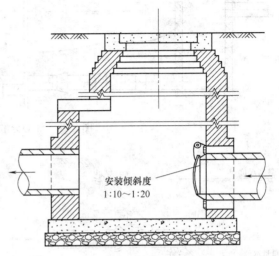

图8-27　装有防潮门的检查井

防潮门一般采用铁制，其座子口部略带倾斜，倾斜度一般为1：10～1：20。当排水管渠中无水时，防潮门靠自重密闭；当上游排水管渠来水时，水流顶开防潮门排入水体；涨潮时，防潮门靠下游水压密闭，使潮水不会倒灌入排水管渠。设置了防潮门的检查井井口应高出最高潮水水位或最高河水水位，检查井口应采用螺栓和盖板密封，以免潮水或河水从井口倒灌至城镇，为使防潮门工作有效，必须加强维护管理，经常清除防潮门座口上的杂物。

10. 出水设施

排水管渠出水口是设在排水系统图终点的构筑物，污水由出水口向水体排放。出水口的位置、形式和出口流速，应根据受纳水体的水质要求、水体的流量、水位变化幅度、水流方向、波浪状况、稀释自净能力、地形变迁和气候特征等因素确定。出水口与水体岸边连接处应采取防冲刷、消能、加固等措施，一般用浆砌块石作护墙和铺底，并视需要设置标志。在受冻胀影响地区的出水口，应考虑用耐冻胀材料砌筑，出水口的基础必须设置在冰冻线以下。

为使污水与水体混合较好，排水管渠出水口一般采用淹没式，其位置除考虑上述因素外，还应取得当地卫生主管部门的同意。如果需要污水与水体水流充分混合，则出水口可长距离伸入水体分散出口，此时应设置标志，并取得航运管理部门的同意。雨水管渠出水口可以采用非淹没式，其底标高最好在水体最高水位以上，一般在常水位以上，以免水体水倒灌。当出水口标高比水体水面高出太多时，应考虑设置单级或多级跌水设施消能，以防止冲刷。图8-28为江心分散式出水口。其翼墙可分为一字式和八字式两种。

图8-29和图8-30为岸边式出水口示意图。出水口与河道连接处一般设置护坡或挡土墙，以保护河岸，固定管道出口管的位置，底板要采取防冲加固措施。

河床分散式出水口是将污水管道顺河底用铸铁或钢板引至河心，用分散排出口将污水排入水体。为防止污泥在管道中沉淀淤积，在河底出水口总管内流速不应小于0.7m/s。考虑三通管有堵塞的可能，应设事故出水口。

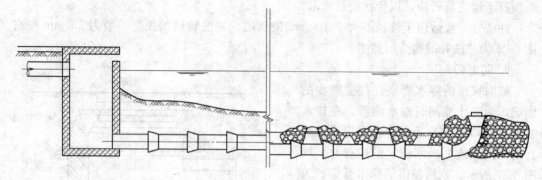

图 8-28　江心分散式出水口

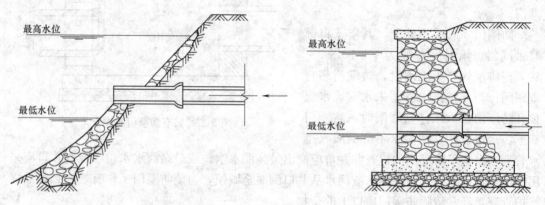

图 8-29　采用护坡的出水口　　　　　　图 8-30　采用挡土墙的出水口

8.4　市政管道工程施工工艺和方法

8.4.1　施工降排水

市政管道开槽施工时，经常遇到地下水。土层内的水分主要以水汽、结合水、自由水三种状态存在，结合水没有出水性，自由水对市政管道开槽施工起主要影响作用。当沟槽开挖后自由水在水力坡降的作用下，从沟槽侧壁和沟槽底部渗入沟槽内，使施工条件恶化；严重时，会使沟槽侧壁土体坍落，地基土承载力下降，从而影响沟槽内的施工。因此，在管道开槽施工时必须做好施工排（降）水工作。市政管道开槽施工中的排水主要指排除影响施工的地下水，同时也包括排除流入沟槽内的地表水和雨水。

施工排水有明沟排水和人工降低地下水位两种方法。不论采用哪种方法，都应将地下水位降到槽底以下一定深度，以改善槽底的施工条件，稳定边坡，稳定槽底，防止地基土承载力下降，为市政管道的开槽施工创造有利条件。

1. 明沟排水

明沟排水包括地面截水和坑内排水。

（1）地面截水：排除地表水和雨水，最简单的方法是在施工现场及基坑或沟槽周围筑堤截水。通常利用挖出的土沿四周或迎水一侧、两侧筑 0.5～0.8m 高土堤。施工时，应尽量保留并利用天然排水沟道，并进行必要的疏通。若无天然沟道，则在场地四周挖排水明沟排水，以拦截附近地面水，并注意与已有建筑物保持一定安全距离。

（2）坑内排水：在开挖不深或水量不大的基坑或沟槽时，通常采用坑内排水的办法。坑（槽）开挖时，为排除渗入坑（槽）的地下水和流入坑（槽）内的地面水，一般可采用明沟排水。当坑基或沟槽开挖过程中遇到地下水或地表水时，在基坑的四周或迎水一侧、两侧、或在基坑中部设置排水明沟，在四角或每隔30～40m，设一个集水井，使地下水汇流集于集水井内，再用水泵将地下水排除至坑基外。如图8-31所示。

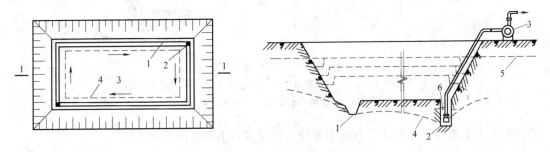

图 8-31　明沟排水方法
1—排水明沟；2—集水井；3—离心式水泵；
4—构筑物基础边线；5—原地下水位；6—降低后地下水位

排水沟、集水井应设置在管道基础轮廓线以外，排水沟边缘应离坡脚不小于0.3m。排水沟的断面尺寸，应根据地下水量及沟槽的大小来决定，一般断面不小于0.3m×0.3m，沟底设有的1‰～5‰纵向坡度，且坡向集水井。

集水井一般设在沟槽一侧或设在低洼处，以减少集水井土方开挖量。集水井直径或边长，一般为0.7～0.8m，一般开挖过程中集水井始终低于排水沟底0.5～1.0m，或低于抽水泵的进水阀高度。当坑基或沟槽挖至设计标高后，集水井应低于基坑或沟槽底1～2m，并在井底铺垫约0.3m厚的卵石或碎石组成滤水层，以免抽水时将泥沙抽出，并防止井底的土被扰动。井壁应用木板、铁笼、混凝土滤水管等简易支撑加固。

排水沟、进水口需要经常疏通，集水井需要经常清除井底的积泥，保持必要的存水深度以保证水泵的正常工作。集水井排水常用的水泵有离心泵、潜水泥浆泵、活塞泵和隔膜泵。

明沟排水是一种常用的简易的降水方法，适用于除细砂、粉砂之外的各种土质。

如果基坑较深或开挖土层有多种土质组成，中部夹有透水性强的纱类土层时，为防止上层地下水冲刷基坑下部边坡，造成塌方，可设置分层明沟排水，即在基坑边坡上设置2～3层明沟及相应的集水井，分层阻截并排除上部土层中的地下水（见图8-32）。

2. 人工降低地下水位

当基坑开挖深度较大，地下水位较高、土质较差（入细砂、粉砂等）情况下，可采用人工降低地下水位的方法。人工降低地下水位排水就是在基坑周围或一侧的埋入深于基底的井点滤水管或管井，以总管连接抽水，使地下水位下降后位于基坑底，以便于在干燥状态下挖土、敷设管道，这不但防止流砂现象和增加边坡稳定，而且便于施工。

人工降低地下水位一般有轻型井点、喷射井点、电渗井点、管井井点、深井井点等方

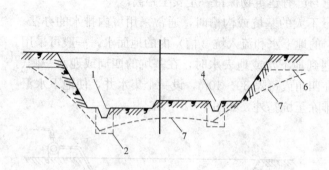
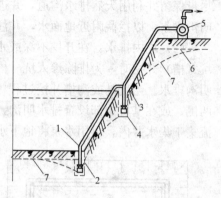

图 8-32　分层明沟排水法

1—底层排不沟；2—底层集水井；3—二层排水沟；4—二层集水井；

5—水泵；6—原地下水位线；7—降低后地下水位线

法。本节主要阐述轻型井点降低地下水位。各类井点适用范围见表 8-5。

各种井点的适用范围

表 8-5

井点类型	渗透系数(m/d)	降低水位深度(m)	井点类型	渗透系数(m/d)	降低水位深度(m)
单层轻型井点	0.1～50	3～6	电渗井点	<0.1	视选用井点确定
多层轻型井点	0.1～50	6～12	管井井点	20～200	视选用井点确定
喷射井点	0.1～20	8～20	深井井点	10～250	>15

（1）轻型井点

轻型井点系统适用于在粉砂、细砂、中砂、粗砂等土层中降低地下水位。轻型井点降水效果显著，应用广泛，并有成套设备可选用。

1）轻型井点的组成：轻型井点由滤水管、井点管、弯联管、总管和抽水设备所组成，如图 8-33 所示。

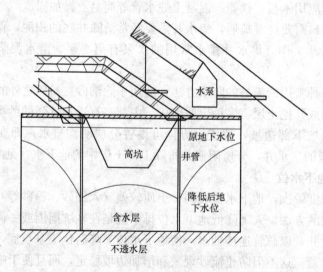

图 8-33　轻型井点法降低地下水位全貌图

滤水管是轻型井点的进水设备，埋设在含水层中，由直径 38～55mm、长 1～2m 的镀锌钢管制成，管壁上钻有直径 12～18mm，呈梅花状布置的孔，外包粗、细两层滤网。为避免滤孔淤塞，在管壁与滤水网间用塑料管或铁丝绕成螺旋状隔开，滤网外面再围一层粗铁丝保护层。滤网下端配有堵头，上端与井点管相连，见图 8-34。

井点管一般采用镀锌钢管制成，管壁上不设孔眼，直径与滤水管相同，其长度一般 6～9m，井点管与滤水管间用管箍连接。井点管上端用弯联管和总管相连。

弯联管用塑料管、橡胶管或钢管制成，并装设阀门，以便检修井点。

总管一般采用直径为 100～150mm 的钢管分节连接，每节长为 4～6m，在总管的管壁上开孔焊有直径与井点管相同的短管，用于弯联管与井点管的连接。间距一般为 0.8～1.6m，总管间采用法兰连接。

轻型井点通常采用真空泵抽水设备或射流泵，也可采用自引式抽水设备。真空泵抽水设备是有真空泵、离心泵和水汽分离器（集水箱）等组成，其工作原理如图 8-35 所示。抽水时先开真空泵，将水气分离器内部抽成一定程度真空，使土层中的水分和空气受真空吸力作用被吸进水气分离器。当进入水气分离器内的水达到一定高度后开启离心泵，水从离心泵中排出，空气积聚在上部由真空泵排出。其水位降落深度为 5.5～6.5m。

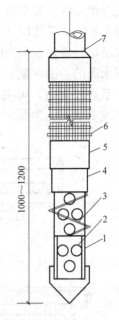

图 8-34　滤水管构造

1—钢管；2—虑孔；3—塑料管；4—细滤网；
5—粗滤网；6—井点管；7—铸铁堵头

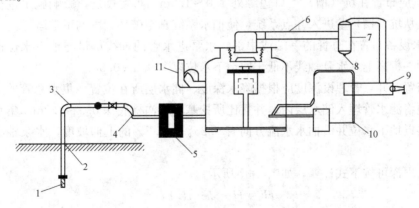

图 8-35　真空抽水设备

1—滤管；2—井点管；3—弯联管；4—总管；5—过滤室；
6—进水管；7—副水气分离器；8—放水口；
9—真空泵；10—循环水泵；11—离心水泵

2）轻型井点的设计包括：平面布置，高程布置，涌水量计算，井点管的数量、间距和抽水设备的确定等。井点计算由于受水文地质和井点设备等多种因素的影响，所计算的结果只是近似数值，对重要工程，其计算结果必须经过现场试验进行修正。

平面布置：根据基坑（槽）平面形状与大小，土质和地下水的流向，降低地下水位的深度等要求进行布置。当沟槽宽小于 2.5m，降水深小于 4.5m，可采用单排线状井点，布置在地下水流的上游一侧，如图 8-38 (*a*) 所示；当基坑或沟槽宽度大于 6m，或土质不良，渗透系数较大时，可采用双排线状井点，如图 8-36 (*b*) 所示，当基坑面积较大时，应用环形或 U 形井点如图 8-36 (*c*、*d*) 所示。

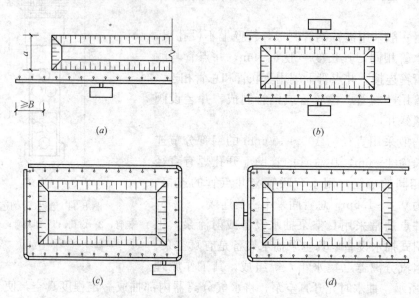

图 8-36 轻型井点的平面布置

(*a*) 单排布置；(*b*) 双排布置；(*c*) 环形布置；(*d*) U 形布置

① 井点应布置在坑（槽）上口边缘外 1.0～1.5m，布置过近，影响施工进行，而且可能使空气从坑（槽）壁进入井点系统，使抽水系统真空破坏，影响正常运行。

② 抽水设备布置在总管的一端或中部，水泵进水管的轴线尽量与地下水位接近，常与总管在同一标高上，水泵轴线不低于原地下水位以上 0.5～0.8m。

高程布置：井点管埋设深度应根据降水深度、储水层所在位置、集水总管的高程等决定，但必须将滤水管埋入储水层内，并且比所挖基坑或沟槽底深 0.9～1.2m。集水总管标高应尽量接近地下水位并沿抽水水流方向有 0.25%～0.5% 的上仰坡度，水泵轴心与总管齐平。

井点管埋深可按下式计算，如图 8-37 所示。

$$H' = H_1 + h + iL + l$$

H'——井点管埋设深度（m）；

H_1——井点管埋设面至基坑底面的距离（m）；

h——降水后地下水位至基坑底面的安全距离（m）；

i——水力坡度，与土层渗透系数、地下水流量等有关，环状或双排井点可取 1/10～1/15，单排线状井点取 1/4，环状井点外取 1/8～1/10；

L——井点管至不利点（沟槽内底边缘或基坑中心）的水平距离（m）；

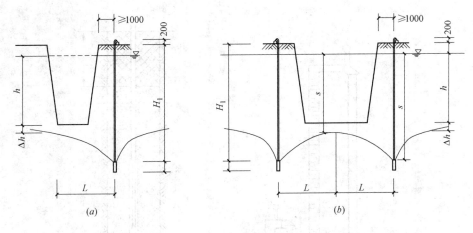

图 8-37 高程布置计算

(*a*) 单排井点；(*b*) 双排 U 形成形状布置

l——滤水管长度（m）。

井点露出底面高度，一般取 $0.2\sim0.3\mathrm{m}$。

轻型井点的降水深度以不超过 $6\mathrm{m}$ 为宜。如求出的 H 值大于 $6\mathrm{m}$，首先应考虑降低井点管和抽水设备的埋设面，如仍达不到降水深度的要求，可采用二级井点或多级井点，如图 8-38 所示。根据施工经验，两级井点降水深度递减 $0.5\mathrm{m}$ 左右，布置平台宽度一般为 $1.0\sim1.5\mathrm{m}$。

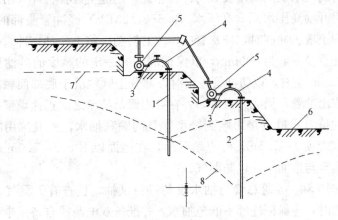

图 8-38 二级轻型井点降水示意

1—第一级井点；2—第二级井点；3—集水总管；4—连接管；
5—水泵；6—基坑；7—原地下水位；8—降低后地下水位

3) 轻型井点施工、运行及拆除。轻型井点系统的安装顺序是：测量定位—敷设集水总管—冲孔—沉放井点管—填滤料—用弯联管将井点管与集水总管相连—安装抽水设备—试抽。

为了充分利用抽吸能力，总管的布置标高宜接近地下水位（可事先挖槽），与水泵轴心标高平行或略高。井点管的埋设是一项关键工作，可直接将井点管用高压水冲沉，或用冲水管冲孔，再将井点管沉入孔中，也可用带套管的水冲法或震动水冲法沉管。一般采用冲管冲孔法，分为冲孔和埋管两个过程，见图 8-39。

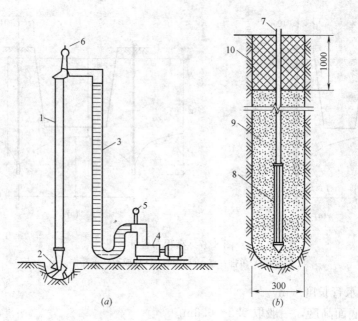

图 8-39　井点管的埋设

1—冲管；2—冲嘴；3—橡皮管；4—高压水泵；5—压力表；
6—起重机吊钩；7—井点管；8—滤管；9—填砂；10—黏土封口

冲孔时，先将高压水泵用高压胶管与冲管相连，用起重设备将冲管吊起并对准插在井点的位置上，然后开动高压水泵，高压水（0.6～1.2MPa）经冲管头部的三个喷水小孔，以急速的射流冲刷土壤。冲刷时，冲水管应作左右转动，将土松动，冲管则边冲边沉，逐渐形成空洞。冲孔直径一般为300mm，以保证周围有一定的厚度的砂滤层；冲孔深度宜比滤管底标高深0.5m左右，以防冲管拔出时，部分土颗粒沉于底部而触及滤管底部。井点冲成后，立即拔出冲管，插入井点管，并在井点管与孔壁之间迅速填灌砂滤层，以防孔壁坍塌。砂滤层的填灌质量直接影响到轻型井点的顺利抽水，一般选用净粗砂，填灌均匀，并填灌至滤水管顶1～1.5m。井点填砂后，在地面以下0.5～1.0m的深度内，应用黏土分层封口填实至与地面平，以防漏气。

井点管埋设完毕，应接通总管与抽水设备进行试抽，检查有无漏气、淤塞等异常现象。轻型井点使用时，应保证连续不断地抽水，并准备双电源或自备发电机。井点系统使用过程中，应继续观察出水情况，判断是否正常。井点正常出水规律是"先大后小，先浊后清"，并应随时做好降水记录。

井点系统使用过程中，应经常观测系统的真空度，一般不应低于55.3～66.7KPa，若出现管路漏气，水中含砂较多等现象时，应及早检查，排除故障，保证井点系统的正常运行。

坑（槽）内的施工过程全部完毕并在回填土后，方可拆除井点系统，拆除工作是在抽水设备停止工作后进行，井管常用起重机或吊链将井管拔出。当井管拔出困难时，可用高压水进行冲刷后再拔。拆除后的滤水管、井管等应及时进行保养检修，存放于指定地点，以备下次使用。井孔应用砂或土填塞，应保证填土的最大干密度满足要求。

（2）喷射井点

工程上，当坑（槽）开挖较深，降水深度大于 6.0m 时，由于施工现场条件约束，又不能使用多层轻型井点时，可采用喷射井点降水。降水深度可达 8~12m。在渗透系数为 320m/d 的砂土中应用本法最为有效，渗透系数为 0.1~3m/d 的粉砂、淤泥质土中效果也较显著。

1）喷射井点系统组成及工作原理：根据工作介质不同，喷射井点分为喷气井点和喷水井点两种。其设备主要由喷射井管、高压水泵（或空气压缩机）及进水排水管路组成，见图 8-40。喷射井管有内管和外管，在内管下端设有喷射器与滤管相连。高压水（0.7~0.8MPa）经外管与内管之间的环形空间，并经喷射器侧孔流向喷嘴，由于喷嘴处截面突然缩小，压力水以很高的流速喷入混合室，使该室压力下降，造成一定的真空度。此时，地下水被吸入混合室与高压水汇合，流经扩散管，由于截面扩大，水流速度相应减小，使水的压力逐渐升高，沿内管上升经排水总管排出。高压水泵宜采用流量 50~80m³/h 的多级高压水泵，每套约能带动 20~30 根井管。

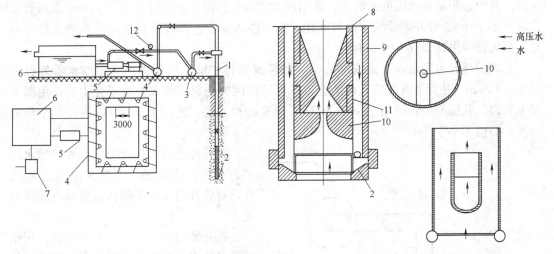

图 8-40　喷射井点设备及平面布置简图
1—喷射井点；2—滤管；3—进水总管；4—排水总管；5—高压水泵；6—集水池；
7—水泵；8—内管；9—外管；10—喷嘴；11—扩散管；12—压力表

2）喷射井点布置：喷射井点的平面布置，当基坑宽小于 10m 时，井点可作单排布置；当大于 10m 时，可作双排布置；当基坑面积较大时，宜采用环形布置。井点距一般采用 1.5~3m。

喷射井点高程布置及管路布置方法和要求与轻型井点基本相同。

3）喷射井点的施工与使用：喷射井点的施工顺序为：安装水泵及进水管路；敷设进水总管和回水总管；沉设井点管并灌填砂滤料，接通进水总管后及时进行单根井点试抽、检验；全部井点管沉设完毕后，接通回水总管，全面试抽，检查整个降水系统的运转状况及降水效果。然后让工作水循环进行正式工作。

进、回水总管同每根井点管的连接均需安装阀门，以便调节使用和防止不抽水发生回水倒灌。井点管路接头应安装严密。

喷射井点一般是将内外管和滤管组装在一起后沉设到井孔内。井点管组装时，必须保证喷嘴与混合室中心向一致；组装后，每根井点管应在地面作泵水试验和真空度测定。地面测定真空度不宜小于 93.3KPa。

沉设井点管前，应先挖井点坑和排泥坑，井点坑直径应大于冲孔直径。冲孔直径为 400～600mm，冲孔深度比滤管底深不小于 1m。井管点的孔壁及管口封闭做法与轻型井点一样。

开泵时，压力要小于 0.3kPa，以后再逐渐达到设计压力。抽水时如发现井管周围有泛砂冒水现象，应立即关闭井点管进行检修。工作水应保持清洁，试抽两天后应更换清水，以减轻工作水对喷嘴及水泵叶轮等的磨损。

（3）管井井点

管井适用于中砂、粗砂、砾砂、砾石等渗透系数大、地下水丰富的土、砂层或轻型井点不易解决的地方。

管井井点系统由滤水井管、吸水管、抽水机等组成，如图 8-41 所示。管井井点排水量大，降沉深，可以沿基坑或沟槽的一侧或两侧作直线布置，也可沿基坑外围四周呈环状布设。井中心距基坑边缘的距离为：采用冲击式钻孔用泥浆护壁时为 0.5～1m；采用套管法时不小于 3m。管井埋设的深度与间距，根据降水面积、深度及含水层的渗透系数等而定，最大埋深可达 10m 以上，间距 10～50m。

井管的埋设可采用冲击钻或螺旋钻，泥浆或套管护壁。钻孔直径应比滤水管外径大150～250mm。井管下沉前应进行清孔，并保持滤网的畅通；滤水管放于孔中心，用圆木堵塞管口。孔壁与井管间用 3～15mm 砾石填充做过滤层，地面下 0.5m 以内用黏土填充夯实。高度不小于 2m。

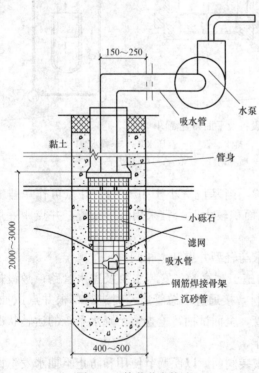

图 8-41　管井井点构造

管井井点抽水过程中应经常对抽水机械的电机、传动轴、电流、电压等做检查，对管井内水位下降和流量进行观测和记录。

管井使用完毕，采用人工拔杆，用钢丝绳导链将管口套紧慢慢拔出，洗净后供再次使用，所留孔洞用砾砂回填夯实。

除上述介绍的集中人工降低地下水位的方法外，还有电渗井点、深井井点。

8.4.2　人工和机械挖槽施工工艺

沟槽降水进行一段时间，水位降落达到一定深度，为沟槽开挖创造了一定的便利条件后，即可进行沟槽的开挖工作。

1. 施工准备

编制施工方案

沟槽开挖时，施工单位应根据施工现场的地形、地貌及其他设施情况，在了解施工现场的地质及水文地质资料的基础上，结合工程所在地的材料、水电、交通及机械供应情况，编制施工设计方案。

2. 施工现场准备

施工现场准备主要是场地清理与平整工作、施工排水、管线的定位与放线工作。

开沟挖槽时，在管道沿线进行测量和施工放线，建立临时水准点和管道轴线控制桩，而且要求开槽铺设管道沿线临时水准点每 200m 不宜少于 1 个；临时水准点、管道轴线控制桩、高程桩，应经复核方可使用，并经常校核。

3. 沟槽断面形式

沟槽断面形式有直槽、梯形槽、混合槽和联合槽等，如图 8-42 所示。

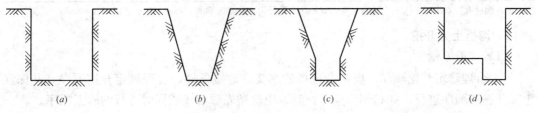

图 8-42　沟槽断面形式

（*a*）直槽；（*b*）梯形槽；（*c*）混合槽；（*d*）联合槽

正确地选择沟槽断面形式，可以为管道施工创造良好的作业条件，在保证工程质量和施工安全的前提下，减少土方开挖量，降低工程造价，加快施工速度。要使沟槽断面形式选择合理，应综合考虑土的种类、地下水情况、管道断面尺寸、管道埋深、施工方法和施工环境等因素，结合具体条件确定。

沟槽底宽由下式确定：

$$W=B+2b$$

式中，W——沟槽底宽，m；

　　B——基础结构宽度，m；

　　b——工作面宽度，m。

沟槽上口宽度由下式计算：

$$S=W+2Nh$$

式中，S——沟槽上口的宽度，m；

　　n——沟槽壁边坡率；见表 8-6 的规定；

　　h——沟槽开挖深度，m。

梯形槽的边坡　　　　　　　　　　　　　　　　　　　　　　表 8-6

土的类别	人工开挖	机械开挖	
		在槽底开挖	在槽边上开挖
一、二类土	1 : 0.5	1 : 0.33	1 : 0.75
三类土	1 : 0.33	1 : 0.25	1 : 0.67
四类土	1 : 0.25	1 : 0.10	1 : 0.33

沟槽底部每侧工作面宽度 b 决定于管道断面尺寸和施工方法，见表 8-7。

4. 沟槽土方量计算

沟槽土方量通常根据沟槽的断面形式，采用平均断面法进行计算。由于管径的变化和地势高低的起伏，要精确地计算土方量，须沿长度方向分段计算。一般重力流管道以敷设坡度相同的管段作为一个计算段计算土方量；压力流管道计算断面的间距最大不超过100m。将各计算段的土方量相加，即得总土方量。

沟槽底部每侧工作面宽度 表 8-7

管道结构宽度	沟槽底部每侧工作面宽度		管道结构宽度	沟槽底部每侧工作面宽度	
	非金属管道	金属管道或砖沟		非金属管道	金属管道或砖沟
200～500	400	300	1100～1500	600	600
600～1000	500	400	1600～3000	800	800

注：沟底有排水沟时工作面应适当加宽，有外防水的砖沟或混凝土沟时，每侧工作面宽度宜取 800mm。

5. 沟槽土方开挖

（1）一般原则

1）合理确定开挖顺序。应结合现场的水文、地质条件，合理确定开挖顺序，并保证土方开挖按顺序进行。如相邻沟槽开挖时，应遵循先深后浅或同时进行的施工顺序。

2）土方开挖不得超挖。采用机械挖土时，可在设计标高以上留 20cm 土层不挖，待人工清理。即使采用人工挖土也不得超挖。如果挖好后不能及时进行下一工序，可在基底标高以上留 15cm 土层不挖，待下一工序开始前再挖除。

3）人工开挖时应保证沟槽槽壁稳定，一般槽边上缘至弃土坡脚的距离应不小于 0.8～1.5m，堆土高度不应超过 1.5m。

4）采用机械开挖沟槽时，应由专人负责掌握挖槽断面尺寸和标高。施工机械离槽边上缘应有一定的安全距离。

5）软土、膨胀土地区开挖土方或进入季节性施工时，应遵照有关规定。

（2）开挖方法

1）沟槽放线

沟槽开挖前，应建立临时水准点并加以核对、测设管道中心线、沟槽边线及附属构筑物位置。临时水准点一般设在固定建筑物上，且不受施工影响，并妥善保护，使用前要校测。沟槽边线测设好后，用白灰放线，以作为开槽的依据。根据测设的中心线，在沟槽两端埋设固定的中线桩，以作为控制管道平面位置的依据。

2）开挖方法

土方开挖方法分为人工开挖和机械开挖两种方法。为了减轻繁重的体力劳动，加快施工速度，提高劳动生产效率，应尽量采用机械开挖。

沟槽开挖常用的施工机械有单斗挖土机和多斗挖土机两种，机械开挖适用于 1～3 类土。单斗挖土机在沟槽开挖施工中应用广泛。按其工作装置不同，分为正铲、反铲、拉铲和抓铲等（图 8-43），按其操纵机构的不同，分为机械式和液压式两类。

开挖沟槽应优先考虑采用单斗反铲挖土机，并根据管沟情况，采取沟端开挖或沟侧开挖。大型基坑施工常采用正铲挖土机挖土，自卸汽车运土；当基坑有地下水时，可先用正铲挖土机开挖地下水位以上的土，再用反铲、拉铲或抓铲开挖地下水位以下的土。

机械开挖前，应对司机详细交底，主要指挖槽断面（深度、边坡、宽度）的尺寸、堆土位置、地下其他构筑物具体位置及施工要求，并制定安全措施后，方可进行施工。

下面对正铲和反铲挖土机的工作和特点作简要介绍：

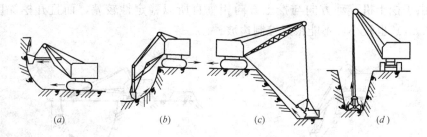

图 8-43 挖土机的工作简图
（a）正铲挖土机；（b）反铲挖土机；（c）拉铲挖土机；（d）抓铲挖土机

① 正铲挖土机

正铲挖土机的工作特点是，开挖停机面以上的土壤，其挖掘力大、生产率高。适用于无地下水，开挖高度在 2m 以上，一至四类土的基坑，但需设置下坡道。

正铲挖土机有液压传动和机械传动两种。机身可回转 360°、动臂可升降、斗柄能伸缩、铲斗可以转动，当更换工作装置后还可进行其他施工作业。下图为正铲挖土机的简图及其主要工作状态。

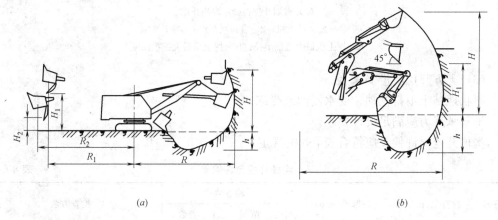

图 8-44 正铲工作尺寸
（a）机械传动正铲工作尺寸；（b）液压正铲工作尺寸

正向铲的挖土和卸土方式，根据挖土机的开挖路线与运输工具的相对位置不同，可分为正向挖土、侧向卸土和正向挖土、后方卸土两种。

正铲挖土机的开行通道：根据挖土机的工作面大小与基坑的横断面尺寸，划分挖土机的开行通道。当开挖基坑较深时，可分层划分开行通道，逐层下挖。

② 反铲挖土机

反铲挖土机是沟槽开挖最常用的挖土机械，不需设置进出口通道，适用于开挖管沟和基槽，也可开挖基坑，尤其适用于开挖地下水位较高或泥泞的土壤。

反铲挖土机的开挖方式有沟端开挖和沟侧开挖（图 8-45）。

沟端开挖：挖土机停在沟槽一端，向后倒退挖土，汽车可在两旁装土，此法采用较广。其工作面宽度较大，单面装土时为 1.3R，双面装土时为 1.7R，深度可达最大挖土深度 H。

沟侧开挖：挖土机沿沟槽一侧直线移动挖土。此法能将土弃于距沟边较远处，可供回填使用。由于挖土机移动方向与挖土方向相垂直所以稳定性较差，而且开挖深度和宽度（一般为0.8R）也较小，不能很好控制边坡。

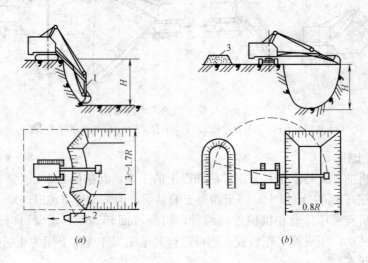

图 8-45　反铲挖土机开挖方式

（a）沟端开挖；（b）沟侧开挖

1—反铲挖土机；2—自卸汽车；3—弃土堆

R—挖土机最大挖掘半径；H—挖土机最大挖掘深度

（3）土方开挖质量要求

原状地基土不得扰动、受水浸泡或受冻；

地基承载力应满足设计要求。

沟槽开挖允许偏差应符合表8-8的规定；

沟槽开挖允许偏差　　　　　　　　　　　　表 8-8

序号	检查项目	允许偏差(mm)		检查数量		检查方法
				范围	点数	
1	槽底高程	土方	±20	两井之间	3	用水准仪测量
		石方	+20，−200			
2	槽底中线每侧宽度	不小于规定		两井之间	6	挂中线用钢尺量测，每侧计3点
3	沟槽边坡	不陡于规定		两井之间	6	用坡度尺量测，每侧计3点

（4）地基处理

市政管道及其附属构筑物的荷载均作用在地基土上，由此可引起地基土的沉降，当沉降量在允许范围内，管道和构筑物才能稳定安全，否则就会失去稳定或遭到破坏。因此，在市政管道的施工中，要根据地基土的承载能力情况，必要时对地基进行处理。

地基处理的目的是：改善土的力学性能、提高抗剪强度、降低软弱土的压缩性、减少基础的沉降、消除或减少湿陷性黄土的湿陷性和膨胀土的胀缩性。常见的地基处理方法有以下四类：

1）换土垫层

是一种直接置换地基持力层软弱土的处理方法。施工时将基底下一定深度的软弱土层挖除，分层回填砂、石、灰土等材料，并加以夯实振密。换土垫层是一种较简易的浅层地基处理方法，在管道施工中应用广泛，目前常用的方法有素土垫层、砂和砂石垫层、灰土垫层。素土垫层的土料，不得使用淤泥、耕土、冻土、垃圾、膨胀土以及有机物含量大于8%的土作为填料。砂和砂石垫层所需材料，宜采用颗粒级配良好，质地坚硬的中砂、粗砂、砾石、卵石和碎石，材料的含泥量不应超过5%。若采用细砂，宜掺入按设计规定数量的卵石和碎石，最大粒径不宜大于50mm。

灰土垫层适用于处理湿陷性黄土，可消除1~3m厚黄土的湿陷性。灰土的土料宜采用地基槽中挖出的土，不得含有有机杂质，使用前应过筛，粒径不得大于15mm。用作灰土的熟石灰应在使用前一天浇水将生石灰熟化并过筛，粒径不得大于5mm，不得夹有未熟化的生石灰块。灰土的配合比宜采用3：7或2：8，密实度不小于95%。该种方法施工简单、取材方便、费用较低。

2）碾压与夯实

碾压法是采用压路机、推土机、羊足碾或其他压实机械来压实松散土，常用于大面积填土的压实和杂填土地基的处理，也可以用于沟槽地基的处理。碾压的效果主要取决于压实机械的压实能量和被压实土的含水量。应根据碾压机械的压实能量和碾压土德含水量，确定合适的虚铺厚度和碾压遍数。

夯实法是利用起重机械将夯锤提到一定高度，然后使锤自由下落，重复夯击以加固地基。重锤采用钢筋混凝土块、铸铁块或铸钢块，锤重一般为14.7~29.4kN，锤底直径一般为1.13~1.15m。重锤夯实施工前，应进行试夯，确定夯实制度，其内容包括锤重、夯锤底面直径、落点形式、落距及夯击遍数。在市政管道工程施工中，该法使用较少。

3）挤密桩

是通过振动或锤击沉管等方式在沟槽底成孔、在孔内灌注砂、石灰、灰土或其他材料，并加以振实加密等过程而形成的，一般有挤密砂石桩和生石灰桩。

挤密砂石桩用于处理松散砂土、填土以及塑性指数不高的黏性土。对于饱和黏土由于其透水性低，挤密效果不明显。此外，还可起到消除可液化土层（饱和砂土、粉土）的振动液化作用。生石灰桩适用于处理地下水位以下的饱和黏性土、粉土、松散粉细砂、杂填土以及饱和黄土等地基。

4）注浆液加固

指利用水泥浆液、黏土浆液或其他化学浆液，采用压力灌入、高压喷射或深层搅拌的方法，使浆液与土颗粒胶结起来，以改善地基土的物理力学性质的地基处理方法。该方法在管道施工中使用较少。

8.4.3 沟槽支撑施工工艺

支撑的目的是为防止施工过程中土壁坍塌，为安全施工创造条件。支撑是由木材或钢材做成的临时性挡土结构，一般情况下，当土质较差、地下水位较高、沟槽较深而又必须挖成直槽时，均应设支撑。支设支撑既可减少挖方量、施工占地面积小，又可保证施工的安全，但增加了材料消耗，有时还影响后续工序操作。

支设支撑的要求：牢固可靠，支撑材料的质地和尺寸合格；在保证安全可靠的前提下，尽可能节约材料，宜采用工具式钢支撑；方便支设和拆除，不影响后续工序的操作。

1. 支撑的种类及其适用的条件

在施工中应根据土质、地下水情况、沟槽深度、开挖方法、地面荷载等因素确定是否支设支撑。支撑的形式分为水平支撑、垂直支撑和板桩支撑，开挖较大基坑时还应采用锚锭式支撑。水平和垂直支撑由撑板、横梁或纵梁、横撑组成。

水平支撑的撑板水平设置，根据撑板之间有无间距又分为断续式水平支撑、连续式水平支撑和井字水平支撑三种。

垂直支撑的撑板垂直设置，各撑板间密接铺设。撑板可在开槽过程中边开槽边支撑，回填时边回填边拔出。

1）断续式水平支撑（图8-46）：适用于土质较好、地下水含量较小的黏性土及挖土深度小于3.0m的沟槽或基坑。

2）连续式水平支撑：适用于土质较差及挖土深度在3～5m的沟槽或基坑。

3）井字支撑：它是断续式水平支撑的特例。一般适用于沟槽的局部加固，如地面上有建筑或有其他管线距沟槽较近时。

4）垂直支撑（图8-47）：它适用于土质较差、有地下水，且挖土深度较大的情况。这种方法在支撑和拆撑操作时较为安全。

5）板桩撑（图8-48）：板桩撑分为钢板撑、木板撑和钢筋混凝土桩等数种。板桩撑是在沟槽土方开挖前就将板桩打入槽底以下一定深度，适用于宽度较窄、深度较浅的沟槽。其优点是土方开挖及后续工序不受影响，施工条件良好。

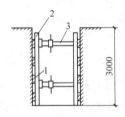

图8-46　断续式水平支撑
1—撑板；2—纵梁；3—横撑

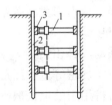

图8-47　垂直支撑
1—工具式横撑；2—撑板；3—横梁

6）锚锭式支撑：适用于面积大、深度大的基坑。在开挖加大基坑或使用机械挖土，而不能安装撑杠时，可改用锚锭式支撑。

2. 支撑的材料要求

支撑的材料的尺寸应满足设计的要求，施工时常根据经验确定。

1）木撑板。一般木撑板长2～4m，宽度为20～30cm，厚5cm。

2）横梁。截面尺寸为10cm×15cm～20cm×20cm。

3）纵梁。截面尺寸为10cm×15cm～20cm×20cm。

4）横撑。采用10cm×10cm～15cm×15cm的方木或采用直径大于10cm的圆木。为

294

支撑方便尽可能采用工具式撑杠。

3. 支撑的支设和拆除

（1）支撑的支设

1）横撑的支设

挖槽到一定深度或接近地下水位时开始支设，然后逐层开挖逐层支设。支设程序一般为：首先校核沟槽断面是否符合要求，然后用铁锹将槽壁找平；按要求将撑板紧贴于槽壁上，再将立柱紧贴在撑板上，继而将撑杠支设在立柱上。若采用木撑杠，应用木楔、扒钉将撑杠固定于立柱上，下面钉一木托防止撑杠下滑。横撑必须横平竖直，支设牢固。

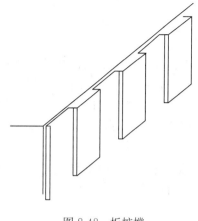

图 8-48 板桩撑

2）竖撑的支设

竖撑支设时：先在沟槽两侧将撑板垂直打入土中，然后开始挖土。根据土质，每挖深 500～600mm，将撑板下锤一次，直至锤打到槽底排水沟底为止。下锤撑板每到 1.2～1.5m，再加撑杠和横梁一道，如此反复进行。

施工过程中，如原支撑妨碍下一工序进行或原支撑不稳定、一次拆撑有危险或因其他原因必须重新支设支撑时，均需要更换立柱和撑杠的位置，这一过程称为倒撑。倒撑操作应特别注意安全，必要时须制定安全措施。

3）板桩撑的支设

主要介绍钢板桩的施工过程。钢板桩是用打桩机将其打入沟槽底以下。施工时要正确选择打桩方式、打桩机械和划分流水段，保证打入后的板桩有足够的刚度，且板桩墙面平直，对封闭式板桩墙要封闭合拢。

打桩机具设备，主要包括桩锤、桩架及动力装置三部分。桩锤的作用是对桩施加冲击力，将桩打入土中。桩架的作用是支持桩身和将桩锤吊到打桩位置，引导桩的方向，保证桩锤按要求的方向锤击。动力装置为起动桩锤用的动力设施。

钢板桩打设的工艺为：钢板桩矫正－安装围图支架－钢板桩打设－检查修正。钢板桩矫正是打设前对所打设的钢板桩进行修整矫正，保证钢板桩在打设前外形平直。围图支架的作用是保证钢板桩垂直打入和打入后的钢板桩墙面平直。

钢板桩打设时，先用吊车将钢板桩吊至插桩点处进行插桩，插桩时锁口要对准，每插入一块即套上桩帽轻轻加以锤击。在打桩过程中，为保证钢板桩的垂直度，用两台经纬仪在两个方向加以控制；为防止锁口中心线平面位移，可在打桩进行方向的钢板桩锁口处设卡板，以防止板桩位移。同时，在围图上预先标出每块板桩的位置，以便随时进行校正。

钢板桩应分几次打入，开始打设的前两块板桩，要确保方向和位置准确，从而起样板导向作用，一般每打入 1m 即测量校正一次。对位置和方向有偏差的钢板桩，要及时采取措施进行纠正，确保支设质量。

当钢板桩内的土方开挖后，应在沟槽内设撑杠，以保证钢板桩的可靠性。

支设支撑的注意事项：支撑应随沟槽的开挖及时支设，雨期施工不得空槽过夜；槽壁要平整，撑板要均匀地紧贴于槽壁；撑板、立柱、撑杠必须相互贴紧、固定牢固；施工中尽量不倒撑或少倒撑；腐朽、劈裂的木料不得作为支撑材料。

（2）支撑的拆除

沟槽内工作全部完成后，应将支撑拆除。拆除时必须注意安全，边回填土边拆除。拆除支撑前应检查槽壁及沟槽两侧地面有无裂缝，建筑物、构筑物有无沉降，支撑有无位移、松动等情况，应准确判断拆除支撑可能产生的后果。

拆除横撑时，先松动最下一层的撑杠，抽出最下一层撑板，然后回填土，回填完毕后再拆除上一层撑板，依次将撑板全部拆除，最后将立柱拔出。

竖撑拆除时，先回填土至最下层撑杠底面，松动最下一层的撑杠，拆除最下一层的横梁，然后回填土。回填至上一层撑杠底面时，再拆除上一层的撑杠和横梁，依次将撑杠和横梁全部拆除后，最后用吊车或导链拔出撑板。

板桩撑的拆除与竖撑基本相同。

拆除支撑时应注意以下事项：采用明沟排水的沟槽，应由两座集水井的分水岭向两端延伸拆除；多层支撑的沟槽，应按自下而上的顺序逐层拆除，待下层拆撑还土之后，再拆上层支撑；遇撑板和立柱较长时，可在倒撑或还土后拆除；一次拆除支撑有危险时，应考虑倒撑；钢板桩拔除后应及时回填桩孔，并采取措施保证回填密实度。

8.4.4　沟槽回填

市政管道施工完毕并经检验合格后，应及时进行土方回填，以保证管道的位置正确，避免沟槽坍塌和管道生锈，尽早恢复地面交通。

回填前，应建立回填制度。回填制度是为了保证回填质量而制订的回填操作规程，如根据管道特点和回填密实度要求，确定回填土的土质、含水量；还土虚铺厚度；压实后厚度；夯实工具、夯击次数及走夯形式等。回填施工一般包括还土、摊平、夯实、检查四道工序。

回填施工注意事项：

雨期回填应先测定土壤含水量，排除槽内积水，还土时应避免造成地面水流向槽内的通道。

冬期回填应尽量缩短施工段，分层薄填、迅速夯实，铺土须当天完成。管道上方计划修筑路面时不得回填冻土；上方无修筑路面计划时，两侧及管顶以上 500mm 范围内不得回填冻土，其上部回填冻土含量也不能超过填方总体积的 30%，且冻土颗粒尺寸不得大于15cm。

有支撑的沟槽，拆撑时要注意检查沟槽及邻近建筑物、构筑物的安全。

回填时沟槽降水应继续进行，只有当回填土达到原地下水位以上时方可停止。

回填土时不得将土直接砸在抹带接口及防腐绝缘层上。

塑料管道回填的时间宜在一昼夜中温度最低的时刻，且回填土中不应含有砾石、冻土块及其他杂硬物体。

燃气管道、电力电缆、通信电缆回填后，应设置明显的标志。

为了缓解热力管道的热胀作用，回填前应在管道弯曲部位的外侧设置硬泡沫垫块；回填时先用砂子填至管顶以上 100mm 处，然后再用原土回填。

回填应使槽上土面略呈拱形，以免日久因土沉陷而造成地面下凹。拱高一般为槽宽的

1/20，常取 150mm。

8.4.5 管道铺设施工工艺

排水管道的沟槽开挖完毕，经验收符合要求后，应按照设计要求进行管道的基础施工。混凝土基础的施工包括支模、浇筑混凝土、养护等工序，本书不作介绍，施工时可参考有关书籍。基础施工完毕并经验收合格后，应着手进行管道的铺设与安装工作。管道铺设与安装包括沟槽与管材检查、排管、下管、稳管、接口、质量检查与验收等工序。

1. 沟槽与管材检查

（1）沟槽开挖的质量检查

下管前，应按设计要求对开挖好的沟槽进行复测，检查其开挖深度、断面尺寸、边坡、平面位置和槽底标高等是否符合设计要求；槽底土壤有无扰动；槽底有无软泥及杂物；设置管道基础的沟槽，应检查基础的宽度、顶面标高和两侧工作宽度是否符合设计要求；基础混凝土是否达到了规定的设计抗压强度等。

此外，还应检查沟槽的边坡或支撑的稳定性。槽壁不能出现裂缝，有裂缝隐患处要采取措施加固，并在施工中注意观察，严防出现沟槽坍塌事故。如沟槽支撑影响管道施工，应进行倒撑，并保证倒撑的质量。槽底排水沟要保持畅通，尺寸及坡度要符合施工要求，必要时可用木板撑牢，以免发生塌方，影响降水。

（2）管材的质量检查

下管前，除对沟槽进行质量检查外，还必须对管材、管件进行质量检验，保证下入到沟槽内的管道和管件的质量符合设计要求，确保不合格或已经损坏的管道和管件不下入沟槽。

在市政管道工程施工中，管道和管件的质量直接影响到工程的质量。因此，必须做好管道和管件的质量检查工作，检查的内容主要有：

1）管道和管件必须有出厂质量合格证，指标应符合国家有关技术标准要求。

2）应按设计要求认真核对管道和管件的规格、型号、材质和压力等级。

3）应进行外观质量检查。

铸铁管及管件内外表面应平整、光洁，不得有裂纹、凹凸不平等缺陷。承插口部分不得有黏砂及凸起，其他部分不得有大于 2mm 厚的黏砂和 5mm 高的凸起。承插口配合的环向间隙，应满足接口嵌缝的需要。

钢管及管件的外径、壁厚和尺寸偏差应符合制造标准要求；表面应无斑痕、裂纹、严重锈蚀等缺陷；内外防腐层应无气孔、裂纹和杂物；防腐层厚度应满足要求；安装中使用的橡胶、石棉橡胶、塑料等非金属垫片，均应质地柔韧，无老化变质、折损、皱纹等缺陷。

塑料管材内外壁应光滑、清洁、无划伤等缺陷；不允许有气泡、裂口、明显凹陷、颜色不均、分解变色等现象；管端应平整并与轴线垂直。

普通钢筋混凝土管、自（预）应力钢筋混凝土管的内外表面应无裂纹、露筋、残缺、蜂窝、空鼓、剥落、浮渣、露石碰伤等缺陷。

4）金属管道应用小锤轻轻敲打管口和管身进行破裂检查。非金属管道通过观察进行破裂检查。

5) 对无出厂合格证的压力流管道或管件，如无制造厂家提供的水压试验资料，则每批应抽取 10% 的管道做试件强度检查。如试验有不合格者，则应逐根进行检查。

6) 对压力流管道，还应检查管道的出厂日期。对于出厂时间过长的管道经水压试验合格后方可使用。

(3) 管材修补

对管材本身存在的不影响管道工程质量的微小缺陷，应在保证工程质量的前提下进行修补使用，以降低工程成本。铸铁管道应对承口内壁、插口外壁的沥青用气焊或喷灯烤掉；对飞刺和铸砂可用砂轮磨掉，或用錾子剔除。内衬水泥砂浆防腐层如有缺陷或损坏，应按产品说明书的要求修补、养护。

钢管防腐层质量不符合要求时，应用相同的防腐材料进行修补。

钢筋混凝土管的缺陷部位，可用环氧腻子或环氧树脂砂浆进行修补。修补时，先将修补部位凿毛，清洗晾干后刷一薄层底胶，而后抹环氧腻子（或环氧树脂砂浆），并用抹子压实抹光。

2. 排管

排管应在沟槽和管材质量检查合格后进行。根据施工现场条件，将管道在沟槽堆土的另一侧沿铺设方向排成一长串称为排管。排管时，要求管道与沟槽边缘的净距不得小于 0.5m。

压力流管道排管时，对承插接口的管道，宜使承口迎着水流方向排列，这样可减小水流对接口填料的冲刷，避免接口漏水；在斜坡地区排管，以承口朝上坡为宜；同时还应满足接口环向间隙和对口间隙的要求。一般情况下，金属管道可采用 90° 弯头、45° 弯头、22.5° 弯头、11.25° 弯头进行平面转弯，如果管道弯曲角度小于 11°，应使管道自弯水平借转。当遇到地形起伏变化较大或翻越其他地下设施等情况时，应采用管道反弯借高找正作业。

重力流管道排管时，对承插接口的管道，同样宜使承口迎着水流方向排列，并满足接口环向间隙和对口间隙的要求。不管何种管口的排水管道，排管时均应扣除沿线检查井等构筑物所占的长度，以确定管道的实际用量。

当施工现场条件不允许排管时，亦可以集中堆放。但管道铺设安装时需在槽内运管，施工不便。

3. 下管

按设计要求经过排管，核对管节、管件位置无误方可下管。

下管方法分为人工下管和机械下管两类。应根据管材种类、单节重量和长度以及施工现场情况选用。不管采用哪种下管方法，一般宜沿沟槽分散下管，以减少在沟槽内的运输工作量。

(1) 人工下管法

人工下管适用于管径小、重量轻、沟槽浅、施工现场狭窄、不便于机械操作的地段。目前常用的人工下管方法有压绳下管法、吊链下管法、溜管法等方法。

(2) 机械下管法

机械下管适用于管径大、沟槽深、工程量大且便于机械操作的地段。

机械下管速度快、施工安全，并且可以减轻工人的劳动强度，提高生产效率。因此，只要施工现场条件允许，就应尽量采用机械下管法。

机械下管时，应根据管道重量选择起重机械。常采用轮胎式起重机、履带式起重机和汽车式起重机。

下管时，起重机一般沿沟槽开行，距槽边至少应有1m以上的安全距离，以免槽壁坍塌。行走道路应平坦、畅通。当沟槽必须两侧堆土时，应将某一侧堆土与槽边的距离加大，以便起重机行走。

机械下管一般为单节下管，起吊或搬运管材、配件时，对于法兰盘面、非金属管材承插口工作面、金属管防腐层等，均应采取保护措施。应找好重心采用两点起吊，吊绳与管道的夹角不宜小于45°。在起吊过程中应平吊平放，勿使管道倾斜以免发生危险。如使用轮胎式起重机，作业前应将支腿撑好，支腿距槽边要有2m以上的距离，必要时应在支腿下垫木板。

当采用钢管时，为了减少槽内接口的工作量，可在地面上将钢管焊接成长串，然后由数台起重机联合下管。这种方法称为长串下管法。由于多台起重机不易协调，长串下管一般不要多于3台起重机。在起吊时管道应缓慢移动，避免摆动。应有专人统一指挥，并按有关机械安全操作规程进行。

4. 稳管

稳管是将管道按设计的高程和平面位置稳定在地基或基础上。压力流管道对高程和平面位置的要求精度可低些，一般由上游向下游进行稳管；重力流管道的高程和平面位置应严格符合设计要求，一般由下游向上游进行稳管。

稳管要借助于坡度板进行，坡度板埋设的间距，对于重力流管道一般为10m，压力流管道一般为20m。在管道纵向标高变化、管径变化、转弯、检查井、阀门井等处应埋设坡度板。坡度板距槽底的垂直距离一般不超过3m。坡度板应在人工清底前埋设牢固，不应高出地面，上面钉管线中心钉和高程板，高程板上钉高程钉，以便控制管道中心线和高程。

稳管通常包括对中和对高程两个环节。

对中作业是使管道中心线与沟槽中心线在同一平面上重合。如果中心线偏离较大，则应调整管道位置，直至符合要求为止。通常可按下述两种方法进行。

（1）中心线法

该法借助坡度板上的中心钉进行。当沟槽挖到一定深度后，沿着挖好的沟槽埋设坡度板，根据开挖沟槽前测定管道中心线时所预设的中线桩（通常设置在沟槽边的树下或电杆下等可靠处）定出沟槽中心线，并在每块坡度板上钉上中心钉，使各中心钉的连线与沟槽中心线在同一铅垂面上。对中时，将有二等分刻度的水平尺置于管口内，使水平尺的水泡居中。同时，在两中心钉的连线上悬挂垂球，如果垂线正好通过水平尺的二等分点，表明管子中心线与沟槽中心线重合，对中完成。否则应调整管道使其对中。

（2）边线法

边线法进行对中作业是将坡度板上的中心钉移至与管外皮相切的铅垂面上。操作时只要向左或向右移动管子，使两个钉子之间的连线的垂线恰好与管外皮相切即可。边线法对中速度快，操作方便，但要求各节管的管壁厚度与规格均应一致。

对高程作业是使管内底标高与设计管内底标高一致。在坡度板上标出高程钉，相邻两块坡度板的高程钉到管内底的垂直距离相等，则两高程钉之间连线的坡度就等于管内底坡度。该连线称为坡度线。坡度线上任意一点到管内底的垂直距离为一个常数，称为对高数（或下返数）。进行对高作业时，使用丁字形对高尺，尺上刻有坡度线与管底之间的距离标记，即对高数。将对高尺垂直置于管端内底，当尺上标记线与坡度线重合时，对高即完成，否则须调整。

调整管道标高时，所垫石块应稳固可靠，以防管道从垫块上滚下伤人。为便于混凝土管道勾缝，当管径 $D \geq 700mm$ 时，对口间隙为 10mm；$D < 600mm$ 时，可不留间隙；$D > 800mm$ 时，须进入管内检查对口，以免出现错口。

稳管作业应达到平、直、稳、实的要求，其管内底标高允许偏差为 ±10mm，管中心线允许偏差为 10mm。

胶圈接口的承插式给水铸铁管、预应力钢筋混凝土管及给水用 UPVC 管，稳管与接口宜同时进行。

8.4.6 管道接口施工工艺流程及施工要点

1. 给水管道接口

（1）给水铸铁管接口方法

铸铁管的接口形式有刚性接口、柔性接口和半柔半刚性接口三种。接口材料分为嵌缝填料和密封填料，嵌缝填料放置于承口内侧，用来保证管道的严密性，防止外层散状密封填料漏入管内，目前常用油麻、石棉绳或橡胶圈作嵌缝填料；密封填料采用石棉水泥、膨胀水泥、铅等，置于嵌缝填料外侧，用来保护嵌缝填料，同时还起密封作用。

1）刚性接口

浆、油麻铅等。施工时先填塞嵌缝填料，然后再填打密封填料，养护后即可。

2）半柔半刚性接口

刚性材料。用橡胶圈代替刚性接口中的油麻即构成半柔半刚性接口。

3）柔性接口

刚性接口和半柔半刚性接口的抗应变能力差，受外力作用容易造成接口漏水事故，在软弱地基地带和强震区更甚。因此，在上述地带可采用柔性接口。

（2）球墨铸铁给水管接口方法

按接口形式分为推入式（简称 T 形）和机械式（简称 K 形）两类。

1）推入式柔性接口

承插式球墨铸铁管采用推入式柔性接口，常用工具有叉子、手动捯链、连杆千斤顶等，这种接口操作简便、快速、工具配套，适用于管径为 80～2600mm 的输水管道，在国内外输水工程上广泛采用。

施工程序为：下管→清理承口和胶圈→上胶圈→清理插口外表面、刷润滑剂→撞口→检查。

下管后，将管道承口和胶圈清理洁净，把胶圈弯成心形或花形（大口径管）放入承口槽内就位，确保各个部位不翘不扭，仔细检查胶圈的固定是否正确。

清理插口外表面，在插口外表面和承口内胶圈的内表面上刷润滑剂。

插口对准承口找正后，上安装工具，扳动捯链（或叉子），将插口慢慢挤入承口内。

2）机械式（压兰式）柔性接口

机械式（压兰式）接口柔性接口，是将球墨铸铁管的承插口加以改造，使其适应特殊形状的橡胶圈做挡水材料，外部不需要其他填料，其主要优点是抗震性能好，并且安装与拆修方便，缺点是配件多，造价高。它主要由球墨铸铁直管、管件、压兰、螺栓及橡胶圈组成。

施工顺序为：下管→清理插口、压兰和胶圈→压兰与胶圈定位→清理承口→刷润滑剂→对口→临时紧固→螺栓全方位紧固→检查螺栓扭矩。

下管后，用棉纱和毛刷将插口端外表面、压兰内外表面、胶圈表面、承口内表面彻底清洁干净。然后吊装压兰并将其推送至插口端部定位，用人工把胶圈套在插口上（注意胶圈不要装反）。为便于安装，在插口及密封胶圈的外表面和承口内表面均匀涂刷润滑剂。将管道吊起，使插口对正承口，对口间隙应符合设计规定，调整好管中心和接口间隙后，在管道两侧填砂固定管身，将密封胶圈推入承口与插口的间隙，调整压兰，使其螺栓孔和承口螺栓孔对正、压兰与插口外壁间的缝隙要均匀。最后，用螺栓在上下、左右4个方位对角紧固。

（3）给水硬聚氯乙烯管（UPVC）接口方法

给水硬聚氯乙烯管道可以采用胶圈接口、粘结接口、法兰连接等形式，最常用的是胶圈接口和粘结连接。橡胶圈接口适用于管外径为63～710mm的管道连接；粘结接口只适用管外径小于160mm管道的连接；法兰连接一般用于硬聚氯乙烯管与铸铁管等其他管材、阀件的连接。

胶圈接口中所用的橡胶圈不应有气孔、裂缝、重皮和接缝等缺陷，胶圈内径与管材插口外径之比宜为0.85～0.90，胶圈断面直径压缩率一般采用40%。

（4）钢管接口方法

市政给水管道中所使用的钢管主要采用焊接接口，小管径的钢管可采用螺纹连接，不埋地时可采用法兰连接。由于钢管的耐腐性差，使用前需进行防腐处理，现在已被越来越多地被衬里（衬塑料、衬橡胶、衬玻璃钢、衬玄武岩）钢管所代替。

（5）预（自）应力钢筋混凝土管接口方法

预（自）应力钢筋混凝土管是目前常用的给水管材，其耐腐蚀性优于金属管材。代替钢管和铸铁管使用，可降低工程造价。但预（自）应力钢筋混凝土管的自重大、运输及安装不便；承口椭圆度大，影响接口质量。一般在市政给水管道工程中很少采用，但在长距离输水工程中使用较多。

承插式预（自）应力钢筋混凝土管一般采用胶圈接口。施工时用撬杠顶力法、拉链顶力法与千斤顶顶入法等产生推力或拉力的施工装置使胶圈均匀而紧密地达到工作位置。为达到密封不漏水的目的，胶圈务必要安在工作台的正确位置，且具有一定的压缩率，而且在管内水压作用下不被挤出，因此要根据管道厂家的要求，选配胶圈直径。

预（自）应力钢筋混凝土压力管采用胶圈接口时，一般不需做封口处理，但遇到对胶圈有腐蚀性的地下水或靠近树木处应进行封口处理。封口材料一般为水泥砂浆。

2. 排水管道接口

（1）排水管道的铺设

市政排水管道属重力流管道，铺设的方法通常有平基法、垫块法、"四合一"法，应根据管道种类、管径大小、管座形式、管道基础、接口方式等进行选择。

平基法铺设排水管道，就是先进行地基处理，浇筑混凝土带形基础，待基础混凝土达到一定强度后再进行下管、稳管、浇筑管座及抹带接口的施工方法。这种方法适合于地质条件不良的地段或雨期施工的场合。

平基法施工时，基础混凝土强度必须达到 5MPa 以上时，才能下管。基础顶面标高要满足设计要求，误差不超过 ±10mm。管道设计中心线可在基础顶面上弹线进行控制。管道对口间隙，当管径不小于 700mm 时，按 10mm 控制；当管径小于 700mm 时，可不留间隙。铺设较大的管道时，宜进入管内检查对口，以减少错口现象。稳管以管内底标高偏差在 ±10mm 之内，中心线偏差不超过 10mm，相邻管内底错口不大于 3mm 为合格。稳管合格后，在管道两侧用砖块或碎石卡牢，并立即浇筑混凝土管座。浇筑管座前，平基应进行凿毛处理，并冲洗干净。为防止挤偏管道，在浇筑混凝土管座时，应两侧同时进行。

垫块法铺设排水管道，是在预制的混凝土垫块上安管和稳管，然后再浇筑混凝土基础和接口的施工方法。这种方法可以使平基和管座同时浇筑，缩短工期是污水管道常用的施工方法。

垫块法施工时，预制混凝土垫块的强度等级应与基础混凝土相同；垫块的长度为管径的 0.7 倍，高度等于平基厚度，宽度大于或等于高度；每节管道应设 2 个垫块，一般放在管道两端。为了防止管道从垫块上滚下伤人，铺管时管道两侧应立保险杠；垫块应放置平稳，高程符合设计要求。稳管合格后一定要用砖块或碎石在管道两侧卡牢，并及时灌筑混凝土基础和管座。

"四合一"施工法是将混凝土平基、稳管、管座、抹带 4 道工序合在一起施工的方法。这种方法施工速度快，管道安装后整体性好，但要求操作技术熟练，适用于管径为 500mm 以下的管道安装。

其施工程序为：验槽→支模→下好→排管→四合→施工→养护。

"四合一"法施工时，首先要支模，模板材料一般采用 150mm×150mm 的方木，支设时模板内侧用支杆临时支撑，外侧用支架支牢，为方便施工可在模板外侧钉铁钎。根据操作需要，模板应略高于平基或 90° 管座基础高度。下管后，利用模板做导木，在槽内将管道滚运到安管处，然后顺排在一侧方木上，使管道重心落在模板上，倚靠在槽壁上，并能容易地滚入模板内。

若用 135° 或 180° 管座基础，模板宜分两次支设，上部模板待管道铺设合格再支设。

浇筑平基混凝土时，一般应使基础混凝土面比设计标高高 20～40mm（视管径大小而定），以便稳管时轻轻揉动管道，使管道落到略高于设计标高处，并备安装下一节管道时的微量下沉。当管径在 400mm 以下时，可将管座混凝土与平基一次浇筑。

稳管时将管身润湿，从模板上滚至基础混凝土面，边轻轻揉动边找中心和高程，将管道揉至高于设计高程 1～2mm 处，同时保证中心线位置准确。完成稳管后，立即支设管座模板，浇筑两侧管座混凝土，捣固管座两侧三角区，补填对口砂浆，抹平管座两肩。管座混凝土浇筑完毕后，立即进行抹带，使管座混凝土与抹带砂浆结合成一体，但抹带与稳管至少要相隔 2～3 个管口，以免碰撞，影响抹带接口的质量。

（2）排水管道接口方法

市政排水管道经常采用混凝土管和钢筋混凝土管，其接口形式有刚性、柔性和半柔半刚性三种。刚性接口施工简单，造价低廉，应用广泛；但刚性接口抗震性差，不允许管道有轴向变形。柔性接口抗变形效果好；但施工复杂，造价较高。

1）刚性接口

目前常用的刚性接口有水泥砂浆抹带接口和钢丝网水泥砂浆抹带接口两种。

① 水泥砂浆抹带接口。水泥砂浆抹带接口是在管道接口处用 1：2.5～3 的水泥砂浆抹成半椭圆形或其他形状的砂浆带，带宽为 120～150mm。一般适用于地基较好、具有带形基础、管径较小的雨水管道和地下水位以上的污水支管。企口管、平口管和承插管均可采用此种接口。

② 钢丝网水泥砂浆抹带接口。钢丝网水泥砂浆抹带接口，是在抹带层内埋置 20 号 10mm×10mm 方格的钢丝网，两端插入基础混凝土中。这种接口的强度高于水泥砂浆抹带接口，适用于地基较好、具有带形基础的雨水管道和污水管道。

2）半柔半刚性接口

半柔半刚性接口通常采用预制套环石棉水泥接口，适用于地基不均匀沉陷不严重地段的污水管道或雨水管道的接口。

套环为工厂预制，石棉水泥的重量配合比为水：石棉：水泥＝1：3：7。施工时，先将两管口插入套环内，然后用石棉水泥在套环内填打密实，确保不漏水。

3）柔性接口

通常采用的柔性接口有沥青麻布（玻璃布）接口、沥青砂浆接口、承插管沥青油膏接口等，适用于地基不均匀沉陷较严重地段的污水管道和雨水管道的接口。

① 沥青麻布（玻璃布）接口。沥青麻布（或玻璃布）接口适用于无地下水、地基不均匀沉降不太严重的平口或企口排水管道。

② 沥青砂浆接口。这种接口的使用条件与沥青麻布（或玻璃布）接口相同，但不用麻布（或玻璃布），可降低成本。

③ 承插管沥青油膏接口。沥青油膏具有粘结力强、受温度影响小等特点，接口施工方便。沥青油膏可自制，也可购买成品。

4）橡胶圈接口

对新型混凝土和钢筋混凝土排水管道，现已推广使用橡胶圈接口。一般混凝土承插管接口采用遇水膨胀胶圈；钢筋混凝土承插管接口采用"O"形橡胶圈；钢筋混凝土企口管接口采用"q"形橡胶圈；钢筋混凝土"F"形钢套环接口采用齿形止水橡胶圈。

8.4.7 市政管道安装质量检查

市政管道接口施工完毕后，应进行管道的安装质量检查。检查的内容包括外观检查、断面检查和严密性检查。外观检查即对基础、管道、接口、阀门、配件、伸缩器及附属构筑物的外观质量进行检查，查看其完好性和正确性，并检查混凝土的浇筑质量和附属构筑物的砌筑质量；断面检查即对管道的高程、中心线和坡度进行检查，看其是否符合设计要求；严密性检查即对管道进行强度试验和严密性试验，看管材强度和严密性是否符合要求。

1. 压力流管道的强度试验

（1）一般规定

应符合现行国家标准《给排水管道工程施工及验收规范》GB 50268—2008、《城镇供热管网工程施工及验收规范》CJJ 28—2014 及《城镇燃气输配工程施工及验收规范》CJJ 33—2005 的规定。

压力管道应用水进行强度试验。地下钢管或铸铁管，在冬季或缺水情况下，可用空气进行压力试验，但均须有防护措施。

架空管道、明装管道及非掩蔽的管道应在外观检查合格后进行强度试验；地下管道必须在管基检查合格，管身两侧及其上部回填土厚度不小于 0.5m，接口部分尚敞露时，进行初次试压，全部回填土，完成该管段各项工作后进行末次试压。在回填前应认真对接口做外观检查，对于组装的有焊接接口的钢管，必要时可在沟边做预先试验，在下沟连接以后仍需进行强度试验。

试压管段的长度不宜大于 1km，非金属管段不宜超过 500m。

管端敞口处，应事先用管堵或管帽堵严，并加临时支撑，不得用闸阀代替；管道中的固定支墩（或支架），试验时应达到设计强度；试验前应将该管段内的闸阀打开。

当管道内有压力时，严禁修整管道缺陷和紧动螺栓，检查管道时不得用手锤敲打管壁和接口。

（2）强度试验方法

试压前管段两端要封以试压堵板，堵板应有足够的强度。

试压前应设后背，可用天然土壁作试压后背，也可用已安装好的管道作试压后背。当试验压力较大时，应对后背墙进行加固。

试压前应排除管内空气，灌水进行浸润，试验管段满水后，应在不大于工作压力的条件下充分浸泡后再进行试压。浸泡时间应符合以下规定：铸铁管、球墨铸铁管、钢管无水泥砂浆衬里时不小于 24h；有水泥砂浆衬里时，不小于 48h。预应力、自应力混凝土管及现浇钢筋混凝土管渠，管径小于 1000mm 时，不小于 48h；管径不小于 1000mm 时，不小于 72h。硬 PVC 管在无压情况下至少保持 12h。

确定试验压力。水压试验压力。

泡管后，在已充满水的管道上用手摇泵向管内充水，待升至试验压力后，停止加压，观察表压下降情况。如 10min 压力降不大于 0.05MPa，且管道及附件无损坏，将试验压力降至工作压力，恒压 2h，进行外观检查，无漏水现象表明试验合格。

2. 压力流管道的严密性试验

检查压力流管道的严密性通常采用漏水量试验。方法与强度试验基本相同，确定试验压力，将试验管段压力升至试验压力后停止加压，记录表压降低 0.1MPa 所需的时间 T_1（min），然后再重新加压至试验压力后，从放水阀放水，并记录表压下降 0.1MPa 所需的时间 T_2（min）和放出的水量 W_1。按公式计算渗水率：若 q 值小于规定的允许漏水率，即认为合格。

3. 管道气压试验

当试验管段难于用水进行强度试验时，可进行气压试验。

（1）承压管道气压试验规定

管道进行气压试验时应在管外 10m 范围内设置防护区，在加压及恒压期间，任何人不得在防护区滞留；

气压试验应进行两次，即回填前的预先试验和回填后的最后试验。

（2）气压试验方法

预先试验时，应将压力升至强度试验压力，恒压 30min，如管道、管件和接口未发生破坏，然后将压力降至 0.05MPa 并恒压 24h，进行外观检查（如气体溢出的声音、尘土飞扬和压力下降等现象），如无泄漏，则认为预先试验合格；

最后气压试验时，升压至强度试验压力，恒压 30min；再降压至 0.05MPa，恒压 24h。

4. 重力流管道的严密性试验

（1）试验规定

1）污水管道、雨污合流管道、倒虹吸管及设计要求闭水的其他排水管道，回填前应采用闭水法进行严密性试验；试验管段应按井距分隔，长度不大于 500m，带井试验。雨水和与其性质相似的管道，除大孔性土壤及水源地区外，可不做渗水量试验。

2）闭水试验管段应符合下列规定：管道及检查井外观质量已验收合格；管道未回填，且沟槽内无积水；全部预留管（除预留进出水管外）应封堵坚固，不得渗水；管道两端堵板承载力经核算应大于水压力的合力。

3）闭水试验应符合下列规定：试验段上游设计水头不超过管顶内壁时，试验水头应以试验段上游管顶内壁加 2m 计；当上游设计水头超过管顶内壁时，试验水头应以上游设计水头加 2m 计；当计算出的试验水头小于 10m，但已超过上游检查井井口时，试验水头应以上游检查井井口高度为准。

（2）试验方法

在试验管段内充满水，并在试验水头作用下进行泡管，泡管时间不小于 24h，然后再加水达到试验水头，观察 30min 的漏水量，观察期间应不断向试验管段补水，以保持试验水头恒定，该补水量即为漏水量。并将该漏水量转化为每千米管道每昼夜的渗水量，如果该渗水量小于规定的允许渗水量，则表明该管道严密性符合要求。

5. 燃气管道的试验

燃气管道应进行压力试验。利用空气压缩机向燃气管道内充入压缩空气，借空气压力来检验管道接口和材质的强度及严密性。根据检验目的又分为强度试验和气密性试验。

（1）强度试验的目的是检查管道在试验压力下能否破坏

一般情况下试验压力为设计输气压力的 1.5 倍，但钢管不得低于 0.3MPa，塑料管不得低于 0.1MPa。当压力达到规定值后，应稳压 1h，然后用肥皂水对管道接口进行检查，全部接口均无漏气现象且管道无破坏现象即为合格。若有漏气处，应放气修理后再次试验，直至合格为止。

（2）气密性试验是用空气压力来检验在近似于输气条件下燃气管道的管材和接口的严密性。

气密性试验需在燃气管道全部安装完成后进行，若埋地敷设，应在回填土至管顶 0.5m 以上后再进行。气密性试验压力根据管道设计输气压力而定，当设计输气压力 P 不大于 5kPa 时，试验压力为 20kPa；当设计输气压力 $P>5$kPa 时，试验压力应为设计输气压力的 1.15 倍，但不得低于 0.1MPa。气密性试验前应向管道内充气至试验压力，燃气管道气密性试验的持续时间一般不少于 24h，实际压降不超过规范允许值为合格。

（3）管道通球扫线

管道及其附件组装完成并试压合格后，应进行通球扫线，并且不少于两次。每次吹扫管道长度不宜超过 3km，通球应按介质流动方向进行，以避免补偿器内套筒被破坏，扫线结果可用贴有纸或白布的板置于吹扫口检查，当球后气体无铁锈脏物时则认为合格。通球扫线后将集存在阀室放散管内的脏物排出，清扫干净。

6. 给水管道冲洗与消毒

给水管道试验合格后，竣工验收前应进行冲洗，消毒，使管道出水符合《生活饮用水水质标准》的要求，经验收才能交付使用。

（1）管道冲洗

管道冲洗主要是将管内杂物全部冲洗干净，使排出水的水质与自来水状态一致。在没有达到上述水质要求时，冲洗水要通过放水口，排至附近水体或排水管道。排水时应取得有关单位协助，确保安全、畅通排放。

安装放水口时，其冲洗管接口应严密，并设有闸阀、排气管和放水龙头，弯头处应进行临时加固。

（2）管道消毒

管道消毒的目的是消灭新安装管道内的细菌，使水质不致污染。

消毒时，将漂白粉溶液注入被消毒的管段内，并将来水闸阀和出水闸阀打开少许，使清水带着漂白粉溶液流经全部管段，当从放水口中检验出高浓度的氯水时，关闭所有闸阀，浸泡管道 24h 为宜。消毒时，漂白粉溶液的氯浓度一般为 26～30mg/L。

第9章 工程项目管理和抽样统计分析

9.1 施工项目管理的内容及组织

9.1.1 施工项目管理的内容

1. 施工项目

所谓施工项目是指建筑施工企业对一个建筑产品的施工过程及成果，也就是建筑施工企业的生产对象。其主要特征如下：

（1）它是建设项目或其中的单项工程或单位工程的施工任务。

（2）它作为一个管理整体，以建筑施工企业为管理的主体。

（3）其任务范围由建设工程施工承包合同界定。

只有单位工程、单项工程和建设项目的施工才能称作是项目，分部、分项工程不是完整的产品，不能称作项目。施工项目的特点具有多样性、固定性及庞大性。其主要的特殊性是生产活动和交易同时进行。

2. 施工项目管理

在建设项目施工阶段的管理称为施工项目管理。施工项目管理是由施工企业运用系统的观点、理论和科学技术对施工项目进行的计划、组织、监督、控制、协调等企业过程管理。它主要有以下特点：

（1）施工项目的管理者是施工企业。由施工企业委托施工项目经理为施工项目负责人，并由施工项目负责人组建的项目负责人部为施工项目的直接管理者。由业主单位或将施工单位作为监督对象的监理单位进行的工程项目管理，虽涉及施工阶段管理，但属于建设项目管理，不能算作施工项目管理。

（2）施工项目管理的对象是施工项目。施工项目管理的周期也就是施工项目的生命周期。施工项目的特点是多样性、固定性、复杂性及庞大性，施工项目管理的特殊性主要是生产活动和交易同时进行。

（3）施工项目管理的内容是在一个长时间进行的有序过程之中按阶段变化的。每个工程项目都按建设程序进行，也按施工程序进行，从开始到结束，要经过几年甚至十几年的时间。

（4）施工项目管理要求强化组织协调工作。由于施工项目生产活动的单件性，对产生的问题难以补救或虽可补救但后果严重；由于参与项目的施工人员不断在流动，需要采取特殊的流水方式，组织工作量很大；由于施工在露天进行，工期长，需要资源多；还由于施工活动涉及复杂的经济关系、技术关系、法律关系、行政关系和人际关系等；故施工项目管理中的组织协调工作最为复杂，必须建立项目经理部，配备职称的管理人员，努力使调度工作科学化、信息化，建立起动态的控制体系。

3. 施工项目管理的内容

建筑施工项目管理的基本内容包括以下几个方面：

（1）项目管理规划

1）项目管理规划大纲。

2）项目管理实施规划。

（2）项目目标控制

1）进度控制。

2）质量控制。

3）安全控制。

4）成本控制。

（3）项目的四项管理

1）项目现场管理。

2）项目合同管理。

3）项目信息管理。

4）项目生产要素管理。

4. 施工项目管理全过程

施工项目的管理对象，是施工项目寿命周期各阶段的工作。施工项目寿命周期可分为五个阶段，构成了施工项目管理有序的全过程。

（1）投标签约阶段

业主单位对建设项目进行设计和建设准备，建设项目具备了招标条件以后，业主便发出招标广告（或邀请函）。施工单位见到招标广告或收到邀请函后，从做出投标决策至中标签约的这个过程，实质上就是在进行施工项目管理工作。本阶段的最终管理目标是签订工程承包合同。这一阶段的主要工作如下：①建筑施工企业从经营战略的高度做出是否投标争取承包该项目的决策。②决定投标以后，从多方面收集大量信息。③编制既能使企业盈利，又有竞争力，可望中标的投标书。④如果中标，则与业主进行谈判，依法签订工程承包合同，使合同符合国家法律法规和国家计划，符合平等互利，等价有偿的原则。

（2）施工准备阶段

施工单位与招标单位签订了工程承包合同、交易关系确定之后，便应组建项目经理部，与企业经营层和管理层、业主单位配合，进行施工准备，使工程具备开工和连续施工的基本条件。这一阶段主要进行以下工作：①成立项目经理部，根据工程管理的需要建立机构，配备管理人员。②制定施工项目管理规划（或施工组织设计），以指导施工项目管理活动。③进行施工现场准备工作，使现场具备施工条件，利于进行文明施工。④编写开工申请报告，待批开工。

（3）施工阶段

这是一个自开工至竣工的实施过程。在这一过程中，项目经理部既是决策机构，又是责任机构。经营管理层、业主单位、监理单位的作用是支持、监督与协调。这一阶段的主要目标是完成合同规定的全部施工任务，达到竣工验收和交工的条件。这一阶段主要进行以下工作：①按施工项目管理规划（或施工组织设计）的安排进行施工。②在施工中努力做好动态控制工作，保证质量目标、进度目标、造价目标、安全目标、现场管理目标、节约目标的实现。③严格履行工程承包合同，处理好内外关系，管好合同变更，搞好索赔。④做好记录、协调、检查、分析工作。

（4）验收、交工与结算阶段

这一阶段可称作"结束阶段"，与建设项目的竣工验收协调同步进行。其目标是对项目成果进行总结、评价，对外结清债权债务，结束交易关系。本阶段主要进行以下工作：①工程收尾工作。②进行试运转。③在预验的基础上接受正式验收。④整理、移交竣工文件，进行财务结算，总结工作，编制竣工总结报告。⑤办理工程移交手续。⑥项目经理部解体。

（5）用后服务阶段

这是施工项目管理的最后阶段，即在项目使用后，按合同规定的责任期进行服务、回访与保修，其目的是保证使用单位正常使用，发挥效益。在该阶段主要进行以下工作：①为保证工程正常使用而做必要的技术咨询和服务；②进行工程回访，听取使用单位意见，总结经验教训，观察使用中的问题，进行必要的维护和维修；③进行沉陷、抗震性能的观察，以便及早发现问题，解决问题。

综上所述，施工项目管理的程序如图9-1所示。

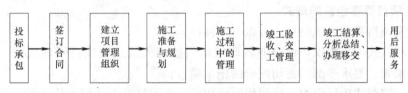

图 9-1　施工项目管理程序

9.1.2　施工项目管理的组织

1. 施工项目管理组织的概念

组织的第一种含义是指组织机构。组织机构是按一定领导体制、部门设置、层次划分、职责分工、规章制度和信息系统等构成的有机整体，是社会人的结合形式，可以完成一定的任务，并为此而处理人和人、人和事、人和物的关系。组织的第二种含义是指组织行为（活动），即通过一定的权力和影响力，为达到一定目标对所需资源进行合理配置，处理人和人、人和事、人和物关系的行为（活动）。

施工项目管理组织，也称为项目经理部，是指为进行施工项目管理、实现组织职能而进行组织系统的设计与建立、组织调整等三个方面工作的机构。它由项目经理在企业的支持下组建并领导、进行项目管理的组织机构。组织系统的设计与建立，是指经过筹划、设计，建成一个可以完成施工项目管理任务的组织机构，建立必要的规章制度，划分并明确岗位、层次、部门的责任和权力，建立和形成管理信息系统及责任分担系统，并通过一定岗位和部门内人员规范化的活动和信息流通实现组织目标。组织运行是指在组织系统形成后，按照组织要求，由各岗位和部门实施组织行为的过程。

施工项目管理组织机构与企业管理组织机构是局部与整体的关系。组织机构设置的目的是为了进一步充分发挥项目管理功能，提高项目整体管理效率，以达到项目管理的最终目标。

2. 施工项目管理组织的职能

组织职能是项目管理的基本职能之一，其目的是通过合理设计和职权关系结构来使各方面的工作协同一致。项目管理的组织职能包括5个方面。

（1）组织设计。包括选定一个合理的组织系统，划分各部门的权限和职责，确立各种基本的规章制度。

（2）组织联系。规定组织机构中各部门的相互关系，明确信息流通和信息反馈的渠道以及它们之间的协调原则和方法。

（3）组织运行。按分担的责任完成各自的工作，规定各组织体的工作顺序和业务管理活动的运行过程。组织运行要抓好三个关键性问题：一是人员配置；二是业务交圈；三是信息反馈。

（4）组织行为。指应用行为科学、社会学及社会心理学原理来研究、理解和影响组织中人们的行为、言语、组织过程、管理风格以及组织变更等。

（5）组织调整。指根据工作的需要，环境的变化，分析原有的项目组织系统的缺陷、适应性和效率性，对原组织系统进行调整和重新组合，包括组织形式的变化、人员的变动、规章制度的修订或废止、责任系统的调整以及信息流通系统的调整等。

3. 施工项目管理组织的形式

通常施工项目管理组织的形式有以下几种：

（1）工程队式项目组织，由企业各职能部门抽调人员组成项目管理机构。适用于大型、工期要求紧、要求多部门密切配合的施工项目。

（2）部门控制式项目组织，按职能原则建立，在不打乱企业现行建制的条件下，将对项目委托为企业内某一专业部门或施工队，由单一部门的领导负责组织项目实施的项目组织形式。适用于小型的、专业性较强、不涉及众多部门的施工项目。

（3）直线制式，直线制式组织中各职位都按直线排列，项目经理直接进行单项垂直领导。适用于中小型项目。

（4）矩阵式项目组织，矩阵式组织是现代大型项目管理中应用最广泛的新型组织形式。它吸收了部门控制式的优点，发挥职能部门的纵向优势和项目组织的横向优势，把职能原则和对象原则结合起来。从组织职能上看，矩阵式组织将企业职能和项目职能有机地结合在一起，形成了一种纵向职能机构和横向项目机构相交叉的"矩阵"型组织形式。适用于同时承担多个项目管理的企业以及大型、复杂的施工项目。

（5）事业部式项目组织，企业下设事业部，享有相对独立的经营权。适用大型经营型企业的工程承包，特别是适用于远离公司本部的施工项目。需要注意的是，一个地区只有一个项目，没有后续工程时，不宜设立地区事业部，也即它适用于在一个地区内有长期市场或一个企业有多种专业化施工力量时采用。在这些情况下，事业部与地区市场同寿命，地区没有项目时，该事业部应予以撤销。

4. 施工项目经理部的建立

项目经理部是施工项目管理的工作班子，置于项目经理的领导之下。为了充分发挥项目经理部在项目管理中的主体作用，必须对项目经理部的机构设置特别重视，设计好、组建好、运转好，从而发挥出应有的功能。

（1）项目经理部在项目经理的领导下，作为项目管理的组织机构，负责施工项目从开工到竣工验收的全过程生产经营和管理；是企业在某一工程项目上的管理层，同时对作业层负有管理和服务双重职能。作业层工作的质量取决于项目经理部的工作质量。

（2）项目经理部是项目经理的办事机构，为项目经理决策提供信息依据，当好参谋，同时又要执行项目经理的决策意图，向项目经理全面负责。

（3）项目经理部是一个组织体，其作用包括：完成企业所赋予的基本任务—项目管理和专业管理；凝聚管理人员的力量，调动其积极性，促进管理人员的合作，建立为事业献身的精神；协调部门之间、管理人员之间的关系，发挥每个人的岗位作用，为共同的目标进行工作；贯彻组织责任制，搞好管理；沟通部门之间，以及项目经理部与作业队之间、与公司之间、与环境之间的信息。

（4）项目经理部是代表企业履行工程承包合同的主体、对最终建筑产品和业主全面、全过程负责的管理实体；通过履行主体与管理实体地位的体现，使每个项目经理部成为市场竞争的主体成员。

5. 施工项目经理部的部门设置和人员配置

施工项目经理部的部门设置和人员配置的指导思想是把项目建成企业市场竞争的核心、企业管理的重心、成本核算的中心、代表企业履行合同的主体和工程管理实体。施工项目经理部一般应配备施工项目经理、总工程师、经济师、会计师、各专业工程师和计划、预算、质量、测试、计量以及辅助生产人员。全部岗位职责覆盖项目施工全过程的全面管理，同时需避免职责重复交叉。

9.2 施工项目目标控制

9.2.1 施工项目目标控制的任务

施工项目目标控制的任务主要有质量目标控制、进度目标控制和成本目标控制。

9.2.2 施工项目目标控制的措施

由于项目实施过程中主客观条件的变化是绝对的，不变则是相对的，因此在项目实施过程中，必须随着情况的变化进行项目目标的动态控制。

项目目标动态控制的工作程序：第一步，项目目标动态控制的准备工作：将项目的目标进行分解，以确定用于目标控制的计划值。第二步，在项目实施过程中项目目标的动态控制：收集项目目标的实际值，如实际投资、实际进度等；定期（如每两周或每月）进行项目目标的计划值和实际值的比较；通过项目目标的计划值和实际值的比较，如有偏差，则采取纠偏措施进行纠偏。

1. 项目目标动态控制纠偏措施

（1）组织措施

分析由于组织的原因而影响项目目标实现的问题，并采取相应的措施，如调整项目组织结构、任务分工、管理职能分工、工作流程组织和项目管理班子人员等。

（2）管理措施（包括合同措施）

分析由于管理的原因而影响项目目标实现的问题，并采取相应的措施，如调整进度管理的方法和手段，改变施工管理和强化合同管理等。

（3）经济措施

分析由于经济的原因而影响项目目标实现的问题，并采取相应的措施，如落实加快工程施工进度所需的资金等。

（4）技术措施

分析由于技术（包括设计和施工的技术）的原因而影响项目目标实现的问题，并采取相应的措施，如调整设计、改进施工方法和改变施工机具等。

项目目标动态控制的核心是，在项目实施的过程中，要定期地进行项目目标的计划值和实际值的比较，当发现项目目标偏离时应采取纠偏措施。为避免项目目标偏离的发生，还应重视事前的主动控制，即事前分析可能导致项目目标偏离的各种影响因素，并针对这些影响因素采取有效的预防措施。

2. 运用动态控制原理控制施工进度的步骤

（1）施工进度目标的逐层分解。

（2）在施工工程中，对施工进度目标进行动态跟踪和控制。

（3）调整施工进度目标。

3. 运用动态控制原理控制施工成本的步骤

（1）施工成本目标的逐层分解。

（2）在施工过程中，对施工成本目标进行动态跟踪和控制。

（3）调整施工成本目标。

4. 运用动态控制原理控制施工质量的工作步骤

在施工活动开展前，首先应对质量目标进行分解，定出质量的计划值。在施工进展过程中，检查质量的实际值，通过施工质量计划值和实际值的比较，发现质量有偏差，则采取相应的措施进行纠偏。

9.3 施工资源与现场管理

9.3.1 施工资源管理的任务和内容

资源管理是对项目所需人力、材料、机械设备、技术、资金和基础设施所进行的计划、组织、指挥、协调和控制等活动。

1. 施工资源管理的任务

（1）对资源进行优化配置，即适时、适量地按照一定比例配置资源，并投入到施工生产中，以满足需要。

（2）进行资源的优化组合，即投入项目的各种资源在施工项目中搭配适当、协调，能够充分发挥作用，更有效地形成生产力。

（3）在整个项目运行过程中，能对资源进行动态管理。由于项目的实施过程是一个不断变化的过程，对资源的需求也会不断发生变化，因此资源的配置与组合也需要不断地调整以适应工程的需要，这就是一种动态的管理。它是优化组合与配置的手段与保证。它的基本内容应该是按照项目的内在规律，有效地计划、组织协调、控制各种生产资源，使其能合理地流动，在动态中求得平衡。

（4）在施工项目运行中，合理地、节约地使用资源（资金、材料、设备、劳动力）。

2. 施工资源管理的内容

（1）人力资源管理

人力资源管理在整个项目资源管理中占有很重要的地位。从经济的角度看，人是生产力要素中的决定因素，在社会生产过程中，处于主导地位，因此，我们在这里所指的人力资源应当是广义的人力资源，它包括管理层和操作层。只有加强了这两方面的管理，把它们的积极性充分调动起来，才能很好地去利用手中的材料、设备、资金，把工程做得细致。

1）人力资源管理的目的

人力资源管理的目的，就是对人力资源进行充分利用，提高劳动生产效率，并保证工程按照计划目标实现，从而达到降低成本的目的。众所周知，人是生产力中最活跃的因素。人在掌握生产技术后，可以运用劳动手段，直接作用于劳动对象，从而形成生产力。劳动力管理的关键，就是如何调动劳动者的积极性。而调动劳动者积极性的最好办法就是利用行为科学，从劳动力个人的需求和行为的关系出发，进行适当的激励。

2）人力资源管理的任务

人力资源管理，应全面贯彻国家有关劳动力方面的方针政策和法令，坚持按劳分配，正确处理国家、企业和职工个人之间的利益关系，认真搞好工资福利和劳动保护工作，使职工的物质文化生活和劳动条件在生产发展的基础上不断得到改善，充分调动劳动者的积极性。

人力资源管理的基本任务就是管理人员从维护和促进本组织发展的前提出发，通过有计划地对本组织内外的人力资源进行合理的组织，采取各种措施，加强劳动力管理，降低劳动力消耗，提高劳动生产率，激发组织成员的积极性和创造性，充分发挥人力作用，使人尽其才，才尽其用。同时，加强对职工的技能培训，不断提高职工的技术和业务水平，提高企业素质，加速工程建设项目的实现。

3）人力资源管理的内容

人力资源管理的主要内容包括以下几个方面：

① 人力资源的招聘、培训、录用和调配（对于劳务单位）。

② 劳务单位和专业单位的选择和招标（对于总承包单位）。

③ 科学管理地组织劳动力，节约使用劳动力。

④ 制定、实施、完善、稳定劳动定额和定员。

⑤ 改善劳动条件，保证职工在生产中的安全与健康。

⑥ 加强劳动纪律，开展劳动竞赛，提高劳动生产效率。

⑦ 对劳动者进行考核，以便对其进行奖惩。

（2）材料管理

材料管理就是项目对施工生产过程中所需要的各种材料的计划、订购、运输、储备、发放和使用所进行的一系列组织与管理工作。做好这些物资管理工作，有利于企业合理使用和节约材料、加速资金周转、降低工程成本、增加企业的盈利、保证并提高建筑产品质量。

1）材料管理的目的

工程项目材料管理是为了保证施工生产的顺利进行，降低工程成本，加速流动资金周转，减少流动资金的占用，提高劳动生产率和工程质量，以利于工程按期或提前完成。

2）材料管理的任务

项目材料管理的任务是制订材料管理计划，保质、保量、如期地供应施工所需要的各种材料，保证工程项目施工活动正常、有序地进行。同时，经济、合理地对材料进行储备、保管、养护，以便降低材料不必要的消耗。此外，还应监督和促进材料的合理使用，积极采用措施节约材料，对做出突出贡献的人员可给予一定的奖励。

3）材料管理的内容

对工程项目材料的管理，主要是指在材料计划的基础上，对材料的采购、供应保管和使用进行组织和管理，其具体内容包括材料定额的制定管理、材料计划的编制、材料的库存管理、材料的订货采购、材料的组织运输、材料的仓库管理、材料的现场管理、材料的成本管理等。

（3）机械设备管理

随着建筑业的发展，建筑工业化、机械化的水平正在不断地提高，以机械设备施工代替繁重的体力劳动已经日益显著，而且机械设备的数量、型号、种类还在不断增加，在施工中所起的作用也越来越大，因此加强对施工机械设备的管理也日益重要。

1）机械设备管理的目的

机械设备管理的目的是按照机械设备的客观运转规律，对施工所需要机械设备进行合理地组织和优化，使其有利于生产，以便能有较少的机械设备完成尽可能多的施工任务，节约资源。对机械设备进行优化配置，提高机械设备的生产效率，是管理工作的中心环节。

2）机械设备管理的任务

在设备使用寿命期内，机械设备管理的任务就是科学地选好、管好、养好、修好机械设备，保持较高的设备完好率和最佳技术状态，从而提高设备利用率和劳动生产率，提高工程质量，获得最大的经济效益。

3）机械设备管理的内容

机械设备管理的内容，主要包括机械设备的合理装备、选择、使用、维护和修理等。对机械设备的合理装备应以"技术上先进、经济上合理、生产上适用"为原则，既要保证施工的需要，又要使每台机械设备能发挥最大效率，以获得更高的经济效益。选择机械设备时，应进行技术和经济条件的对比和分析，以确保选择的合理性。

项目施工过程中，应当正确、合理地使用机械设备，保持其良好的工作性能，减轻机械磨损，延长机械使用寿命，如机械设备出现磨损或损坏，应及时修理。此外，还应主要机械设备的保养和更新。

（4）技术管理

技术管理，是项目经理对所承包工程的各项技术活动和施工技术的各项内容进行计划、组织、指挥、协调和控制的总称，总而言之就是对工程项目进行科学管理。

1) 技术管理的目的

① 保证施工过程符合技术规律的要求，保证施工按正常秩序进行。

② 通过技术管理，不断提高技术管理水平和职工的技术素质，能预见性地发现问题，最终达到高质量地完成工程的目的。

③ 充分发挥施工中人员及材料、设备的潜力，针对工程特点和技术难题，开展合理化建议和技术攻关活动，在保证工程质量和生产计划的前提下，降低工程成本，提高经营效果。

④ 通过技术管理，积极研究与推广新技术，促进技术现代化，提高竞争能力。

2) 技术管理的任务

工程项目技术管理的任务是：在所承包的工程项目建设过程中，运用管理的职能（即计划、组织、指挥、协调和控制），促进技术工作的开展，使之正确贯彻国家和上级的有关技术工作的指示与决定科学地组织各项技术工作，建立良好的技术秩序，保证生产过程符合技术规范、规程和技术规律，从而保证高质量地按期完成该工程项目，使技术与经济、质量与进度达到统一。

3) 技术管理的内容

建筑工程的施工是一种复杂的、多工种操作的综合工程，其技术管理所包括的内容也较多，主要包括以下几方面：

技术准备阶段："三结合"设计、图纸的熟悉审查及会审、设计交底、编制施工组织设计及技术交底；项目实施过程中：技术管理工作（技术文件、技术资料、技术档案、技术标准和技术责任制）、技术开发管理工作（科学研究、技术改造、技术革新、新技术试验）、技术经济分析与评价。

(5) 资金管理

和其他任何行业一样，建筑施工企业在运作过程中也离不开资金。人们常常把资金比做企业的血液，这是十分恰当的。抓好资金管理，把有限的资金运用到关键的地方，加快资金的流动，促进施工，降低成本，因此资金管理具有十分重要的意义。

1) 资金管理的内容

工程项目资金管理的内容主要包括资金筹集、资金使用、资金的回收和分配等，此外，施工项目资金运动、施工项目资金的预测和对比、项目资金计划等也是工程项目资金管理的重要方面。

由于资金运动存在着客观的资金运动规律，且不以人们的意志为转移，因此只有掌握和认识资金运动规律，合理组织资金运动，才能加速物质运动，提高经济效益，达到更好的管理效果。

2) 资金管理的方法

进行项目资金管理，主要的方法有资金的预测和对比、项目资金计划等方法，通过不断地进行分析和对比、计划的调整和考核，达到节约成本的目的。

9.3.2 施工现场管理的任务和内容

1. 施工现场管理的任务

工程施工项目部施工现场管理的主要任务有：

（1）根据施工组织设计要求，及时调整施工平面布置，并设置各种临时设施、堆放物料、停放机械设备及疏导社会交通等。

（2）通过设置围挡（墙）对施工现场实施封闭管理。

（3）根据工程特点及施工的不同阶段，有针对性地设置、悬挂安全警示标志。

（4）环境保护和文明施工管理。

2. 施工现场管理的内容

（1）施工平面布置

1）施工图上一切地上、地下建筑物、构筑物以及其他设施的平面布置。

2）给水、排水、供电管线等临时位置。

3）生产、生活临时区域及仓库、材料构件、机械设备堆放位置。

4）现场运输通道、便桥及安全消防临时设施。

5）环保、绿化区域位置。

6）围墙（挡）与入口位置。

（2）施工现场封闭管理

1）施工现场围挡（墙）应沿工地四周连续设置，不得留有缺口，并根据地质、气候、围挡（墙）材料进行设计与计算，确保围挡（墙）的稳定性、安全性。

2）围挡的用材应坚固、稳定、整洁、美观，宜选用砌体、金属材板等硬质材料。

3）围挡一般应高于 1.8m，在市区内应高于 2.5m。

4）施工现场有固定的出入口，出入口处设置大门。

5）大门应牢固美观，大门上应标有企业名称或企业标识。

6）出入口处应当设置专职门卫保卫人员，制定门卫管理制度及交接班记录制度。

7）施工现场的进口处设有整齐规范的"五牌二图"。

（3）警示标牌

1）施工现场入口处、施工起重机械、临时用电设施、脚手架、出入通道口、楼梯口、电梯井口、孔洞口、桥梁口、隧道口、基坑边沿、爆破物及有害危险气体和液体存放处等属于危险部位，应当设置明显的安全警示标志。

2）根据危险部位的性质不同分别设置禁止标志、警告标志、指令标志、指示标志，夜间设红灯示警。

3）安全标志设置后应当进行统计记录，并填写施工现场安全标志登记表。

（4）环境保护和文明施工管理

1）防治大气污染措施

① 为减少扬尘，施工场地的主要道路、料场、生活办公区域应按规定进行硬化处理；裸露的场地和集中堆放的土方应采取覆盖、固化、绿化、洒水降尘措施。

② 使用密目式安全网对在建筑物、构筑物进行封闭。拆除旧有建筑物时，应采用隔离、洒水等措施防止施工过程扬尘，并应在规定期限内将废弃物清理完毕。

③ 不得在施工现场熔融沥青，严禁在施工现场焚烧含有有毒、有害化学成分的装饰废料、油毡、油漆、垃圾等各类废弃物。

④ 根据风力和大气湿度的具体情况，进行土方回填、转运作业；沿线安排洒水车，洒水降尘。

⑤ 混凝土搅拌场所采取封闭、降尘措施；水泥和其他易飞扬的细颗粒建筑材料应密封存放，砂石等散料应采取覆盖措施。

⑥ 设置密闭式垃圾站，施工垃圾、生活垃圾应分类存放，并及时清运出场；施工垃圾的清运，应采用专用封闭式容器吊运或传送，严禁凌空抛撒。

⑦ 从事土方、渣土和施工垃圾运输应采用密封式运输车辆或采取覆盖措施；现场出入口应采取保证车辆清洁的措施；并设专人清扫交通路线。

⑧ 城区、旅游景点、疗养区、重点文物保护地及人口密集区的施工现场应使用清洁能源；施工现场的机械设备、车辆的尾气排放应符合国家环保排放标准要求。

2）防治水污染措施

① 施工场地设置排水沟及沉淀池，污水、泥浆必须防止泄露外流污染环境；污水应尽可能重复使用，按照规定排入市政污水管道或河流，泥浆应采用专用罐车外弃。

② 现场存放的油料、化学溶剂等应设有专门的库房，地面应进行防渗漏处理。

③ 食堂应置隔油池，并及时清理。

④ 厕所的化粪池应进行抗渗处理。

⑤ 食堂、盥洗室、淋浴间的下水管线应设置隔离网，并与市政污水管线连接，保证排水畅通。

⑥ 严禁取用污染水源施工给水施工给水管道，如施工管段处于污染水水域较近时，须严格控制污染水进入管道；如不慎污染管道，应按有关规定处理。

3）防治施工噪声污染措施

① 按照《声环境质量标准》GB 3096—2008、《建筑施工场界环境噪声排放标准》GB 12523—2011、《工业企业噪声控制设计规范》GB/T 50087—2013 制定降噪措施，并应对施工现场的噪声值进行检测和记录。

② 强噪声设备宜设置在远离居民区的一侧。

③ 对因生产工艺要求或其他特殊需要，确需在夜间进行强噪声施工的，施工前建设单位和施工单位应到有关部门提出申请，经批准后方施工，并公告附近居民。

④ 夜间运输材料的车辆进入施工现场，严禁鸣笛，装卸材料应做到轻拿轻放。

⑤ 对产生噪声和振动的施工机械、机具，应采取消声、吸声、隔声等措施有效控制和降低噪声。

4）防治施工固体废弃物污染

① 施工车辆运输砂石、土方、渣土和建筑垃圾，采取密封、覆盖措施，避免、遗洒，并按指定地点倾卸，防止固体废物污染环境。

② 运送车辆不得装卸过满并应加遮盖。车辆出场前设专人检查，在场地出口处设置洗车池，待土车出口时将车轮冲洗干净；应要求司机在转弯、上坡时减速慢行，避免遗洒；安排专人对土方车辆行驶路线进行检查，发现遗洒及时清扫。

5）防治施工照明污染

① 夜间施工严格按照建设行政主管部门和有关部门的规定，设置现场施工照明装置。

② 对施工照明器具的种类、灯光亮度就以严格控制，特别是在城市市区居民居住区内，减少施工照明对城市居民影响。

9.4 数理统计的基本概念、抽样调查的方法

9.4.1 总体、样本、统计量、抽样的概念

1. 总体与个体

总体也称母体，是统计分析中所要研究对象的全体。而组成总体的每个单元称为个体。总体中含有个体的数目通常用 N 表示。例如，浇筑城市明挖隧道主体结构时，如果把一组 $15cm \times 15cm \times 15cm$ 混凝土试件强度作为个体，则组成该单位工程的若干组试件强度即是一个总体。在对一批产品质量检验时，该批产品是总体，其中的每件产品是个体，这时 N 是有限的数值，则称之为有限总体。若对生产过程进行检测时，应该把整个生产过程过去、现在，以及将来的产品视为总体。随着生产的进行 N 是无限地称之为无限总体。实践中，一般把从每件产品检测得到的某一质量数据（强度、几何尺寸、重量等）即质量特性值视为个体，产品的全部质量数据的集合即为总体。

统计学的主要任务：

(1) 研究总体分布特征。

(2) 确定这个总体（即分布）的均值、方差等参数。

2. 样本

从总体中抽取部分个体所组成的集合称为样本，也称子样。样本中的个体称为样品，样品的个数称为样本容量或样本量，常用 n 表示。样本容量越大越能反映总体的性质。

人们从总体中抽取样本是为了认识总体。即从样本推断总体，如推断总体是什么分布、推断总体均值为多少？推断总体的标准差是多少？为了使此种统计推断有所依据，推断结果有效，对样本的抽取应有所要求。

满足下面两个条件的样本称为简单随机样本，又称为样本。

(1) 随机性

总体中每个个体都有相同的机会入样。例如按随机性要求抽出 5 个样品，记为 X_1，X_2，…，X_5，则其中每一个都应与总体分布相同。这只要随机抽样就可以保证此点实施。

(2) 独立性

从总体重新抽取的每个样品对其他样本的抽取无任何影响，加入总体是无限的，独立性容易实现，若总体很大，特别与样本量 n 相比是很大的，这时即使总体是有限的，此种抽样独立性也可以得到保证。

综上两点，样本 X_1，X_2，…，X_n 可以看作 n 个相互独立的，同分布的随机变量，其分布与总体分布相同。今后的样本都是指满足这些要求的简单随机样本。在实际中工作抽样时，也应按此要求从总体中进行抽样。这样获得样本能够很好地反映实际总体的状态。

抽样切忌干扰，特别是人为干扰。人为的倾向性会使所得的样本不是简单的随机样本，从而使最后的统计推断失效。

(3) 统计量与抽样分布

样本来自总体，因此样本中包含了有关总体的丰富信息，但是这些信息是分散的，为了把这些分散的信息集中起来的特征，需要对样本进行加工，一种有效的办法就是构造样

本的函数，不同的函数可以反映总体的不同特征。

我们把不含未知参数的样本函数称为统计量。统计量的分布称为抽样分布。

【例 9-1】 从均值为 μ 方差为 σ_2 的总体中抽得一个容量为 n 的样本 X_1，X_2，…，X_n，其中 μ 与 σ_2 均未知。

那么 X_1+X_2，$\max\{X_1，X_2，…，X_n\}$ 是统计量，而 $X_1+X_2-2\mu$，$(X_1-\mu)$ 都不是统计量。

（4）常用的统计量

常用统计量可分为两类，一类是用来描述样本的中心位置，另一类用来描述样本的分散程度。为此先介绍有序样本的概念，引入几个常用统计量。

1）有序样本

设 x_1、x_2，…，x_n 是从总体 X 中随机抽取的容量为 n 的样本，将它们的观测值从小到大排列为：$x_{(1)}$、$x_{(2)}$，…，$x_{(n)}$，这便是有序样本。其中 $x_{(1)}$ 是样本中的最小观测值，$x_{(n)}$ 是样本中最大观测值。

2）描述样本的中心位置的统计量

总体中每一个个体的取值尽管有差异的，但是总有一个中心位置，如样本均值、样本中位数等。描述样本中心位置的统计量反映了总体的中心位置，常用的有下列几种：

① 样本的均值

$$\overline{x} = \frac{1}{n}\sum_{i=1}^{n} x_i$$

样本观测值有大有小，样本均值处于样本的中间位置，它可以反映总体分布的均值。

对于分组数据来讲，样本均值的近似值为：

$$\overline{X} = \frac{1}{n}\sum_{i=1}^{k} f_i X_i$$

$$n = \sum_{i=1}^{k} f_i$$

其中，k 是分组数，X_i 是第 i 组的组中值，f_i 是第 i 组的频数。

② 样本中位数

$$\widetilde{X} = \begin{cases} X\left(\dfrac{n+1}{2}\right) & n \text{ 为奇数} \\ \dfrac{1}{2}\left[X\left(\dfrac{n}{2}\right) + X\left(\dfrac{n}{2}+1\right)\right] & n \text{ 为偶数} \end{cases}$$

③ 众数

数据中最常出现的值记为 Mod。样本的众数是样本中出现可能性最大的值，不过它不一定唯一。

【例 9-2】 现有一个数据集合（已经排序）：2，3，4，4，5，5，5，5，6，6，7，7，8，共有 13 个数据，处于中间位置的是第 7 个数据，则样本中位数为 $\widetilde{x}=x_{(7)}=5$。

【例 9-3】 现有一个数据集合：2，3，3，3，3，4，4，4，5，6，6，7，7，7，其中 3 出现的次数最多，那么众数为 3。

3）描述样本数据分散程度的统计量

总体中各个个体的取值总是有差别的，因此样本的观测值也是有差异的，这种差异有大有小，反映样本数据的分散程度的统计量实际上反映了总体取值的分散程度，常用的有如下几种：

① 样本极差

$$R = \max\{X_1, X_2, \cdots, X_n\} - \min\{X_1, X_2, \cdots, X_n\}$$

② 样本（无偏）方差

$$S^2 = \frac{1}{n-1} \sum_{i=1}^{n} (X_i - \overline{X})^2$$

同样，对分组数据来讲，样本方差的近似值为

$$S^2 = \frac{1}{n-1} \sum_{i=1}^{n} f_i (X_i - \overline{X})^2$$

样本极差的计算十分简便，但对样本中的信息利用得也较少。而样本方差就能充分利用样本所用的信息，因此在实际中样本方差比样本极差用的更广。

③ 样本的标准差

$$S = \sqrt{S^2} = \sqrt{\frac{1}{n-1} \sum_{i=1}^{n} (x_i - \overline{x})^2}$$

样本方差尽管对数据的利用是充分的，但是方差的量纲（即数据的单位）是原始量纲的平方，譬如样本观测值是长度，单位是"毫米"，而方差的单位是"平方毫米"，这就不一致，而采用样本标准差就消除了单位的差异。

④ 变异系数

$$C_v = \frac{S}{\overline{X}} = \times 100\%$$

变异系数常用于不同数据集的分散程度的比较，譬如测得上海到北极的平均距离为1463km，测量误差标准差为1km，而测得一张桌子的平均长度为1.0m，测量误差的标准差为0.01m，表面来看，桌子测量的误差小，但是比较两者的变异系数，它们分别是1/1463＝0.068％与0.01＝1％，所以还是前者的测量精度要高。

9.4.2　抽样的方法

要获得总体的特征，应根据总体特点采用正确的抽样方法。一般分为随机抽样、分层抽样、整群抽样、系统抽样等方法。

1. 随机抽样

一般地，设一个总体含有 N 个个体，从中逐个不放回地抽取 n 个个体作为样本（$n \leqslant N$），如果每次抽取时，总体内的各个个体被抽到的机会都相等，就把这种抽样方法叫作简单随机抽样。

该法常常用于总体个数较少时，它的主要特征是从总体中逐个抽取，具有抽样误差小的特点，但是抽样手续比较繁杂。

一般采用抽签法、随机样数表法实行，利用计算机产生的随机数进行抽样。

2. 分层抽样

分层抽样即类型抽样，一般地，在抽样时，将总体分成互不交叉的层，然后按照一定

的比例，从各层独立地抽取一定数量的个体，将各层取出的个体合在一起作为样本。

主要特征分层按比例抽样，主要使用于总体中的个体有明显差异，但每个个体被抽到的概率都相等。

该方法具有样本的代表性比较好，抽样误差比较小等特点，但是抽样手续比简单随机抽样还要繁杂，常用于产品质量验收。

3. 整群抽样

整群抽样法是将总体分成许多群，每个群由个体按一定方法结合而成，然后随机地抽取若干群，并由这些群中的所有个体组成样本。这种抽样法的优点是抽样实施方便，缺点是由于样本只有来自个别几个群体，而不能均匀地分布在总体，因而体表性差，抽样误差大。这种方法常用在工序控制中。

4. 系统抽样

当总体中的个体数较多时，采用简单随机抽样显得较为费事。这时，可将总体分成均衡的几个部分，然后按照预先定出的规则，从每一部分抽取一个个体，得到所需要的样本。

该方法具有操作简便，实施不易处差错的特点，但是容易出较大偏差。在总体发生周期性变化的场合，不宜使用这种方法。

5. 质量统计

质量统计就是用统计的方法，通过收集、整理质量数据，帮助分析发现质量问题从而及时采取对策措施，纠正和预防质量事故。质量统计的内容主要有母体、子样、母体与子样、数据的关系、随机现象、随机事件、随机事件的频率。

1）母体：又称总体、检验（收）批或批。又分为"有限母体（有一定数量表现——有一批同牌号、同规格的钢材和水泥）"和"无限母体（没有一定数量表现——如一道工序）"。

2）子样：又称为试样或样本。指从母体中取出来的部分个体。分为"随机取样（用于产品验收，即母体内各个体都有相同的机会或有可能被抽取）"和"系统抽样（用于工序的控制，即每隔一段时间，便连续抽取若干产品作为子样，以代表当时的生产情况）"。

3）母体与子样、数据的关系：在产品生产过程中，子样所属的一批产品（有限母体）或工序（无限母体）的质量状态和特性值，可从子样取得的数据来推测和判断。

4）随机现象：在产品生产过程中，在基本条件不变的情况下，出现一些不确定情况的现象。

例如：配置混凝土时，同样的配合比，同样的设备，同样的生产条件，混凝土抗压强度可能存在偏高，也可能偏低的现象。

5）随机事件：目的是仔细考察一个随机事件，就需要分析这个现象的各种表现。我们把随机现象的每一种表现或结果称为随机事件。

例如：某一道工序加工产品的质量，可以表现为合格，也可以表现为不合格。"加工产品合格"和"加工产品不合格"就是随机现象中的两个随机事件。

6）随机事件的频率：是衡量随机事件发生可能性大小的一种数量标志。在试验数据中，随机事件发生的次数叫"频数"，它与数据总数的比值叫"频率"。

9.5 施工质量数据抽样和统计分析方法

9.5.1 施工质量数据抽样的基本方法

1. 质量数据分类

质量数据是指由个体产品质量特性值组成的样本的质量数据集，在统计上称为变量；个体产品质量特性值成变量值。根据质量数据的特点，可以将其分为计量数据和计数数据。

(1) 计量数据：可以用测量工具具体测读出小数点以下数值的数据。

(2) 计数数据：凡是不能连续取值的，或者说即使使用测量工具也得不到小数点以下数值，而只能得到 0 或 1，2，3...... 等自然数的这类数据。计数数据还可细分为计件数据和计点数据。计件数据一般服从二项式分布，计点数据一般服从泊松分布。

2. 质量数据收集的主要方法

(1) 全数检（试）验：全数检（试）验是对总体中的全部个体逐一观察、测量、计数、登记，从而获得对总体质量水平评价结论的方法。

(2) 随机抽样检（试）验：抽样检（试）验是按照随机抽样的原则，从总体中抽取部分个体组成样本，根据对样品进行检测的结果，推断总体质量水平的方法。

抽样检（试）验抽取样品不受检（试）验人员主观意愿的支配，每一个体被抽中的概率都相同，从而保证了样本在总体中的分布比较均匀，有充分的代表性；同时它还具有节省人力、物力、财力、时间和准确性高的优点；它又可用于破坏性检（试）验和生产过程的质量监控，完成全数检测无法进行的检测项目，具有广泛的应用空间。

3. 质量数据收集具体方法

建设工程施工质量数据抽样检测包括工程材料、成品、半成品、设备、工程产品、结构性能等多方面内容，均需按照一定的规范要求进行取样，采用目测、量测、检测等方法获取相关质量数据。

根据《建筑工程施工质量验收统一标准》GB 50300—2013 的规定：抽样复检是指"按照规定的抽样方案，随机地从进场的材料、构配件、设备或建筑工程检（试）验项目中，按检验（收）批抽取一定数量的样本所进行的检（试）验"，抽样方案直接关系到验收结论的正确与否，是检验（收）批验收的关键，应具备一定的科学性、可操作性，符合统计学原理，必须具有足够的代表性。

抽样方案应根据统计学原理对足够大的样本群按照一定的原则或顺序、路线，通过抽取规定比例、规定数目的样本，对其验收内容进行检查、检测，并根据检查、检测结果，通过判定所抽取样本的质量状态，再根据其代表性进一步判定整个检验（收）批的施工质量是否达到合格标准。

主控项目必须全检及检（试）验比例 100%，并且是一票否决；一般项目按照相应专业施工质量验收规范规定的抽检比例，合格率满足规范要求即为合格，比如按照专业规范规定抽检比例为 10%，则应考虑现场检验（收）批分布情况，或重点抽查或随机抽取，但应遵循或认为具有代表性这一最重要的原则。

（1）计量、计数或计量-计数方式。

（2）一次、二次或多次抽样方式。

（3）根据生产连续性和生产控制稳定性情况，采用调整型抽样方案。

（4）对重要的检（试）验项目当可采用简易快速的检（试）验方法时，可选用全数检（试）验方案。

（5）经工程实践验证有效的抽样方案。

4. 计数值与计量值

（1）计量值数据

凡是可以连续取值的，或者说可以用测量工具具体测量出小数点以下数值的这类数据，叫计量值数据，如长度、重量、温度、力度等，这类数据服从正态分布；也就是说计量值是指测量某一个产品特性的连续性数据，最常用的正态分布。

（2）计量值特性

设有一个对象的特性，其结果表述用在一个范围内的无穷的连续的读值表示（假如存在分辨率任意小的量测系统），如：一条钢棒的长度、直径等，一个灯泡的寿命，分析此类特性，应用连续型随机变量方法。

（3）计数值数据

凡是不能连续取值的，或者说即使使用测量工具也得不到小数点以下数据的，而只能以 0 或 1、2、3 等整数来描述的这类数据，叫计数值数据，如不合格品数、缺陷数等，又可细分为计点数据和计件数据，计点数据服从泊松分布，计件数据服从二项分布。

值得注意的是，当一个数据是用百分率表示时，虽然表面上看百分率可以表示到小数点以下，但该数据类型取决于计算该百分率的分子，当分子是计数值时，该数据也就是计数值。

（4）计数值特性

设有一个对象，其结果是分段的，不连续的，可列出的如：把钢棒按其长度分成三个等级，叫 A、B、C，则以 A、B、C 描述的值即为计数值；另统计每天的检测的属于 A 型的钢棒数量也是计数值当特性以这样的方式描述时，就是计数值特性，这很好区别的计数值：分为计件与计点。

计件：指的是在测量中以计算产品的不良个数，一般图形有不良率图、不良数图。

计点：指的是在测量中以计算产品的缺点个数，一般图形为缺点数图，单位缺点数、推移图。

9.5.2 数据统计分析的基本方法

1. 统计方法及用途

统计方法是指有关收集、整理、分析和解释统计数据，并对其反映问题做出一定的结论的方法，包括描述性统计方法和推断性统计方法两种。

通过详细研究样本来达到了解、推测总体状况的目的，因此它具有由局部推断整体的性质。由推断而得出的结论并不会完全正确，即可能有错误，出现风险。

（1）描述性统计方法

描述性统计方法是对统计数据进行整理和描述的方法，以便展示统计数据的规律。常用曲线、表格、图形等反映统计数据和描述观测结果，以使数据更加容易理解。

统计数据可用数量值加以度量，如平均数、中位数、极差和标准差等，亦可用统计图表予以显示，如条形图、折线图、圆形图、频数直方图、频数曲线等。

（2）推断性统计方法

推断性统计方法是在对统计数据描述的基础上，进一步对其所反映的问题进行分析、解释和做出推断性结论的方法。

（3）统计方法的用途

① 提供表示事物特征的数据（平均值、中位数、标准偏差、方差、极差）；

② 比较两事物的差异（假设检（试）验、显著性检（试）验、方差分析、水平对比法）；

③ 分析影响事物变化的因素（因果图、调查表、散步图、分层法、树图、方差分析）；

④ 分析事物之间的相互关系（散布图、试验设计法）；

⑤ 研究取样和试验方法，确定合理的试验方案（抽样方法、抽样检（试）验、试验设计、可靠性试验）；

⑥ 发现质量问题，分析和掌握质量数据的分部状况和动态变化（频数直方图、控制图、排列图）；

⑦ 描述质量行程过程（流程图、控制图）。

2. 主要统计分析方法

（1）排列图法

排列图法是利用排列图寻找寻找影响质量主次因素的一种有效方法。排列图又叫帕累托图或主次因素分析图，它是由两个纵坐标、一个横坐标、几个连起来的直方形和一条曲线所组成。左侧的纵坐标表示频数，右侧纵坐标表示累计频数，横坐标表示影响质量的各个因素或项目，按影响程度大小从左至右排列，直方形的高度示意某个因素的影响大小实际应用中，通常按累计频率划分为（0～80%）、（80%～90%）、（90%～100%）三部分，与其对应的影响因素分别为 A、B、C 三类。A 类为主要因素，B 类为次要因素，C 类为一般因素。

【例 9-4】 某工地现浇混凝土构件尺寸质量检查结果是：在全部检查的 8 个项目中不合格点（超偏差限制）有 150 个，为改进并保证质量，应对这些不合格点进行分析，以便找出混凝土构件尺寸质量的薄弱环节。

（1）收集整理数据

首先收集混凝土构件尺寸各项目不合格点的数据资料，见表 9-1。各项目不合格点出现的次数即频数。然后，对数据资料进行整理，按不合格点的频数由大到小顺序排列各项检查项目。以全部不合格点数为总数，计算各项的频率和累计频率，结果见表 9-2。

不合格点统计表　　　　　　　　　　　　　　　　　　表 9-1

序号	检查项目	不合格点数	序号	检查项目	不合格点数
1	轴线位置	1	5	平面水平度	15
2	垂直度	8	6	表面平整度	75
3	标高	4	7	预埋设施中心位置	1
4	截面尺寸	45	8	预留孔洞中心位置	1

不合格点项目频数频率统计表				表 9-2
序号	项目	频数	频率(%)	累计频率(%)
1	表面平整度	75	50	50
2	截面尺寸	45	30	80
3	平面水平度	15	10	90
4	垂直度	8	5.3	95.3
5	标高	4	2.7	98
6	其他	3	2.0	100
合计	—	129	100	—

（2）排列图的绘制

记录必要的事项。如标题、收集数据的方法和时间等。如混凝土构件尺寸不合格点，排列图见图 9-2。

（3）排列图的观察与分析

1）观察直方形，大致可看出各项目的影响程度。排列图中的每个直方形都表示一个质量问题或影响因素。影响程度与各直方形的高度成正比。

2）利用 ABC 分类法，确定主次因素，将累计频率曲线按（0～80%）、（80%～90%）、（90%～100%）分为三部分，各曲线下面所对应的影响因素分别为 A、B、C 三类因素，该例中，A 类即主要因素是表面平整度（2m 长度）；B 类即次要因素没有；C 类即一般因素有截面尺寸、垂直度、轴线位置。综上分析结果，下步应重点解决 A 类等质量问题。

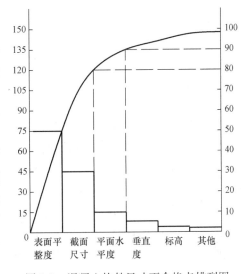

图 9-2　混凝土构件尺寸不合格点排列图

（4）排列图的应用

排列图可以形象、直观地反映主次因素。其主要应用有：

① 按不合格点的内容分类，可以分析出造成质量问题的薄弱环节。

② 按生产作业分类，可以找出生产不合格品最多的关键过程。

③ 按生产班组或单位分类，可以分析比较各单位技术水平和质量管理水平。

④ 将采取提高质量措施前后的排列图对比，可以分析措施是否有效。

⑤ 此外还可以用于成本费分析、安全问题分析等。

3. 直方图法

（1）直方图法的用途

直方图法即频数分布直方图法，它是将收集到的质量数据进行分组整理，绘制成频数分布直方图，用以描述质量分布状态的一种分析方法，所以又称质量分布图法。

通过直方图的观察与分析，可了解产品质量的波动情况，掌握质量特性的分布规律，以便对质量状况进行分析判断。同时可通过质量数据特质值的计算，估算施工生产过程总体的不合格品率，评价过程能力等。

（2）直方图的绘制方法

1）收集整理数据。用随机抽样的方法抽取数据，一般要求数据在 50 个以上。

【例 9-5】 某建筑施工工地浇筑 C30 混凝土，为对其抗压强度进行质量分析，共收集了 50 份抗压强度试验报告单，经整理相关数据见表 9-3。

数据整理表（单位：N/mm²）　　　　　　　　表 9-3

序号	抗压强度数据					最大值	最小值
1	39.82	37.7	33.8	31.5	36.1	39.8	31.5
2	37.2	38.0	33.1	39.0	36.0	39.0	33.1
3	35.8	35.2	31.8	37.1	34.0	37.1	31.8
4	39.9	34.3	33.2	40.4	41.2	41.2	33.2
5	39.2	35.4	34.4	38.1	40.3	40.3	34.4
6	42.3	37.5	35.5	39.3	37.3	42.3	35.5
7	35.9	42.4	41.8	36.3	36.2	42.4	35.9
8	46.2	37.6	38.3	39.7	38.0	46.2	37.6
9	36.4	38.3	43.4	38.2	38.0	42.4	36.4
10	44.4	42.0	37.9	38.4	39.5	44.4	37.9

2）计算极差 R。极差 R 是数据中最大值和最小值之差，本例中：

$X_{max} = 46.2 \text{N/mm}^2$，$X_{min} = 31.5 \text{N/mm}^2$

$R = X_{max} - X_{min} = 46.2 - 31.5 = 14.7 \text{N/mm}^2$

3）对数据分组。包括确定组数、组距和组限。

① 确定组数 k。确定组数的原则是，分组的结果能正确地反映数据的分布规律。组数应根据数据多少来确定。组数过少，会掩盖数据的分布规律；组数过多，使数据过于零乱分散，也不能显出质量分布状况。一般可参考表 9-4 的经验数值确定。

数据分组参考值　　　　　　　　表 9-4

数据总数 n	分组数 k	数据总数 n	分组数 k	数据总数 n	分组数 k
50~100	6~10	100~250	7~12	250 以上	10~20

本例中取 $k = 8$。

② 确定组距 h，组距是组与组之间的间隔，也即一个组的范围。各组距应相等，于是有：极差≈组距×组数，即 $R \approx hk$。

因而组数、组距的确定应结合极差综合考虑，适当调整，还要注意数值尽量取整，使分组结果能包括全部变量值，同时也便于以后的计算分析。

本例中：$h = R/k = 14.7/8 = 1.8 \text{N/mm}^2 \approx 2/\text{mm}^2$

③ 确定组限。每组的最大值为上限，最小值为下限，上、下限统称为组限。确定组限时应注意使各组之间连续，即较低组上限应为相邻较高组下限，这样才不致使有的数据

被遗漏。对恰恰处于组限值上的数据，其解决的办法有两个：一是规定每组上（或下）组限不计在该组内，而应计入相邻较高（或较低）组内；二是将组限值较原始数据精度提高半个最小测量单位。

本例采取第一种办法划分组限，即每组上限不计入该组内。

首先确定第一组下限：

$X_{min} - h/2 = 31.5 - 2.0/2 = 30.5$

第一组上限：$30.5 + h = 30.5 + 2 = 32.5$；

第二组下限=第一组上限=32.5；

第二组上限：$32.5 + h = 32.5 + 2 = 34.5$。

以下以此类推，最高组限为44.5～46.5，分组结果覆盖了全部数据。

4）编制数据频数统计表。统计各组频数，可采用唱票形式进行，频数总和应等于全部数据个数。本例频数统计结果，见表9-5。

表 9-5

频数统计表

组号	组限(N/mm^2)	频数	组号	组限(N/mm^2)	频数
1	30.5～32.5	2	5	38.5～40.5	9
2	32.5～34.5	6	6	40.5～42.5	5
3	34.5～36.5	10	7	42.5～44.5	2
4	36.5～38.5	15	8	44.5～46.5	1
合计					50

从表9-5中可以看出，浇筑C30混凝土，50个试块的抗压强度是各不相同的，这说明质量特性值是有波动的。但这些数据分布是有一定规律的，就是数据在一个有限范围内变化，且这种变化有一个集中趋势，即强度值在36.5～38.5范围内的试块最多，可把这个范围即第四组视为该样本质量数据的分布中心，随着强度值的逐渐增大和逐渐减小而数据逐渐减少。为了更直观、更形象地表现质量特征值的这种分布规律，应进一步绘制出直方图（图9-3）。

（3）直方图的观察与分析

1）观察直方图的形状、判断质量分布状态。作完直方图后，首先要认真观察直方图的整体形状，看其是否是属于正常型直方图。正常型直方图就是中间高、两侧低、左右接近对称的图形，如图9-4（a）所示。

出现非正常型直方图时，表明生产过程或收集数据作图有问题，这就要求进一步分析判断，找出原因，从而采取措施加以纠正。凡属非正常型直方图，其图形分布有各种不同缺陷，归纳起来一般有五种类型，如图9-4所示。

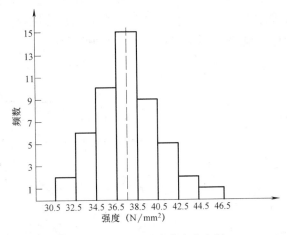

图9-3 混凝土强度分布直方图

① 折齿型［图 9-4 (b)］，是由于分组组数不当或者组距确定不当出现的直方图。

② 左（或右）缓坡型［图 9-4 (c)］，主要是由于操作中对上限（或下限）控制太严造成的。

③ 孤岛型［图 9-4 (d)］，是原材料发生变化，或者他人顶班作业造成的。

④ 双峰型［图 9-4 (e)］，是由于用两种不同方法或两台设备或两组工人进行生产，然后把两方便数据混在一起整理产生的。

⑤ 绝壁型［图 9-4 (f)］，是由于数据收集不正常，可能有意识地去掉下限以下的数据，或是在检测过程中存在某种人为因素所造成的。

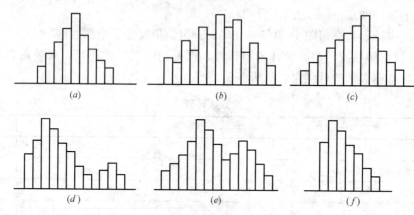

图 9-4　常见的直方图图形

(a) 正常型；(b) 折齿型；(c) 左缓坡型；(d) 孤岛型；(e) 双峰型；(f) 绝壁型

2) 将直方图与质量标准比较，判断实际生产过程能力。作出直方图后，除了观察直方图形状，分析质量分布状态外，再将正常型直方图与质量标准比较，从而判断实际生产过程能力。

4. 因果分析图法

（1）因果分析法的概述

因果分析图法是利用因果分析图来系统整理分析某个质量问题（结果）与其产生原因之间关系的有效工具。因果分析图也称特性要因图，又因其形状常被称为树枝图或鱼刺图。因果分析图基本形式，如图 9-5 所示。

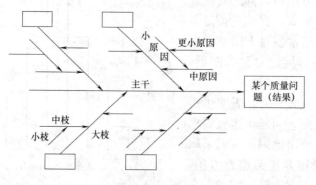

图 9-5　因果分析图的基本形式

从图9-5可见，因果分析图由质量特性（即质量结果指某个质量问题）、要因（产生质量问题的主要原因）、枝干（指一系列箭线表示不同层次的原因）、主干（指较粗的直接指向质量结果的水平箭线）等所组成。

（2）因果分析图的绘制

下面结合实例加以说明。

【例9-6】 绘制混凝土强度不足的因果分析图（图9-6）。

因果分析图的绘制步骤与图中箭头方向恰恰相反，是从"结果"开始将原因逐层分解的，具体步骤如下：

1）明确质量问题-结果。该例分析的质量问题是"混凝土强度不足"，作图时首先由左至右画出一条水平主干线，箭头指向一个矩形框，框内注明研究的问题，即结果。

2）分析确定影响质量特性大的方面原因。一般来说，影响质量因素有五大方面，即人、机械、材料、方法、环境等。另外，还可以按产品的生产过程进行分析。

3）将每种大原因进一步分解为中原因、小原因，直至分解的原因可以采取具体措施加以解决为止。

4）检查图中的所列原因是否齐全，可以对初步分析结果广泛征求意见，并做必要的补充及修改。

5）选择出影响大的关键因素，做出标记"△"，以便重点采取措施。

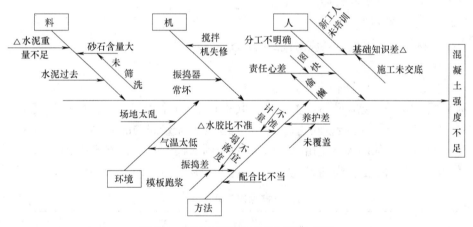

图9-6 混凝土强度不足的因果分析图

（3）绘制和使用因果分析图时应注意的问题

1）集思广益。绘制时要求绘制者熟悉专业施工方法技术，调查、了解施工现场实际条件和操作的具体情况。要以各种形式，广泛收集现场工人、班组长、质量检查员、工程技术人员的意见，集思广益、相互启发、相互补充，使因果分析更符合实际。

2）制订对策。绘制因果分析图不是目的，而是要根据图中所反映的主要原因，制订改进的措施和对策，限期解决问题，保证产品质量。具体实施时，一般应编制一个对策计划表。

5. 统计调查表法

统计调查表法又称统计调查分析法，它是利用专门设计的统计表对质量数据进行收集、整理和粗略分析质量状态的一种方法。

在质量管理活动中，利用统计调查表收集数据，简便灵活、便于整理、实用有效。它没有固定格式，可根据需要和具体情况设计出不同统计调查表。常用的有：

（1）分项工程作业质量分布调查表。

（2）不合格项目调查表。

（3）不合格原因调查表。

（4）施工质量检查评定用调查表等。

应当指出，统计调查表往往同层法结合起来应用，可以更好、更快地找出问题的原因，以便采取改进的措施。

6. 分层法

分层法又叫分类法，是将调查收集的原始数据，根据不同的目的和要求，按某一性质进行分组、整理的分析方法。分层的结果使数据各层间的差异突出地显示出来，层内的数据差异减少了。在此基础上再进行层间、层内的比较分析，可以更深入地发现和认识质量问题的原因。由于产品质量是多方面因素共同作用的结果，因而对同一批数据可以按不同性质分层，能从不同角度来考虑、分析产品存在的质量问题和影响因素。

常用的分层标志有：

1）按操作班组或操作者分层。

2）按使用机械设备型号分层。

3）按操作方法分层。

4）按原材料供应单位、供应时间或等级分层。

5）按施工时间分层。

6）按检查手段、工作环境等分层。

【例 9-7】 钢筋焊接质量的调查分析，共检查了 50 个焊接点，其中不合格 19 个，不合格率为 38% 存在严重的质量问题，试用分层法分析质量问题的原因。

现已查明这批钢筋的焊接是由 A、B、C 三个师傅操作的，而焊条是由甲、乙两个厂家提供的，因此，分别按操作者和焊条生产厂家进行分层分析，即考虑一种因素单独的影响。

按操作者分层　　　　　　　　　　　　表 9-6

操作者	不合格	合格	不合格率（%）
A	6	13	32
B	3	9	25
C	10	9	53
合计	19	31	38

按供应焊条厂家分层　　　　　　　　　表 9-7

工厂	不合格	合格	不合格率（%）
甲	9	14	39
乙	10	17	37
合计	19	31	38

由表9-6和表9-7分层分析可见，操作者B的质量较好，不合格率25％，而不论是采用甲厂还是乙厂的焊条，不合格率都很高且相差不大。为了找出问题的所在，再进一步采用综合分层进行分析，即考虑两种因素共同影响的结果，见表9-8。

综合分层分析焊接质量　　　　　　　　　　　　　　　　　　表 9-8

操作者	焊接质量	甲厂		乙厂		合计	
		焊接点	不合格率(%)	焊接点	不合格率(%)	焊接点	不合格率(%)
A	不合格	6	75	0	0	6	32
	合格	2		11		13	
B	不合格	0	0	3	43	3	25
	合格	5		4		9	
C	不合格	3	30	7	78	10	53
	合格	7		2		9	
合计	不合格	9	39	10	37	19	38
	合格	14		17		31	

从表9-8的综合分层法分析可知，在使用甲厂的焊条时，应采取B师傅的操作方法为好；在使用乙厂的焊条时，应采用A师傅的操作方法为好，这样会使合格率大幅度提高。

分层法是质量管理统计分析方法中最基本的一种方法。其他统计方法一般都要与分层法配合使用，如排列图法、直方图法、控制图法、相关图法等，常常是首先利用分层法将原始数据分门别类，然后再进行统计分析。

7. 控制图法

控制图又称管理图，它是在直角坐标系内画有控制界限，描述生产过程中产品质量波动状态的图形。利用控制图区分质量波动原因，判明生产过程是否处于稳定状态的方法称为控制图法。

（1）控制图的基本形式

控制图的基本形式，如图9-7所示。横坐标为样本（子样）序号或抽样时间，纵坐标为被控制对象，即被控制的质量特性值。控制图上一般有三条线：在上面的一条虚线称为上控制界限，用符合 UCL 表示；在下面的一条虚线称为下控制界限，用符号 LCL 表示；中间的一条实线为中心线，用符合 CL 表示。中心线标志着质量特性值分布的中心位置，上下控制界限标志着质量特性值允许波动范围。

在生产过程中通过抽样取得数据，把样本统计量描在图上来分析判断生产过程状态。如果点子随机地落在上、下控制界限内，则表明生产过程正常处于稳定状态，不会产生不合格品；如果点子超出控制界限，或点子排列有缺陷，则表明生产条件发生了异常变化，生产过程处于失控状态。

（2）控制图的用途

控制图是用样本数据来分析判断生产过程

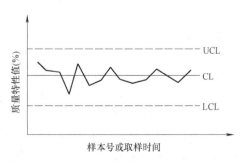

图 9-7　控制图基本形式

是否处于稳定状态的有效工具。其用途见表 9-9。

控制图的用途 表 9-9

用途	内容
过程分析	即分析生产过程是否稳定。为此,应随机连续收集数据,绘制控制图,观察数据点分布情况并判定生产过程状态
过程控制	即控制生产过程质量状态。为此,要定时抽样取得数据,将其变为电子描在图上,发现并及时消除生产过程中的失调现象,预防不合格品的产生

前述排列图、直方图法是质量控制的静态分析法,反映的是质量在某一段时间里的静止状态。然而产品都是在动态的生产过程中形成的,因此,在质量控制中单用静态分析法显然是不够的,还必须有动态分析法。只有动态分析法,才能随时了解生产过程中质量的变化情况,及时采取措施,使生产处于稳定状态,起到预防出现废品的作用。控制图就是典型的动态分析法。

(3)控制图的原理

影响生产过程和产品质量的原因,可分为系统性原因和偶然性原因。

在生产过程中,如果仅仅存在偶然性原因影响,而不存在系统性原因,这时生产过程是处于稳定状态,或称为控制状态。其产品质量特性值的波动是有一定规律的,即质量特性值分布服从正态分布。控制图就是利用这个规律来识别生产过程中的异常原因,控制系统性原因造成的质量波动,保证生产过程处于控制状态。

一定状态下的生产的产品质量是具有一定分布的,过程状态发生变化,产品质量分布也随之改变。观察产品质量分布情况,一是看分布中心位置 μ;二是看分布的离散程度 σ。这可通过图 9-8 所示的四种情况来说明。

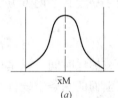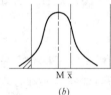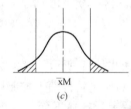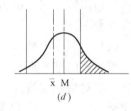

图 9-8 质量特性值分布变化

图 9-8(a),反映产品质量分布服从正态分布,其分布中心与质量标准中心 M 重合,散差分布在质量控制界限之内,表明生产过程处于稳定状态,这时生产的产品基本上都是合格品,可继续生产。

图 9-8(b),反映产品质量分布散差没变,而分布中心宜发生偏移。

图 9-8(c),反映产品质量分布中心虽然没有偏移,但分布的散差变大。

图 9-8(d),反映产品质量分布中心和散差都发生了较大变化,即 $\mu(\bar{x})$ 值偏离标准中心,$\sigma(s)$ 值增大。

后三种情况都是由于生产过程中存在异常原因引起的,都出现了不合格品,应及时分析,消除异常原因的影响。

综上所述,可依据描述产品质量分布的集中位置和离散程度的统计特征值,随时间

（生产进程）的变化情况来分析生产过程是否处于稳定状态。在控制图中，只要样本质量数据的特征值是随机地落在上、下控制界限之内，就表明产品质量分布的参数 μ 和 σ 基本保持不变，生产中只存在偶然原因，生产过程是稳定的。而一旦发生了质量数据点飞出控制界限之外，或排列有缺陷，则说明生产过程中存在系统原因，使 μ 和 σ 发生了改变，生产过程出现异常情况。

（4）控制图的观察与分析

绘制控制图的目的是分析判断生产过程是否处于稳定状态。这主要是通过对控制图上点子的分布情况的观察与分析进行。因为控制图上点子作为随机抽样的样本，可以反映出生产过程（总体）的质量分布状态。

当控制图同时满足以下两个条件：一是点子几乎全部落在控制界限之内；二是控制界限内的点子排列没有缺陷。因此可以认为生产过程基本上处于稳定状态。如果点子的分布不满足其中任何一条，都应判断生产过程为异常。

1）点子几乎全部落在控制界线内，是指应符合下述三个要求：

连续 25 点以上处于控制界限内。

连续 35 点中仅有 1 点超出控制界限。

连续 100 点中不多于 2 点超出控制界限。

2）点子排列没有缺陷，是指点子的排列是随机的，而没有出现异常现象。这里的异常现象是指点子排列出现了"链"、"多次同侧"、"趋势或倾向"、"周期性变动"、"接近控制界限"等情况。

以上是分析用控制图判断生产过程是否正常的准则。如果生产过程处于稳定状态，则把分析用控制图转为管理用控制图。分析用控制图是静态的，而管理用控制图是动态的。随着生产过程的进展，通过抽样取得质量数据把点描在图上，随时观察点子的变化，一是点子落在控制界限外或界限上，即判断生产过程异常。点子即使在控制界限内，也应随时观察其有无缺陷，以对生产过程正常与否做出判断（图 9-9）。

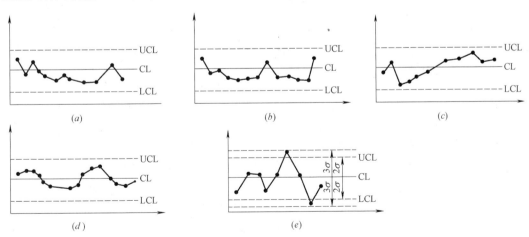

图 9-9　有异常现象的点子排列

8. 相关图法

相关图又称散布图，在质量控制中它是用来显示两种质量数据之间关系的一种图形。

质量数据之间的关系多属相关关系。一般有三种类型：一是质量特性和影响因素之间的关系；二是质量特性和质量特性之间的关系；三是影响因素和影响因素之间的关系。

可以用 Y 和 X 分别表示质量特性值和影响因素，通过绘制散布图，计算相关系数等，分析研究两个变量之间是否存在相关关系，以及这种关系密切程度如何，进而对相关程度密切的两个变量，通过对其中一个变量的观察控制，去估计控制另一个变量的数值，以达到保证产品质量的目的。这种统计分析方法，称为相关图法。

【例 9-8】 分析混凝土抗压强度和水胶比之间的关系。

1）收集数据。要成对地收集两种质量数据，数据不得过少。本例收集数据，见表 9-10。

混凝土抗压强度与水胶比统计资料   表 9-10

	序号	1	2	3	4	5	6	7	8
X	水胶比（W/C）	0.4	0.45	0.5	0.55	0.6	0.65	0.7	0.75
Y	强度/（N/mm²）	36.3	35.3	28.2	24.0	23.0	20.6	18.4	15.0

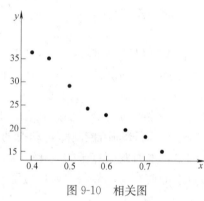

图 9-10 相关图

2）绘制相关图。在直角坐标系中，一般 x 轴用来代表原因的量或较易控制的量，本例中表示水胶比；y 轴用来表示结果的量或不易控制的量，本例中表示强度。然后，将数据中相应的坐标位置上描点，便得到散布图，如图 9-10 所示。

3）相关图的观察与分析

相关图中点的集合，反映了两种数据之间的散布状况，根据散步状况，我们可以分析两个变量之间的关系。归纳起来，有以下六种类型，如图 9-11 所示。

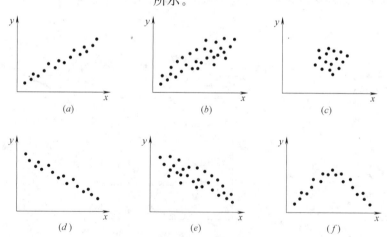

图 9-11 散布图的类型
（a）正相关；（b）弱正相关；（c）不相关；（d）负相关；（e）弱负相关；（f）非线性相关

1）正相关 [图 9-11（a）]。散布点基本形成由左至右向上变化的一条直线带，即随 x

增加，y 值也相应增加，说明 x 与 y 有较强的制约关系。此时，可通过对 x 控制而有效控制 y 的变化。

2）弱正相关［图 9-11（b）］。散布点形成向上较分散的直线带。随 x 值的增加，y 值也有增加趋势，但 x，y 的关系不像正相关那么明确。说明 y 除受 x 影响外，还受其他更重要的因素影响。需要进一步利用因果分析图法分析其他的影响因素。

3）不相关［图 9-11（c）］。散布点形成一团或平行于 x 轴的直线带。说明 x 变化不会引起 y 的变化或其变化无规律，分析质量原因时可排除 x 因素。

4）负相关［图 9-11（d）］、散布点形成由左向右向下的一条直线带。说明 x 对 y 的影响与正相关恰恰相关。

5）弱负相关［图 9-11（e）］。散布点形成由左至右向下分布的较分散的直线带。说明 x 与 y 的相关关系较弱，且变化趋势相反，应考虑寻找影响 y 的其他更重要的因素。

6）非线性相关［图 9-11（f）］。散布点呈一曲线带，即在一定范围内 x 增加，y 也增加；超过这个范围 x 增加，y 则有下降趋势，或改变变动的斜率呈曲线形态。

可以看出本例水胶比对强度影响是属于负相关。初步结果是，在其他条件不变情况下，混凝土强度随着水胶比增大有逐渐降低的趋势。

9. 抽样方案选择与规定

（1）检验批抽样样本应随机抽取，满足分布均匀，具有代表性要求，抽样数量符合规范规定。

（2）当采用计数抽样时，最小抽样数量应符合表 9-11 规定。明显不合格的个体可不纳入检验批，应进行处理使其满足有关专业工程验收规范的规定。对处理情况应予以记录并重新验收。

检验批最小抽样数量　　　　　　　　　　　　　　　　表 9-11

检验批容量	最小抽样数量	检验批容量	最小抽样数量
2～15	2	151～280	13
16～25	3	281～500	20
26～90	5	501～1200	32
91～150	8	1201～3200	50

（3）计量抽样的错判概率 α 和漏判概率 β 规定如下：

1）主控项目：对应于合格质量水平的 α 和 β 不宜超过 5%。

2）一般项目：对应于合格质量水平的 α 不宜超过 5%，β 不宜超过 10%。

参 考 文 献

[1] 纪讯，李云，陈曦. 施工员专业基础知识 [M]. 南京：河海大学出版社，2010.

[2] 杜爱云，高会访，杜翠霞等. 市政工程测量与施工放线一本通 [M]. 北京：中国建材工业出版社，2009.

[3] 叶见曙. 结构设计原理 [M]. 北京：人民教育出版社，2004.

[4] 楼丽凤. 市政工程建筑材料 [M]. 北京：中国建筑工业出版社，2003.

[5] 王长峰等. 现代项目管理概论 [M]. 北京：机械工业出版社，2008.

[6] 中华人民共和国行业标准. JGJ/T 250—2011 建筑与市政工程施工现场专业人员职业标准 [S]. 北京：中国建筑工业出版社，2012.

[7] 中华人民共和国住房和城乡建设部. 建筑与市政工程施工现场专业人员考核评价大纲（试行）. 建人专函（2012）70 号.

[8] 中华人民共和国行业标准. CJJ 1—2008 城镇道路工程施工与质量验收规范 [S]. 北京：中国建筑工业出版社，2008.

[9] 中华人民共和国行业标准. CJJ 2—2008 城市桥梁工程施工与质量验收规范 [S]. 北京：中国建筑工业出版社，2008.

[10] 中华人民共和国国家标准. GB 50268—2008 给水排水管道工程施工及验收规范 [S]. 北京：中国建筑工业出版社，2008.

[11] 中华人民共和国行业标准. CJJ 38—2005 城镇燃气输配工程施工及质量验收规范 [S]. 北京：中国建筑工业出版社，2005.